거의 모든
물질의 화학

거의 모든 물질의 화학

초판 1쇄 발행 2022년 5월 30일
초판 4쇄 발행 2023년 12월 30일

지은이 | 김병민
펴낸이 | 조미현

펴낸곳 | (주)현암사
등록 | 1951년 12월 24일 제10-126호
주소 | 04029 서울시 마포구 동교로12안길 35
전화 | 02-365-5051 · 팩스 | 02-313-2729
전자우편 | editor@hyeonamsa.com
홈페이지 | www.hyeonamsa.com

ISBN 978-89-323-2096-0 03430

화학물질 세상에 대한 과학적 통찰

거의 모든
물질의 화학

• 김병민 지음 •

ʊ 현암사

3장 새로운 물질을 만들다

4장 사라지지 않는 물질들

5장 먹는 것도 물질이다

6장 거의 모든 물질의 화학

7장 새로운 물질, 새로운 문명

머리말

"목소리를 잃을 수도 있어요."

열 번이 넘는 기도 확장 수술 끝에 담당 의사는 가습기 살균제 피해자인 두 아이들의 어머니에게 말했다. 오랜 투병의 후유증으로 기도 협착이 왔고 숨을 쉬기 위해서는 기도의 살을 끊임없이 깎아내야만 한다. 이제 겨우 여덟 살인 아이는 가장 피해가 큰 1단계 판정을 받고 목에 구멍을 내 플라스틱 관을 연결해야만 숨을 쉴 수 있다. – 《뉴스타파》, 2018년 8월 16일

스티븐 핑커 Steven Pinker 는 『우리 본성의 선한 천사』에서 세상에는 우리가 아는 알려진 것이 있고 우리는 그것을 안다는 것을 안다고 했다. 또 한편, 세상에는 알려진 미지의 것도 있으며 우리는 그것을 모른다는 것을 안다고 했다. 그리고 세상에는 알려지지 않은 미지의 것도 있는데 우리는 그것을 모른다는 것조차 모른다고 했다. 여기까지는 그 의미에 고개가 끄덕여진

다. 그런데 다음 문장에서 나는 한동안 머물렀다. 그 문장은 "알려지지 않은 알려진 것, 즉 우리가 이미 알거나 알 수 있지만 무시하거나 억압하고 있는 것"이다. 나는 그 문장의 대상을 과학의 영역으로 옮겼다. 지금부터 꺼낼 이야기들이 '알려지지 않은 알려진 것'과 맥락을 같이하기 때문이다. 그 알려지지 않은 알려진 것 때문에 우리 아이들은 목소리를 잃을 수도 있는 것이다.

인류가 아는 세상은 아직도 전체가 아닌 부분이고 인류는 끊임없이 나머지 미지의 영역을 탐구하지만, 그 모든 노력과 성과가 인류에게 완벽하게 이로울 것이라고 장담할 수는 없다. 인류의 역사에는 커다란 상처를 낸 일련의 일들이 있었고 그 아래에는 과학의 역사가 기찻길처럼 깔려 있다. 특히 화학물질과 관련해서는 이런 사실들을 극명하게 보여주는 사례가 많았다. 인류는 스스로 만들어낸 물질과 자연이 만든 미지의 물질에 호기심과 함께 두려움을 느낀다. 미처 알지 못한 것과 이미 알고 있으나 알려지지 않은 것들이 침묵과 함께 부메랑이 되어 역습하기 때문이다. '케모포비아^{Chemophobia}'란 용어는 이제 낯설지 않다. 심지어 공포를 넘어 혐오와 함께 화학물질이 없는 세상에 살고 싶다는 '노케미^{Nochemi}족'이 등장한다. 그런데 과연 노케미족이라는 것이 가능할까?

우리는 화학물질에서 벗어날 수 없다. 현대 문명을 이루고 있는 대부분의 물질은 화학물질이고 앞으로도 우리는 그것과 공생해야 하기 때문이다. 글머리에 나오는 두 아이는 우리 자신의 아이들일 수도 있다. 그리고 그 아이의 자녀, 또 그 자녀의 아이도 충분히 안타까운 상황에 놓일 수 있다. 어쩌면 물질에서 자유로울 수 없는 우리에게 닥칠 상황일지도 모른다. 그렇다면 알지 못하는 것은 어쩌지 못한다고 하더라도 이미 알려졌다고 알고 있는 것에 대해서 우리는 얼마나 알고 있을까?

우리는 화학물질에 대해 늘 한결같은 질문을 한다. 유해하거나 위해한 물질을 대상으로 피할 수 있는 해결책과 알기 쉬운 악역을 찾아내려 한다. 그래서 자신은 안전하고 건강하다는 확인을 하고 싶어 한다. 그러다 보면 지식의 어두운 얼굴이 고개를 든다. 사회의 가장 취약한 부분을 타고 들어온다. 밀가루의 글루텐은 사악한 물질이고 '글루텐 프리'를 지키면 건강해질 수 있다고 믿는다. 우유 단백질은 이름이 '카제인'인데 마치 먹으면 안 되는 물질로 둔갑한다. 천연 물질은 무조건 좋고 인공 물질은 무조건 나쁘다는 인식이 팽배하다. 어려운 화학물질 용어에다 부작용에 대한 설명을 덧붙이면 낯설고 두려운 물질이 된다. 인류가 오랫동안 안전하게 이용한 물질이 한순간에 질병을 유발하고 해를 끼치는 화학물질로 둔갑한다. 이런 프레임에 끼워 맞추기 위한 소재가 화학물질에는 차고 넘친다.

독과 약은 본질적으로 한 몸이다. 독성물질도 소량은 약으로 쓰이기도 한다. 유용한 물질도 다량이 몸에 들어오면 독이 된다. 사실 모든 것은 자연으로부터 시작됐다. 니체의 『비극의 탄생』에 "있는 것은 아무것도 버릴 것이 없으며 없어도 좋은 것이란 없다."라는 말이 있다. 자연은 불필요한 것을 만들지 않는다는 말과 맥을 같이한다. 이 절대적 진리에서 모든 자연은 적절하게 작동한다. 자연의 일부인 생명체도 이런 규칙에 지배된다. 생존에 필요한 만큼 물질을 사용하고 다시 자연이 필요한 물질로 돌려놓는다. 그런데 유일하게 인간만이 지성을 키우고 욕망을 더해 자연의 규칙을 깬 것이다.

인류에게 물질은 어떤 의미일까? 이 질문은 인류가 다른 생명체와 달리 문명이라는 세련된 삶의 양태를 만들면서부터 지금까지도 스스로에게 던지는 질문이다. 인류는 연금술을 시작으로 물리학과 근대 화학의 발전을 이루며 현대 과학에 이르기까지 끊임없이 물질의 본질을 탐구했다. 인류는 최근 수 세기 동안 극적인 과학 발전을 이뤄냈다. 과학자들은 어둠 속에서 잠자고 있던 물질세계의 질서를 해독했다. 이들은 물질을 이루는 기본 재료인 원소를 발견하고 바둑판 모양의 주기율표를 하나하나 채워갔으며 원자의 정체와 그 원자들이 분자를 만들고 물질을 만드는 자연의 비밀을 알아냈다. 이제 인류는 자연을 흉내 내는 것뿐만 아니라 애초에 자연에 존재하지 않았던 물질도 만들어낸다. 하지만 이 질문의 답은 끝나지 않았다. 우리는 여전히 물질에 대해 모든 것을 알지 못하기 때문이다. 과거 거장들의 노력으로 우리는 그들의 어깨 위에 올라탔고 과거의 어느 인류보다도 물질의 본질을 잘 알고 있지만, 물질은 여전히 인류에게 미지의 영역, 두려움과 경외의 대상이기도 하다.

과학은 세상을 알아가는 데에 있어 성공과 실패가 반복되는 과정이다. 그러면서 세상을 이해하고 설명한다. 과학에는 사회적 가치도 존재한다. 분명 사회적인 이익과 효율을 염두에 두고 행해지기 때문이다. 하지만 가끔은 최대 다수의 이익을 위한 편협한 공리주의적 태도로 빠지기도 한다. 과학의 언어와 논리가 그렇다. 목적에 도달하기 위한 방법론이 정해지고 현상에 대해 여러 변수를 추출하고 인과관계 혹은 상관관계를 수학적 언어로 풀어가며 답을 구하려 한다. 하지만 다른 시간과 공간에 존재하는 모든 개체가 어떻게 연결되는가에 대해서는 모든 것을 알지 못한다. 특히 물질은 물질을 둘러싼 모든 것들과 어떻게 연결되느냐에 따라 전혀 다른 결과를 가져오기도 한다. 그래서 한편으로는 이익과 효율이 아닌, 그 이상의 가치를 생각해야 한다. 물질의 의미에 대한 질문이 끝나지 않는 이유는 인류가 물질을 두고 어떻게 윤리적으로 행동할 수 있을 것인가를 스스로에게 물어봐야 하기 때문이다. 과거 연금술사와 화학자들은 어리석은 자에게 권력을 쥐어줄 수 있었고, 한편으로는 권력자의 힘을 빼앗을 수도 있었다. 실제로 이런 일은 역사에서 매우 자주 일어났다. 그 때문에 연금술사들은 자신들의 행위로 비롯되는 일에 도덕적이고 윤리적인 책임을 강조했다. 연금술 저서치고 독자들에게 화학 작업에서뿐만 아니라 스스로 진지하기를 요구하지 않는 책은 없다시피 하다. 연금술사들은 명상하고 기도하고 단식하며 가난한 사람들을 보살펴야 했다. 이처럼 준엄한 윤리적 요구로 그들은 위험한 지식을 절대로 아무에게나 넘겨주어선 안 된다는 점을 명심했다. 하지만 현대 화학은 연금술사들의 윤리를 망각해버린 듯하다.

솔직히 말하면 아름다운 책을 쓰고 싶었다. 물질을 다룬 화학에 대한 글이지만 마치 명화를 감상하듯 한 편의 시나 산문처럼 아름답게 쓸 수도 있었다. 사람들은 숫자와 수식, 방정식, 그래프를 어려워하지만 이야기는 잘 이해할 수 있기 때문이다. 조금 더 친근하고 재치 넘치는 아날로지로 물질을 표현할 수도 있었다. 평소 인문학에도 관심이 많은 나는 초고를 쓰며 이런 아날로지를 끼워 넣었다. 하지만 출판사와 편집을 거치며 대부분의 아날로지를 덜어냈다. 이유는 물질은 현실이자 실체였고 눈에 보이는 그대로 전달하는 것만큼 최고의 아날로지는 없기 때문이었다. 비록 과학의 언어로 실체와 사실이 전달됐지만 명백한 사실과 현상을 통해 눈 밝은 독자는 물질의 본질을 꿰뚫을 것이고 결국 여기에 숨겨진 의미를 스스로 알게 될 것이라 믿는다. 비록 화학에 대한 아름다운 책으로 완성하지 못했지만, 적어도 자연과 인류, 그리고 그 사이를 채우고 연결하고 있는 물질의 본질은 다룬 듯하다. 부족하고 면구한 글의 행간에서 내가 말하고자 하는 것을 꼭 찾길 바란다.

우리는 새로운 물질로 다가오는 문명을 채워가려고 한다. 불확실한 미래에는 현재를 살아가는 인류의 욕망과 바람이 남긴 유산이 더해져 있을 것이다. 물론 현 인류가 겪고 있는 위기도 현재를 알지 못했던 과거 인류의 욕망이 물질과 함께 버무려져 탄생했다. 여기에도 과학기술은 추동력이 됐다. 인류는 급성장했고 마치 성장 촉진제를 맞은 것처럼 몸집만 커져 연약한 다리로 간신히 서 있는 형국이 됐다. 물질은 기후변화와 팬데믹이라는 위기와도 무관하지 않다. 인류가 그동안 옳다고 믿었던 물질문명이 휘청인다. 인과관계를 부정한다 해도 적어도 상관관계는 있다. 하지만 이 위기를 이른 시간에 극복할 수 있게 하는 것도 결국 과학기술일 것이다. 과거와 다른 것이 있다면 경험을 통해 얻은 진실과 교훈이 쌓여 있다는 것이다. 모두가 알고 있듯 진실과 교훈은 의외로 간단하다. 우리가 물질을 더욱더 입체적으로 이해해야 한다는 것이다. 알려지지 않은 알려진 물질, 그러니까 우리가 이미 알거나 알 수 있지만 무시하거나 덮어두고 있는 것을 이해하는데 이 책이 도움이 되길 바란다.

2022년 봄날
김병민

1장

물질을 알아가다

우리는 물질의 정체를 과학이라는 도구로 알아냈다.
하지만 우리는 여전히 질문하고 탐구해가야 한다.
그렇게 해야 하는 이유는 인류가 물질을 두고 어떻게
윤리적으로 행동할 수 있을 것인가를 스스로에게 물어보기 위해서다.

1
알고 있었으나 제대로 알려지지 않은 물질들

우리 현대사에서 비교적 가까운 지난 30년 동안 한꺼번에 수많은 인명을 앗아간 사건들이 있었다. 1995년 삼풍백화점 붕괴와 2003년 대구 지하철 화재, 그리고 2014년 세월호 침몰 사건은 사망자만 수백 명에 달하는 참사였다. 그런데 지금 언급한 사고들의 사망자 수를 합친 것보다 더 많은 희생을 치르고 있는 사건이 있다. 1995년부터 희생자가 발생하고 있었으나 2011년에야 피해를 인식하기 시작한 '가습기 살균제 사건'이다. 머리말에서 언급한 목소리를 잃을 수도 있는 두 아이는 가습기 살균제로 인한 피해자이다. 두 아이뿐만 아니라 아직도 많은 사람들이 이 일로 고통받고 있다. 이 과거형 사건은 현재진행형이다.

2020년 7월 사회적참사특별조사위원회(이하 특조위)가 가습기 살균제로 인한 피해 규모를 정밀하게 추산한 결과에 따르면 당시 해당 제품 사용자는 627만 명(오차 범위를 고려할 때 최소 574만 명)에 이른다. 이 중 피해를 입은 사람은 약 67만 명(오차 범위를 고려할 때 최소 61만 명)이며 가습기 살균제로 인해 새로운 증상이나 질병이 발생한 사람을 약 52만 명으로 보고 있다. 52만 명 중에는 기존에 앓던 질병이 악화된 경우가 약 15만 명, 병원 진료를 받은 뒤 사망한 경우가 약 1만 4,000명인 것으로 추산되었다. 이런 놀라운 수치에도 불구하고 피해 신고자는 6,817명에 그쳤고, 이는 특조위가 추정한 피해 인원의 1퍼센트에 불과한 수준이다. 이 수치는 가습기 살균제 피해자들이 피해 여부를 제대로 파악하지 못하고 있으며, 지금까지 원인도 모른 채 질병에 고통받고 있는 이들이 많다는 것을 의미한다. 2020년을 기준으로 판정된 공식적 피해자만 4,114명, 사망자는 995명이다. 특조위의 목적은 정확한 피해자 수를 찾아내는 것만이 아니다. 현재진행형인 이 사건, 참사가 일어난 원인과 그 책임 소재를 밝히는 것, 그리고 더 중요하게는 진실을 알리는 것이다.

가습기 살균제 사건은 잘 알려진 사건이지만 그 피해 정도와 원인은 명확히 알려지지 않고 있으며 시간이 지나면서 우리의 기억에서마저 흐릿해지고 있다. 당시 직접적인 피해를 입지 않았지만 동일 제품을 사용했던 대부분의 소비자에게 화학물질에 대한 공포와 혐오증(일명 케모포비아)을 불러왔다. 자라 보고 놀란 가슴 솥뚜껑 보고 놀란다고, 연이어 케모포비아를 가져온 사건은 또 있다. 바로 2017년의 살충제 달걀 사건이다. 당시 정부는 파격적인 유통 통제를 실시했고, 덕분에 마트에서 달걀이 일제히 사라져 한동안 식탁에서 달걀을 구경하기 어려웠다.

이 두 사건의 중심에는 화학물질이 있다. 폴리헥사메틸렌 구아니딘^{PHMG}과 피프로닐^{Fipronil}이라는 살균제와 살충제 물질이다. 살균제는 박테리아 같은 미생물을 제거하기 위한 물질이고 살충제는 해충을 죽여 없애려는 목적으로 만들어진 물질이다. 대상과 목적이 분명하지만 정해진 용도와 용법에서 벗어난 물질은 다른 얼굴이 된다.

PHMG를 비롯해 가습기에 포함된 또 다른 화학물질인 클로로메틸이소티아졸리논^{CMIT}과 메틸이소티아졸리논^{MIT}은 주로 세제나 미용 제품과 같은 공산품에 발생하는 세균을 제거하거나 증식하지 못하게 정해진 미량을 사용한 후 충분히 제거하도록 권고하고 있다.

영문도 모르고 매일 들이마신 독

문제는 이런 물질이 정해진 용도와 용법에서 벗어나 엉뚱하게도 가습기라는 제품에 사용된 것이다. 가습기는 습도를 조절하기 위해 실내 공간에 수증기라는 물 분자 덩어리를 뿌리는 제품이다. 살균제 물질은 물 분자와 공기를 매개로 호흡기를 거쳐 인체 내부로 들어갈 수 있다. 결국 흡입 독성을 충분히 예측할 수 있었다. 이 정도면 어린 학생들도 알 수 있는 경로 아닌가. 살균제의 흡입 독성에 대해 충분한 고민 없이 기업은 제품을 제조하고 정부는 허가했으며 소비자는 성분을 알지 못한 채 믿고 사용한 것이 참사를 불러왔다. 모든 일들이 지옥으로 가기 위해 설계된 것처럼 어떠한 저항도 없이 흘러갔다. 아무도 이 물질을 몰랐던 것일까? 안타깝지만 이 물질은 인류가 알고 있던 물질이다. 다만 제대로 알려지지 않았던 것뿐이다.

미생물을 살균하거나 정균하려는 용도로 이런 끔찍한 살균제를 아예 사용하지 않으면 되지 않았겠냐고 할 수도 있다. 하지만 쓰지 않는다고 능사가 아니다. 우리가 자주 사용하는 수많은 일상 제품에 살균 물질을 쓰지 않았다면 박테리아와 같은 미생물에 의한 질병 피해가 더 심각했을지 모른다. 안전이라는 기준으로 보면 생활 제품 속 살균제는 분명 인류에게 도움을 준다. 하지만 가습기에 살균제를 사용한 것은 분명 잘못된 선택이었다.

PHMG는 물에 들어가면 독성이 생긴다. 그러니까 가습 효과로 건강한 삶을 추구한 소비자는 영문도 모르고 매일 독을 들이마신 셈이 됐다. 기업과 이를 감독해야 할 정부 모두 이 지점에서 지나쳐버렸다.

그럼 살충제 사건의 진실은 무엇일까? 사실 합성 화학물질이 없었던 시절에도 살충제는 존재했다. 다만 그것은 대부분 자연에서 얻은 물질이었다. 대표적으로 담뱃잎의 니코틴 성분도 일종의 살충제다. 니코틴 외에도 살충 효과를 내는 천연 물질이 여럿 있다. 이런 물질에는 공통점이 있다. 염소^{Cl}, 인^P, 플루오린(불소)^{F}이나 브로민^{Br} 같은 원소가 들어 있다는 것이다.

과학자들은 물질세계를 구성하는 재료인 원소들을 특성에 따라 18개의 열과 7개의 행을 가진 주기율표$^{The Periodic Table of Elements}$에 정리했다. 위에 언급한 네 원소들은 그 표의 오른쪽에 위치한 17열에 놓여 있다. 이 열에 있는 원소들은 공통된 특징이 있다. 자신의 원자에 전자 하나를 더 채우려 하는 불안정한 원소들이다. 전자 1개만 더 채우면 바로 옆 18열에 있는 안정한 원자처럼 자연에 존재할 수 있기 때문이다. 그래서 다른 물질과 '결합'이라는 과정으로 자신의 원자에 전자를 채우려 한다. 불안정하다는 말은 쉽게 말해 다른 물질과 반응을 잘한다는 의미다. 살충제의 한 종류인 피프로닐 분자의 화학식을 보면 탄소를 뼈대로 이런 플루오린이 가득 차 있고 염소도 존재한다. 원소들은 물질계의 규칙에 따라 결합하며 분자를 이루고 독특한 성질을 지니게 된다. 분자의 모습이 아름답게도 보이지만, 그 이면에는 난폭한 성질이 있다.

가습기 살균제 사건의 학습 효과로 살충제 달걀 사건에 모두 예민한 반응을 보일 수밖에 없었다. 정부와 양계업계는 물론 소비자까지 그야말로 혼란에 빠져들었다. 달걀에 잔류하는 피프로닐의 허용 기준은 0.02ppm이다. ppm$^{Parts per million}$ 단위는 100만분의 1의 크기를 의미한다. 크기는 부피가 될

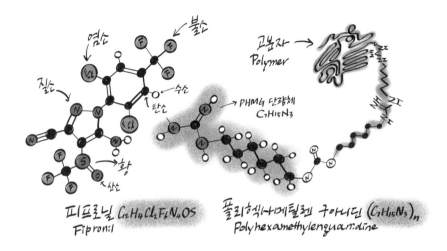

피프로닐 $C_{12}H_4Cl_2F_6N_4OS$
Fipronil

폴리헥사메틸렌 구아니딘 $(C_7H_{15}N_3)_n$
Polyhexamethylenguanidine

수도 있고 질량이 될 수도 있다. 예를 들어 질량 기준으로 1ppm은 물질 1 킬로그램에 다른 물질 1밀리그램이 들어 있는 것을 말한다. 그런데 문제가 된 농장에서 0.0363ppm이 검출됐다. 그러면 달걀에서 피프로닐이 검출된 사실과 그 함유량, 어떤 것이 문제였을까?

결론부터 말하면 살충제는 그 자체로 유해하지만 하루에 한두 개 정도 의 계란을 섭취해도 인체에는 큰 문제를 일으키지 않는다. 흥미로운 사실은 이 피프로닐이 이미 다른 식품에도 존재하고 허용되었던 물질이라는 것이 다. 사용하면 안 될 물질이 어느 날 갑자기 우리 곁에 다가온 것이 아니다. 심지어 다른 식품의 피프로닐 함량 허용 기준 수치는 아이러니하게도 논란 이 됐던 달걀보다 높은 경우도 많다. 피프로닐은 인류가 이미 잘 알고 있었 던, 그러나 소비자에게 잘 알려지지 않은 물질이었을 뿐이다. 다만, 달걀에 존재하면 안 된다고 생각했던 물질이 발견된 것뿐이다. 역학조사 결과, 양 계 농장에서 청결한 사육 환경을 위해 살포한 살충제가 닭의 몸을 타고 계란으로 옮겨진 것이다. 하지만 검출량만으로 본다면 그렇게 소란스럽고 공포스러울 필요는 없었다. 물론 정부는 위해도危害度 수준을 떠나 유통된 계란의 적정한 처분과 양계 농장에 대한 후속 조처를 재빨리 실행했어야 한다. 하지만 정부와 언론은 계란을 섭취하면 마치 큰일이라도 날 것처럼 알기도 어려운 수치와 단위를 나열하며 전 국민을 화학 공포로 몰고 갔다. 두려움은 온전히 소비자 몫이었다. 앞서 언급한 두 사례는 비슷하지만 미묘하게 다르다. 하나는 모르고 당한 거라면 다른 하나는 알면서도 당한 것과 같다. 하지만 소비자로서는 아무것도 알 수 없는 노릇이었다.

간단한 질문조차 하지 않은 잘못

우리 삶의 주변을 채우고 있는 각종 제품에 붙어 있는 성분표에는 알 수 없는 화학물질 이름이 빼곡하게 적혀 있다. 분명 미지의 물질은 아니다. 제품을 생산하는 기업은 너무나 잘 알고 있는 물질이다. 화학을 연구하는 과학자라고 모든 물질을 다 알 수 있는 것은 아니지만 그 대략적 기능은 알고 있다. 하지만 일반 소비자는 이러한 화학물질의 정체와 기능을 알 수 없다. 불안은 알지 못하는 데서 비롯된다. 그래서 어쩌면 불안감이 드는 건 당연한 것이고, 현실에서 맞닥뜨리는 사고는 그 불안을 공포와 혐오로 바꾼다.

　이런 사태가 벌어지면 소비자는 무력해진다. PHMG와 피프로닐이라는 용어들 앞에서 무력감은 당연하다. 그렇다고 화학물질의 화학적 조성과 성질이 무엇인지, 허용량 수치에 대해 일일이 알고 싶어 하지도 않는다. 이런저런 수치를 듣는다 해도 가늠이 안 된다. 무엇보다 소비자가 가장 알고 싶은 것은 오로지 '과연 그 물질이 안전한가'이다. 그런데 안타까운 부분은 어느 누구도 이 간단한 질문을 스스로 하지 않았다는 것이다. 기업은 성장이라는 달콤함에 취해 질문을 그냥 지나쳤다 해도, 국민의 생명을 지키고 기업을 관리 감독할 책임이 있는 정부는 왜 이런 간단한 질문을 하지 않았을까? 유관 연구기관은 왜 침묵했을까? 당연히 알려졌어야 할 것들이 알려지지 않았던 데에는 어떤 특별한 이유가 있었던 것은 아닐까?

2
윤리를 망각한 현대판 연금술사

지금 우리는 인류가 경험한 적 없는 팬데믹을 경험 중이다. 학창 시절 과학 시간 혹은 병원에서 상처 소독에만 사용하던 알코올이 일상에 들어왔다. 매일 장소를 옮길 때마다 손을 닦고 주변 공간을 닦아낸다. 소독제는 이제 일상 필수품이 됐다. 그런데 어느 날부터 내 몸으로 소독제 물질이 분무되기 시작했다. 마치 공항 출국장에 설치된 금속탐지기처럼 건물 입구에 설치된 게이트 양쪽에서 안개처럼 뿌려지는 구간을 통과해야만 들어갈 수 있는 곳이 늘어가고 있다. 엘리베이터에는 소독제가 한쪽에 비치돼 있다. 최근 다섯 살배기 어린이가 손 소독제 뚜껑을 누르다 용기에서 뿜어져 나온 소독제가 눈에 튀는 사고가 있었다. 급히 병원 응급실로 데려갔지만 안타깝게도 아이는 이미 각막에 화상을 입은 뒤였다. 소독제 위치가 아이에게는 너무 높았던 것이다. 어른들이 미처 세심하게 살피지 못한 부분이었다. 어른에게 그 위치가 너무도 당연해 거기에 놓여 있는 게 맞는지 질문조차 하지 않았던 것이다.

질문이 필요한 시대

우리는 질문을 상실한 시대에 살고 있다. 성장과 효율이라는 단어 앞에서 질문이 거추장스러울 수도 있을 것이다. 하지만 이제는 '어, 이거 가습기 살균제 사건과 같은 일이 벌어지는 건 아닐까?', ' 이렇게 뿌려도 안전한 걸까?' 당연히 이런 질문을 꺼내야 한다. 우리의 기억에서 흐릿해져 가는 사건 조각을 다시 꺼내 조립하고 지금 눈앞에 펼쳐지는 광경과 맞춰봐야 하는 퍼즐인 것이다. 이것이 과거의 경험에서 얻는 교훈이다.

방송을 통해 방역 당국은 반드시 닦는 방식으로 소독할 것을 권고하고 있다. 그러나 이런 권고에서 강력한 관리 감독 의지나 책임감을 전혀 느낄 수 없다. 분무식 소독 형태가 '좋지 않을 수 있다'는 권고는 면책성 발언에 가깝다. 물론 분무되는 소독 물질은 현재 연구 기관에서 유해성 검사를 진행 중이다. 하지만 '사전 예방주의 원칙'이 있고 방역 당국은 통제 권한이 있지 않은가. 이 원칙에 따라 그 물질에 대해 적극적으로 알리고 결과가 나오기 전이라도 사용을 충분히 통제할 수 있는 일이다. 게다가 이런 분무형 소독제를 사용하는 곳은 아이러니하게도 대부분 국가기관인 관공서이다. 소비자가 믿고 의지해야 할 국가기관이 그러고 있다.

분무형 소독제로 사용되는 물질은 흔히 엘리베이터 안에 비치된 알코올이 아니다. 알코올은 눈과 호흡기에 들어가면 화상은 물론 점막을 손상시킬 수 있다. 그래서 분무 형태로 사용하지 않는다. 그렇다면 이 분무형 소독제는 어떤 물질일까? 뿌려지는 여러 종류 소독제 중 가장 많은 것이 '차아염소산'이나 '염화벤잘코늄'이라는 4가 암모늄 계열 물질(암모늄$^{NH_4^+}$에 존재하는 수소가 모두 유기 분자(알킬기 등)로 치환된 화합물)이다. 4가 암모늄 화합물은 곰팡이, 아메바, 그리고 바이러스에 대해서 세포막이나 바이러스 피막을 녹여 살균

작용을 한다. 결국 흡입 독성이 존재할 수 있는 물질이다. 이러한 4가 암모늄 계열 물질은 이미 잘 알려져 있다. 현대의 화학자들이 보통 쿼츠Quats라고 부르는 이 물질은 살균제일 뿐만 아니라 양이온 세제로도 사용한다. 그러나 노출 정도에 따라 건강에 악영향을 줄 수 있다. 가벼운 피부 자극부터 심할 경우 사망에 이르게 한다고 알려진 물질이다. 그러면 이미 잘 알려진 물질의 이런 위험성에 대해 왜 이야기하지 않는 것일까? 물론 방역 당국의 흡입 독성에 대한 연구 결과가 나올 때까지 기다려야 하겠지만, 우리는 그런 게이트로 지나다니지 않을 권리가 있다. 더 이상 화학물질에 대한 '비밀주의'가 용인되어서는 안 된다.

독일어에는 바겐부르크 멘탈Wagenburg mental이라는 용어가 있다. 바겐부르크는 4륜 수레로 만든 성城이라는 의미다. 이 수레는 일종의 이동식 요새인데, 주로 전쟁 전술에 사용됐다. 실제로 15세기에 헝가리·폴란드·왈라키아의 연합군이 오스만 군대와 격돌할 당시 바겐부르크로 오스만 군대의 공세를 막았다고 한다. 그래서 누구도 받아들이지 않으며 밖에서 들리는 소리마저 무시하고 외부와 단절한 정신적 행위를 이 용어에 비유한다. 그런데 한 나라의 살림을 맡은 정부 조직이 이런 태도를 보인다면 어떨까?

1957년 독일의 제약 회사인 그뤼넨탈Grünenthal은 진정제이자 수면제인 '콘테르간Contergan'을 출시했다. 동물시험과 임상시험에서 부작용이 전혀 나오지 않아 기적의 약물로 불렸다. 그런데 이 진정제가 임신 증상인 입덧에 효과가 있다고 입소문이 나기 시작해서 독일 임산부들 사이에 급속도로 퍼졌다. 하지만 출시 후 약 1년이 지나며 참극이 벌어졌다. 약을 복용한 임산부들은 팔다리가 아예 없거나 있다고 해도 매우 짧은 기형아를 출산했다. 독일에서만 최대 1만 명의 신생아들이 피해를 입었고 수많은 태아가 생존하지 못했다. 원인은 콘테르간 안에 들어 있던 화학물질인 '탈리도마이드

Thalidomide'였다. 왜 이런 참극이 벌어졌는지에 대한 과학적 원인은 책의 뒤편에 따로 설명했다(거울상 이성질체라는 까다로운 용어가 나오는데 공부가 무르익어가면 쉽게 받아들여질 것이다). 여기서 중요한 것은 이 약의 출시 후 4년 동안 독일을 중심으로 유럽을 포함한 서방 45개국에 판매됐다는 것이다.

화학물질에 대한 비밀주의

당시 독일의 제약 수준이 세계적이라는 사실은 잘 알려져 있었다. 두 차례의 전쟁을 치르며 독일 제약 기술 수준은 급격히 상승했고 독일 사회는 물론 유럽과 서방국 사회는 독일 제약 회사를 신뢰하고 있었다. 그럼에도 3년 동안 점점 늘어가는 기형아 출산의 원인은 여전히 미궁이었다. 콘테르간을 의심하는 목소리가 나왔지만 누구도 나서서 밝히려 하지 않았다. 오히려 원인이 다른 데 있다는 주장도 있었다. 독일 정부는 탈리도마이드라는 약 물질의 정보를 전혀 알지 못했고 기업의 전략 물자인 원재료에 대해 비밀을 인정하고 보호했다. 참사의 원인은 외부로부터 알려지게 된다. 미국 식품의약국FDA이 탈리도마이드에 대한 사용 승인 심사에서 부적합 판정을 내리자 사태의 심각성을 알게 된 것이다. 그런데 참사 원인이 밝혀진 이후에도 특별한 조처를 취하지 않았다. 오히려 관할 기관인 연방 보건청은 책임을 회피했고 제약 회사 또한 적절하게 이를 통제하지 않았다. 이 태도가 바로 '바겐부르크 멘탈'이고 화학물질에 대한 비밀주의다.

이 모습은 우리에게도 그리 낯설지 않다. 가습기 살균제로 인한 피해가 밝혀진 초기에 기업과 정부가 보인 태도와 크게 다르지 않기 때문이다. 당시 독일의 제약 및 화학 산업에서는 비밀주의가 팽배했다. 제2차 세계대전 이후 독일은 자국 산업의 지적 재산이 전략적 무기라고 판단했고 기업

과 정부 간 전략 물질에 대한 비밀주의가 만연했다. 어찌 보면 자원 전쟁에서 물질 정보는 극비로 다뤄야 하는 것이 맞지만, 이 비밀주의가 참사를 가져올 수 있다는 혹독한 경험을 하게 된 것이다. 이후 독일 정부는 달라졌다. 화학물질 정보를 시민들에게 알리고 사고 발생 시 즉각 대응할 수 있는 매뉴얼을 마련했고 실행 조직을 운용했다. 병원을 중심으로 중독센터를 운영한 것이다.

우리나라에서는 가습기 살균제 사건의 참사 원인이 밝혀진 지 4년이 지나 화학물질 관리법과 평가법이 제정됐다. 독일처럼 쓰라린 수업료를 치르고 난 후 움직이기 시작한 것이다. 하지만 화학물질 비밀주의의 심각성을 여전히 간과하고 있는 것은 아닌지 의심스럽다. 물론 이런 법과 규제로 기업의 경제활동을 옥죄고 제한하는 것이 목적이 될 수는 없다. 법과 규제가 제대로 작동해야 하는 이유는 화학물질을 다루는 일이 조금 더 정의로운 행위가 될 수 있어야 하기 때문이다.

화학물질에 관한 윤리와 정의

정의의 측면에서 가습기 사건을 복기해보자. 가습기 살균제에 포함된 문제의 물질은 총 4종이다. 이름이 다소 어렵지만 눈과 귀에 익혀보자. 폴리핵사메틸렌 구아니딘[PHMG]과 염화에톡시에틸 구아니딘[PGH], 그리고 클로로메틸이소티아졸리논[CMIT]과 메틸이소티아졸리논[MIT]이다. 지금은 워낙 유명해진 물질이어서 이 물질에 대한 물성 정보는 인터넷에서 쉽게 검색할 수 있다. 여기서는 이 물질들의 정체와 화학적 독성의 차이를 살펴보자는 게 아니다. 말하고 싶은 것은 물질을 대하는 태도이다.

이 물질들은 물성뿐만 아니라 제조사는 물론 판매사와 제품 출시 시기도 달랐다. 이 중 폐가 굳는 폐섬유화와의 인과성이 아직 밝혀지지 않았다고 하는 CMIT와 MIT를 보자. 1994년 이 두 물질이 포함된 '가습기 살균제'라는 상품이 세상에 나왔다. 상품이 처음 나온 것일 뿐, 원료 물질은 출시 이전은 물론 지금도 각종 세정제에 사용되는 성분이다. 물론 가습기 살균제 출시 당시에도 '유해물질관리법'은 있었다. 그런데 이 법으로는 1991년 이전부터 이미 사용돼온 화학물질은 유해성 심사가 면제될 수 있었다. 그러니까 두 물질은 정부의 규제 조항의 빈틈을 타고 유해성 심사를 면제받은 것이다. 아무리 기존에 사용된 화학물질이라 해도 가습기 살균이라는 새로운 용도일 경우에는 달리 반응하지 않는지 안전성을 확인했어야 한다. 그리고 1996년 PHMG라는 물질이 등장한다. 이 물질은 그 전에 없던 새로운 화학물질이었다. 당시 제조사는 신규 화학물질에 대해 관련 기관에 유해성 심사를 신청했다. 새로운 화학물질이니 당연히 관련 법에 의한 심사를 신청한 것이다. 하지만 독성시험 자료가 첨부되지 않았는데도 심사에 통과했다. 어떻게 된 일일까? 화학물질신고서 등에 관한 고시 조항에 있는 시험서 제출

생략 항목에 해당된 것이다. 이 책 중반부에 고분자에 대해 자세히 설명하겠지만, 이 물질 이름의 맨 앞에 있는 영문 약자인 'P'는 '폴리머^{Polymer}', 즉 플라스틱 같은 고분자를 의미한다. 그런데 유해물질 신고 시 생략 조건에 고분자 물질은 독성시험 자료 제출을 생략할 수 있다고 명시된 것이다. 이 말은 고분자는 독성시험 자료를 내지 않아도 된다고 해석할 수 있는 규정이었고 대신 특성시험 자료만 제출하면 되었다. 그리고 2003년 PGH 역시 고분자 물질이어서 별다른 제재 없이 심사를 통과한다.

고분자 물질은 분자가 커서 쉽게 세포 안으로 들어갈 수도 없고 조직에 침투하거나 인체와 반응하기 쉬운 구조도 아니다. 따라서 상대적으로 작은 크기의 저분자 물질보다 안전한 건 맞다. 하지만 PHMG나 PGH는 '양이온성 고분자' 물질이다. '이온'이라는 이름을 붙였다는 의미는 분자가 전기적 극성을 띤다는 것이다. 결국 다른 물질과 반응할 수 있는 조건을 갖췄다는 것이다. 당시에도 이런 고분자 물질이 물에 녹으면 독성이 발현된다는 사실 정도는 알고 있었다. 시기적으로 보면 우리 유관 기관도 이미 미국 등 선진국에서 이런 양이온성 고분자 물질에 대해 독성시험 자료를 제출하게 하는 심사 제도가 있다는 사실을 알고 있었을 것이다. 결국 PHMG가 출시된 1년 후인 1997년 뒤늦게나마 국내에 양이온성 고분자 물질에 대한 규정이 만들어진 것을 보면 이 물질 특성을 당시에 인지했다는 사실을 증명한다. PHMG는 이미 심사에 통과했지만 소급 조사를 할 수도 있었고 이후 등장한 PGH의 심사에서는 분명 걸러졌어야 한다. 하지만 이 규정에는 '양이온성 고분자 물질은 추가 시험 자료를 요청할 수 있다'는 선택 조항이 붙었을 뿐이다. '할 수 있다'는 건 느슨한 조항이다. 기업은 굳이 추가 시험을 할 이유가 없는 셈이었다(이 부분은 정말 아쉽다. 비록 선택 조항이라 해도 기업이 자발적으로 했다면 참사 피해의 절반 이상을 줄이지 않았을까 싶다). 결국 PGH도 이 선택 조항을 이유로 흡입 독성에 관한 시험 자료가 제출되지 않고 세상에 나온 것이다. 참사를 막을 기회는 분명히 여러 차례 있었다. 만약 한 사람의 실수라면 몰라도 환경부와 산업부, 식품의약품안전청과 기술표준원 등 화학물질 심사와 관련한 유관 기관도 많았는데 그 오랜 기간 동안 왜 어느 누구 하나 가장 간단한 이 질문을 던지지 않았을까? '이 물질은 안전한가?'라고 말이다.

화학물질은 그 속성상 매우 주의 깊게 관리해야 한다. 그런데 지금도 정부의 대응에는 아쉬운 느낌이 든다. 기업의 화학 물자에 관해서는 여전히 비밀 유지를 용인해주고 있다. 비공개이니 알려줄 수 없다는 것이다. 물론 이런 물질이 기업의 전략 물자일지도 모른다. 그렇더라도 독일 사례의 교훈에서 알 수 있듯이 앞서와 같은 참사를 막기 위해서도 정보 공개에 대한 사회적 합의를 이뤄내야 한다. 2015년 화학물질관리법과 평가법이 제정되었고 가습기 참사가 시작된 이후 10년이 넘어가고 있다. 그럼에도 화학물질을 적절하게 통제 관리하고 있는지 질문을 던질 수밖에 없다. 그리고 누군가는 바겐부르크 멘탈에서 벗어나 답해야 한다. 그리고 답하는 과정에서도 눈높이는 중요하다. 특히 과학에서는 더 중요하게 여겨져야 한다. 과학은 언어가 다르기 때문이다. 어려운 수학과 공식, 단위 혹은 용어를 사용하는 과학의 언어는 보통 사람들에게 외국어나 다름없다. 그래서 상대가 알아들을 수 있게 통역에 가까운 대답을 해줘야 한다.

과거 연금술사와 화학자들은 누군가에게 권력을 쥐여줄 수 있었고, 거꾸로 그 힘을 빼앗아 올 수도 있었다. 때론 어리석은 자에게 물질과 함께 힘을 쥐여주고 그 대가를 혹독하게 치르기도 했다. 이런 일은 역사에서 빈번하게 발생했다. 그런 이유로 연금술사들에게는 그들만의 묵시적 합의가 있었다. 때론 불행을 가져올 수도 있는 물질의 발견으로, 또는 부와 명예 그리고 생명을 가져다주는 행운이 올 수 있기에 그 행위에 윤리적인 책임을 지게 했다. 그래서 자신에게 늘 엄격했다. 늘 자신을 성찰하고 타인의 몸과 마음에 상처를 입히지 않으려 했다. 간혹 연금술사들의 실험 노트에 기록된 암호화된 기호를 본 적이 있을 것이다. 이를 보고 부와 영생을 가져다줄 자연의 진실을 숨기려고 한 이기적인 행동으로 해석하기도 한다. 하지만 위험할 수 있는 지식을 함부로 다뤄서는 안 된다는 속 깊은 뜻도 있었다. 이런 연금술사의 윤리와 정의를 현대 화학에서는 찾아볼 수 없는 걸까?

미국 FDA는 탈리도마이드의 판매 허가 승인을 거부했다. 임산부에 대한 임상시험 자료가 미비했기 때문이다. 탈리도마이드 사건에서 독일을 충격의 도가니로 몰아넣은 악역과 미국의 영웅 이야기를 넘어 눈여겨봐야 할 중요한 사실 하나가 있다. 바로 원칙을 따르는 것이 얼마나 중요한 일인가 하는 것이다. 미국 FDA 심사 담당자는 부작용과 독성이 모두 확인되지 않으면 안전한 것이 아니라는 원칙이 있었다. 이에 반해 당시 독일은 그 시점에 위험성과 인과성이 확인되지 않았으면 안전한 것이라고 판단했다.

과학에서 가설이 이론이 되기 위한 가장 큰 조건이 있다. 모든 실험과 증명의 과정에서 오류가 나타나지 않았을 때에 비로소 이론이 되고 법칙이 된다. 이론으로 성립됐다 해도 이후 오류가 하나라도 나타나면 이론은 실패로 끝난다. 화학물질과 같은 과학적 산물을 다룰 때는 과학자든 관리자든 모두 과학적 태도를 갖춰야 한다. 특히 화학물질을 포함한 화학은 무해한 분야가 아니다. 그 때문에 물질을 다뤄야 하는 상황에서는 윤리적으로 어떻게 행동해야 하는지를 스스로 질문해야 한다. 소비자 또한 마찬가지이다. 위험하다는 것, 유해성 물질을 바라보는 데서도 지극히 과학적인 사고가 필요하다. 그럼 화학물질을 바라보는 과학적 사고란 무엇일까?

3
화학물질의 유해성을 논한다는 것

"모든 것은 독이며, 독이 없는 것은 존재하지 않는다. 독의 유무를 정하는 것은 오직 용량뿐이다."

이 말은 유명한 연금술사인 파라셀수스^{Philippus Aureolus Paracelsus, 1493~1541}의 말이다. 이 말에서는 독을 만들 수 있는 연금술사의 주술적이거나 마법적인 색채가 느껴지지 않는다. 이 말은 지극히 과학적으로 다가온다. 연금술사들이 행한 일련의 비과학적 접근 사례 때문에 연금술 자체가 과학이 아니라고 폄하되지만 사실 연금술은 근대 화학 발전에 막대한 영향을 끼쳤다. 연금술이 납을 금으로 만들기 위한 허망한 행위로만 알려져 있기 때문에 오명을 입고 있을 뿐이다.

소금과 물은 인간의 생명 활동에 꼭 필요한 화학물질이다. 누구도 두 물질을 유독성 물질처럼 취급하지 않는다. 그런데 소금과 물도 과잉 섭취하면

독의 모습으로 바뀐다. 파라셀수스는
이 점을 지적한 것이다.

파라셀수스

유해성과 위해성

최근 우리 삶의 질과 환경이 무척 나
빠졌고 그렇다 보니 자연스럽게 그 원
인에 관심이 많아졌다. 그 중심에 화학물질이
있다. 내가 강연을 하면서 가장 많이 받는 질문도 어떤 물질이 '안전한가'
에 대한 것이다. 그럼 먼저 '위험'이라는 용어를 제대로 알아야 한다. 화학
물질에서 '위험'을 다루는 두 용어가 있다. 바로 '유해성 Hazard'과 '위해성 Risk'
이다. 마치 말장난이나 동어반복처럼 들릴지 모르겠지만 분명히 의미가 다
르다. 유해성은 물질이 자체적으로 가지고 있는 해로운 특성을 말한다. 그
리고 위해성은 물질에 의해 노출되어 실제로 피해를 입는 정도이다. 두 용
어 사이에는 미묘한 차이가 있다. 위해성에는 '노출량'이라는 변수가 들어
있다. 이제 앞서 언급한 화학물질과 관련한 사고 사례에 두 용어를 적용해
보자.

　1996년에 유통된 가습기 살균제 성분인 PHMG의 경우 소비자는 약 15
년간 이 물질에 노출되다가 2011년에야 피해를 인식하게 되었다. 보건복
지부와 질병관리본부는 역학조사와 동물흡입시험을 했고 2012년 2월 발
표된 그 결과는 참담했다. 인체에 위해하다는 명확한 인과관계가 확인됐다.
PHMG 자체 독성도 문제지만 노출량이 가장 큰 변수로 작용한 것이다. 또
다른 가습기 살균제 성분인 CMIT와 MIT도 폐섬유화를 직접적으로 일으켰
는지 여부를 조사 중이다. 여기에서도 노출량은 중요하다. 왜냐하면 단기간

미량의 접촉으로는 도무지 지금의 참사를 설명할 수가 없기 때문이다. 결국 만성적인 노출과 사망의 인과관계가 성립되는지 확인 중이다. 이 결과는 현재 진행 중인 재판에서도 주요 쟁점이다. 더디지만 기업에 대한 책임 추궁도 이어지고 있다.

살충제 계란 파동의 주범은 피프로닐이라는 화학물질이었다. 이 물질은 그 자체로 유해한 물질이다. 하지만 피프로닐의 위해성은 조건에 따라 달라질 수 있다. 당시 계란에서 검출된 양은 킬로그램당 0.0363밀리그램이었다. 계란 하나의 무게인 60그램을 기준으로 검출량을 환산해보면 그 함유 수치가 낮아진다. 허용 기준인 0.02ppm으로 몸무게 60킬로그램 기준 성인에게 위해성의 잣대를 대려면 문제의 계란 수백 개를 한 번에 먹어야 한다는 결론이 나온다. 이 정도 섭취라면 물질 자체의 유해성을 떠나 과식으로 인한 부작용이 먼저 생길 것이다. 그야말로 숫자에 함정이 있었던 것이다. 그리고 위해성 경계를 넘는 계란의 정확한 수도 가늠하기 어렵다. 위해성은 섭취량뿐만 아니라 사람의 나이와 성별, 건강 상태에 따라 다르기 때문이다. 그리고 노출량조차 시간에 따라서도 달라지게 된다. 비록 적은 양이지만 오랜 시간에 걸쳐 노출된다면 결과는 달라진다. 일반적으로 섭취할 때의 안전 기준은 일일 섭취 허용량 ADI, Acceptable daily intake 을 따른다. 이 기준은 1년간 매일 먹는다 해도 안전한 양이라는 것이다. 이 기준은 보통 '위험하다'는 기준치에서도 일부러 수백 배 높게 책정한다. 사건 당시 오히려 ADI라는 지표 대신에 급성 독성 참고량 ARfD, Acute reference dose 이라는 기준을 적용했다면 불안감이 덜하지 않았을까 싶다. ARfD는 국제보건기구 WHO 가 식품이나 음용수를 통해 섭취된 특정 화학물이 인체에 급성으로 영향을 주는 수준을 고려하기 위해 설정하는 수치이기 때문이다. 조사된 피프로닐 함유량은 인체에서 24시간 안팎의 시간 동안 섭취해도 건강상 위해성을 나타나지 않는다고 추정되는 양이었다. 게다가 통상 잔류 허용 기준은 최소 20배에서 100배까지 안전 구간을 두고 정해지기 때문에 잔류량까지 고려한다면 이론적 일일 최대 섭취량^{TMDI, Theoretical maximum daily intake}과 인체 총노출량이라는 잣대까지 들여다봐야 한다. 이렇게 성인 한 사람이 문제가 된 계란을 매일 섭취한다고 했을 때의 위해성 기준을 제대로 알고 있었다면 잠시 동안이었지만 마트에서 벌어졌던 해프닝은 없었을지도 모르겠다.

위해성은 이렇게 단순하게 접근할 수 없는 입체적 기준이다. 물론 소비자가 이런 항목을 일일이 점검할 수 없다. 하지만 기업과 정부, 언론은 이 항목을 참고해 안전한지를 알려야 했다. 특히 조회수를 늘리려 자극적이고 충격적으로 왜곡해 보도한 언론의 태도는 문제가 아닐 수 없다.

화학물질은 무조건 해롭다는 인식이 팽배하다. 이 시각은 화학적으로 나쁜 성질만을 주목한 것이다. 그런데 우리가 주목해야 할 또 다른 부분은 물리적 성질인 물질의 크기이다. 화학물질은 그 물질의 성질을 유지하는 분자로 구성돼 있다. 그런데 분자 크기 정도의 물질은 대부분 사람 눈에는 보이지도 않고 몸에 들어올 때 느낄 수 없는 경우가 대부분이다. 자극적인 향이 난다면 피하겠지만 냄새도 맛도 없는 아주 작은 분자가 몸에 들어온다는 사실조차 알 수 없으니 불안한 것이다. 하지만 인체가 모든 화학물질을 무조건 받아들이는 것은 아니다. 사람의 몸은 약 60조 개에 달하는 체세포로 이뤄져 있다. 이런 세포가 모여 조직을 이루고 생명체를 유지한다. 유해 화학물질이 이 세포와 조직에 작용하기 위해서는 그것에 적합한 크기여야 한다. 물질이 세포 안으로 들어가 반응해야 하기 때문이다. 너무 작으면 세포 안에 남아 있지 못하고 대부분 배출되기도 한다. 너무 커도 세포막을 뚫고 들어갈 수가 없다. 결국 위해성은 인체에 불필요한 물질 분자가 들어와 빠져나가지 않고 축적돼 문제를 일으키는 경우가 대부분이다. 축적이라는 뜻은 화학물질이 지방과 같은 생체 조직과 결합하고 있다는 말이다. 다시 말해 유해물질이 축적되려면 세포가 드나들거나 조직과 반응해 결합하거나 침투할 수 있는 적합한 크기가 돼야 가능하다는 것이다.

가령 유해물질을 말하는 용어 중에 '휘발성 유기화합물 VOCs, Volatile organic compounds'이라는 단어를 들어봤을 것이다. 휘발성이란 대기 중으로 퍼질 수 있다는 의미이다. 그만큼 가볍다는 것이고 결국 분자가 작다는 뜻이다. 이런 물질은 쉽게 접할 수 있다. 주유소에서 기름을 직접 주유한 경험이 있는 독자라면 알 것이다. 심지어 눈으로도 보인다. 주유할 때 주유구 근처에서 아지랑이가 피어오르는 것을 본다거나 휘발유의 역한 냄새를 맡은 적이 있을 것이다. 바로 휘발유 분자가 대기로 날아가는 것이다. 이런 물질이 휘발성 유기화합물이다. 물론 엄청나게 작은 물질이다. 이렇게 작은 분자는 세포 안을 자유롭게 드나들 수도 있지만 무조건 걱정할 일은 아니다. 아주 작은 분자는 다른 의미로 체내에 축적되지 않고 배출이 잘 된다는 장점이 있다. 다시 말해 화학물질은 모두 위험한 것이 아니라 분자의 크기에 따라서도 위해도가 다를 수 있다는 것을 의미한다. 물론 극도로 반응성이 큰 작은 크기의 유해물질이 있을 수 있지만 일반적으로 유기화합물 기준으로 탄소 8~20개 정도로 만들어진 크기의 분자가 인체에 영향을 줄 가능성이 높다. 그 외에도 앞서 말한 이온성 물질이나 주기율표의 17열에 자리 잡은 특별한 원소를 지닌 물질은 크기와 관계없이 독성을 가질 수 있다. 그리고 아무리 독성이 있다 해도 받아들이는 인체의 건강 상태와 노출량과 시간에 따라서도 독성 반응은 다를 수 있다.

여기까지 읽은 독자들은 이제 화학물질을 선과 악이라는 이분법으로 보려는 태도에서 벗어났으리라 생각한다. 나는 모든 화학물질은 물론 일상에서 접하는 모든 유해물질에 대해 알려줄 재능이 없다. 책이라는 한정된 지면 탓도 있겠지만 엄밀하게 말하면 부끄럽게도 과학자조차 모든 화학물질에 대해 알지 못한다. 인류가 만들어낸 화학물질 종류만 해도 수천만 종이 넘고 이 중 약 3퍼센트 정도만 각종 유해성 시험을 통한 완전한 데이터가 있다. 중요한 것은 인류의 발전과 함께 급성장한 화학물질이 인류 문명에 필수적이고 긍정적 영향을 준 게 사실이지만 우리가 미처 알지 못하는 부작용도 분명히 존재한다는 것이다.

환경 정의의 문제

일련의 사고에서 나타난 것처럼 화학물질을 다루는 기업은 그 부작용에 대해 관대하며 감추려고 한다(아니 어쩌면 기업과 연구기관도 화학물질에 대해 완벽히 알지 못하기 때문일 수 있다. 솔직히 내 생각은 여기에 더 가깝다). 관련 기관은 독일이 그랬듯 바겐부르크 멘탈로 일관할지 모른다. 정부와 언론의 과잉 대응과 혼란이 계속될지도 모른다. 그렇다면 우리는 어떤 태도를 보여야 할까?

화학물질은 분명 장점이 있기 때문에 사용된다. 우리는 물질로 이익을 얻으며 상대적으로 발생하는 손실이나 피해를 감수하게 된다. 그 이익이 너무 크기 때문에 상대적으로 적은 확률로 발생하는 위험을 감수하는 것이다. 우리가 자동차를 이용하면 여러 가지 이익을 얻는 동시에 사고의 위험도 감수해야 한다. 그래서 보험이라는 비용마저 받아들이고 편의를 누린다. 이 경우는 합리적으로 보인다. 이득을 보는 사람과 위험과 비용을 감당하는 사람이 일치하기 때문이다. 하지만 화학물질의 경우는 그 당사자가 일치하지 않는다. 이익을 보는 사람과 피해자가 일치하지 않는다는 것이다. 화학물질의 특성상 타인 혹은 세대를 건너뛴 후손에게까지 시공간을 넘어 피해를 입힐 수 있다. 그러니까 생산자는 책임지지 않으며 이익을 보고 엉뚱한 사람이 피해를 보게 되는 것이다. 결국 화학물질은 '환경 정의'의 문제에서 다뤄져야 한다. 화학물질을 둘러싼 이해관계자인 기업과 정부, 그리고 언론과 소비자가 모두 이런 환경 정의의 문제에 고민해야 한다는 것이다.

이 구도에서 소비자도 힘을 길러야 합리적인 목소리를 낼 수 있다. 외면하고 방치하는 순간 우리는 어쩌면 피해자이자 가해자가 될 수도 있기 때문이다. 이제 그 힘을 기르기 위해 인류와 함께한 화학물질의 세계로 들어가 보려 한다. 앞으로 풀어나가는 이야기들은 학창 시절처럼 시험 문제를 풀듯 화학식과 화학반응을 공부하는 것도 아니고 사전 찾듯 모든 화학물질을 하나하나 알아보는 것도 아니다. 화학물질은 그 수도 많고 물질의 부분을 안다고 전체를 알 수 있는 것도 아니기 때문이다.

'화학물질 공부'의 목적은 화학물질을 대하는 태도와 화학을 일상의 한 부분으로 받아들일 수 있는 근력을 기르기 위한 것이다. 물론 화학과 관련한 몇 가지 반응이나 제품 제조 사례가 언급되겠지만, 이 책의 목적은 인류가 잘 알고 있지만 우리에게 알려지지 않은 화학물질과 그것과 관련해 널리 퍼져 있는 오해와 진실을 확인함으로써 화학을 바라보는 시선을 바꾸고 화학물질에 대한 올바른 접근을 고민하는 데에 있다.

세상의 거의 모든 물질을 설명해주는 화학

자, 이제 화학을 공부해야 하는데, 화학은 다른 과학 학문에 비해 유난히 높은 벽이 느껴진다. '화학^{化學, Chemistry}' 하면 어떤 단어가 연상될까? 대부분의 사람들은 화학을 '어렵다'와 '위험하다'는 의미와 연관 짓고 '자연'이나 '천연'과 반대 의미인 '인공'과 '합성', 그리고 '공장', '독성'과 같은 단어를 떠올린다. 이유가 무엇이든, 사람들은 화학에 관해 여느 과학들처럼 합리적이라거나 신비한 느낌을 갖기보다 비합리적이며 공포스러운 느낌을 가진다. 이렇게 '화학'은 과학자와 공학자 같은 특별한 사람을 제외하고 대부분의 사람들에게 친근하게 다가가기 어려운 대상이다. 나도 화학을 공부했지만 사람들이 화학에 대해 이렇게 느끼는 것을 충분히 이해한다.

여기에는 많은 이유가 있겠지만 가장 큰 이유는 용어에 있다. 러시아 소설이나 그리스 신화를 읽어본 분들이라면 공감하는 부분이 있을 것이다. 책을 펼치면 주인공은 물론 주변 인물들의 익숙하지 않은 이름과 지명이 나온다. 낯선 이름들은 이야기 흐름을 느리게 하거나 놓치게 하고 다시 그 족보가 나온 앞부분을 뒤적거리게 만든다. 그러다가 책을 아주 덮어버린다. 어쩌면 화학도 이와 비슷하지 않을까? 앞서 언급한 유해물질인 PHMG의 공식 명칭은 '폴리헥사메틸렌 구아니딘Polyhexamethylene guanidine'이다. 나는 처음부터 이 화학명을 꺼냈고 독자는 이를 불친절하게 느꼈을 수도 있다. 발음하기조차 까다로운 용어는 화학을 공부하지 않은 사람에게 더 낯설고 어려울 수밖에 없다. 하지만 우리는 이런 생소한 이름들을 의외로 주변에서 쉽게 찾아볼 수 있다. 당장이라도 욕실에 들어가 샴푸병을 들여다보라. 발음하기도 어려운 성분을 보고 무력감을 느낄 것이다. 그리고 곧 불안해진다. 가습기 살균제 사건을 유발한 그 물질 이름이 그대로 적혀 있기 때문이다. 어쩌면 우리는 발음하기조차 어려운 이름 때문에 그 물질이 등장하는 이야기의 흐름마저도 외면한 것은 아니었을까? 우리가 책의 흐름을 따라가기 위해서 등장인물에 친근해야 하는 것처럼 이런 화학물질 이름에도 익숙해져야 한다.

모든 이름에는 의미가 있다. 우리의 이름이 그러하듯 화학명에도 의미가 들어 있는 경우가 많다. 원소의 이름에도 의미가 있다. 치열한 원소 사냥의 시절에 위대한 과학자들의 전리품이 그들만의 원소명이기 때문이다. 그리고 원소가 모인 물질의 이름도 그냥 만들어지는 것이 아니라 나름의 규칙과 의미가 존재한다. 익숙하지 않겠지만 화학물질 이름이 주는 즐거움을 맛보길 바란다.

물론 화학물질에 대한 부정적 태도에는 더 많은 이유가 있겠지만 근본적으로 우리는 학교에서 화학을 흥미롭고 실용성 있는 학문으로 배우지 못했다. 수학 과목처럼 외우고 문제를 푸는 데 지쳤고, 잘 모르니 악성 정보에 두려움을 갖게 됐다. 화학이 속한 학문이나 직업에서도 마찬가지다. 시험관, 불꽃, 악취 나는 실험실, 폭발……이 연상된다. 우리는 화학에 대한 공포와 더불어 혐오마저 품고 살고 있다. 화학은 어렵고 위험하며 유해하다는 등식이 팽배하다. 하지만 화학만큼 우리 삶을 지배하는 학문도 드물다. 다른 과학 분야도 마찬가지지만 화학은 다른 과학보다 유난히 인류의 삶과 가까이 있으며 인류 지식의 발전 면에서도 예측 가능한 이론과 경이로운 현실을 연결한 학문이다. 이제 화학은 유해성 여부만을 논하는 대상이라고 보는 데서 벗어나야 한다. 인류 역사는 물질이 문명을 만들고 다시 문명이 물질을 만들며 지금까지 이어져 왔다. 화학은 인류사를 통과하는 거의 모든 물질을 설명해준다. 어쩌면 지금의 문명을 이해하는 데에 꼭 필요한 것이 화학의 시선일지도 모른다. 이제 본격적으로 물질의 화학 세계로 들어가보자.

4

원자와 원소

화학물질을 공부하기 위해서는 '원소 Elements'를 빼놓을 수 없다. 물질의 근원은 원자이고 수많은 원자는 원소로 구별되기 때문이다(그렇다고 지금부터 학창 시절에나 봤을 법한 주기율표의 순서대로 원소를 공부하자는 것은 아니다. 이 분야는 화학뿐만 아니라 물리학에서도 많은 교양서가 있으니 별도로 참고하면 된다). 원소는 분명 화학이라는 학문의 범주에 있다. 물론 물리학에서도 원소와 원자를 다루지만, 사실 물리학자는 수소 원자 이외의 원소에 대해서는 그다지 관심이 덜하다. 그들은 오히려 원자 내부의 구조, 그러니까 원자 중심에 깊이 박혀 있는 핵을 구성하는 더 작은 입자에 관심을 가진다. 같은 대상을 놓고 두 학문은 관심사가 다를 뿐이다. 서로 다른 관심은 원자를 바라보는 시각에도 차이를 보인다.

원자를 고민하다

고대부터 아토모스^{Atomos}라는 이름이 주어진, 물질의 기본 입자인 원자는 '더 이상 쪼갤 수 없다'는 의미를 지니고 있다. 이제 이런 질문을 할 수 있다. 원자는 물질을 구성하는 가장 작은 단위이고 나눌 수 없는 존재라고 했는데 지금의 과학기술은 원자를 더 나눌 수 있다고 한다. 그렇다면 원자는 원자라는 이름이 어울리지 않는 것이 아닌가? (물리학에서 정의한 원자 모형도를 본 사람이라면 당연히 원자를 더 나눌 수 있다는 사실을 쉽게 알 수 있다.) 한편, 화학의 관점에서는 원자를 나눌 수 없다. 도대체 이게 무슨 이상한 말인가. 물리학에서는 원자를 나눌 수 있다고 하고, 화학에선 나눌 수 없다고 하는 건 어떤 의미일까?

화학은 반응과 변화의 학문이다. 사실 반응의 주역은 대부분 전자다. 가령 두 원자가 결합을 위해 가까이 다가간다면 어떤 일이 일어날까? 각 원자가 가진 전자는 두 핵이 가까워짐에 따라 전자가 위치할 지리적 공간이 재배치되며 두 원자를 전자구름으로 묶어버린다. 그리고 이전과 다른 새로운 물질로 변화한다. 원자보다 더 작은 입자는 분명 있다. 그 입자는 원자 그 자체를 설명할 수 있어도 물질의 성질이나 변화를 설명할 수 없다. 그래서 화학적 관점에서는 원자를 가장 작은 단위로 국한한다. 물리학에서 말하는 원자는 원자 그 자체의 정량적 측면을 말한다. 원자를 구성하는 조건과 그 구성원들을 말한다. 반면 원소는 원자의 질적 정의인 셈이다. 특별한 성질을 가진 원자들을 묶어 원소라는 이름을 붙였다.

학문의 경계는 물론이고 과학이라는 분야가 정립되기 전의 인류에게 물질의 근원은 늘 탐구 대상이었다. 인류는 꽤 오래전부터 사물의 본질 혹은 본성을 찾아왔다. 독자들은 4원소설을 한 번이라도 들어봤을 것이다. 물질은 뜨겁거나 건조하고 습하거나 차가워 세상은 불, 공기, 물, 그리고 흙으로 이루어졌다고 생각한 시대가 있었다. 물론 원자라는 개념을 처음 이야기한 것은 무려 기원전 624년으로 거슬러 올라간다. 하지만 이 시기부터 시작한 화학사의 전개를 이 책에서 다루지는 않는다. 이미 우리는 이전 과학자들의 노력 덕분에 거인의 어깨에 올라타 있지 않은가. 우리는 이제 더 이상 물과 공기와 흙과 불이 물질의 근원이 아니라는 것을 알고 있다. 그럼에도 화학을 다루는 모든 문헌과 서적은 연금술을 중요하게 다룬다. 화학이라는 학문의 발전에 꼭 거쳐가는 것이 바로 연금술이기 때문이다.

황금을 만들기 위한 온갖 시도가 지금 보기에는 비과학적이고 비현실적으로 보일 수 있지만 당시의 지식 수준에서는 타당성이 있었다. 대기 중 질소가 언젠가는 비료를 제조하는 데 결정적 재료가 될 것이라는 빅토리아 시대 화학자들의 강렬한 소망이 더 이상 비현실적인 희망이 아니었음을 잘 알고 있지 않은가. 그리고 당시 연금술을 실행한 사람들도 분명 학자였다. 심지어 우리가 잘 알고 있는 물리학자 뉴턴 Isaac Newton, 1642~1727도 연금술사였고 괴테 Johann Wolfgang von Goethe, 1749~1832도 연금술에 심취했던 인물이다. 물론 그들은 황금이 아니라 물질 세상의 기원를 찾으려 했다. 실제로 연금술은 근대 화학의 기초이기도 했다. 다만 그 방법이 데카르트의 과학적 방법론을 따랐음에도 대부분의 목적이 부를 가져다줄 금을 만들기 위한 인간의 욕망에 닿아 있었다는 이유로 폄하된다. 그래도 그들의 탐구심은 계속됐다. 세상을 이룬 물질의 근원을 알고 싶어 했다. 당시 과학이 도그마와 이데올로기로 버무려져 있었던 중세시대 신본사회를 통과하며 절대적 진리에 매몰되기도 했지만, 17세기에 이르러 화학사에 더 중요한 사건들이 생겨나기 시작하고 지금의 세상을 만들기 시작했다.

화학의 시작점을 과학사의 어딘가에 표시하려면 그에 합당한 사건과 인물이 있어야 한다. 화학을 독립적인 학문 분야와 정식 과학으로 자리매김한 지점은 영국 옥스퍼드의 로버트 보일Robert Boyle, 1627~1691이다. 그는 1661년 『회의적 화학자The Sceptical Chymist』를 발간했다. 이 책은 아리스토텔레스의 4원소설을 정면으로 비판했다. 과학은 사고에 머무는 것이 아니라 실험에 기초해야 한다고 말하며 화학자와 연금술사를 구분 짓기 시작했다. 화학사의 변곡점이 로버트 보일이긴 해도 화학사에 급격한 변화는 없었다. 아주 느린 속도로 기존의 연금술과 얽히며 발전했다. 연금술의 마지막 테이프를 끊어낸 사람은 앙투안 라부아지에Antoine Laurent de Lavoisier, 1743~1794이다. 물질의 본질을 파악하려 했던 그는 '물질을 분해하면 더 이상 분해되지 않는 입자'가 존재한다는 것을 알게 되었고 '원소'를 정의한다. 그리고 수백 번의 실험을 통해 다음과 같은 유명한 말을 남긴다. "어떤 것도 사라지지 않고 만들어지지 않으며 모든 것은 변화할 뿐이다." 우주를 구성하고 있는 입자는 새로 생겨나거나 사라지는 것이 아니라 존재하는 입자 사이에 화학적 변화가 있을 뿐이라고 하며 물질은 원소가 결합한 분자로 되었다는 분자설과 함께 질량보존의 법칙을 등장시켰다. 동시에 인류는 물질을 이루는 기본 재료인 원소를 경쟁적으로 발견하며 바둑판 모양의 주기율표를 하나하나 채워갔다. 물질 반응에 대한 여러 법칙과 주기율표의 등장, 그리고 물리학자들에 의해 원자설이 등장하며 연금술은 역사에서 완전히 사라지게 된다. 화학이라는 학문이 본격적으로 시작된 것이다.

연금술은 사라졌지만 지금도 우리에게 연금술의 흔적이 여전히 남아 있다. 보이지 않는 물질의 근원을 찾기 위한 과학자의 노력은 생명 물질에 대한 어려운 난제도 해결하려 했다. 무생물에게 생명을 불어넣어 주는 어떤 힘이 존재한다고 믿었고 그 이름을 '엘랑 비탈Élan vital'이라 불렀다. 이때부터 화학은 물질을 크게 구분하여 생명력을 가진 유기물과 그렇지 않은 무기물로 나눴다. 지금의 유기화학이 여기서 시작했지만 지금은 '유기물'의 의미가 과거와 같지 않다. 지금은 탄소를 중심으로 한 화합물을 통틀어 유기물이라 말한다. 앞으로 이 책에서 전개되는 대부분의 물질은 탄소화합물을 중심으로 언급될 것이다. 무기물도 중요하지만 그만큼 유기물이 우리 삶과 밀접한 관계에 있기 때문이다.

원자와 원소의 정체가 밝혀지다

유기물 중에 연금술 시대의 흔적이 이름에 남아 있는 대표적 물질이 바로 알코올Alcohol이다. 접두어인 '알Al~'로 시작하는 이름들은 대부분 아랍 연금술의 손길을 거친 셈이다. 이제 원자와 원소의 의미를 사전적 의미가 아니라 알코올의 대표적 물질인 에탄올Ethanol을 예로 들어 알아보자. 에탄올의 화학식은 C_2H_5OH이다. 탄소 2개와 1개의 산소, 그리고 6개의 수소로 이뤄진 물질이다. 질문을 해보자. 에탄올에서 원자는 몇 개이고 원소는 몇 개일까? 답을 먼저 말한다면, 원자는 9개이고 원소는 3개이다. 간단한 질문과 답으로 원자와 원소가 어떻게 다른지 직관적으로 구별할 수 있을 것이다.

우리는 원자를 대상으로 쉽게 이야기하고 있지만, 사실 원자를 가시적으로 형상화한다는 것은 쉬운 일이 아니다. 원자는 너무 작고 우리가 사는 세계와는 다른 거동을 보이기 때문이다. 이 문장의 마지막에 찍힌 마침표 하나의 잉크에도 약 7조 5,000억 개의 탄소와 수소 원자가 있다고 하면 믿겠는가. 원자가 정확히 구형이라고 볼 수 없지만 대략적인 지름은 10억 분의 1미터 크기다. 19세기 이후 등장한 물리학자들 덕분에 우리는 원자를 가늠할 수 있는 크기로 생각한다. 물리학자들이 원자의 정체를 밝혀내면서 원자에 핵이 있다는 것은 물론 핵 안의 양성자마저 쪼개어 더 작은 입자가 있음을 세상에 알렸다. 그리고 모든 입자들 간의 힘, 생성과 거동을 체계적으로 설명하며 그 정체를 밝혔다. 원자에 대한 과학적 체계를 다룬 학문이 양자역학이다. 사람들은 원자의 정체를 알았으니 화학자들이 물 분자 하나 정도는 쉽게 만들 수 있을 것이라고 오해한다. 산소 원자 하나와 수소 원자 2개로 물 분자^{H_2O}를 만드는 것이 아니냐고 한다. 하지만 우리는 절대로 이런 방법으로 물을 만들지 못한다. 물은 수소 분자^{H_2}와 산소 분자^{O_2} 기체를 실험관에 가두고 전기에너지를 주어 두 기체 분자를 충돌시켜 만든다. 게다가 모든 반응물을 생성물로 만들지도 못한다. 한편 실험 중에 생성물이 에너지를 얻어 다시 원래의 기체 분자로 분해될 수도 있다. 쉽게 말해 원자를 개별적으로 통제할 수가 없다. 그렇다면 원자 단위로 기술된 화학반응식은 무엇이냐고 되물을 수 있다. 그 식을 보면 마치 반응물과 생성물인 개별적 원자들을 자유자재로 다뤄 만들 수 있는 것처럼 보인다. 그러나 반응식은 물리학이나 수학에서 다루는 방정식이 아니다. 그래서 방정식은 양변의 평등^{Equality}이라는 의미를 담는 데 비해 화학반응식에서는 평형^{Equilibrium}이라는 용어를 사용한다. 반응과 역반응은 계속 일어나지만 어느 순간 반응이 없는 고요한 상태, 즉 평형처럼 보이기 때문이다. 반응식은 자연현상으로 일어나는 원자 단위의 반응을 공식화한 것일 뿐, 결과적으로 화학이 현실 세계에서 원자 하나하나를 다룰 일은 절대 없다. 화학자들은 원자들의 집단을 다룬다.

원자는 어떻게 생겼을까? 원자의 모습을 인식하는 것은 원소의 성질을 아는 것만큼 중요하다. 원자가 어떤 존재인지 물리학의 도움을 받아 알아보자. 다만 여기서는 화학을 이해하기 위한 목적에서 원자에 대해 알아야 할 몇 가지만 언급할 것이다. 원자는 양성자와 중성자, 그리고 전자의 뭉치이다. 원자의 중심부에 핵이 있고 주변에 원소별로 1개 이상의 전자가 있다.

물론 전자가 없는 원자도 있다. 수소 원자는 전자가 1개인데 전자를 잘 간수하지 못하고 수소 양성자로만 존재하기도 한다. 하지만 대부분 원자는 핵과 전자로 구성돼 있다. 원자의 크기가 작기 때문에 제대로 측정하지 못하던 시절에는 무게로 원자의 질량을 가늠했다. 그렇다고 1개의 원자를 직접 잰 것이 아니다. 일정 개수의 원자

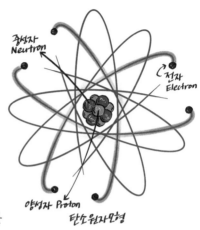

가 모인 덩어리 질량을 측정하고 그 수로 나누어 계산했다. 지금은 꽤 정확하게 입자의 질량을 알게 됐는데, 측정 정밀도가 높아졌을 뿐 계산 방법은 과거의 그것과 별반 다르지 않다. 바둑판 모양의 주기율표에는 원소별 원자의 질량이 표시돼 있다.

전자 1개의 질량은 10^{-31}킬로그램 정도다. 이 정도 질량은 질량이라고 말하기 무색할 정도로 0에 가까운 값이다. 전자는 전기적 성질인 전하를 띠고 음전하를 가진다. 인류가 알고 있는 건 이 정도다. 우리는 전자의 크기를 정확히 모른다. 사실 크기가 있는지도 모른다. 그럼에도 우리는 전자의 질량을 어떻게 알았을까? 물리학에서는 질량을 에너지로 변환할 수 있다. 유명한 질량-에너지 등가 법칙인 $E=mc^2$을 알고 있지 않은가. 전자의 존재를 에너지라는 창을 통해 보는 것이다. 원자의 핵에는 전자보다 약간 크다고 알려져 있는 양성자가 있다. 전자의 질량보다 2,000배 정도 무겁다. 양성자는 전자와 같은 크기의 전하량을 가졌고 양전하를 띠고 있다. 그리고 핵 안에는 중성자라는 입자가 더 있는데 크기와 질량이 양성자와 같다. 중성자는

전하가 없다. 양성자 수와 거의 같은 수의 중성자가 존재해도 전기적 영향을 끼치지 않는다.

양성자와 중성자가 뭉치면 핵이 만들어진다. 핵은 양성자의 영향으로 전체적으로 양전하를 띤다. 반대의 전하를 가진 전자가 떨어지지 않고 핵 주변에 존재하는 이유는 서로 다른 전하를 가진 입자끼리 끌어당기는 인력으로 설명된다. 물론 핵은 같은 전하량만큼의 전자를 붙들어놓을 수 있다. 이것이 원자의 기본적 모습이고 이 세 가지가 원자를 구성하는 기본 입자다.

이 세상이 가장 간단한 입자만으로 존재했던 시절이 있었다. 주기율표의 가장 첫 번째에 있는 수소 원자다. 초기 우주에는 거의 수소만 있었다. 시간이 흐르며 수소 원자들이 중력으로 뭉쳐 별을 만들고 자신을 태워가며 원자들을 결합해 좀 더 무거운 원자를 만들기 시작했다. 핵을 융합하면서 새로운 원자를 만들고 더 큰 에너지를 얻으며 점점 무거운 핵을 만든 것이다. 무거워진 핵은 전하량이 커지고 그 전하량만큼의 전자를 끌어당겨 곁에 둔다. 다른 원자가 생겨난 것이다. 우리는 서로 다른 원자를 구별하기 위해 원소라는 이름을 붙였다.

원자에서 양성자 수와 전자의 수는 같다. 그래서 원자는 전체적으로 전하를 띠지 않은 중성이다. 중성자는 양성자 수와 같지만 실제로 더 많은 경우가 일반적이다. 특히 무거운 원소에서 이런 현상이 많은데, 바로 중성자의 존재감이 여기에서 두드러진다. 양성자끼리만 모여 핵을 만든다고 하면 좀 이상하지 않은가. 같은 양전하를 가진 양성자 간의 척력으로 핵을 안정하게 유지할 리가 없다. 쉽게 말하면 양성자 사이에서 중성자가 마치 접착제인 듯 역할을 하는 것이다. 그러니 양성자가 많은 무거운 원소에서는 당연히 더 많은 중성자가 필요하고 그 수는 일정하지 않다. 결국 같은 원소에서도 중성자 수량 때문에 질량이 다른 원자가 다양하게 존재하게 된다. 이런 원소를 동위원소^{同位元素, Isotope}라고 한다. 동위원소의 존재는 화학을 더욱 다채롭게 만든다.

이제 원자의 모습을 그려볼 수 있다. 여러 문헌에서 원자를 표시한 그림을 보면 마치 우리가 사는 태양계의 모습과 비슷하다. 마치 행성이 태양 주변을 공전하는 것처럼 전자가 핵 주위를 특정 궤도에서 도는 것으로 그려져 있다. 이 모형은 원자를 설명하고 이해하는 데에 큰 무리가 없다. 화학에서 원자의 99퍼센트는 이런 모양으로 설명이 가능하다. 하지만 실제로 원자는 이 모습이 아니다. 핵 주변에 존재하는 전자는 우리가 상상하거나 2차원 평면에 그려낼 수 없는 운동을 하고 있기 때문이다. 우리가 사는 세계를 거시^{巨視} 규모의 세계라고 한다. 지구가 돌고 인공위성이 돌고 축구공이 날아다니고 먼지가 날아다니는 커다란 입자의 세계에서 운동은 충분히 상상하고 예측할 수 있으며 간단한 물리법칙(유명한 뉴턴의 물리방정식인 F=ma이다)으로 설명할 수 있다. 하지만 아주 작은 입자, 그러니까 원자 크기의 세계에서는 우리가 알고 있는 일상적인 역학법칙이 맞지 않는다. 이 크기의 세계에서는 다른 법칙이 적용된다. 이 자연법칙을 수학으로 설명한 것이 바로 양자역학이다. 흔히 양자역학이 어렵다고 한다. 이 말은 맞다. 화학에도 양자화학이

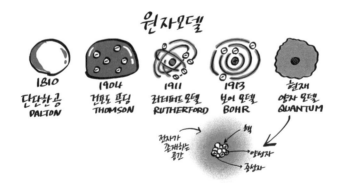

있지만 마찬가지로 어려운 분야다. 농담 삼아 양자역학을 완벽하게 이해하는 사람이 없고 양자역학에 그냥 익숙해져야 한다는 이야기가 있을 정도로 난해하다. 그러나 잘 모른다고 걱정할 필요가 없다. 아이작 뉴턴도 몰랐던 법칙이다. 양자역학에서는 확률이라는 용어로 미시세계를 설명한다. 바로 '불확정성의 원리'이다. 물리학은 무언가 칼처럼 정확하게 맞아떨어져야 하는데, 화학자가 물 분자를 만들듯 통계적 확률이라는 잣대가 등장한다. 그렇다고 틀렸다거나 모호하다는 것이 아니다. 비록 확률이지만 그 확률을 적용해 충분히 정확하게 설명할 수 있다. 원자에서 전자의 배치와 원소의 결합을 이루는 전자의 공유 개념은 화학의 영역이면서도 그 근간은 바로 물리학에서 다루는 양자역학으로 설명된다. 화학에서 양자화학이란 분야가 이 부분을 다루는 것이다. 여기서 양자화학을 다루지는 않을 테지만 전자에 관해서는 간략하게 설명할 것이다. 왜냐하면 화학은 전자의 이야기이기 때문이다.

5
화학은 전자의 이야기

노벨상을 받는다는 것은 그야말로 과학자에겐 최고의 영예이다. 노벨상에 주어지는 메달은 금으로 도금된 것이 아니라 전체가 금으로 만들어졌다. 금을 이렇게 고귀한 대상에게 사용하고, 귀금속이라고 부르는 이유가 있다. 금은 우리가 알고 있는 118개의 원소 중에 유일하게 노란색 광택을 띠는 금속이다. 대부분의 금속은 녹슨다. 하지만 금은 녹슬지도 않고 강한 산이나 염기에도 반응하지 않는 희귀한 특성을 가졌다.

변화란 전자를 주고받는 것

제2차 세계대전에서 나치의 민족적 우월주의가 기승을 부렸다. 이 민족주의는 과학에도 영향을 끼쳤다. 나치는 노벨상 자체가 다른 민족이 만든 상이고 게다가 수상자 대부분이 유대인이어서 독일인이 노벨상을 받는 것도 마땅치 않게 여겼다. 결국 메달 몰수 명령을 내리게 된다. 당시 노벨 물리학상 수상자였던 독일인 막스 폰 라우에 Max Theodor Felix von Laue, 1879~1960 와 미국인 제임스 프랭크 James Franck, 1882~1964 는 자신들의 메달을 지키기 위해 그것을 닐스 보어 연구소에 맡겼다. 그 연구소에 근무하던 헝가리 화학자 게오르크 헤베시 Georg Karl von Hevesy, 1885~1966 가 독일군의 눈을 피해 금을 다른 물질로 변하게 했다가 나중에 다시 금으로 만들어주겠다고 한 것이다. 그는 화학자였지만 고체 납에서 일어나는 원자의 움직임을 측정하는 방사성 추적자 연구를 한 터라 물리학자로 명성을 날리며 보어의 초청으로 연구소에 들어갔고 많은 물리학자와 친분이 있었다.

그렇게 다른 물질로 변한 메달은 여전히 닐스 보어 연구소에 있었지만 독일군은 찾지 못했다. 전쟁이 끝나고 그 약속은 지켜졌다. 사라졌던 금은 무사히 메달로 다시 만들어져 주인에게 돌아갔다. 어떻게 된 일일까?

금은 일반적인 산 Acid 에 반응하지 않지만 염산과 질산의 혼합물에는 녹는다. 이 혼합물은 염산과 질산을 3:1의 비율로 섞은 강한 산성 용액인데 '왕수 王水, Aqua regia'라고 부른다. 원래 금은 잘 변하지 않고 녹지도 않아 왕만이 녹일 수 있다고 해서 붙여진 이름이다. 금을 녹인 용액은 마치 황토가 녹은 듯한 형태가 된다. 헤베시는 왕수에 메달을 녹였고 닐스 보어 연구소 선반에 보관했다. 당연히 독일군의 눈을 피했다. 이후 용액에서 환원 과정을 통해 금을 추출했고 노벨 재단에 보내 메달을 다시 만

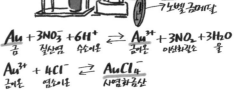

게오르크 헤베시

왕수

ㄱ노벨 금메달

$$Au + 3NO_3^- + 6H^+ \rightleftharpoons Au^{3+} + 3NO_2 + 3H_2O$$
금   질산염   수소이온   금이온   이산화질소   물

$$Au^{3+} + 4Cl^- \rightleftharpoons AuCl_4^-$$
금이온   염소이온   사염화금산

든 것이다.

화학에서는 물질의 성질과 상태의 변화를 중요하게 여긴다. 이 경우에도 둥근 메달 모양은 없어졌지만 금 성분이 사라진 건 아니다. 그저 물질 상태나 형태가 변한 것이다. 사라지지 않았다면 다시 되돌릴 수 있다. 금이라는 원소 자체는 바뀌지 않고 반응을 거쳐 숨어 있다가 다시 우리가 알고 있는 금으로 바뀐 것이다. 이 방법을 제공하는 것이 화학이다. 그런데 이런 일을 가능하게 하는 것은 바로 '전자' 때문이다. 왕수에서는 무슨 일이 일어났던 것일까?

주기율표에서 금 원자는 79번 원소이다. 이 원자는 원자핵에 양성자가 79개, 핵 주변에 전자도 79개가 있다. 금이 사라진 마술은 금 원자에서 전자 3개가 빠져나오며 시작한다. 금속결합을 한 금 원자에서 전자 3개를 꺼낸 물질은 질산 이온$^{NO_3^-}$이다. 전자를 뺏긴 금 원자는 금속에서 떨어져 나가 이온 형태의 원자로 변해 불안정하게 된다. 그래서 금 이온$^{Au^{3+}}$을 안정시키기 위해 염산에서 떨어져 나온 염소 이온 4개가 금 이온을 둘러싼다. 결국 용액 안에서 안정한 염화금산$^{AuCl_4^-}$으로 존재하게 된다. 금속으로부터 전자를 뺏으면 금속이 이온화되고 다시 전자를 주면 고체 금속으로 돌아간다. 화학에서는 전자를 잃는 것이 '산화^{Oxidation}'이고 전자를 얻는 것을 '환원^{Reduction}'이라고 한다. 환원은 원래의 상태로 전환된다는 의미다. 산화와 환원 반응은 보다 엄밀하게 말해 '전자의 교환'을 말한다. 모든 물질의 변화는 전자를 주고받으며 끊임없이 일어나고 있다. 화학이 전자의 학문인 이유다. 이제 전자에 대해 물리학적 관점에서 살펴보자. 화학물질을 공부하기 위해 어느 정도는 알고 있어야 할 지식이다.

전자를 모르는 사람은 드물다. 전자는 원자를 구성하는 핵심 부품 중 하나인 셈이다. 핵이 원자의 어디에 있는지는 확실하게 알 수 있다. 그런데 전자는 원자 안 어디에 있으며 어떻게 움직일까? 일반적으로 전자는 마치 태양계 행성과 같이 원자핵을 중심으로 일정 궤도를 공전하는 줄 알지만, 전자는 그런 궤도 위에 존재하지 않고 그렇게 빙글빙글 돌지도 않는다. 하지만 전자는 분명 어떤 운동을 하며 핵 주변에 머무른다.

  자동차 도로는 주변 상황과 도로 종류에 따라 자동차가 달릴 수 있는 속도를 제한한다. 만약 제한 속도를 넘는 과속으로 측정되면 범칙금이 부과된다. 범칙금 고지서에는 측정 당시의 속도와 위치가 기록되어 있다. 아주 작은 세계를 여기에 대입해보자. 원자에 있는 전자는 분명 운동하고 있고 속도에 준하는 운동량이 측정된다. 그런데 관찰자가 전자의 운동량을 측정하면 위치를 알 수가 없다. 반대로, 위치를 알면 운동량을 알 수 없다. 만약 전자가 자동차라면 과속 단속은 불가능한 셈이다. 이게 무슨 말일까?

전자는 어디에 있을까

전자는 입자물리학에서 정의하는 렙톤Lepton(양성자, 중성자 등 무거운 입자를 '바리온'이라 부르고 이에 비해 상대적으로 가벼운 입자를 지칭한다)의 한 종류이고 분명 원자 안에서 운동하고 있다. 전자의 운동이 중요하지만, 화학에서는 원자뿐만 아니라 분자에서도 전자가 어디에 '존재'하느냐가 관심 사항이다. 전자의 위치가 다른 원자나 분자와의 반응을 결정하기 때문이다. 거시세계에서 관찰 대상은 시간 변화에 따른 위치 변화를 통해 속도와 같은 운동량이 정해지고 속도는 방향을 가지므로 위치가 예측되고 결정된다. 가령 자동차가 시속 100킬로미터의 속력으로 특정 방향으로 가면 한 시간 후에 어디쯤 있을지 알 수 있는 것이다. 뉴턴 이후의 물리학도 속도와 위치를 동시에 파악할 수 있다고 생각해왔다. 그런데 원자 크기의 미시세계에 존재하는 전자는 철저하게 양자역학 법칙에 영향을 받기 때문에 이러한 이해의 기준이 통하지 않는다. 그렇다면 전자는 원자의 어디에 자리 잡고 있을까?

20세기 초 영국 물리학자인 어니스트 러더퍼드 Ernest Rutherford, 1871~1937 의 실험으로 핵의 존재가 밝혀지며 원자 구조와 거동에 대한 것이 구체화하기 시작했다(게오르크 헤베시는 프라이부르크 대학교에서 박사학위를 받은 후 이 책의 뒤에 등장하는 프리츠 하버 등의 조수를 거쳐 1910년부터 영국 맨체스터 대학교의 어니스트 러더퍼드와 함께 일했다. 그러니까 물질의 기원은 대부분 이 시기에 밝혀진 것이다). 그리고 닐스 보어 Niels Henrik David Bohr, 1885~1962 의 실험으로 전자는 특정 에너지 계단에만 존재함을 알게 됐다. 초기 원자 모형에서는 전자의 위치와 운동은 태양 주변을 공전하는 행성에 빗대어 설명됐다. 이 모형이 지금은 맞지 않는다 해도 사람들이 이해하기 쉬워 아직도 전자의 위치를 설명하는 방법으로 사용된다. 오늘날 인류는 고도의 측정 기술과 수학으로 전자의 위치를 알아냈지만 엄밀하게는 아직도 정확한 전자의 위치를 모르고 전자가 존재하는 확률적 공간을 알 수 있을 뿐이다. 예를 들자면, 학부모가 등교한 아이의 정확한 위치를 모르는 것과 같다. 등교한 아이가 있는 곳이 운동장인지 교실인지, 아니면 몸이 아파 잠시 양호실에 있는지 모른다. 그저 아이가 학교라는 공간에서 교실에 있을 확률이 높다고 알고 있는 것과 같다. 심지어 쉬는 시간에 잠시 학교 밖 편의점에 있다고 해도 그 확률이 적기 때문에 무시하는 것이다.

전자의 위치가 측정 혹은 관찰됐음에도 여전히 확률로 표현되는 이유는 무엇일까? 여기에 양자역학의 불확정성 원리가 등장한다. 독일 이론물리학자 하이젠베르크 Werner Karl Heisenberg, 1901~1976 가 꺼낸 이 개념은 '확정되지 않았다'는 의미가 아니라 관찰을 했지만 '존재를 확정할 수 없는 분포'를 말한다. 이 개념이 오스트리아 물리학자 에르빈 슈뢰딩거 Erwin Schrödinger, 1887~1961 의 방정식에서 수학적으로 표현되고 우리가 관심을 가지는 어떤 존재의 확률 분포를 설명한다. 거시세계에서 측정의 대표적인 방법은 빛^{Light}이다. 광자가 관찰 대상과 충돌하고 튕겨 나온 빛으로 대상의 존재와 정보를 확인한다. 도로 위를 달리는 자동차에 과속 측정용 레이저 빛이 충돌해도 자동차의 속도는 변하지 않는다. 하지만 원자 크기의 세계에서는 광자가 전자에 충돌하면 전자의 운동량을 교란한다. 전자는 광자 하나에도 영향받을 정도로 작기 때문이다. 관찰한 순간 이후의 위치는 물론 운동량이 어떻게 변화하는지 알 수가 없다. 미시세계에서는 대상을 측정하는 행위가 전자의 위치와 속도에 영향을 준다는 것이다. 하이젠베르크는 정확한 위치와 운동량의 개념을 포기하고 부정확의 정도를 고민했고 결국 위치와 속도에 수반하는 부정확의 정도 사이에 반비례 관계를 발견했다. 이 개념은 수학의 파동함수로 표현됐다. 위치를 기준으로 하는 파동함수의 크기는 입자가 존재할 확률의 높고 낮음을 설명한다. 물론 운동량을 기준으로 하는 파동함수를 만들수 있다. 하지만 운동량의 분포를 파동함수로 정의하면 거꾸로 입자의 위치 분포가 모호해진다. 두 대상은 같은 함수에서 서로 반비례로 함께 묶여 있기 때문에 둘을 동시에 결정하는 것이 불가능한 것이다.

결론적으로 전자의 위치는 속도와 관계되는 운동량이 모호한 상태에서 확률적 분포, 그러니까 원자핵 주변에서 발견될 확률이 많은 위치의 집합으로 표현된다. 이 위치 집합이 마치 구름과 같다고 해서 '전자구름'이라고 표현한다. 원자의 구조를 설명하는 물리학에서 전자와 핵 사이 전자기력을 설명하기 위해 원자는 대부분이 빈 곳이라고 말하지만 엄밀하게 보면 사실이 아니다. 태양과 행성처럼 일정한 거리에 궤도를 이루고 떨어져 있는 것이 아니라 전자는 원자 안에서 어디든 나타날 수 있다. 전자의 위치를 원자 내부를 가득 채운 구름으로 표현한다고 해서 정말 원자핵 주변에 하얀 구름이 있는 것은 아니다. 선풍기가 돌아가면 날개 자체는 보이지 않는다. 날개가 움직이는 공간을 가득 채운 흐릿한 원이 보이는 것과 비슷하다. 전자구름에서 두꺼운 구름이 있는 곳에 전자가 위치할 확률이 높다.

　전자는 입자이면서도 파동성을 가진다. 파동이 원자처럼 작은 공간에 갇히면 특정한 진동만 갖게 된다. 원자 안에 있는 전자에 대해 파동방정식을 풀면 전자가 특정한 에너지를 갖는 결과를 얻게 되고 닐스 보어는 실험으로 에너지 계단의 존재를 밝혔다. 마치 양파 껍질처럼 원자 안 전자는 특정 에너지 계단에 존재한다. 무거운 원자일수록 전자가 많아진다. 전자는 전하를 가지고 있어서 주변에 전기장을 만든다. 전자에 전기장이 생기면 전자는 자신이 만든 전기장과 상호작용하고 다른 전자들, 그리고 핵과도 상호작용한다. 결국 전자는 원자 내 모든 입자와 상호작용하는 양자역학적 효과까지 섞인 상태로 존재하고 있다. 이 효과의 결과가 전자마다 존재하는 확률의 공간 모양을 다르게 만들었다. 확률 분포에 의해 각각의 전자가 90퍼센트 이상 나타나는 서로 다른 모양의 전자구름이 오비탈Orbital이고 과학자들은 각각의 모양과 방향에 따라 s, p, d, f라는 이름을 붙였다(전자가 존재하는 구름의 모양으로 sharp, principal, diffuse, fundamental로 구분하고 거기서 이름을 따와 약자로 사용한다). 전자마다 특정 에너지층에 해당하는 오비탈이라는 각자의 공간에 존재하게 된다.

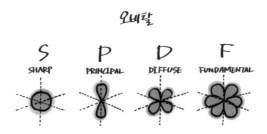

그리고 전자는 에너지 준위가 낮은 안쪽 오비탈부터 차례대로 채워지는 셈이다. 채워질 때에도 규칙이 있다. 하나의 오비탈에 들어갈 수 있는 전자의 개수가 2개를 넘지 못한다. 이런 규칙으로 핵 주변에 에너지라는 계단별로 전자가 배치되는 원리를 전자의 쌓음 원리 Building-up principle라고 한다.

반응하기 위해 원자에 접근하는 다른 원자나 분자는 전자의 쌓음 원리에 의해 원자에 차곡차곡 쌓인 전자 모두를 만나지 못한다. 핵과 가까운 전자는 원자 안에 꼭꼭 감춰져 만날 수가 없다. 강한 양전하에 붙들린 전자는 원자핵과 충돌하지 않는 전자기력으로 광속에 가까운 운동을 하고, 특수상대성 이론에 따라 안쪽 전자에 질량이 부여되며 바깥쪽 전자보다 무거워진다. 결국 외부 출입이 가능한 바깥쪽 궤도 혹은 바깥 전자껍질이라 부르는 장소에 있는 전자가 결합에 참여하며 원소의 화학적 특성을 결정한다. 화학 결합과 관련한 전자는 가장 바깥쪽 오비탈에 존재하는 전자들뿐이다.

원자 내 전자 위치는 철저하게 하이젠베르크의 불확정성 원리에 기반한 양자역학과 쌓음 원리를 가능케 하는 파울리 Wolfgang Pauli, 1900~1958의 배타 원리排他原理에 적용된다. 바로 이 법칙이 세상을 만든 물질이 어떻게 생겨났는지 알려준다. 양성자가 늘어나 핵이 무거워지면서 동시에 늘어난 전자는 원자 내 입자들과 전자기력에 의해 영향을 받으며 자신이 존재하는 공간적인 분포를 결정해 원자의 고유한 특성을 만든다. 바로 이것이 원자가 원소로 구별되는 이유다. 인류는 양자역학에 의해 계산된 오비탈의 구조와 전자의 위치를 알기 때문에 원자와 분자를 마음대로 다룰 수 있으며 자연에 없던 새로운 물질을 만들 수 있게 되었다.

전자는 물질을 만드는 주역

이런 원자가 결합하며 분자를 만들고 분자가 서로 붙어서 덩어리를 만들고 세상의 모든 것을 만들어간다. 화학물질도 이러한 메커니즘으로 만들어진다. 원자끼리 결합한다는 의미는 핵의 결합을 의미하는 것이 아니다. 핵이 결합하면 핵융합으로 다른 원자가 만들어지며 엄청난 에너지가 나와 별과 같은 존재를 만들게 된다. 화학결합이 이런 강한 결합이라면 온 세상은 뜨거운 에너지로 가득 찰 것이다. 그러니까 세상을 구성하는 물질 분자에서 원자 간 결합은 핵이 아닌 핵 주변에 있는 전자의 상호작용을 말하는 것으로 다소 느슨한 결합이다. 그러니까 적절한 에너지를 주면 그 결합이 풀리기도 한다. 이 말은 공유한 전자를 포기하는 행위를 말한다. 원자끼리 전자를 어떻게 주고받느냐 혹은 어떻게 공유하고 나눠 가지느냐가 바로 분자와 물질이 만들어지는 핵심이다. 화학에서 결합을 통해 물질이 만들어지는 핵심은 바로 전자이기 때문에 화학을 전자의 학문이라고 하는 것이다.

이렇게 원자의 결합으로 생명체를 구성하는 단백질, 탄수화물, 지방, 그리고 탄소를 포함한 유기화합물, 그리고 살균제인 PHMG나 살충제인 피프로닐 같은 수많은 화학물질이 세상을 채워간다. 우리가 이런 화합물의 성질을 모두 알 수 있을까? 가령 탄소화합물에서 탄소 원자의 특성은 양자역학으로 설명된다. 탄소의 특성을 이해하면 화합물의 성질을 어느 정도 알게 될 수도 있다. 한때 원자의 특성을 물리적으로 이해하면 상위 개념인 분자와 물질을 정확히 설명할 수 있다는 환원주의적 접근이 있었다. 물론 이런 설명이 물질을 이해하는 데는 조금 도움이 되겠지만 물질을 완전하게 설명할 수는 없다. 물리학의 입자물리나 양자역학만으로 설명하기에는 물질 세계가 너무 복잡하고 크기 때문이다. 원자와 원소가 많아지면 분자를 이루고 물질을 만들며 모양도 달라지고 물리화학적 성질도 달라진다. 가령 같은 탄소임에도 흑연과 다이아몬드는 완벽하게 다른 물질로 보이지 않는가. 이 다름의 중심에서도 전자는 여전히 존재감을 드러낸다. 원자 안에 갇혀만 있을 것 같은 전자는 분자와 물질이 되어도 여전히 반응의 주역이다. 만약 물질이 우리 몸에 들어와서 반응하는 원인을 묻는다면 마치 왕수에 녹은 금처럼 물질이 우리 몸과 전자를 주고받기 때문이라고 해도 충분한 답이 되는 이유다. 화학은 전자의 이야기이다.

6

고작 100개 남짓인 재료로 만드는 세상

『옥스퍼드 생활사전 Oxford Living Dictionary 』에는 약 17만 1,000개에 달하는 영어 단어가 실려 있다. 이 중에 더 이상 쓰이지 않거나 굳이 우리가 알 필요가 없는 단어를 제외한 의미 있는 단어가 2만 개 정도 있지만 일반적으로 평소에 사용하는 영어 단어는 고작 700개에서 1,000개 정도이다. 그런데 이런 단어를 만드는 알파벳은 26개뿐이다. 사실 단어의 길이가 제한되지 않는한 26자의 알파벳을 조합해 만들 수 있는 단어의 수는 무한대에 가깝다. 하지만 단어는 무조건 알파벳을 나열해 만들지 않는다. 어근과 어미를 가지고 음절에도 의미를 부여해 만든다. 영어 알파벳처럼 자연에도 100개 남짓한 재료가 있다. 알파벳으로 단어를 만들듯 자연은 이 재료로 물질을 만든다.

물질의 최소 단위, 분자

카페인이 많이 함유됐다고 알려진 커피에는 클로로겐산^{Chlorogenic acid}이나 탄수화물과 아미노산, 단백질과 지방 등 수많은 물질이 들어 있다. 볶은 커피에서 나는 맛있고 다양한 향은 우리가 후각을 통해 느끼는데, 그 향의 종류가 약 850종이라고 한다. 커피 생두는 로스팅 공정을 거치며 수많은 휘발성 향기 성분이 생성된다. 엄밀하게 말해 향을 내는 물질도 분자이다. 커피에서 나오는 주요한 향 분자는 알코올, 페놀, 피라진, 퀴놀린 등이 있지만 그중 메독시피라진은 커피의 독특한 향을 내는 주요 분자다. 커피 하나에서만도 수백 종에 달하는 분자가 다뤄지는 것처럼 이렇게 자연계에 존재하는 분자와 인류가 만들어낸 분자는 알려진 것만 해도 수천만 종에 달한다. 그중 우리 생활에서 사용하는 화학물질은 약 10만 종 정도다. 그런데 이런 분자를 만드는 원자의 종류는 고작 90여 개이다. 어근을 바탕으로 의미 있는 영어 단어가 만들어지듯 분자도 의미 있는 규칙과 법칙으로 만들어지기 때문이다.

그럼 원자가 만드는 분자^{Molecule}는 무엇인가? 화학에서 분자는 물리학의 원자만큼 중요하다. 분자는 물질의 성질을 가진 가장 작은 단위이기 때문이다. 분자를 설명하려면 '결합^{Bond}'의 의미를 알아야 한다. 서로 다른 원자의 전자들 사이에서 벌어지는 상호작용에 의한 '결합'이 간단해 보일 수도 있다. 화학에서 결합의 종류를 공유결합과 이온결합, 그리고 수소결합, 금속결합 등 많아야 몇 가지 정도로 나누었으니 그리 보일 만하다. 하지만 원자 결합에 대해서는 학자들 간에도 미세한 차이가 있을 정도로 까다롭다. 가령 비금속과 금속의 정전기적 결합인 이온결합에서도 경계가 흐릿한 경우가 있다. 염산^{HCl}이 대표적이다. 분명 염산은 양이온인 수소와 음이온인 염소가 이온결합을 했다고 알려져 있지만, 엄밀하게 말해 화학에서 염산은 공유결합으로 거의 인정한다. 이런 경우 극성 공유결합으로 구분한다. 하지만 이 책에서는 이렇게 까다로운 부분까지 다루지는 않을 것이다. 여기에서는 '원자들끼리 결합해 분자가 만들어진다'는 정도만 알고 있으면 물질을 이해하는 데 충분하기 때문이다. 이제 본격적인 화학물질 공부를 위해 독자들이 이 문장을 꼭 기억했으면 한다.

"모든 물질은 원자 혹은 분자로 이뤄져 있다."

이 문장에는 세 가지 명사가 있다. '물질', '원자', 그리고 '분자'이다. 미국 물리학자인 리처드 파인만 Richard Phillips Feynman, 1918~1988은 만약 외계인의 침공으로 인류와 문명이 멸절하기 직전 어른 한 명과 남녀 어린이 열 명이 남았고 어른도 곧 사망하게 될 상황이라면 인류 문명을 다시 세우기 위해 남겨진 아이들에게 전달해야 할 메시지는 '이 세상 모든 것은 원자로 이루어져 있다'는 것이라 했다. 만약 내게 그런 명언을 남길 기회가 주어진다면 나는 원자 외에도 '분자와 물질'이라는 개념을 남기고 싶다. 그리고 한마디를 더 할 기회가 주어진다면 "분자와 물질은 100여 개의 원소와 전자 때문에 만들어진다."라는 말을 남길 것이다.

독자들은 주기율표의 존재를 알고 있을 것이다. 학창 시절 이과에서 공부한 사람은 20개 혹은 그 이상의 원소를 순서대로 외우고 있을 터이다. 화학을 공부하지 않았던 사람이나 일명 화포자(화학을 포기한 자)도 비록 이 표의 정확한 의미를 모른다 해도 원소를 정리한 표의 존재 정도는 알고 있을 것이다. 주기율표는 지금까지 인류가 발견했거나 인공적으로 만든 118개의 원소를 성질과 규칙성을 고안해 평면에 배치한 표이다. 세상을 이룬 물질이 아무리 복잡해 보여도 그 기원을 파고들면 모든 물질은 100여 개의 재료로 이루어져 있는 것이다.

118개의 원소가 모두 자연에 존재하는 것은 아니다. 1번 수소에서부터 92번 우라늄까지 원소 중 2개를 제외한 90개만 자연계에서 존재하고 나머지 26개 원소는 사람이 인공적으로 만든 원소이다. 게다가 26번째 원소인 철을 기준으로 철보다 무거운 원소는 다소 불안정하다. 수소로 시작해 26번 철까지의 원소는 별에서 천천히 만들어진다. 반면 철보다 무거운 원소는 별의 폭발과 중성자별의 충돌로 생긴 강한 에너지가 있어야 만들어진다. 수소부터 철까지의 원소들로 더 무거운 나머지 원소들을 만드는 것이다. 무거운 핵은 불안정한 경우가 많다. 그래서 불안정한 원소는 핵분열 과정을 통해 핵을 축소시킨다. 스스로 붕괴해서 자신보다 작은 원소로 분열해 안정한 원소로 변한다. 이런 붕괴로 어떤 특정 핵종核種의 원자 수가 반으로 줄어드는 데 걸리는 시간을 '반감기'라고 한다. 반감기가 가장 긴 우라늄-238의 경우 반감기는 44억 6,000만 년이다. 사람이 만든 인공적인 원소는 너무나 불안정해서 눈 깜빡일 시간도 못 되어 분열한다. 대부분의 인공 원소가 그렇다. 생성되자마자 1초도 안 되어 붕괴되고 더 작은 원소로 변한다. 솔직히 이런 원소는 물질을 구성하기 힘들다. 그래서 화학자들은 그다지 관심을 두지 않는다.

인체의 원소들

아무리 복잡한 세상도 100개 남짓의 재료로 구성되었다. 이제 인체를 대상으로 그 재료를 알아보자. 사람의 체중은 제각각 다르지만 대략 체중의 94퍼센트는 산소와 탄소, 그리고 수소가 차지한다. 그렇다고 이런 원소가 독립적인 물질인 원자 상태로 존재한다는 것은 아니다. 가령 인체의 65~70퍼센트가량이 물인데 물은 산소와 수소로 이루어져 있다. 그러니까 개별 원소

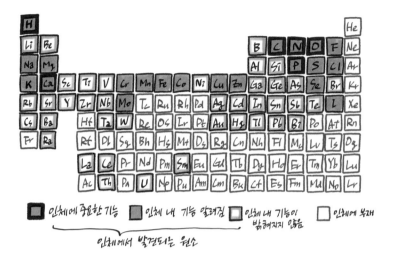

인체에서 발견되는 원소

는 모두 다른 원소와 결합해 물질을 이루고 있으며 그 물질이 우리 몸을 구성한다는 의미다. 물론 물뿐만 아니다. 이 원소들은 당과 탄수화물, 지방의 구성 원소이고 단백질의 주요 성분이다. 질소와 인은 우리 몸을 이루는 또 다른 중요한 원소이다. 질소는 단백질을 구성하는 아미노산의 핵심 원소이고 인과 함께 유전체인 DNA에 포함된다. 유전자는 긴 핵산 가닥이고 마치 사다리가 꼬여 있는 것 같은 이중나선 형태이다. 이 구조를 만드는 토대가 바로 질소이다. 그리고 인은 뼈와 치아를 튼튼하게 하는 역할을 한다. 칼슘도 인체 내에 풍부하게 존재하는 원소다. 무려 체중의 1.4퍼센트를 차지하고 인과 결합해 인산칼슘 형태로 단백질 뼈대를 채우고 있다. 뼈의 대부분을 칼슘으로 알고 있지만 뼈의 대부분은 콜라겐Collagen 단백질이다. 콜라겐 틀에 칼슘과 인이 채워져 있는 것이다.

인체에는 약 60종의 원소가 있고 이 중에 탄소, 수소, 산소, 질소, 인과 칼슘의 여섯 원소가 체중의 99퍼센트를 차지한다. 0.85퍼센트는 포타슘, 황, 소듐, 염소, 마그네슘이고 나머지 49개 원소들이 0.15퍼센트로 약 100그램가량 된다. 49개의 미량 원소 중 18개는 인체에서 기능이 밝혀졌거나 그 기능을 예측할 수 있다. 비소나 코발트 혹은 플루오린 등이 여기에 포함되는데, 모두 체내에 과하게 있으면 치명적인 원소들이다. 나머지 31개의 미량 원소들은 아직 그 역할이 밝혀지지 않았거나 극소량만 존재한다. 금이나 세슘, 우라늄 등이다. 이런 원소가 왜 인체에 있는지 모르지만 과학자들은 음식물과 피부 혹은 호흡으로 유입되는 불순물로 여긴다. 그런데 118개의 원소 중 60개의 원소를 제외한 나머지 58개의 원소는 인체에 존재하지 않는다. 여기서 주목할 점은 인체에 원래 없던 것이나 아무런 기능을 하지 않는 것들이 과도하게 몸 안에 쌓이는 경우이다. 이런 원소가 인체로 과도하게 들어오면 자체적으로 배출도 하겠지만 여러 가지 이유로 몸에 남아 축적되기도 한다.

예를 들어 납^{Pb}은 인체에 없는 58개의 원소 중 하나인 중금속이다. 납이 몸 안에 들어오면 뼈 속에 축적되어 있다가 서서히 혈액으로 녹아 나오며 각종 질병을 유발하거나 사망에까지 이르게 한다. 수은^{Hg}과 카드뮴^{Cd}은 인체에서 발견되지만 체내에서 아무런 기능을 하지 않는 원소이다. 미나마타병과 이타이이타이병은 수은과 카드뮴 중독에 의해 발생되는 대표적 질병이다. 수은과 카드뮴처럼 인체 내에서의 기능이 없는데도 체내에 존재하고 있다는 것은 달리 말하면 어떤 경로든 인체 내부로 들어와 배출되지 않고 남아서 발견된다는 뜻이기도 하다. 일반적으로 이런 경우 그 양에 따라 위험할 수 있다는 예측이 가능하다. 결국 인체에는 독이 되는 셈인데, 기실 이런 원소는 원래부터 독성을 띤 게 아니라 생명체가 진화하며 이 재료를 사용하지 않은 결과라고 보는 게 맞다. 몸의 대부분을 구성하는 원소를 보라. 이미 지구에 풍부하게 존재하는 재료다. 생명체가 진화하면서 쉽게 구할 수 있는 재료를 가져다 사용했고, 흔하지 않은 재료는 사용하지 않았던 것이다. 지각에 존재하는 원소의 분포량만으로도 어떤 물질이 이롭고 해로운지 추측하는 것은 무리한 일이 아니다.

또 다른 원소를 살펴보자. 인체가 움직일 수 있는 것은 근육이 있기 때문이다. 인체는 뇌가 신경세포를 통해 근육을 조절하는 복잡한 생명 시스템이다. 신경은 전기적 자극으로 작동된다. 어찌 보면 전기가 몸에 흘러 다니며 움직이는 로봇과 유사하다. 전기를 흐르게 하는 역할은 소듐과 포타슘이 한다(우리에겐 소듐이라는 이름보다 나트륨이, 포타슘보다 칼륨이라는 이름이 더 익숙하다). 주기율표에서 이런 원소들은 맨 왼쪽에 있는 1, 2열에 위치한다. 1열에 있는 원소들은 모두 원자 바깥 껍질에 전자 하나를 가진 원소들이다. 이 원소들의 특징은 전자 하나를 간수하지 못하고 이온화된다는 것이다. 전자를 잘 버리는 능력 때문에 충·방전을 할 수 있는 전지에 이런 원소를 사용한다. 인체 역시 흔한 원소인 소듐과 포타슘을 신경망에 사용한다. 그런데 방사성 원소인 세슘도 같은 1열에 있다. 같은 족은 화학적 성질이 비슷하다. 우리 몸은 기계처럼 완벽하게 정밀하지 않아서 세슘을 포타슘으로 착각한 인체는 포타슘이 모자라면 세슘도 몸속으로 잘 받아들인다. 세슘은 온몸을 돌아다니며 방사능을 방출하게 되고 질병을 유발한다. 일본 후쿠시마 원전 사고 때 사람들이 세슘이 체내에 축적되는 것을 막으려고 포타슘을 섭취한 것은 이런 이유 때문이다.

우리 인체는 복잡하고 정교한 시스템이지만 간혹 예상과 다른 엉뚱한 작동을 하기도 한다. 방부제인 파라벤이나 화학물질 비스페놀A를 성호르몬인 에스트로겐과 비슷하다는 이유로 몸에서 받아들여 이상 반응을 일으키기도 한다. 그런데 이런 복잡한 분자로 구성된 화학물질이 아닌 단순한 원소 하나도 우리에게 위해를 끼칠 수 있다. 그 원소가 우리 몸을 구성하지 않는 원소인 경우에는 분명 예측하지 못한 일이 일어날 것이다. 이제 우리 몸에서 중요한 기능을 하는 원소와 기능이 없는 원소 이야기를 하나 해보자.

7
아연과 수은의 동거

사람은 탄수화물, 단백질, 지방과 같은 대표적 3대 영양소 외에도 섭취해야할 영양소가 더 있다. 누구나 챙겨 먹는 비타민이 그것인데, 3대 영양소와비타민은 여러 원소가 결합한 분자로 이루어져 있고 대부분 몸에서 분해되는 유기물질이다. 반면 분해되지 않고 바로 몸에서 사용되는 영양소가 있다. 분해되지 않는다면 가장 작은 물질일 것이다. 바로 원자 상태의 물질을말하는데 무기질無機質이라 부르기도 하는 미네랄Mineral이다. 그래서 3대 영양소에 비타민과 미네랄을 포함해 5대 영양소라 한다. '미네랄'이라는 단어에는 '광산Mine'이라는 어근이 숨어 있다. 천연 광물질에서 기원한 원소이고희귀하고도 값어치 있는 영양소이다. 미네랄은 우리 몸에 존재하는 원소 가운데 대부분을 차지하는 4개의 원소인 탄소, 수소, 산소, 질소를 제외한 나머지 원소를 말한다. 즉, 앞 장에서 언급한 칼륨, 칼슘, 셀레늄, 나트륨 외에도 요오드, 아연, 마그네슘, 인, 황, 염소, 구리, 망간, 철, 코발트 등이 있다.

사람에게 하루에 필요한 미네랄 양은 측정 단위가 마이크로그램[49], 밀리그램[50]일 정도로 적다. 간혹 영양제의 미네랄 함량을 보고 그렇게 적어도 될까라고 생각할지 모르겠으나 그 정도 양으로도 충분하다.

아연의 활동 경로를 따라가는 수은

문제는 적은 양만 있어도 되기 때문에 소홀히 여기기 쉽다는 것이다. 하지만 몸에서 이런 원소를 합성할 수 없기에 식품으로 섭취해야 한다. 미네랄은 식품이기 때문에 의약품으로 분류되지 않고 의사의 처방전 없이 일반 소매점에서 건강 보조제로 취급된다. 만약 미네랄이 부족하면 신체에 온갖 이상 증세가 나타난다. 여러 미네랄 중 아연[Zn]을 예로 들어보자.

흔히 채식주의자나 고령자에게서 아연 부족 증상이 잘 나타난다. 모든 생명체는 효소 작용으로 생명을 유지하는데 인체에는 약 100종 이상의 효소가 아연에 의해 활성화된다. 결국 아연이 부족하면 효소 기능이 저하돼 각종 이상 증상과 질병이 발생하게 된다. 조기 증상으로는 감염에 취약해져 피부에 염증이 잘 생긴다. 아연이 면역계를 유지하는 필수 요소이기 때문이다. 급격한 탈모 증상이나 시력과 청력, 그리고 미각에도 문제가 생긴다. 또 아연이 부족하면 정자가 형성되기 어렵다. 정자를 만들 때 세포분열을 하는데, 이 세포분열에는 아연에 의해 활성화된 효소가 필요하기 때문이다. 정력과 관련한 건강 보조제나 천연 식품인 굴에는 아연이 들어 있다.

화학물질을 공부하기로 하고 여기까지 책을 읽었다면 이제 주기율표 하나쯤은 곁에 두고 참고하는 게 좋다. 책상 앞에 붙여놓거나 책장에 진열하고 싶은 멋진 주기율표도 많지만 인터넷으로 언제든 찾아볼 수 있는 주기율표를 권한다. 내가 주로 사용하는 주기율표의 인터넷 주소는 http://

www.ptable.com이다. 이제 주기율표를 보고 두 가지 원소를 살펴보자.

주기율표의 세로줄은 '족^{Group}'이라고 한다. 가로줄은 '주기^{Period}'라고 한다. 모든 원소에는 원자의 양성자 수를 기준으로 원자 번호가 있지만 이 번호는 마치 키를 기준으로 학급의 아이들에게 붙여진 번호와 같다. 반면 주기와 족은 원소의 물리화학적 성질이 비슷한 원소들끼리 모아 구분해놓은 것이다. 주기율표 12족의 4주기에 가장 처음 나타나는 원소가 아연^{Zn}이다. 그리고 같은 족의 5, 6주기에는 카드뮴^{Cd}과 수은^{Hg}이 있다. 같은 족에 속한 원소들은 화학적 성질이 비슷하다고 했는데 아연은 인체에 필수 원소이고 다른 두 원소는 마치 독처럼 취급한다. 이제 그 이유를 수은을 예로 들어 알아보자.

우선 효소^{Enzyme}가 대체 뭐길래 생명 시스템의 핵심으로 여겨지는지 생각해보자. 생명체는 몸에서 끊임없이 화학반응을 하고 있다. 우리 몸은 거대한 화학 실험실인 셈이다. 원자나 분자들로 구성된 물질이 만나 반응하고 새로운 생성물을 만든다. 그런데 무조건 만난다고 반응하지 않는다. 반응에는 활성화에너지 장벽이 존재하기 때문에 외부에서 열과 같은 적절한 에너지를 주거나 촉매 물질을 통해 활성화에너지 장벽을 낮춰야 반응이 쉽게 일어난다. 생명체는 에너지를 음식을 통해 얻는다. 그리고 효소는 자연이 만든 촉매이다. 효소는 대부분 아미노산으로 이뤄진 단백질 분자이다. 우리 몸 안에서 일어나는 거의 모든 화학반응에 이런 효소가 관여한다. 곰팡이와 박테리아부터 어류와 사람에 이르기까지 생화학적 과정에 효소를 사용한다. 인체는 이 효소의 활성화를 위해 아연이라는 원소를 선택했다. 왜 하필 아연이었을까? 생명체는 아연이라는 금속을 주위에서 쉽게 구할 수 있었기 때문이다. 아연은 우주에도 비교적 많이 존재한다. 그러니 지구의 지각에도 풍부했다. 지각 위에서 생겨난 생명체의 진화 과정에서 주변의 풍부한 원소를 사용한 것은 당연하다. 만일 수은이 아연보다 풍부했다면 수은을 선택했을지도 모른다.

상대적으로 수은은 우주와 지구에 존재하는 양이 적다. 인류는 진화하며 아연이라는 풍부한 금속 원소를 선택하고 적극적으로 섭취했다. 반면에 수은은 필요가 없으니 자연스럽게 독이 된 것이다. 12족 원소의 원자를 보면 바깥쪽 전자구름 모양이 닮았다. 바깥쪽 전자껍질에 있는 전자가 화학결합과 관련한다. 이 원소들의 화학적인 성질이 닮은 이유이다. 그런데 인체에 해가 되는 원소라도 몸 밖으로 배출되면 문제가 없다. 필요 없는 것들이 몸에 들어오더라도 축적돼 독이 되기 전에 배출된다. 진화하며 불필요한 것을 배출하는 방법을 학습한 것이다. 하지만 수은이 몸에 들어오면 배출이 잘 되지 않는다. 이유는 아연과 화학적 성질이 닮았기 때문이다. 우리 몸이 아연을 필요로 할 때 수은은 아연이 활동하는 경로를 따라간다. 아연이 부족하면 수은까지도 흡수하는 셈이다. 결국 수은과 아연은 몸에서 불편한 동거를 하게 된다. 불필요한 물질은 결국 최종 목적지에서 우리 몸의 정상적인 활동을 방해한다. 바로 독으로 작용하는 것이다. 반응성이 좋은 독 물질이 들어와 바로 해를 끼치기도 하지만 이렇게 불필요한 물질이 들어와 쌓이며 엉뚱한 작용을 하는 경우도 많다. 이제 수은이 어떤 독성을 가졌는지 알아보자.

사실 인체에 흡수되는 대부분의 수은은 원자 형태가 아닌 수은 유기화합물 형태이다. 이런 화합물은 지방에 녹는 성질이 있다. 수은화합물은 뇌로 파고들며 중추신경에 침투해 감각기관에 이상을 일으킨다. 어린아이의 경우 주의 결핍증이나 자폐 증상이 나타난다는 보고도 있다. 물론 노출량과 시간이 변수이다. 조건에 따라 증상의 정도가 다르다. 뇌혈관에는 혈액뇌장벽 Blood-brain barrier이 있다. 약물이나 독물 등 이물질로부터 뇌를 보호하는 관문 조직이다. 하지만 지방에 잘 녹는 수은화합물은 이 장벽을 지나 뇌로 흘러가 뇌세포의 노화는 물론 알츠하이머와 같은 뇌 질환을 일으킨다. 일본 구마모토현 미나마타시의 화학 공장에서 바다로 배출된 폐수로 오염된 어패류를 먹은 주민에게 집단 발병한 미나마타병은 신경학적 이상 증상인 대표적 수은 중독 사례이다.

수은의 여행

수은은 아연에 비해 지구에 풍부한 원소가 아니다. 게다가 인류가 수은의 특별한 능력을 알기 전까지 수은은 대부분 지각에 잠들어 있었다. 그런데 어떻게 사람의 몸으로까지 유입되었을까? 이제 수은의 길고 긴 여정을 살펴보자.

인류가 수은을 본격적으로 사용한 시기는 중세부터이고 18세기 공업화를 거치며 급격한 사용으로 인해 현재 수은 사용량은 과거에 비해 약 100배가량 늘었다. 과거에는 수은이 어떤 용도였을까? 기원전부터 수은은 특별한 물질이었다. 중국 진시황은 수은을 불로장생 약이라 여겼다. 수은 중독은 혈관을 굳게 하고 근육을 경직시켜 혈류가 원활치 않게 되는데 그래서 창백해지는 모습을 회춘한 것으로 오해한 것이다. 또한 수은은 화학의 역사에서 대표적인 아이콘이다. 지금은 우리가 금을 만들 수 없다는 사실을 알고 있다. 그런데 연금술사들은 화학반응을 통해 다른 물질로도 금을 만들 수 있다고 믿었고 수은이 그 후보 재료 중 하나였다.

근대 산업의 다양한 분야에서 활용되는 수은은 결국 다양한 경로로 인체에 유입된다. 현재 수은은 합금 도금이나 사금을 채굴할 때, 그리고 공장에서 여러 용도로 사용되고 있지만, 사실 일상에서 접하기는 쉽지 않다. 일상에서 대표적인 접촉 사례로는 퇴출이 예고된 형광등을 들 수 있다. 수은은 형광등 안에 기체로 존재한다. 형광등에서 수은의 역할은 무엇일까? 형광등의 필라멘트에서 방전되어 나온 열 전자가 수은에 부딪치면 자외선 빛이 나온다. 자외선은 사람의 눈으로 볼 수 없다. 이 자외선이 형광등 유리 안쪽에 입힌 형광물질을 통과하며 우리가 눈으로 볼 수 있는 가시광선이 된다. 이 조명은 2013년 국제수은협약에 따라 거의 생산이 중단됐고 그 빈자리를 LED 조명이 차지하고 있다.

지금은 거의 사용되지 않지만 치과 치료용 아말감에도 수은이 함유되어 있다. 치료용 아말감은 은^{Ag}을 주성분으로 하고 약간의 구리^{Cu}와 주석^{Sn}이 들어 있는 금속을 수은과 혼합해 만든 합금이다. 어금니 하나를 때우는 데 수은이 1그램 정도 들어간다. 일부 치과 의사들은 아말감이 수은 중독의 직접 원인이 된다는 사례는 보고된 바가 없다고 하지만, 아말감에 든 수은의 존재를 부정하지는 않는다. 아말감에서 나오는 수은에 대한 논란은 현재도 계속되고 있다. 그리고 온도계나 기압계에 들어 있는 수은은 액체 형태다. 공장 폐수와 쓰레기로 버려지고 공기 중으로 흩어진 미량의 수은은 기류에 의해 대기와 지표에서 씻겨 바다로 흘러들어 간다. 바다는 과연 안전할까? 2015년 바다 어종인 참치에 중금속인 메틸수은이 들어 있다는 '참치캔 공포' 논란이 일었다. 이후 소비자의 생선 섭취에 대한 우려가 커지자 식품의약품안전처(식약처)는 메틸수은에 민감한 임신·수유 여성과 유아·어린이가 안전하게 생선을 먹을 수 있도록 생선 종류별 섭취량과 섭취 횟수 등을 정해 '생선 안전 섭취 가이드'까지 발표했다. 잠깐 그 내용의 일부를 보자. 식약처가 발표한 기준에서 일반 성인보다는 임산부와 유아에 초점을 맞춘 것은 중추신경이 만들어지는 태아기와 성장기 인체에 치명적이라고 판단했기 때문이다.

> 1~2세 유아는 참치 통조림을 한 번에 15그램(참치회 1조각 반 분량)씩, 1주일에 100그램(작은 참치 통조림 1캔) 이하로 섭취하는 게 좋다. 임신부는 1주일에 400그램 이하로 먹으면 된다. 바다 깊은 곳에 서식하는 다랑어·새치류 및 상어는 섭취하지 않는 게 좋다.

여기에 이름이 생소한 '메틸수은 Methylmercury, CH₃Hg'이라는 용어가 나온다. 수은이라고 하면 은백색의 액체 상태를 떠올리는데 이 수은을 '금속 수은'이라고 한다. 금속 수은이 다른 원소와 결합해 염화물을 이루는 무기 수은화합물이 있고 이 화합물이 미생물 등에 의해 탄소가 포함된 유기 수은화합물로 바뀐다. 메틸수은 분자는 메탄^{CH₄}이라는 물질에서 수소 하나가 수은으로 바뀐 모양이다. 이처럼 수은은 여러 물질로 존재할 수 있다. 인체에 흡수되는 대부분은 유기 수은화합물인 메틸수은이다. 시스테인 Cysteine이라는 아미노산은 머리카락과 손톱 등 단백질을 만드는 재료인데, 메틸수은은 이 시스테인과 잘 결합한다. 그래서 물고기에 있는 수은은 주로 메틸수은-시스테인 형태이다. 왜 시스테인 물질과 결합할까? 이유는 이미 설명했다. 바로 수은이 아연과 같은 12족 원소이기 때문이다. 아연은 효소를 활성화하는 역할을 한다고 했다. 아연은 시스테인과 결합해서 생체 활동을 유지하는 역할을 한다. 생명체에서 활동하는 수많은 효소들이 시스테인 분자를 함유하고 있다. 시스테인 아미노

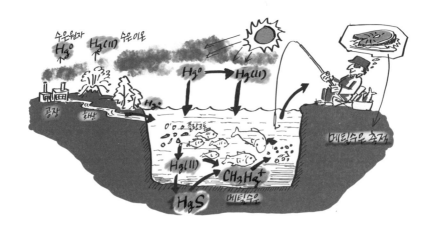

산 안에는 황^{S}이 있다. 단백질의 주성분인 머리카락을 태우면 고약한 냄새가 나는데 이는 바로 황 때문이다. 아연은 황과 결합하며 시스테인을 함유한 효소의 기능을 촉진하는 것이다. 그런데 수은도 12족 원소이기에 황을 가진 시스테인과 잘 결합한다. 이렇게 결합한 메틸수은-시스테인 화합물이 물고기 몸에 저장된다. 그중에도 먹이사슬 계층의 상위에 있는 큰 물고기와 장수하는 물고기에 고농도로 축적된다. 정리해보면, 대기와 지표에 쌓인 수은화합물은 기류에 의해 씻겨 바다로 흘러가고 바다의 미세한 환경 변화에 가장 민감한 미생물인 플랑크톤은 무기 수은화합물을 유기물인 메틸수은으로 바꾼다. 플랑크톤을 먹는 작은 물고기에서부터 점점 큰 물고기로 먹이사슬이 이동한다. 상어나 참다랑어와 같은 큰 생선의 몸에는 이런 금속화합물이 많이 쌓이게 되는 것이다. 그것이 생선을 섭취하는 먹이사슬의 최종 포식자인 인간의 몸에 잔류되는 건 당연하다.

균형에서 벗어난 결핍과 과잉

이제 질문이 생긴다. 그럼 우리는 생선을 먹지 말아야 하는가? 만약 먹는다면 어느 정도 먹어야 하는가이다. 이 부분에 대해 논란이 있다. 생선의 오염 정도는 지역에 따라 다르다. 그리고 우리 인체에는 독성물질에 대한 해독 능력을 가진 단백질도 있다. 생선을 식단에서 제외한다면 DHA 같은 몸에 좋은 지방산마저 포기해야 한다. 인터넷에는 먹어도 괜찮다는 낙관적인 정보와 먹으면 안 된다는 비관적인 정보가 비빔밥처럼 버무려져 있다. 당연히 소비자는 혼란스러울 수밖에 없다. 분명한 것은 식탁에 오른 식품에 수은이 존재한다는 것이다. 반복되는 이야기지만 결국 양이 문제다. 생선에 좋은 성분이 있지만 많이 먹는 것은 분명 좋지만은 않다는 것이다. 해산물에는 수은뿐만 아니라 퓨린Purine이라는 핵산 구성 물질도 풍부하다. 퓨린은 요산을 만들어 혈관 질환인 통풍의 주범이 된다. 해산물은 영양가도 높지만 과하게 섭취하면 문제가 될 수 있다. 어느 정도를 먹어야 한다고 확정해 말하기는 어렵다. 사실 해산물을 모두 조사한다는 것이 가능할지도 의문이지만 학자들의 조사 연구도 채 끝나지 않았고, 그 오염 정도도 다양한 조건에 따라 다르기 때문이다. 성인의 경우에 일주일에 생선 한 마리 정도면 영양 공급 면에서 충분하다. 하지만 매일 생선 한 마리를 섭취한다면 분명 문제가 있어 보인다. 아주 적은 양이라도 오랫동안 지속적으로 섭취해 나타나는 만성 중독이 더 위험하다.

하지만 인체에는 수은을 자체적으로 해독하는 능력도 있으니 과도한 두려움이나 경계심을 가질 필요는 없다. 인류가 진화하면서 유독물질을 방어하는 능력도 생겼다. 우리 몸의 특정 단백질이 수은의 독성을 어느 정도 해독한다. 하지만 완전할 수 없기에 예방이 중요하다. 물론 수은을 함유한 식품 섭취를 조절하는 것도 예방의 하나이다. 또 다른 답은 주기율표에 있다. 아연과 수은은 같은 족에 속한다. 수은은 아연의 경로로 인체를 여행한다. 몸에 아연이 부족하지 않게 하면 수은이나 카드뮴 같은 중금속이 들어갈 여지가 줄아진다. 아연이 풍부한 식재료에 대해서는 따로 설명하지 않겠다. 지금 바로 인터넷 검색을 하면 아연 관련 식품이 여러분 앞에 쏟아질 것이다.

먹을거리가 넘쳐나는 시대에 현대인에게 아연이 부족하다는 것이 이해하기 힘들지 모르겠지만 의외로 부족한 사람이 많다. 가공식품에는 아연이 풍부하지 않기 때문이다. 흥미로운 현상은, 무엇이 건강에 좋다고 하면 사람들은 집중적으로 그 식품을 섭취한다는 것이다. 그런데 오히려 과잉 섭취로 발생하는 문제는 없을까? 아연도 과잉 섭취하면 몸에 좋은 콜레스테롤이 줄어드는 부작용이 있다. 두 가지 이상의 물질이 몸속에서 동시에 작용할 때 서로 작용과 흡수를 방해하는 관계를 길항적 관계^{Antagonistic relationship}라 한다. 대부분의 미네랄은 길항적 관계에 있는 미네랄을 한 개 이상 가지고 있다. 아연은 수은 외에도 칼슘^{Ca}, 구리^{Cu}, 철^{Fe}, 셀레늄^{Se} 등의 중요 미네랄과 길항적 관계다.

원소들의 불편한 동거는 생명체 진화에서 선택한 균형 때문이다. 계속 강조하지만 균형에서 벗어난 결핍과 과잉은 독이 된다. 왜 먹느냐와 무엇을 먹느냐도 중요하지만 어떻게 먹느냐는 더 중요하다.

지금까지 원소 수준에서 몇 가지 물질을 알아봤다. 아직 분자의 개념은 등장하지 않았다. 자연에 존재하는 물질은 원소 혼자 존재하는 기체 몇 가지를 제외하고 대부분 분자를 이루고 있다. 우리의 호흡에 필요한 산소조차 산소 원자 2개가 결합한 분자 형태이다. 결국 우리 몸뿐만 아니라 세상을 이루는 모든 물질이 원자가 결합한 분자 덩어리인 셈이다. 그럼 물질을 이루는 분자란 무엇일까? 그리고 왜 만들어지는 걸까? 이제 그것을 알아볼 차례다.

2장

물질을 이해하다

화학에 대한 가장 명쾌한 문장은 '세상은 화학이 지배한다'라는 말이다.

우리가 일상에서 마주하는 대부분의 사물과 현상을

화학의 언어로 설명할 수 있기 때문이다.

화학은 반응과 변화의 학문이고 그 대상이 물질이다.

결국 물질을 이해한다는 것은 세상을 이해한다는 의미이기도 하다.

1
물질은 왜 만들어질까

앞서 인류 멸망 직전 남은 인류에게 남겨야 할 말이 무엇이겠냐고 내게 묻는다면 "분자와 물질은 100여 개의 원소와 전자 때문에 만들어진다."라고 하겠다고 했다. 이유는 파인만이 답으로 내놓은 원자의 존재만으로는 도무지 이 세상이 만들어지고 작동되는 원리를 바로 알 수 없기 때문이다. 설령 안다 해도 과거 인류가 품었던 질문과 시행착오에 버려진 시간을 고스란히 다시 들여야 하기 때문이다. 그래도 남겨진 아이들에게 미안한 마음이라면 세상이 만들어지는 과정의 핵심에 원소와 전자가 있다는 힌트 정도는 더 주는 게 낫지 않을까 싶다.

물리학에서는 원자를 설명하며 전자의 존재를 원자핵 안의 양성자와 연결해 설명한다. 양성자 수와 전자의 수는 같다는 것이다. 두 입자는 각각 다른 전하를 가지기 때문에 원자 전체는 전기적 성질을 띠지 않는 중성으로 설명한다. 마치 중성의 전하를 띤 원자가 가장 안정적인 입자라고 오해할 수 있게 하는 부분이다. 그리고 전자는 원자에 박혀 오도 가도 못하는 존재로 인식된다. 하지만 전자는 원자 안에만 존재하는 것이 아니다. 건조한 겨울철에 어디서 뭉쳐 있던 전자들을 따끔한 충격으로 만나지 않던가. 움직이지 않는 전자들의 뭉치, 바로 우리가 정전기靜電氣 Static electricity라고 부르는 것이다. 그리고 도체인 전선을 따라 흐르는 것도 전자다. 배터리의 양극과 음극 물질로 서로 교환하는 존재가 전자이고 우리가 쓰는 휴대폰도 그 전자의 흐름으로 작동하는 것이다. 이렇게 전자는 원자에서 탈출하기도 한다.

화학은 전자의 학문

전자의 가장 큰 역할은 결합의 매개다. 원자는 다른 원자가 가진 전자를 마치 원래부터 자신의 것인 양 취급하며 다른 원자를 자신 곁에 둔다. 이 행위가 원자 간 결합이다. 또 누가 시키지도 않았는데 자발적으로 전자를 뺏어 오거나 가지고 있던 전자를 버리기도 한다. 전자를 얻어 오면 양성자 수보다 많아진 전자로 인해 원자 전체는 음전하를 띤다. 거꾸로 전자가 양성자 수보다 적어지면 원자는 양전하를 띤다. 이렇게 전하를 띤 원자가 이온Ion이다. 중성의 원자를 포기하고 이런 식으로 전자를 처리해 이온성 원자가 되려는 이유가 있다. 가장 바깥쪽 전자껍질을 전자로 모두 채우는 것이 원자 스스로 안정하다고 느끼기 때문이다. 화학에서 옥텟 규칙Octet rule이라고 하는 용어가 있다. 물론 모든 원소에 이 규칙이 적용되지는 않으나 우리가 익숙하게 알고 있는 대부분 원소에는 이 규칙이 통한다. 바깥쪽 전자껍질에 전자 8개를 채워야 원자가 가장 안정한 상태라고 하는 이론이며 '8전자 규칙'이라고도 부른다. 만약 이 이론에 의해 바깥쪽 전자껍질에 전자가 한두 개 정도만 있다면 원자는 이 전자들을 버리는 쪽을 택한다. 아예 바깥 껍질의 어중간한 전자를 없애면 안쪽 전자껍질이 8전자 규칙을 만족하기 때문이다. 그리고 8개에서 한두 개 정도 부족하면 외부로부터 전자를 얻어 전자껍질을 마저 채우려 한다. 원자의 이런 성질 때문에 바깥 껍질을 전자로 모두 채우지 못한 원소는 원자만으로 머물지 않고 전자를 매개로 다른 원자와 접촉한다. 서로 부족한 부분을 전자로 해결해 안정한 상태로 존재하려고 한다. 이런 행위를 의인화해 안정감을 느낀다거나 교환한다는 등의 표현을 했지만 사실 물리학에서 말하는 전자기력이라는 힘과 양자역학에 의해 자연스럽게 작동하는 것이다.

그렇다면 분자^{分子, Molecule}의 정의는 무엇일까? 앞서 수은을 다루며 언급했듯 수은은 여러 가지 화합물로 존재한다. 화합물은 원자가 결합한 분자 상태인 물질이다. 여기서 결합과 분자를 다룬다고 하여 어려워할 필요는 없다. 여기는 화학 수업을 하는 교실이 아니다. 원소끼리 반응하고 화학의 질량 단위인 몰^{Mole} 질량으로 그 반응을 계산하거나 화학반응식을 다루지는 않을 것이다. 하지만 분자의 정의 정도는 짚고 가자. 책이나 자료에 나오는 분자의 정의를 살펴보면 조금씩 다른 내용으로 설명되어 있다. 아래에 몇 가지 정의를 옮겨보았다.

A : 원자로 이루어진 물질. 자연 상태로 존재할 수 있는 순수한 물질(예컨대 물과 이산화탄소)의 최소 단위를 이룬다.

B : 분자는 원자의 결합체 중 독립 입자로서 작용하는 단위체. 독립된 입자로 행동한다고 볼 수 있는 원자의 결합체이다.

C : 물에 전기를 가하면 전극에서 산소와 수소로 분해된다. 그러나 산소나 수소는 물과는 전혀 다른 성질을 가진 물질이다. 소금은 물에 들어 있든 모래에 들어 있는 순수한 소금이든 짠맛을 낸다. 이 소금을 나트륨과 염소

로 분해하면 짠맛은 없어지고 다른 물질이 생긴다. 이렇게 계속해서 분해해서 그 물질의 성질이 완전히 바뀌기 전, 그 물질의 마지막 단위가 되는 그것을 우리는 분자라고 한다.

다소 어렵고 난해하다. 이과에서 화학을 공부한 독자는 대략 어떤 의미인지 이해할 수 있다. 문과라는 이유로 화학을 멀리한 독자도 어렴풋하게 의미를 이해할 것이다. 하지만 내가 가장 좋아하는 분자의 정의는 이렇다.

"분자는 2개 이상의 원자가 결합하거나 결정을 이룬 모든 상태를 말한다."

원자가 2개 이상 붙어 있으면 모두 분자라는 정의가 불완전하다고 할 수도 있겠지만 학자들 간에도 정의에 차이가 있는 것처럼 앞으로 내가 물질 이야기를 풀어가는 데에는 이 정의만으로도 충분하다고 생각한다. 가령 물 분자는 H_2O라는 화학식처럼 산소 원자 1개에 수소 원자 2개가 결합해 있다. 산소와 수소가 떨어지면 이 물질은 더 이상 물이라는 물질이 아니다. 그런데 물 분자는 물 분자끼리도 결합한다. 이 결합은 앞서 언급한 전자의 공유결합이 아니다. 화학 용어를 하나 더 꺼내보겠다. '수소결합'이다. 하나의 물 분자는 산소와 수소 부근에 부분적인 극성을 지닌다. 산소의 핵이 더 커서 산소와 수소가 공유한 전자들을 산소 쪽으로 더 끌여들여 벌어진 현상이다. 마치 힘이 센 친구가 줄다리기에서 자신 쪽으로 끌고 가는 형상과 유사하다. 물 분자 내에서도 산소 쪽에 전자가 많아지는 효과로 음전하를 띤다. 반대로 수소 쪽은 양전하를 띤다. 이렇게 분자에서 발생한 부분적 극성이 분자 간에 서로 다른 극성끼리 인력으로 약하게 붙어 있게 만드는 것이다. 주로 수소가 대부분 결합에서 양전하를 띠며 인력을 추동한다고 해

서 '수소결합'이라고 부른다. 이렇게 몇 개 혹
은 수십 개의 물 분자가 1초에도 수조 번
을 수소결합으로 붙었다 떨어졌다 반복하
며 덩어리로 존재하는 것이 바로 액체인
물^{Water}이라는 물질이다.

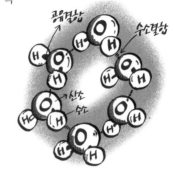

　　이 모든 사실을 과학자들이 밝혀냈다.
이제 이 결과론적 지식을 다시 질문의 형태
로 바꿔보자. 그렇다면 물 분자를 H_2O라는 하
나의 분자만으로 국한할 것인가 하는 것이다. 2개의 물 분자가 붙어 있다고
이것을 물 분자가 아니라고 주장할 수 있을까? 다른 예를 들어보자. 주기율
표를 이루는 118개의 원소에서 중앙부를 차지한 84개의 원소는 전이금속
원소이다. 금속은 반짝이고 단단하며, 열과 전기를 잘 전도하고, 납작하게
누르거나 길게 늘일 수도 있다. 이러한 금속의 성질은 금속 원자의 독특한
결합 방식 때문에 생긴다. 금속결합은 전자를 공유하거나 전기적 인력으로
붙어 있는 공유결합이나 이온결합, 수소결합처럼 우리가 익히 알고 있는 결
합과 다르다. 대부분의 금속 원소는 가장 바깥쪽 전자 궤도에 1~2개 혹은
많아야 3개 정도의 전자를 가지고 있다. 그러니까 금속 원자는 원자의 가
장 바깥쪽 궤도에 있는 전자들을 잃어야 속 편한 원자다. 전자를 내놓고 양
이온으로 존재하는 것을 좋아한다. 그런데 금속 양이온은 규칙적으로 배열
된다. 마치 사과를 쌓아 올린 것처럼 입체적으로 배열된다. 같은 전하를 가
진 양이온은 서로 척력으로 배척해 이런 배열이 쉽지 않다. 이렇게 쌓이는
게 가능한 이유는 원자에서 탈출한 전자들 때문이다. 우리는 이 전자를 '자
유전자'라 부른다. 특정한 원자에 묶여 있지 않은 전자는 양이온 금속 주변
에서 자유롭게 움직이며 금속 결정 전체에 널리 고르게 퍼져 있게 된다. 그

래서 전자의 바다라고도 부른다. 전자가 널리 퍼져 있다고 해서 학술적으로 '비편재화非偏在化'되었다고 말한다. 자유전자들과 양이온들 간의 전기적인 인력이 생기고 이 힘이 금속 원자들을 단단하게 묶어놓는다. 이 모습이 '금속'의 실체이다. 그렇다면 금속 분자는 어떻게 정의할까? 금속 덩어리 전체가 하나의 분자라고 해도 무방하다. 분자가 눈에도 보이지 않는 작은 존재일 것 같은데 손으로 만져지는 덩어리 전체라니, 맞는 말일까? 그렇다. 충분히 적당한 설명이 된다. 이제 분자를 어렵게만 생각하지 말고 2개 이상의 원자가 결합한 상태면 분자라고 해도 물질을 이해하는 데에는 크게 문제되지 않는다.

세상의 대부분 물질은 이렇게 하나 혹은 그 이상의 원소들이 모여 만들어진다. 원자들은 가만히 있지 못하고 결합하려고 한다. 그런데 모든 것에는 예외가 있다. 화학이 까다로운 이유는 이런 예외 때문이라고 생각한 적이 있다. 주기율표에서 맨 오른쪽 기둥에 있는 원소들은 너무나 안정해서 결합하는 것을 싫어하고 원자 하나가 물질을 이룬다. 원자 하나로 이루어져 있다 보니 대부분 가벼워서 기체로 떠다닌다. 헬륨^{He}, 네온^{Ne}, 아르곤^{Ar}, 제논^{Xe} 등이 그런 원소다. 바로 18족 원소이고, 활성이 없다 해서 비활성 기체라 한다. 헬륨을 마셔본 독자가 있을 것이다. 마셔도 반응을 하지 않기 때문에 안전한 물질이다. 이런 안정한 물질에 외부에서 에너지를 주면 원자 바깥 궤도의 전자가 에너지를 흡수하고 들뜬 상태, 즉 흥분했다고 표현하는 상태가 된다. 하지만 들뜬 전자는 원자를 쉽게 탈출하지 않는다. 다시 안정한 상태로 돌아오며 흡수한 에너지를 빛으로 방출한다. 이 원소들은 대부분 빛을 방출하는 용도에 사용하는 물질이다. 밤을 화려하게 밝히는 건 네온이고 영화관의 스크린을 비추는 강한 빛은 제논이다.

전자 채우기와 버리기

나머지 원소들은 18족 원소처럼 가만히 있지 못하고 다른 원자와 결합을 한다. 그렇게 결합하지 않으면 위험한 화학물질이라는 것도 없겠지만, 독자들은 곧 이 말이 말도 안 되는 사실임을 눈치챘을 것이다. 화학물질이 없다는 건 지금의 세상도 존재하지 않는다는 이야기가 될 테니까. 물론 이런 상태가 전혀 불가능한 건 아니다. 우주는 원자끼리 결합을 하지 않은 상태를 아주 오래전에 경험했다. 바로 빅뱅 이후에 우주가 팽창하며 온도가 내려가 원자가 만들어지고 별이란 것이 생성되기 전까지의 암흑 시기이다.

광활한 우주에 수소와 헬륨 정도의 양성자와 몇 가지 입자만 존재하던 시기가 오랫동안 이어졌다. 분자가 없던 시절이 있던 셈이다. 하지만 138억 년이 흘렀고 우리는 118개의 원소를 알고 있다. 그리고 18족을 제외한 원소는 다른 원자와 결합하려고 한다는 것을 안다. 이유는 이미 설명했다. 별에 의해 원소가 만들어졌고 양성자 수와 같은 수의 전자가 '쌓음 원리'로 핵 주변에 에너지 준위에 해당하는 오비탈이라는 공간에 놓여 있다. 핵에 가까운 안쪽 껍질부터 차곡차곡 오비탈을 채워나가는 것이다. 사실 전자의 배치를 정의한 파울리는 이것을 호텔로 비유했다. 호텔의 층은 에너지 준위를 말하는 전자껍질이고 각 층에는 오비탈이라는 여러 이름의 방이 존재한다. 그러니까 1층부터 차곡차곡 채워가는 것이다. 사실 이 말도 옳은 것은 아니다. 독자의 이해를 돕기 위한 순서일 뿐이다. 순서대로 차곡차곡 채워지는 게 아니라 전자들이 동시에 정렬되며 전자껍질과 오비탈이 생성되는 것이다. 그러다 보니 원소마다 전자 개수에 따라 가장 바깥쪽 전자껍질의 전자 수가 달라진다. 이제 호텔의 가장 높은 층에 8명의 손님을 받아야 안심이 되는 규칙이 적용된다. 이제 원자는 8전자 규칙에 따라 분자를 만들기 시작한다. 실제 원소를 가지고 예를 들어보자.

우리에게 나트륨이라는 이름이 더 익숙한 소듐^{Sodium}은 원자번호 11번이다. 소듐은 주기율표에서 1족 원소다. 안쪽부터 전자가 채워지고 바깥 껍질에는 1개의 전자가 있다. 1족 원소인 수소, 리튬, 칼륨은 모두 공통적인 원자 모습을 하고 있다. 11개의 전자를 가진 소듐은 안쪽 껍질들에 있는 여러 개의 오비탈에 10개의 전자를 모두 채우고 전자 1개가 바깥쪽 껍질에 남은 것이다. 소듐은 이 1개의 전자가 거슬린다. 소듐이 안정되기 위해서는 바깥 궤도에 있는 오비탈에 8개의 전자를 채워야 한다. 소듐에게는 두 가지 선택지가 있다. 전자 7개를 어딘가에서 가져와 채우든가 아니면 전자 1개를 버리는 것이다. 자연은 에너지가 적게 드는 가장 쉬운 방법을 택한다. 전자를 버린 소듐은 양성자 11개와 전자 10개를 가지고 스스로 소듐 양이온$^{Na^+}$ 상태로 존재한다. 화학적 성질이 비슷한 같은 1족 원소들이 대부분 그렇다. 이 계열의 원소들은 전자를 잘 내놓기 때문에 전지인 배터리의 전극 재료로 사용하는 것이다.

이제 반대의 예로 전자 하나가 꼭 필요한 원소가 있다. 바로 17족 원소인 염소^{Cl}이다. 바깥 껍질에 7개의 전자가 있고 1개가 모자란다. 그래서 어디선가 전자 하나를 더 가져와서 바깥 껍질에 8개의 전자로 채우고 Cl^-인 염소 음이온 상태로 있길 좋아한다. 물에 녹아 있는 소금은 이런 소듐 이온과 염소 이온 상태로 해리된 상태이다. 이미 안정된 이온 원자들이다. 이 둘을 잡고 있던 물 분자가 부족해지면 두 이온은 서로 다른 극성으로 결합한다. 그런데 만약 이온이 아닌 원자 상태의 금속 소듐 덩어리와 비금속 염소의 공유결합 분자인 염소 기체^{Cl_2}가 만나면 어떤 일이 벌어질까? 물론 이런 일은 일상에서 보기 힘들고 실험실에서나 볼 수 있다. 한 원소는 전자를 버리길 바라고 다른 원소는 뺏어 오길 바란다. 둘은 많은 열을 발생시키면서 격렬하게 결합한다. 이 반응을 현장에서 경험하면 폭발에 가깝다. 이 반응으로 생성되는 물질은 소듐 클로라이드 Sodium chloride이다. 어렵게 생각할 것 없다. 화학자들이 거창하게 부르는 말일 뿐 이것은 바로 염화나트륨NaCl이라고 하는 염, 그러니까 소금이다. 하지만 바다 염전에서는 이런 폭발을 볼 수 없다. 안정한 이온이 천천히 결정을 이루기 때문이다. 이쯤 해서 주기율표를 다시 보면 보면 흥미로운 사실을 알 수 있다.

맨 오른쪽 세로줄의 18족 원소는 다른 원소와 반응을 잘 하지 않으니 제외하고 1족부터 17족의 원소는 서로 좋아하는 짝이 있게 된다. 1족 원소는 바깥 껍질에 전자 1개가 있고 17족 원소는 전자 7개가 채워져 있다. 1족은 17족과 결합하기를 좋아하고 2족은 16족 원소들과 결합하길 좋아한다. 결국 금속이 비금속과 결합하길 좋아하게 된다. 서로 모자란 걸 채워주며 안정한 상태로 가기 위한 것이다. 그러니까 세상의 대부분은 잉여와 결핍이 만나 조화롭게 이뤄진 셈이다. 금속과 비금속이 만나 대부분의 물질을 이루는 이유가 된다.

화학은 전자의 이야기라고 해도 과언이 아니다. 원소들이 전자를 빼앗고 빼앗기거나, 버리거나 얻어 오는 일들이 벌어지는 것을 화학의 전부라고 해도 좋다. 우리는 이것을 '반응'이라고 하고 그 결과를 '변화'라고 한다. 이런 반응으로 반응물이 변화해 새로운 생성물이 만들어지며 세상을 이루는 것이다. 그리고 유해한 화학물질도 마찬가지로 우리 몸에 들어와서 물질 스스로 안정된 상태를 유지하기 위해 전자를 매개로 우리 몸과 반응하는 것이다. 만약 화학물질 자체가 너무나 안정하다면 몸에 들어와도 반응하지 않는다. 18족 원소가 아니라도 분자가 안정하다면 반응하지 않는다. 질소 분자N₂는 공기 중에 약 78퍼센트나 존재한다. 우리가 숨 쉬는 공기의 대부분인 질소 분자도 폐로 들어온다. 하지만 질소 분자는 몸과 반응하지 않는다.

분자 스스로 안정됐기 때문이다. 우리는 질소를 마시고 있다는 의식조차 하지 못한다. 질소 분자의 이런 특성 때문에 불필요한 화학반응을 막기 위한 도구로 질소 기체를 사용하기도 한다. 질소를 채워 부풀려진 과자 봉지는 산패를 막는 효과가 있다. 그런데 여기서 질문이 하나 생긴다. 질소 분자는 유독 안정해서 반응하지 않는데 위에서 언급된 염소 기체 분자[다]는 불안정한 원자 상태가 아니라 염소의 공유결합 상태인 분자로 존재함에도 다른 물질과 반응을 한다. 심지어 이 기체는 유해하다. 유해하다는 의미는 접촉할 경우 인체와 반응한다는 의미이고 우리는 이 기체가 제2차 세계대전 당시 유대인 학살에 사용된 사실을 알고 있다. 그만큼 안정하지 않다는 것이다. 원자가 결합해 분자가 만들어지면 모두 안정할 줄 알았는데 결국 분자의 안정도도 분자마다 차이가 있다는 것을 알 수 있다. 장담컨대 이 차이를 이해한다면 대부분의 물질 성질까지도 이해할 수 있게 된다.

원자 간 결합의 밑바탕에는 물리 법칙이 있다. 물리 법칙을 다루는 학문이 물리학이다. 원자라는 보이지 않는 미시세계에서 일어나는 현상, 화학의 빈자리를 촘촘히 메우는 현상, 모든 것은 물리학이 설명한다. 모든 물질은 에너지를 가지고 있다. 에너지는 높은 곳에서 낮은 곳으로 이동한다. 가령 상온에서 뜨거운 물이 차갑게 식는 것과 같은 이치다. 물이 뜨거운 이유는 에너지를 가득 머금은 물 분자가 서로 충돌하며 열에너지를 방출하기 때문이다. 결국 큰 운동에너지를 작은 운동에너지로 자발적으로 바꾸며 안정한 상태로 간다. 이제 이런 에너지의 관점에서 몇 가지 원자의 결합을 살펴보려고 한다.

분자의 결합에너지

가장 간단한 수소 분자H_2를 예로 들어보자. 서로 만나지 않고 떨어져 있는 수소 원자는 각각 고유 에너지를 가지고 있다(원자 1개도 그 안의 입자는 엄청난 진동을 하고 있고 이를 에너지로 표현할 수 있다). 두 수소 원자의 전체 에너지는 수소 원자 하나가 가진 에너지의 두 배가 될 것이다. 이제 수소 원자를 서로 가까이 가져가 보자. 거리가 가까워질수록 전체 에너지가 작아지기 시작한다. 그러다가 전체 에너지가 가장 작아진 거리에서 두 원자가 서로의 전자를 공유하며 분자로 결합하는 것이다. 엄밀하게 말하면 줄어든 만큼의 에너지를 외부로 방출한 셈이다. 이제 더 가까이 붙이면 어떻게 될까? 양성자끼리 반발력이 커지면서 전체 에너지가 다시 커진다. 핵이 융합하면 엄청난 에너지를 내게 된다. 이렇게 두 원자 사이의 거리와 에너지 사이에 함수관계를 얻을 수 있다. 가장 낮은 에너지 상태로 두 원자가 거리를 두고 있을 때 분자가 만들어진다. 이때 방출된 에너지가 '결합에너지'다. 이 말은 결합에너지 크기 이상의 에너지가 외부에서 가해질 때 분자 간 결합을 다시 끊을 수 있다는 의미이기도 하다.

가령 수소 원자는 적절히 타협한 거리에서 분자로 존재하는데 이 거리는 약 0.106나노미터nm이고, 결합에너지는 432킬로줄/몰kJ/mol이다. 그러니까 수소 분자의 결합을 끊어내려면 외부에서 432킬로줄/몰 이상의 에너지를 주면 된다는 것이다. 앞서 언급한 것처럼 수소 원자의 입장에서 보면 다른 수소 원자의 전자를 자신의 오비탈에 가두고 바깥 껍질을 가득 채워 안정하게 됐다는 것이다.

결합에너지는 분자마다 다르다. 대기의 약 78퍼센트를 차지하는 질소 분자의 결합에너지는 941킬로줄/몰(약 10전자볼트eV)이나 된다. 결합에너지

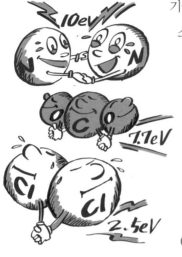

기준에서 상당히 높은 수준이다. 앞서 질소 분자는 안정적이라 했다. 그 안정감은 이런 수치로도 알 수 있다. 온실가스의 주범인 이산화탄소는 탄소 1개와 산소 2개가 결합하며 799킬로줄/몰 $^{kJ/mol}$을 방출한다. 이 방출 에너지를 우리가 인류 문명에 유용하게 사용한 것이다. 마지막으로 염소 분자를 보자. 염소는 공기 중에 0.003~0.006퍼센트만 존재해도 호흡기 점막이 상하고 장시간 노출되면 호흡 곤란 증세가 온다. 그만큼 작은 결합에너지를 가졌을 것이라 추측할 수 있다. 염소 분자의 결합에너지는 239킬로줄/몰(약 2.5전자볼트 ^{eV})로 낮다. 그러니까 염소 기체는 외부로부터 작은 에너지를 흡수해도 결합을 끊고 활성이 강한 염소 원자로 돌아가는 것이다.

우리는 분자의 결합에너지로 물질이 가진 중요한 의미를 알 수 있다. 가령 이산화탄소는 결합에너지로 보면 무척 안정한 편에 속하는 물질이다. 이말은 일단 생성된 이산화탄소는 분리가 어렵다는 의미도 된다. 우리는 온실가스 감축을 위해 이산화탄소 배출을 줄이려 하지만 만약 이산화탄소의 결합에너지가 작았다면 대기 중 이산화탄소를 분해하는 데 노력했을 것이다. 하지만 분해하는 데에 큰 에너지가 필요하고 이 에너지를 얻기 위해서는 다시 이산화탄소를 만들 수밖에 없기 때문에 이점이 없다. 분해가 어렵다는 의미는 또 다른 의미를 가진다. 이산화탄소는 탄소가 산소와 만나는 연소 반응으로 나온다. 이산화탄소가 기후 위기의 주범인 걸 알면서 이 반응을 계속 이용하는 이유는 결국 탄소와 산소가 결합하며 방출하는 에너지가 크기 때문이다. 지구에 가장 많은 탄소와 산소로 쉽게 얻을 수 있는 큰 에너지를 대체할 방법이 아직 뚜렷하게 없기 때문이다. 결국 이산화탄소를 제거하기 어려운 이유는 인류가 화석연료를 사용하는 이유와 같다는 것을 알 수 있다.

이제 이런 질문을 할 수 있다. 대기 중에는 질소와 산소 분자가 99퍼센트나 되는데 양으로 보면 두 기체에 비해 미미한 농도인 이산화탄소가 왜 온실가스로 지목되고 기후 위기를 초래하고 있는 것일까?

우리는 여기에서 '진동振動, Oscillation'이라는 의미를 이해해야 한다. 진동은 주기가 있는 변화이다. 벽시계의 진자 운동이나 스프링에 달린 무게추가 위아래로 움직이는 운동이 진동의 대표적인 예다. 앞서 원자에서도 입자가 진동한다고 언급했다. 원자 안의 전자도 파동의 성질을 가지고 진동하고 있기 때문이다. 눈에 보이는 모든 물질이 정지한 것처럼 보여도 그 미시세계에서는 상상할 수 없을 만큼의 진동운동이 존재한다. 결국 분자도 예외는 아니다. 질소 분자와 산소 분자는 마치 아령과 같은 모습으로 2개의 원자가 결합한 구조다. 여기에서 진동은 두 원자 사이에서 일어난다. 마치 2개의 공이 스프링으로 연결된 것처럼 진동한다. 두 원자가 분자 결합을 끊지 않는 거리에서 서로 가까워졌다가 멀어지는 운동을 하는 것이다. 진동을 눈으로 볼 수 있다면 두 원자가 가까이 붙어 떨고 있는 모습일 것이다. 두 분자는 분자를 구성하는 원자가 다르고 결합 강도도 다르기 때문에 각각 고유한 진동수를 가지고 진동한다. 진동수는 초당 주기적 진동이 몇 번 일어나는가를 말하는데, 질소 분자는 1초에 약 82조 번, 산소 분자는 62조 번 진동한다. 이런 진동수는 상상의 영역을 벗어난다.

태양에서 오는 빛은 전자기파다. 자외선, 가시광선, 적외선도 고유의 파장과 진동수를 가진다. 그런데 두 분자의 진동수는 전자기파의 일종인 적외선 영역에 해당한다. 물질이 서로 같은 진동수를 가지고 만나면 공명을 하게 된다. 그러니까 진동하는 물질이 같은 진동수를 가진 전자기파를 만나면 전자기파가 가진 에너지를 흡수하게 되는 것이다. 하지만 질소와 산소처럼 대칭된 원자 사이에서 일어나는 '대칭 진동'은 적외선을 잘 흡수하지 않는다. 반면 이산화탄소는 일종의 삼체三體이다. 탄소를 중심으로 양쪽에 산소 원자가 결합된 모습이다. 물론 여기에서도 대칭적 진동은 일어난다. 하지만 이런 삼체에서는 또 다른 '비대칭 진동'이 존재한다. 탄소 양쪽에 있는 산소가 마치 새처럼 날갯짓을 하듯 위아래로 '굽힘 진동'이 일어난다. 이런 비대칭적이고 굽어진 진동이 태양으로부터 온 적외선 중 가장 세기가 큰 영역의 진동을 흡수하는 것이다. 탄소를 중심으로 수소 4개가 결합한 메탄은 구성된 원자만 5개이다. 이런 경우 더 다양한 진동운동을 한다. 태양으로부터 복사로 지구에 도달한 에너지가 지구의 모든 생명체를 키워내고 그 일부가 지구를 떠나 우주로 돌아가야 함에도 이산화탄소와 메탄 같은 분자는 그 에너지를 흡수하고 지구의 대기에 가두는 것이다. 온실가스라는 것은 원소의 특성보다 분자 모양 때문에 규정된 성질이다.

질소 분자는 이산화탄소보다 결합에너지가 크다. 이유는 두 질소 원자가 삼중결합을 하고 있기 때문이다. 두 질소 원자가 각각 3개의 전자쌍, 그러니까 무려 6개의 전자를 공유한 강한 결합인 셈이다. 그래서 질소 분자 자체로 안정하고 다른 것과 잘 반응하지 않는다. 그런데 이 말을 다시 질문의 형태로 바꿔보자. 생명체에게 질소는 중요한 원소라고 했다. 특히 동물과 식물의 몸을 구성하는 재료로 질소는 필수 원소이다. 반응도 하지 않고 대기에 둥둥 떠다니며 분해도 되지 않는 기체를 생명체는 어떤 방법으로 사용하는 것일까?

2

물질은 모양만 변할 뿐 재료는 사라지지 않는다

2022년 2월 현재 지구 위에 살고 있는 인구는 약 78억 2,000만 명이다. 인구가 70억을 돌파한 게 2011년이다. 1804년 10억 명이던 인구가 1927년 20억 명이 되며 10억 명이 늘어나는 데 123년이 걸렸다. 그다음 10억 명이 느는 데는 32년이 걸렸고 1959년 이후에는 10년 남짓 걸렸다. 기원전 1000년에 세계 인구는 현재 한반도 인구 정도였고 1억 명을 넘은 게 기원전 500년으로 알려져 있다. 인류의 역사를 보면 20세기 초부터 인간의 개체수가 급격하게 늘어난 것이다. 결국 늘어난 인구만큼 삶의 터전이 필요했다. 인류는 개발이라는 명목으로 터전을 넓혀갔다. 생태계는 파괴되고 다른 생명체는 서식지를 잃었다. 자연에서는 서로 만나기 힘든 생명체들이 인간 활동 영역으로 깊숙이 들어왔다. 결국 유전체가 변하고, 동물의 활동 영역이 인류의 서식지와 뒤섞이기 시작하며 여기에 바이러스까지 동물의 몸을 타고 인간에게 옮겨졌다. 이른바 인수 공통 전염병 방식이다. 그러고는 지금까지 경험하지 못한 질병이 등장한다. 병원균으로서는 숙주가 다 죽어버리면 곤란하다. 또한 병세가 약하면 인간의 면역 시스템에 걸러지니 병원균에게는 불리하다. 늘 숙주들이 안정적으로 존재해 인간 사회가 적당한 희생자를 내며 다수의 숙주가 살아남게 함으로써 자신의 DNA를 지속적으로 유지하는 방법을 선택한다. 그런 조건을 갖춘 곳이 도시다. 결국 인구의 증가는 모든 것을 키워가며 진보한 듯 보이지만 인류의 터전은 물론 주변 환경마저 파괴했고 지구 전체에 기후 위기마저 불러일으켰다. 지금의 모든 문제의 근원은 결국 인류 개체수의 증가로 수렴되기도 한다.

질소의 순환

인류 개체수가 많아진 데에는 의학과 제약 기술이 발전하며 평균 수명을 두 배가량 늘린 이유도 있고, 산업혁명을 거치며 부와 맞물려 증가한 영향도 있다. 하지만 무엇보다 가장 큰 영향을 준 것이 바로 식량이다. 식량 생산량이 늘어나며 결핍의 시대에서 풍요의 시대로 접어들자 급속도로 개체수가 늘어난 것이다. 인간에게 필요한 영양소를 공급하는 으뜸인 식량은 곡식이다. 물론 가축을 통해 단백질과 지방을 섭취하기도 하지만 가축 역시 곡식을 먹고 자란다. 1959년 이후 인구가 10억 명이 느는 데 10년 남짓 걸렸고 그동안 육류 생산량은 세 배가 늘었다. 지금은 인간이 10억 톤의 곡물을 먹고 또 그만큼의 또 다른 곡물 10억 톤이 가축의 식량으로 사용된다. 수메르인이 기원전 9500년경부터 농경을 시작해 인류는 아주 오랜 옛날부터 농사를 지어왔는데 20세기 들어 유독 식량 풍요의 시대로 접어든 이유는 무엇일까? 거기에는 화학이 깊게 관여했다. 20세기 농업 생산량의 혁신을 가져온 것은 바로 공기 중 질소를 인류가 다루기 시작하고부터다. 심지어 공기로 빵을 만들었다는 은유를 붙일 정도다. 만약 인류가 질소를 다루지 못했다면 지금 세계 인구는 절반 정도에 머물렀을지도 모른다. 왜냐하면 곡식 생산량은 단순하게 대지의 면적과 비례하지 않기 때문이다. 농사가 쉬울 것 같지만, 작은 식물이라도 키워본 사람은 쉽게 알 수 있는 사실이 있다. 조금만 소홀하면 식물에서 잎과 줄기의 발육이 나빠지며 색이 노랗게 변하는 현상을 보게 된다. 바로 질소 결핍 현상이다. 대기 중 부피 비율로 약 78퍼센트를 차지할 정도로 풍부한 질소는 인체에 꼭 필요한 원소지만 반응성이 낮아 우리가 호흡해도 흡수되지 않는다. 호흡의 주 목적은 산소 공급이며 들이마신 질소 대부분은 날숨으로 다시 대기로 돌아간다. 인체는 질소 분자를 바로 받아들일 수 없다. 이는 식물도 예외가 아니다. 삼중결합인 질소 기체는 너무 안정해서 물에도 녹지 않아 식물이 흡수할 수 없다. 마찬가지로 대부분의 생명체에도 대기 중의 질소 분자는 직접 이용되지 않는다. 그런데 인체는 물론 식물을 포함한 생명체에 질소가 필수 원소임에도 질소를 직접 받아들이지 못한다면, 질소는 어떤 경로, 어떤 모습으로 생명체에 옮겨 왔을까? 이제 질소라는 물질의 긴 여행을 살펴보자.

식물이 질소를 흡수하려면 질소는 기체 분자가 아니라 물에 잘 녹는 질소 이온의 형태로 있어야 한다. 결국 대기 중 질소 분자를 이온 형태로 바꾸기 위해서는 질소 원자 간 강한 삼중결합을 끊어낼 큰 에너지가 필요하다 (1개의 질소 분자를 끊어내려면 941kJ/mol의 에너지가 필요하다). 자연적으로 얻을 수 있는 강한 에너지는 대기 중에 발생하는 번개이다. 번개는 엄청난 에너지로 질소 분자 결합을 끊고 질소 분자를 원자 형태로 분리한다. 분리된 질소는 대기 중 수소 또는 산소와 반응해 암모늄 이온$^{NH_4^+}$이나 질산 이온$^{NO_3^-}$의 형태로 바뀐다. 바로 이 과정이 질소 여행의 첫 번째 과정인 '질소고정^{窒素固定}(질소 기체 분자로 질소화합물을 만드는 것)'이다. 하지만 매일 번개가 치진 않으니 번개

에 의해 질소가 이온 형태 화합물로 변환되는 양은 매우 적다. 그래서 다른 방법을 통해서도 질소고정이 돼야 하는데 원핵생물인 세균이 이런 일을 맡게 된다. 콩과식물의 뿌리혹박테리아나 아조토박터 Azotobacter 와 같은 질소고정 세균들이 공기 중의 질소를 암모늄 이온 형태로 전환할 수 있다. 또는 단독으로 광합성을 하며 질소고정을 하는 '광합성 세균'과 '시아노박테리아 Cyanobacteria'가 있다.

질소고정 과정을 거친 암모늄과 질산 이온들은 물에 녹아 토양에 흡수된다. 식물은 이러한 이온을 모두 이용할 수 있지만 질산 이온을 더 잘 흡수한다. 암모니아 NH₃나 암모늄 이온 NH₄⁺은 바로 흡수하지 못한다. 식물도 편식을 하는 셈이다. 이제 질화세균들이 토양의 암모늄 이온들을 식물들이 잘 흡수할 수 있게 질산염 이온 형태로 산화시켜주는 역할을 하게 되고 이러한 과정을 '질화작용'이라고 한다. 암모니아 산화 고세균 古細菌, Archaea 은 지구상에서 가장 흔한 유기체 중 하나이다. 이 고세균이 암모니아를 아질산염으로 처리한다. 그리고 아질산염을 질산염으로 바꾸는 세균이 있다. 아질산염 산화 박테리아, 그중에 니트로스피나Nitrospina가 주로 이 역할을 수행한다. 이런 자연적 변환 시스템이 갖춰져 있으면 걱정할 게 없어 보인다. 하지만 식물은 여전히 질소 결핍을 겪는다. 이유는 암모니아 산화 고세균보다 아질산염 산화 박테리아가 10배나 적기 때문이다. 그리고 어렵게 생성된 질산염조차 물에 잘 녹아 토양으로부터 쉽게 빠져나오기 때문이다. 식물이 질소를 받아들이는 과정이 그리 녹록하지 않은 셈이다. 풍경 좋은 산에 멋지게 자라는 나무도 먹고사는 데 있어서는 우리의 삶보다 더 퍽퍽할지도 모르겠다.

생명체는 스스로 원소를 만들지 못한다. 하지만 원소를 결합하고 결합한 물질을 분해하는 능력을 키워왔다. 에너지를 얻기 위해서다. 질산 이온이 토양에 축적되고 운이 좋은 식물의 뿌리는 질산 이온을 흡수하기 시작한다. 식물은 질산 이온에 포함된 질소를 이용해서 효소, 아미노산, 핵산 등을 만든다. 초식동물은 식물이 합성한 단백질을 흡수하고 비로소 자신의 몸에 필요한 질소 성분을 얻는다. 최종 포식자인 인류는 먹이사슬을 따라 이러한 동식물을 섭취하며 질소 성분을 얻게 된다. 끝난 것 같은 질소의 여행은 여기가 마지막이 아니다. 미생물인 분해자는 동식물의 사체나 배설물을 분해한다. 이때 체내와 배설물에 저장돼 있던 질소가 포함된 유기 분자들이 암모늄 이온의 형태로 다시 토양에 되돌려진다. 토양에 고정되었던 질소들은 탈질소 세균에 의해 토양에서 다시 공기 중으로 탈출한다. 질산 이온이 다시 질소 기체로 전환되어 공기 중으로 방출되는 과정이 바로 '탈질소 과정'이다. 질소가 모습을 바꾸며 계속 순환한다. 이 모든 과정이 '질소동화작용'이다. 이렇게 질소는 생물학적인 순환을 하며 지구에 머물러 있게 된다. 이 순환은 지극히 자연발생적인 순환이다. 그런데 여기에 사람이 개입하며 질소의 순환에 미세한 조정을 하게 됐다. 식물은 늘 질소 결핍을 겪는데 이 결핍만 해결하면 늘어나는 인구의 식량난을 해결할 수 있기 때문이었다.

화학적 평형

인류는 자연적으로 발생하는 토양의 질산 이온 양을 조절할 수 있게 됐다. 1912년에 프리츠 하버Fritz Haber, 1868~1934와 카를 보슈Carl Bosch, 1874~1940가 대기 중의 질소 기체로부터 암모니아를 바로 생산하는 방법을 개발함으로써 대규모 질소 비료 산업을 이끌었다. 현재 질소 비료의 연간 생산량은 매년 미생물에 의한 질소고정화량으로 추정되는 1억 4,000만 톤에 육박한다. 식량 생산과 인구가 균형을 이루며 증가할 수 있었던 이유가 바로 이 질소 비료 때문이다. 그래서 공기를 이용해 빵을 만들었다는 기적의 문구가 나왔다. 질소 비료가 없었다면 세계의 인구는 지금의 절반도 안 되는, 심지어 20억이 한계라는 어느 과학자의 주장이 맞을 수도 있었다. 오늘날 사람 몸에 있는 질소의 절반이 하버-보슈Haber-Bosch 공법으로 만들어진 고정 질소라면 그 영향이 어느 정도인지 짐작이 갈 것이다. 분명 이는 인류에 이익을 주었고 이 공로로 두 사람은 노벨 화학상을 수상했다. 프리츠 하버의 이야기는 이후 무기화학 공업에서 조금 더 자세히 다루기로 한다. 하버는 화학사에서 또 다른 비극적 사건을 일으킨 장본인으로 입체적 시각으로 봐야 할 인물이다.

과학에는 늘 이면이 존재하고 자연의 흐름에서 어긋난 인간의 개입으로 늘 풍선효과가 생겨났다. 질소는 생태계를 순환하며 생물학적으로 매개된 반응 외에도 다른 반응들로 인해서 여러 가지 물질로 존재한다. 인류 활동의 증가에 따라 생성된 질소산화물의 양이 증가하면서 최근 질소 순환 문제에 관심이 고조되고 있다. 그로 인해 인류 삶의 환경이 극도로 나빠졌기 때문이다.

산업 활동으로 대기 중에 배출되는 질소산화물은 아산화질소^{N_2O} 외에 산화질소^{NO}와 이산화질소^{NO_2}가 있다. 산화질소는 오존 분해 반응에 촉매작용을 해 오존층 파괴를 거든다. 파괴된 오존층은 태양의 자외선을 막지 못해 강한 에너지를 가진 전자기파가 지표에 도달하게 된다. 일부 산화질소는 산소 원자나 오존과 반응해 이산화질소를 만든다. 대기 중 이산화질소는 물과 반응하며 질산^{HNO_3}을 만든다. 대기 중의 질산이 비에 섞여 내리는 것이 바로 '산성비'다. 이제 더 이상 비는 낭만적인 물질이 아니다.

화석연료는 용광로나 난방 기계와 자동차 엔진 안에서 연소된다. 이 열기관은 일종의 화학 실험실이다. 연료를 연소하며 산소를 사용하지만 기체의 온도를 크게 상승시키기 때문에 공기 중의 질소 분자와 산소 분자도 결합할 수 있다. 질소산화물은 이때 생성된다. 지구 전체로 볼때 인간 활동으로 방출되는 질소산화물의 양은 자연적으로 생성되는 양의 10퍼센트 미만이지만 도시나 공업 지역에서는 당연히 이보다 커진다. 특히 내연기관 자동차 사용이 늘면서 대기 중으로 질소산화물과 연료로 인한 이산화탄소와 같은 탄소화합물이 막대하게 방출된다. 높은 농도의 탄소화합물과 질소산화물이 태양의 자외선을 통해 광화학 스모그$^{Photochemical\ smog}$를 출현시킨다. 이 광화학 스모그에는 과산화물이나 알데히드와 에어로졸을 형성하는 케톤과 유기 질산염 등을 포함한 여러 가지 유해성 유기화합물이 포함되어 있다. 최근 뉴스에서 보도된 외국산 자동차의 배기가스 조작은 바로 이런 질소산화물을 질소 분자로 환원해 걸러내는 촉매성 전환기를 조작한 것이다.

분자를 이루는 원자는 원소마다 좋아하는 원소가 따로 있다. 100여 개의 재료로 지구가 탄생하고 45억 년이 지나며 원소는 친화적 규칙을 통해 분자를 만들고 물질을 만들며 질소 순환처럼 거대한 균형을 이루며 위대한 생태계를 구성했다. 그런데 이런 자연 순환에 인간이 개입하며 순방향이든 역방향이든 균형에 균열이 생겼다. 단지 인류의 편의와 발전이라는 이름으로 새로운 물질이 만들어지거나 이미 존재하는 물질을 새로운 용도로 이용했다. 거기서 자연은 고려 대상이 아니었다.

수학과 물리학 방정식에서 등호(=)가 중요한 만큼 '균형'이라는 용어는 화학에서 중요하게 다뤄진다. 만일 여러 반응물을 반응시켜 새로운 생성물을 만든다고 가정해보자. 반응물을 섞고 열을 가하면 새로운 생성물이 생긴다. 그런데 어느 순간 반응이 일어나지 않는 것처럼 보일 때가 있다. 반응 공학적 시선에서 보면 이런 상태를 일종의 평형 상태^{Equilibrium}라고 할 수 있다. 평형에 이르렀다는 것은 반응이 끝나고 반응물이 모두 생성물이 된다는 의미만은 아니다. 더 이상 반응이 일어나지 않는 것처럼 보이지만 사실 그 내부를 들여다보면 생성물이 다시 역반응에 의해 반응물로 분해되고 있는 것이다. 그 평형 상태는 화학에서 무척 중요한 지점이다. 가령 질소가 모두 질산 이온이 되지 않는 것은 반응의 평형이라고 할 수 있다. 이것이 바로 자연의 균형이다.

암모니아의 생성에 참여한 두 화학자들도 질소와 수소가 일부만 반응해 암모니아를 생성한 후 평형에 도달한 것을 어쩌지 못했다. 아무리 노력해도 암모니아 생산량을 더 늘리지 못했다. 이것이 자연의 첫 번째 경고였을지 모르겠다. 똑똑해진 인류는 자연의 동적 평형에 더 개입했다. 이 반응에 적절한 촉매를 개발했고 높은 압력과 온도로 자연의 동적 평형을 깼다. 암모니아 반응의 평형 상태를 인류에게 더 유리한 쪽으로 옮긴 것이다. 결국 비료의 생산량을 늘렸고 농업 생산성이 향상됐으며 이로 인해 인구가 증가했으며 동시에 가축도 늘었다. 더 많은 탄소가 대기로 뿜어져 나오게 된 것이다. 게다가 지금도 하버-보슈 공법으로 전 세계 에너지 공급량의 1~2퍼센트 정도를 사용한다. 이 자체로도 이산화탄소 배출의 상당 부분을 차지하고 있는 셈이다. 하지만 자연은 인류가 감지하지 못할 느린 속도로 다시 균형을 찾으려 할 것이다. 비틀어버린 크기가 클수록 회복하려는 힘은 클 것이다. 지금의 기후변화가 그런 자연의 신호 중 일부인 셈이다.

지금까지 설명에서 나온 분자는 두세 종류의 원소로 원자 몇 개가 결합한 탄소화합물과 질소화합물 분자다. 원자 2개가 결합하면 어떤 방향이든 같은 모양이 나온다. 어떻게 붙어도 나란히 붙을 수밖에 없다. 하지만 원자가 3개 이상 모인 분자의 경우에는 다양한 모양의 조합이 나온다. 나란히 붙기도 하고 꺾어지기도 한다. 결합에 참여하는 원자의 수가 많아질수록 분자의 모양이 결정되는 경우의 수가 커진다. 분자의 성질은 분자를 구성하는 원소의 성질에도 영향을 받지만 구조가 기능을 결정하기도 한다. 결국 모든 물질의 성질은 분자가 되면서 그 성질이 명확하게 정해진다.

변화는 있지만 변함은 없다는 말이 있다. 물질과 원소를 두고 한 말이다. 물질을 구성하는 원자는 변함이 없다. 하지만 물질은 다르다. 물질은 사라지기도 하지만 물질을 구성한 입자는 다른 시공간에서 모여 다른 물질과 문명을 만든다. 질소화합물은 비료가 나오기 전에도 다른 모습으로 있었다. 가령 1800년대 초에 영국에서는 산화이질소^{N_2O}를 흡입하는 일이 유행이었다. 200년이 지난 최근에 해피벌룬이라는 이름으로 젊은이들 사이에 유행했던 것과 동일하다. 마시면 웃음을 자아내게 할 정도로 행복감을 주는 물질이다. 1846년에 이 질소 기체는 실용적으로 이용된다. 외과 수술의 마취제로 사용했다. 하지만 여전히 인류는 분자의 정체를 모르고 있었다. 1869년 멘델레예프가 원자의 정체도 모르고 이런 원소를 정리했지만 물질이 분자로 이뤄져 있다는 가정만 있었고 지금 우리가 아는 것만큼 분자에 대해 알지 못했다. 인류가 분자의 정체와 구조를 알게 되고 분자를 마음대로 다룰 수 있게 된 것은 지금부터 계산해도 100년 남짓이다. 이때부터 유기화학과 무기화학이 발전하며 급속도로 물질 문명을 이루었다. 이 모든 일을 추동한 것은 과거에 금을 만들고 만병통치약을 만들어 부와 영생이라는 인간의 욕망을 채웠던 수단으로서의 화학과 크게 다르지 않다. 어쩌면 물질을 둘러싼 인류를 이해하는 것이 화학물질과 관련한 이 모든 질문의 해답이 될 수도 있겠다는 생각을 해본다. 과거에 금이 그 욕망의 중심이었다면 지금은 또 다른 원소가 그 욕망을 견인하고 있다.

3

인류 문명에 큰 영향을 준 물질

20세기 이후 인류 문명을 크게 변화시킨 물질을 꼽으라면 단연 탄소와 규소다. 우리는 지질학적 연대기로 과거 인류의 역사를 시대적으로 구분해왔다. 석기시대와 청동기, 철기를 거치며 물질이 인류 문명을 견인한 사실을 교실에서 배웠다. 인류 역사에서 물질과 문명은 서로 다른 이름의 동일체일 정도로 얽혀 있다. 물질이 문명을 만들고 다시 문명이 새로운 물질을 만든 셈이다. 인류는 광물에 숨어 있던 금속을 제련해 다양한 형태로 만들었다. 목재와 광석은 다듬어 사용했고 식물과 동물로부터는 천과 가죽을 얻었다. 이처럼 대부분 물질은 재료의 특성에 따라 적합한 용도로 만들어졌다. 오랜 시간을 놓고 보면 물질의 재료라는 것은 크게 변하지 않았다. 그럼 앞서 말한 탄소와 규소, 유독 두 원소가 현대 문명을 변화시킨 이유는 무엇일까?

　20세기에 들어서며 인류는 물질을 구성하는 원소와 원자의 정체, 그리고 원자 크기의 세계에서 작동하는 물리 운동을 대부분 밝혀냈다. 인류가 물질을 다룰 수 있는 수준은 물질을 이루는 기본 단위인 분자 수준으로 정교해졌다. 이 말은 이전에 이미 존재하던 물질을 자연의 힘이 아닌 인간의 힘으로도 만들 수 있다는 것이고, 존재하지 않았던 새로운 물질도 만들 수 있다는 것을 의미한다. 예를 들면 택솔^{Taxol}은 태평양 주목나무 껍질에서 추출된 천연 항암 성분이다. 이 주목이 워낙 늦게 성장하기도 하지만 1밀리그램^{mg}의 택솔 성분을 얻으려면 많은 주목나무를 훼손해야 했다. 10여 그루의 나무껍질에서 추출해봐야 얼마 되지 않기 때문이다. 이는 퀴닌^{Quinine}('키니네'라고도 부른다) 성분을 얻기 위해 기나나무 껍질을 추출했던 방식과 다르지 않다. 하지만 지금은 택솔 분자를 인공적으로 합성해 인류는 물론 자연도 혜택을 받는다.

석탄과 석유의 등장으로 탄소를 중심으로 한 유기화학의 발전과 함께 다양한 유기화합물을 만들게 되었고 대표적인 고분자 화합물인 플라스틱을 등장시켰다. 모래의 성분인 규소는 반도체의 주성분이다. 21세기를 제2의 석기시대라고 하는 이유다. 이렇게 탄소와 규소는 현대 인류 문명을 변화시킨 주요 원소가 된 셈이다. 훗날 물질 역사의 시대적 구분에서 따로 언급될 만한 시기를 현 인류는 지나고 있는 것이다. 물론 새로운 물질이 탄소와 규소로만 이뤄져 있지는 않다. 두 원소를 중심으로 다양한 원소가 결합한 화합물이다. 그래서 최근에 새로운 물질을 만들 수 있는 기본 요소를 '재료'라고 하지 않고 '소재'라는 용어를 사용한다. 소재는 어떤 것을 만드는 바탕이 되는 재료를 뜻한다.

탄소의 특별함

탄소와 규소의 화합물이 신소재를 만드는 중심에 있지만, 특히 탄소화합물

은 신소재 분야에서 많은 부분을 차지하고 있다. 이유는 탄소 원자의 특별함 때문이다. 우연하게도 탄소와 규소는 주기율표에서 같은 14족 원소다. 하지만 두 원소는 상이한 특징이 있다. 특히 탄소는 규소뿐만 아니라 다른 원소에 비해서도 두드러진 점이 있다. 그 특징으로 인해 탄소는 신소재뿐만 아니라 대부분의 유기물질과 생명 현상을 이루는 복잡한 물질 생성의 근간이 된다. 다양한 물질을 만들려면 많은 원소와 결합할 수 있어야 한다는 기본 조건을 충족해야 한다. 원소들이 몇 개의 결합을 할 수 있는지는 간단하게 옥텟 규칙으로 알 수 있는데, 탄소는 바깥 껍질의 전자가 4개이므로 최대 4개의 원자와 공유결합을 할 수 있다. 화학결합에 참여할 가능성이 있는 탄소의 원자가전자 原子價電子, Valence electron(원자의 바깥 껍질 전자 중 바깥 껍질이 닫혀 있지 않으면 화학결합에 참여할 수 있는 전자이다. 탄소의 경우 원자가전자는 4이다)는 s오비탈과 p오비탈이라는 서로 다른 모양의 전자구름에 갇혀 있어 다른 원자와 전자를 공유하며 다양한 형태로 결합할 수 있다. 심지어 두 오비탈이 혼성화되며 다양한 전자구름을 만들고 결합 형태의 다양성은 증가한다. 특히 탄소 원자는 탄소끼리 결합하려는 경향마저 짙다. 탄소끼리 긴 사슬 형태로 결합하거나 나뭇가지처럼 분기되며 뻗어가기도 하고, 고리나 그물 형태를 만든다. 118개의 원소 중에 자신의 원소로만 이런 긴 사슬이나 그물망을 만드는 원소는 탄소가 유일하다. 이런 특징은 분자의 건축에서 가장 중요한 뼈대역할을 한다.

건축학에도 유사한 철학이 있다. 구조가 기능을 만든다는 말이다. 이 말은 건축 재료도 중요하지만 건축 구조 자체가 특별한 기능을 갖는다는 것이다. 마찬가지로 물질의 기능이 분자구조나 모양에 의해 결정되는 경우가 꽤 빈번하게 존재한다. 분자의 뼈대를 만든다는 것은 강한 결합을 유지한다는 것이다. 구조를 유지하지 못하면 물질의 기능은 물론 물질이 가진 형태조차 유지하기 어렵다. 실제로 탄소는 같은 족의 다른 원소보다 결합력이 배에 가깝게 강하다. 이 말은 원소마다 결합하는 정도가 다르다는 의미이기도 하다.

원자의 결합 행위는 전자를 대상으로 벌어지므로 화학결합은 원자가전자가 부족한 오비탈을 채우기 위해 외부의 전자를 끌어오려는 행위로 그 과정을 설명할 수 있다. 화학에서는 원소들마다 전자를 끌어오려는 정도가 다른데 이를 '전자친화도 Electron affinity'라고 한다. 그런데 분자의 결합 오비탈에 갇힌 전자쌍도 각각의 분자 구성원인 원자의 영향을 받는다. 결합에 참여한 각 원자의 핵이 반대 전하인 공유 전자쌍을 끌어가려는 정도가 다르기 때문이다. 이를 '전기음성도 Electronegativity'라고 하는데, 이는 전자친화도와 비슷한 경향을 가진다.

전기음성도나 전자친화도가 크면 결합이 강할 것이라고 쉽게 생각되지만, 잘 생각해보면 인간관계처럼 약한 결합을 만들기도 한다. 서로 공유한 것을 자기 쪽으로 끌어들이다 보면 약점을 자극하는 외부로부터의 작은 변화에도 관계는 약해진다. 결국 분자 결합에 참여한 원자의 전기음성도가 클수록 서로 끌어당기기 때문에 화학결합이 약해져 끊어지는 셈이다. 무엇이든 전기음성도가 너무 약하거나 강해도 결합 강도 면에서는 유리하지 않다. 옥텟 규칙으로 보면 바깥 껍질 절반을 전자로 채운 탄소가 적당한 전기음성도로 인해 결합 강도가 가장 강하다는 것을 예측할 수 있다. 실제로 분자량이 큰 고분자의 뼈대를 견딜 수 있을 정도로 강하게 결합한다. 하지만 분자의 입장에서는 결합력이 강하다고 무조건 좋은 것만은 아니다. 뼈대에 다른 원소도 붙여야겠지만 잘 떨어뜨릴 수도 있어야 한다. 탄소의 전기음성도는 탄소가 아닌 다른 원소에 대해서도 유연하다. 이런 탄소의 결합 강도가 생명 물질이나 신소재의 분자를 이루는 뼈대에 매우 적당한 셈이다. 적당히 결합을 유지하고 적당히 끊어져야 한다. 생명체는 이런 물질을 합성하기도 하고 거꾸로 분해도 해야 하기 때문이다. 이 과정에서 생명체는 에너지를 얻는다. 식물은 물에서 산소와 수소를 추출하고 이산화탄소에서 탄소를 꺼내 포도당Glucose 분자를 만든다. 인간을 포함한 동물은 식물을 섭취하고 탄소화합물인 포도당을 분해해 에너지를 얻으며 부산물인 이산화탄소를 식물에게 돌려보낸다. 이 과정에서 대사 물질은 너무 쉽게 풀어져도 쓸모없고, 끊어지지 않는 결합을 하고 있는 물질은 생명체에게 독이 된다.

제2의 석기시대

같은 14족 원소인 규소는 탄소와 원자가전자가 같음에도 탄소보다 결합력이 떨어진다. 이유는 원자의 크기 때문이다. 규소는 탄소보다 양성자와 전자가 8개나 많다. 핵의 양전하가 크지만, 전자쌍과 핵 사이에 음전하를 가진 전자도 많다. 결국 원자 안의 입자들은 서로 영향을 주기 때문에 같은 족 원소라도 전기음성도가 다르다. 결론적으로 규소로는 탄소처럼 다양한 분자 뼈대를 만들지 못한다.

특히 탄소 간 결합은 단일결합뿐만 아니라 이중·삼중결합에서도 다른 원소에 비해 특별하다. 그리고 탄소는 수소는 물론이고 질소나 산소, 황과 같은 원자와도 잘 결합한다. 사람으로 비유하면 넉살 좋고 성격 좋은 인물인 셈이다. 가장 대표적인 이중결합 탄소화합물이 이산화탄소$^{CO_2,\ O=C=O}$인데, 탄소의 강한 결합은 온실가스 제거가 어려운 원인이 된다. 삼중결합을 가진 아세틸렌$^{C_2H_2,\ H-C\equiv C-H}$ 역시 분리가 어려운 물질이다. 그 결합력은 탄소 간 화학결합에서 보다 뚜렷한 특징을 보인다. 실제로 다른 원소의 결합과 비교해도 월등하다. 규소의 단일결합은 탄소 간 결합 강도의 절반 정도에 불과하다. 규소도 규소로 이뤄진 단일결합 화합물이 있지만, 탄소만큼 형성이 쉽지 않아 산소 원자를 중간 연결고리로 이용해 비결정의 분자 덩어리를 만든다. 이 물질이 지구의 지각을 형성하는 모래^{Silicate}(산화규소^{SiO_2})다. 규소는 같은 규소는 물론이고 다른 원소와의 이중결합도 쉽지 않다.

규소도 지각에 꽤 풍부하고 중요한 원소다. 규소는 지구 표면을 이루는 암석권, 바다인 수권과 대기권에서의 원소 존재 비율로 보면 산소 다음으로 많다. 그래서 규소는 지질학적 세상을 이루는 기본 원소다. 비록 물질의 튼튼한 뼈대가 되진 못했지만 풍부한 산소와 결합해 거대하고 단단한 네트워크를 만들었다. 이 네트워크는 너무 무겁지도 또 너무 가볍지도 않아 지구의 겉껍질에 있었고 지각을 단단하게 하기 충분한 재료였다. 인류에게 규소의 역할은 여기에서 멈추질 않았다. 원자를 다루게 된 인류는 규소화합물을 이용해 반도체라는 소재를 만들었다. 인류는 산화규소를 환원해서 순수한 규소를 얻고 주기율표의 규소 주변에 전자가 적거나 많은 원소를 불순물로 첨가해 P형 혹은 N형 반도체라는 새로운 물질을 만들었다. 이제는 나를 포함한 주변 어느 누구도 이 물질에서 자유롭지 않다. 하루 종일 이 물질이 주고받는 전자가 만들어낸 밝은 창을 보며 살아가고 있고 소리를 듣고 있다. 심지어 이 물질에 지능을 얹어 이른바 포스트휴먼 시대를 당겨왔다. 현대사회를 새로운 석기시대로 일컬을 만큼 규소화합물은 중요하다. 하지만 지각에 존재하는 비율로 보면 15번째인 탄소의 화합물 종류가 월등하게 많다. 인류가 합성한 것까지 포함해 인류가 알고 있는 탄소화합물만 해도 700만 종 가까이 된다. 자연은 탄소의 이런 특성을 알고 분자의 건축에 뼈대로 사용한 것이다. 특히 생명의 세계를 구성하는 근간으로 사용했다. 인류 역시 탄소의 이런 특성을 잘 이해했다. 팔리톡신[Palytoxin]은 바다 말미잘에서 처음 분리해냈는데 복어 독보다 강한 맹독성 물질로 분자식은 $C_{129}H_{223}N_3O_{54}$이고 분자량은 2,680이나 된다. 구조식이 명확한 천연 유기화합물 중 가장 큰 생체 고분자 부류에 들어간다. 그런데 인류는 자연을 흉내 내 이런 거대 분자를 합성했다. 이제 자연이 창조할 수 있는 것보다 인류의 능력으로 화학적으로 합성할 수 있는 분자가 훨씬 더 많아진 셈이다. 미래 문명의 중심에는 분명 지금까지 존재하지 않았던 새로운 물질이 있을 것이고 그것 역시 탄소가 있기 때문에 가능한 일이다.

4
배열과 결합의 분자 건축

앞에서 화학에서는 분자구조가 기능을 만든다고 했다. 분자를 구성하는 원소 그 자체도 중요하지만 구조가 더 많은 기능을 한다. 그러니까 원소 조각을 모아 분자를 건축하는 것이 화학자들이 주로 하는 일인 셈이다. 이 점에서 탄소는 중요한 원소로 다뤄진다. 탄소화합물은 탄소 뼈대로 다양한 모양이 만들어지기 때문이다. 그런데 탄소화합물에서 탄소 뼈대는 구조의 다양성뿐만 아니라 그 성질 역시 우리가 알고 있는 어떤 물질보다 특별하다. 심지어 다른 원소와 결합하지 않고 탄소 뼈대만으로 만들어진 물질도 있다. 대표적인 것이 우리 일상에서 흔히 가장 단단한 것으로 비유되는 물질인 다이아몬드이다.

탄소 동소체

실제로 다이아몬드는 모스경도계$^{Mohs\ hardness\ meter}$ 기준으로 가장 강한 물질에 해당한다. 사람들은 다른 어떤 광물보다 단단하고 투명한 다이아몬드를 영원불멸과 순결의 의미를 지닌 최고의 보석으로 여긴다. 그래서 사랑의 영원함을 약속할 때도 이 물질이 등장한다. 한편 산화지르코늄$^{Zirconium\ dioxide,\ ZrO_2}$ 결정으로 경도와 굴절률이 다이아몬드와 비슷한 큐빅 지르코니아는 모조 보석으로 이용된다. 전문가가 아니라면 이 둘을 구별하기가 쉽지 않다. 하지만 두 보석 중 진품을 구별하는 방법은 의외로 간단하다. 만약 화재가 일어나 보석함을 태운다면 그 속의 진품 다이아몬드는 이산화탄소로 변해 완전히 사라진다. 애석하게도 그렇게 사라진다면 진품이다. 반면 모조 다이아몬드는 금속산화물로 화재에 잘 버텨 남아 있게 된다. 1772년 프랑스 화학자 라부아지에는 연소 반응으로 다이아몬드가 숯과 같은 물질임을 알아냈다.

다이아몬드와 흑연은 다른 불순물 없이 탄소 원자만으로 이뤄진 물질이다. 금속 원소도 순수한 원소로만 이루어졌지만 전자를 공유하는 결합이 아니다. 순수한 원소만으로 전자를 서로 공유하고 강하게 결합해 뼈대만으로 커다란 분자 뭉치를 만드는 비금속 원소는 탄소가 유일하다. 그런데 두 물질은 겉보기는 물론 물리화학적 성질도 다르다. 탄소라고 하면 검은색 덩어리 물질이 떠오른다. 흑연이나 대부분 탄소화합물이 그렇다. 그런데 가장 영롱한 투명체인 다이아몬드는 탄소 원자들만으로 강하게 결합한 물질임에도 도무지 검은색의 어떠한 것도 찾아볼 수가 없다. 오히려 다이아몬드는 색 없이 투명하다. 이렇게 홑원소로 되어 있으면서 모양과 성질이 다른 물질을 동소체$^{同素體\ Allotrope}$라 한다. 두 물질의 화학식은 그저 탄소 원소기호인

'C'다. 원자 자체가 분자인 셈이다. 물론 원자 수를 달리해 단위 분자를 구성하며 화학식을 가진 동소체도 있다. 대표적인 것이 산소$_0$와 오존$_0$이다. 그런데 탄소 동소체는 다른 것과 달리 특별하다. 같은 화학 조성이지만 원자의 배열이나 결합 방식이 다르기 때문이다. 그렇다면 탄소의 또 다른 동소체는 없을까?

과학 문명이 시작된 이래 탄소 동소체에는 다이아몬드와 흑연만 있다고 알려져 있었다. 세 번째 탄소 동소체가 발견된 건 오랜 시간이 흐른 20세기 중반 이후이고 이야기의 시작은 지구가 아닌 우주에서였다. 인류는 수천 광년 떨어진 우주의 별들 사이 공간에서 사슬 모양의 어떤 분자가 방출한 전자기파를 탐지했다. 시아노폴리인^{Cyanopolyyne}이라는 이름의 분자는 탄소 원자만으로 단일결합과 삼중결합이 번갈아 이어져 사슬을 이루고 있다. 하지만 결과적으로 이 물질은 완벽한 탄소 동소체는 아니었다. 탄소 9개가 이어진 사슬의 양쪽 끝에 다른 원자가 결합했기 때문이다. 이때부터 사람들은 탄소 동소체의 발견에 집중하기 시작했다. 아직까지 지구에서 발견되지 않는 새로운 물질이 특별할 것이라고 상상했고 분명 인류에게 이로움을 가져다줄 것이라 기대했다. 1972년에는 이 분자와 닮은 분자가 합성됐고 사슬의 탄소 개수는 32개였다. 이후 사람들은 레이저라는 에너지와 탄소 기체로 우주에서 일어나는 화학반응을 흉내 내 탄소 사슬이 아닌 탄소 덩어리를 만들 수 있을 거라고 생각했다. 그 예상은 적중했다. 탄소 덩어리의 여러 물질들 중에 탄소 60개로 만들어진 뭉치가 발견됐다. 이 물질은 다이아몬드처럼 완벽한 고체 덩어리나 사슬 모양의 열린 구조는 아니었다. 덩어리는 탄소 원자를 연결해 모서리가 5개인 오각형 12개와 모서리가 6개인 육각형 12개인 다면체로 연결됐고 오각형은 서로 떨어져 있으며 안은 비어 있으나 닫힌 구조의 구형^{球形}이었다. 다면체는 우리가 쉽게 볼 수 있는 축구공 표면의 가죽 조각 배열을 닮았다. 이 기하학적 구조를 가진 세 번째 탄소 동소체 이름은 구조체를 고안한 사람의 이름을 딴 풀러렌$^{C_{60}}$이다. 인류는 탄소 60개보다 더 큰 풀러렌에서 원자들이 다르게 배치된 이성질체^{Isomer}를 찾기 시작했고 우연히 섬유 모양을 발견했다. 벌집을 닮은 육각형만으로 이뤄진 탄소판 한 층이 원통처럼 말려 빈 관처럼 길게 자라난 탄소 나노튜브$^{Carbon\ nanotubes}$를 발견한 것이다. 이 물질은 분명 또 다른 탄소 동소체였다. 그런데 탄소 원자가 육각형 모양으로 결합한 원자 한 층의 판 모양은 새로운 것이 아니다. 흑연은 탄소의 이런 판이 평면 방향으로 무수하게 겹쳐진 물질이다. 2004년에 흑연에서 탄소의 결합판 한 층을 물리적으로 분리하는 데 성공했다. 이 물질은 그래핀^{Graphene}이라는 새로운 탄소 동소체로, 이론으로만 알고 있던 흑연의 정체를 직접 확인한 것이다. 흑연에서 그래핀을 분리한 과학자는 노벨상까지 수상했는데, 분리하는 데에 스카치 테이프를 이용했다는 유명한

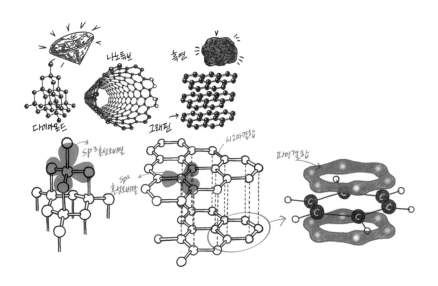

일화가 있다.

지금까지 발견된 탄소 동소체는 물성이 서로 다르다. 다이아몬드는 단단하며 투명하고 흑연은 검게 보인다. 흑연이 부드럽고 변형이 쉬운 것은 그래핀이 원자 한 층 두께밖에 되지 않고 겹쳐 있어도 평면 방향으로 쉽게 미끄러지기 때문이다. 탄소 나노튜브와 그래핀은 지금까지 알려진 어떤 물질보다도 강하고 전기 전도도 또한 구리보다 월등하다. 풀러렌은 전자가 건너뛸 수 있는 에너지 간격의 띠가 존재해 빛을 낼 수 있다. 그에 비해 다이아몬드는 전기가 흐르지 않는다. 다이아몬드는 부도체지만 열전도율은 구리보다 높다. 이렇다 보니 동소체들 사이에 공통점이 전혀 존재하지 않는 것처럼 보인다. 하지만 유일한 공통점이 하나 있다. 탄소 동소체는 모두 산소와 결합해 연소하면 사라진다는 것이다. 물론 물질이 사라지는 것이지 원소는 다른 모습으로 변할 뿐 사라지지 않는다. 모두 이산화탄소로 모습을 바꿨을 뿐이다. 원자는 영원하다는 것을 이미 알고 있지 않은가.

탄소로만 이루어졌고 배열과 결합이 다를 뿐인데 이렇게 서로 다른 특성을 보이는 이유는 뭘까? 표면적으로는 원자의 결합과 배열로 설명된다. 다이아몬드는 탄소 원자가 입체적으로 4개의 다른 탄소와 결합하고 풀러렌이나 그래핀, 나노튜브는 탄소가 3개의 탄소와 결합하며 육각형이나 오각형인 다면체의 판형으로 설명된다. 하지만 이런 이유로 물질의 특성을 설명하긴 부족하다. 가장 근본적인 이유에 접근할 수 있는 답은 탄소 원자 간 결합에 참여하는 전자다. 탄소의 전자들만이 만들어낼 수 있는 독특한 전자구름 때문이다. 탄소의 바깥 껍질에 있는 전자들은 고유의 오비탈 모양을 유지하지 않고 섞이며 다른 모양의 혼성 오비탈을 만든다는 것이다. 이유는 단순하다. 핵 주변에 전자를 골고루 분포시켜 수월하게 다른 원자와 결합할 기회를 만들기 때문이다. 원래 탄소의 바깥 껍질에 있는 전자는 두 오비탈에 존재하는데, 바로 s오비탈과 p오비탈이 혼성되는 모습에 따라 sp, sp^2, 그리고 sp^3라는 서로 다른 모양의 혼성 오비탈을 만든다. 혼성 오비탈 덕에 탄소는 다른 원자와 다양한 모양으로 결합한다. 사실 원자의 오비탈 구조와 혼성 오비탈 개념은 화학적으로 조금 더 깊이 들어간 내용인데 근본적인 원인을 알고자 하는 독자를 위해 간략히 언급했다. 만약 이 설명이 난해하다면 여기서는 탄소가 최대 4개의 원자와 다양한 형태로 결합할 수 있다는 것만 기억하자. 그런데 최대라는 말은 4개의 원자보다 적게 결합할 수도 있다는 말이다.

탄소의 결합

이제 탄소의 또 다른 특징인 다중결합을 살펴보자. 에틸렌^{C_2H_4}은 탄소 2개와 수소 4개가 결합한 분자다. 하나의 탄소 원자를 기준으로만 보면 2개의 수소와 탄소 1개, 즉 3개의 원자와 결합한 것이다. 그렇다면 탄소 원자 바깥 껍질에 결합에 참여하지 않는 전자 1개가 남아 있는 걸까? 사실 이 경우에는 탄소 간 결합에서 전자쌍 2개를 가진 이중결합을 한다. 그러니까 4개의 전자를 두 탄소가 공유하고 있는 셈이다. 에틸렌 물질에서 결합에 참여하지 않은 원자가전자는 없는 셈이다. 그런데 화학에서 중요한 이론이 있다. 다중결합에 의해 결합하는 원자의 수는 줄어들지라도 결합에 참여한 원자들의 전체 오비탈의 개수는 달라지지 않는다는 사실이다. 그러니까 다중결합에서 두 핵 사이에는 분명 1개의 오비탈만 있는 것은 아니다. 실제로 이중결합의 경우 단일결합에서 볼 수 없는 오비탈이 나타난다. 두 탄소 원자의 핵 사이에 소시지 모양의 전자구름이 나란히 형성되는 모습을 하고 있다. 이 모양은 아령 모양이었던 2p 오비탈이 두 원자핵의 위아래에서 겹쳐서

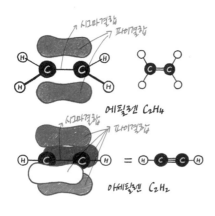

시그마결합
파이결합

에틸렌 C₂H₄

시그마결합
파이결합

= 아세틸렌 C₂H₂

생긴 것이다. 이 새로운 모양의 오비탈을 파이 ᐟ 오비탈이라고 한다.

탄소는 탄소끼리 잘 결합한다. 단일결합뿐만 아니라 이중결합, 그리고 심지어 탄소는 탄소끼리 전자쌍을 3개까지 공유하는 삼중결합을 할 수 있다. 단일결합은 두 원자핵 사이에 두터운 전자구름을 가진 시그마 ᐤ 결합이라고도 부른다. 각각의 탄소 sp² 오비탈이 핵 사이에서 겹친 것이다. 이중결합에서 시그마결합 외에도 파이결합이 출현했으니 삼중결합은 시그마결합과 파이결합 2개로 이루어지게 된다. 이렇게 단단하게 결합한 탄소 분자는 큰 분자의 뼈대가 된다. 그 뼈대에 다른 기능성 원소가 결합하며 전체 분자의 성질을 결정하는 셈이다.

다이아몬드는 탄소가 4개의 탄소와 단일(시그마)결합으로만 3차원 구조로 결합한다. 반면 탄소가 3개의 다른 탄소와 전자를 공유하는 경우에는 sp² 혼성 오비탈로 육각형 판 구조를 만들어 평면 방향으로 확장하고, 결합에 참여하지 않은 나머지 전자 하나는 파이 오비탈에 존재한다. 바로 이 형태로 만들어진 물질이 나노튜브와 그래핀이다. 각 탄소 원자에 있던 파이 오비탈이 그래핀과 나노튜브 판 전체에 걸쳐 합쳐지며 거대한 오비탈을 형성한다. 결국 탄소 원자의 결합에 참여하지 않은 전자가 이 판 위에서 자유롭게 존재하게 된다.

그래핀이 철보다 강한 이유는 평면에 펼쳐진 육각형 구조 때문이고 전기가 잘 흐르는 이유는 결합에 참여하지 않은 자유전자 때문이다. 자유전자가 그래핀 전체에 퍼진 파이 오비탈에 존재하며 전자의 바다를 이루고 비편재화되어 있는 것이다. 공유결합이나 이온결합이 아닌데도 그래핀끼리 여러 겹으로 겹칠 수 있는 이유도 이 자유전자 때문이다. 이런 결합은 비단 탄소 물질에만 존재하는 건 아니다. 대부분 분자는 전자로 인해 전기적 대칭이 무너지며 부분적인 양전하와 음전하를 띠는 쌍극자 형태를 갖는다. 이런 쌍극자의 다른 극성 사이에 발생하는 판데르발스 결합은 비록 약하지만, 분자 결합에서 중요한 자리를 차지한다. 그래핀이 열을 잘 전달하는 이유도 자유전자 때문이다. 외부로부터 열에너지를 흡수한 자유전자와 탄소 원자가 진동한다. 특정 부분에서 시작된 진동은 주위의 자유전자와 탄소 원자에 전달되며 퍼진다.

자유전자가 없는 물질은 전기가 흐르지 않지만 열을 전달하는 경우가 있다. 이때는 원자의 진동이 전달되기 때문이다. 그런데 원자끼리 아주 강하게 결합하고 정확한 배열을 이루고 있다면 진동 과정이 다르다. 한쪽 끝의 진동이 근처의 원자에 전달되어 확산하는 게 아니라, 원자 전체가 강하게 결합하고 있어서 물질 전체를 흔드는 효과가 있기 때문이다. 자유전자가 없는 다이아몬드가 부도체지만 열전도율은 여느 금속 못지않은 이유다. 이렇게 외부 에너지를 흡수하지 않고 바로 통과시키듯 방출하는 성질은 전자기파에서 최대 능력을 발휘한다. 가시광선을 그대로 방출시켜 영롱한 투명함을 만들어낸다. 결국 탄소 동소체가 만들어낸 다양한 성질은 다양한 전자 배치로 인한 결합 구조에서 생긴다. 탄소의 경우 전자구름의 종류가 많아 다양한 동소체가 존재할 수 있고 결합에 참여하거나 참여하지 않은 전자로 인해 물질의 특성을 만들게 된다. 탄소의 특별한 결합 구조는 동소체에만 그치지 않는다. 이 구조가 분자의 뼈대가 되면 분자 전체의 성질에도 영향을 미친다.

이 책은 화학 전공자를 위한 교과서가 아니므로 오비탈을 완벽하게 다루거나 독자를 이해시키기에는 한계가 있다. 그럼에도 이 용어를 꺼낸 이유는 다른 데 있다. 이런 특별한 결합이 분자 모양을 결정하고 이 모양이 우리가 현재 관심을 보이는 위험한 물질의 출발점일 수도 있기 때문이다. 분자를 이루는 원소 성분에 의한 화학적 성질도 아니고 그저 모양이 영향을 미친다니 언뜻 이해가 가지 않을 수 있다. 하지만 분자를 복잡한 시스템에 들어가는 아주 작은 기계 부품이라고 생각하면 이해에 도움이 될 수 있다. 정밀한 기계의 경우 부품이 몇 마이크로미터의 오차로도 전체 시스템 작동에 오류를 일으킬 수 있지 않은가. 분자가 단일결합만 하면 전자쌍을 공유한 수만큼 같은 수의 원자들과 결합한다는 것을 쉽게 알 수 있다. 하지만 이중결합이 생기기 시작하면 분명 결합하는 원자 수가 적어진다. 결합에 참여한 특정 원자가 이중결합으로 전자쌍을 더 가져갔기 때문에 결합에 참여할 전자가 부족하게 되는 이유이다. 그래서 우리는 파이결합을 가진 탄소화합물을 불포화되었다고 한다. 결국 포화됐다고 하는 탄소화합물은 단일결합인 시그마결합밖에 없다. 분자의 뼈대에 이중결합이 생기면 이 부근의 전자 배치가 달라진다. 전하를 가진 입자의 분포가 분자 내에서 달라지며 분자 전체의 구조에도 영향을 준다. 분자 뼈대는 원자끼리 연결되면서 꺾이고 구부러지며 모양을 만들어간다. 마치 분자 건축을 하는 것과 같다. 대체 이런 지식을 알아야 하는 이유가 뭘까? 사실 우리는 근본적인 탄소의 결합 구조와 오비탈에 대한 이해 없이 다양한 결합의 결과로 생긴 화학물질의 이름을 일상에 옮겨놓았기 때문이다.

고혈압이나 고지혈과 같은 심혈관계 질환을 가진 사람이 주변에서 가장 자주 듣는 말이 고기를 먹더라도 쇠고기는 피해야 한다는 것이다. 쇠고기는 포화 지방이기 때문에 혈액에 쌓이고, 오리나 돼지고기가 불포화 지방이라

더 낫다는 것이다. 그리고 식물성 지방인 트랜스 지방 또한 좋지 않다고 한다. 어느 순간부터 모든 언론과 소비자가 지방의 종류에 예민해졌다. 지방 분자의 성분에는 특별한 독성이 없다. 질병을 일으키는 중금속 원소도 아니고 반응성 좋은 비금속 원소도 아니다. 지방은 대부분 탄소와 수소로 만들어진 물질이다. 이런 물질을 탄화수소 물질이라 한다. 포화와 불포화라는 용어는 앞에서 탄소 간 결합을 설명하며 언급했다. 결국 고기의 지방 포화도는 지금까지 설명한 탄소 결합에서 다뤘던 내용과 같은 의미이다.

이 부분은 탄화수소 여행에서 조금 더 다루기로 한다. 분명한 것은 물질의 성질은 원소 고유의 성질을 떠나 모양만으로도 그 성질을 규정할 수 있다는 것이다. 구조가 기능을 만든다는 말이다. 분명 지방은 탄소와 수소로 구성된 물질이다. 원소만으로 유해성을 찾기 쉽지 않다. 그렇다면 특정 지방이 유해하다는 건 왠지 분자 결합과 모양에도 관련이 있을 것이라는 생각이 들 것이다. 이제부터 본격적으로 탄소를 중심으로 한 화학물질 세계를 탐구해보자. 무기화학도 중요하지만 거의 모든 일상을 지배하고 있는 것이 유기화학이기 때문이다.

작용기란 무엇인가

탐구를 하기 전에 몇 가지 기본적인 용어는 익히고 가자. 앞으로 화학물질 여행에 참고할 가이드와 같은 용어이다. 탄소화합물에서 독특한 성질을 발현하게 하는 원자단을 '작용기作用基, Functional group' 또는 '기능기'라고 한다(원자단은 화합물의 분자 내에서 공유결합을 통해 결합하고 있는 부분적 원자의 집단을 말한다). 원자단을 구성하는 특정 원자들 때문에 같은 작용기를 가진 서로 다른 물질도 공통적 특징을 갖게 된다. 즉, 유기화합물질의 특성을 말해준다. 가령 수레에서 바퀴라는 부품을 작용기로 볼 수 있다. 그러니까 꼭 수레가 아니어도 바퀴가 달린 다른 사물도 쉽게 이동이 가능한 기능을 갖게 된다. 유기화학 학문에서는 이런 작용기를 익히는 것만으로도 물질의 많은 부분을 예측 가능하게 한다.

가령 탄소와 산소 이중결합 원자단^{C=O}은 카보닐기^{Carbonyl group}로 불린다. 이 작용기는 유기화학에서는 매우 중요하다 이러한 카보닐기에 어느 원자 혹은 분자들이 결합하느냐에 따라 다른 작용기로 분류되기도 하고 그 자체로 화학적 특성을 가진 분자가 된다. 가령 카보닐 작용기에 수소가 연결되면 알데히드^{Aldehyde}가 되고 수소와 산소가 결합한 원자단^{-OH}이 연결되면 또 다른 작용기인 카복실기^{Carboxylic group}가 된다. 그 외에도 알코올기가 결합함에 따라 에스테르^{Ester}나 아마이드^{Amide} 물질이 되는 것이다. 이런 작용기를 포함한 물질은 공통적 특성을 갖는다. 가령 카보닐기에서 만들어진 카복실기는 탄소, 산소, 수소로 이루어진 작용기로, -COOH의 구조를 갖는다. 지방산이나 아미노산은 분자 내에 반드시 이 원자단을 가지고 있다. 이것에 다른 원자나 원자단이 결합해 더 큰 분자가 된다. 카복실기가 들어 있는 화합물은 탄소 사슬의 끝에서만 생길 수 있고 친수성을 띠어 물에 잘 녹는다. 그리고 화합물은 수용액 속에서 수소 양성자^{H+}를 내놓고 용액을 산성화시킨다. 신맛의 대표적 물질인 식초, 즉 초산^{醋酸}은 아세트산으로 불리고 분자식 CH_3COOH를 보면 카복실기를 포함하고 있다는 것을 알 수 있다.

그리고 하나 더 알아야 할 것이 탄화수소화합물의 명명 규칙이다. 포화 여부에 따라 포화 탄화수소는 알칸(알케인)^{Alkane} 물질이라 부르고 불포화 탄화수소는 이중결합이 있는 경우는 알켄^{Alkene}, 삼중결합이 있는 경우는 알킨^{Alkyne}으로 구분해 부른다.

또한 화학에서는 아라비아 숫자를 사용하기도 하지만 명명 규칙에는 라

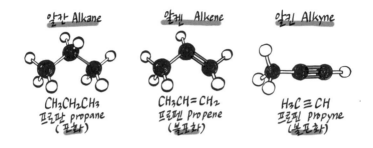

알칸 Alkane

알켄 Alkene

알킨 Alkyne

$CH_3CH_2CH_3$
프로판 propane
(포화)

$CH_3CH = CH_2$
프로펜 Propene
(불포화)

$H_3C \equiv CH$
프로핀 propyne
(불포화)

틴어나 그리스어의 흔적을 볼 수 있다. 사실 영어권도 어근에 그리스어와 라틴어가 있는 경우가 많다. 수의 명명은 다음과 같다.

1. 메타[Metha], 모노[Mono] / 2. 에타[Etha], 다이[Di] / 3. 프로파[Propa], 트라이[Tri] / 4. 부타[Buta], 테트라[Tetra] / 5. 펜타[Penta] / 6. 헥사[Hexa] / 7. 헵타[Hepta] / 8. 옥타[Octa] / 9. 노나[Nona] / 10. 데카[Daca] …

이제 몇 가지 규칙을 조합해보자. 가령 포화 탄화수소인 알칸 물질에 속하는 각각의 탄화수소화합물의 이름을 이런 규칙으로 만들 수 있다. 화합물에서 탄소 개수에 해당하는 라틴어에 '~안[ane]'를 붙인다. 예를 들면 메탄(메테인)[Methane], 에탄(에테인)[Ethane], 프로판(프로페인)[Propane], 부탄(뷰테인)[Butane]······ 식이다. 이런 포화 탄화수소 물질에서 수소 하나가 떨어져 나가 다른 물질과 반응할 준비가 된 물질을 알킬기[Alkyl group]라고 하며 이름은 메틸[Methyl], 에틸[Ethyl], 프로필[Propyl] 식으로 바뀐다. 알킬기는 그 자체로 작용기가 된다. 수소가 떨어져 나간 빈자리로 인해 반응성이 좋아진다. 다중결합을 가진 불포화 탄화수소인 알켄이나 알킨 물질이 되면 물질 이름은 달라진다. 메틸렌[Methylene], 에틸렌[Ethylene], 프로필렌[Propylene](프로펜[Propene]으로도 사용), 부틸렌[Butylene]으로 표기한다. 이제 이름만으로도 물질의 구조를 짐작할 수 있을 것이다. 수많은 탄소화합물은 구조의 규칙을 정할 수 없다. 하지만 탄소와 수소로만 이루어진 탄화수소 물질이기에 구조를 일반식으로 표현하는 것이 어느 정도 가능하다. 예를 들어 포화 탄화수소의 경우 벤젠처럼 고리 구조가 아닌 사슬형 구조의 경우에만 C_nH_{2n+2}라는 구조식으로 일반화가 가능하다. 탄소 개수^{n}를 대입하면 화학식을 알 수 있다. 물론 불포화 탄화수소도 구조식을 알 수 있다. 물론 이때에는 이중결합이 1개 있는 경우를 가정한다. 이 경우 C_nH_{2n}이라는 구조식이 된다.

이제 이런 몇 가지 지식만 손에 들고 본격적으로 유기화학의 물질 세계로 들어가 보자. 마치 다루지 못하는 자동차로 도로에 나가는 심정이겠지만, 걱정할 것 없다. 자동차 부품의 명칭과 기능은 완벽하게 이해하지 못해도 책을 따라가다 보면 어느덧 운전하고 있는 자신을 발견할 것이다.

5

인간의 욕망을 닮은 화학

무생물에 생명을 불어넣어 주는 어떤 힘인 엘랑 비탈[Élan vital]로 시작한 물질의 구분의 역사는 유기물이라는 용어를 만들었다. 지금의 유기화학의 시작이 이런 주술적 생명력으로부터라는 것에는 반론의 여지가 없다. 화학은 인류의 상상력으로 물질 대상을 이런 생명력의 존재 여부로 구분하여 발전해왔다. 이후 이것을 현대 화학으로 발전시킨 인물이 앙투안 로랑 라부아지에다. 18세기 후반부터 이 구분을 바탕으로 당시까지 알려지지 않은 원소를 발견하며 화학을 엄밀한 과학의 한 분야로 정립했다. 하지만 지금은 화학에서 '생명력'이라는 그 의미는 분명 사라졌다. 지금의 유기물은 탄소를 중심으로 한 화합물을 의미한다. 그러니까 인류가 탄소를 단지 땔감으로만 취급한 게 아니라 중요한 물질로 제대로 다루기 시작한 지점이 있다는 것이다. 화학사에서 이 특이점은 언제부터였을까? 사실 시기적으로 특정한 지점을 정하긴 어렵다. 라부아지에 이후 19세기와 20세기를 거치며 무척 많은 일들이 일어났지만 화학은 학문 본연의 의미를 찾지 못하고 방황했던 역사를 부인할 수 없기 때문이다. 물론 유기화학이 완성되기까지 수많은 시도와 노력이 있기도 했지만 다른 학문의 도움을 받고 윤곽을 드러냈다는 사실도 부인할 수 없다. 그럼에도 진정한 유기화학의 정립에 이르는 어떤 시발점을 말해야 한다면 긴 시간을 통과한 하나의 내러티브를 알아야 한다.

"우리는 미래를 보는 눈을 잃어버렸고, 인간은 결국 자연을 파괴시키는 끝장을 보게 될 것이다." 평화롭고 아름답기만 한 시골 마을이 어느 날 갑자기 원인 모를 질병과 죽음으로 고통받는다는 이야기로 시작되는 레이첼 카슨Rachel Carson, 1907~1964의『침묵의 봄Silent Spring』책 표지에는 알베르트 슈바이처 박사에게 책을 바치며 이런 글을 적어놓았다. 책 제목은 DDT 살충제로 인해 생태계가 파괴되어 새가 울지 않는 조용한 봄을 말한다. 당시 DDT로 본 수혜 중의 하나는 말라리아 퇴치였다. DDT는 처음 등장하며 기적의 약품이라는 별명도 얻었다. 인류가 말라리아에서 벗어날 수 있는 유일한 통로였기 때문이다. 특히 DDT가 등장한 시기는 두 번째 세계 전쟁이 한창 진행 중일 때였고 이 물질은 말라리아와 장티푸스에 시달리는 군인들과 많은 사람들을 구해주었다. DDT가 없었다면, 수많은 군인과 민간인이 곤충을 매개로 하는 말라리아로 죽었을 것이다.

말라리아는 플라스모디움이라는 기생충으로 얼룩날개모기류를 통해 인간의 혈액으로 감염되고 적혈구를 녹여버리는 무서운 질병이다. 말라리아는 질병임에도 화학과 더 깊은 인연이 있었다. 어쩌면 말라리아 때문에 화학이 지금의 학문으로 존재할 수 있었다고 감히 말할 수 있기 때문이다. 결론부터 말하자면, 말라리아로 시작된 인간의 욕망이 지금의 화학을 완성했다고 볼 수 있다. 대체 여기엔 어떤 관련이 있었던 것일까?

퍼킨의 발견

19세기 유럽으로 시간을 옮겨보자. 당시 빅토리아 여왕이 지배한 제국주의 영국은 해가 지지 않는 나라라는 별명이 붙을 정도로 영토 확장이라는 욕망에 집중했다. 비단 영국뿐만 아니라 프랑스도 마찬가지였다. 그런데 그 욕망의 앞길에 걸림돌이 있었다. 바로 말라리아였다. 프랑스의 파나마 운하 건설 실패는 말라리아 위력의 대표적 사례이다. 영국도 동남아와 인도, 아프리카 정복 과정에서 말라리아로 많은 인명을 잃었고 결국 말라리아 치료제를 찾게 된다. 당시 프랑스에서는 남아메리카에서 자라는 기나나무^{Cinchona}의 껍질에서 추출한 퀴닌^{Quinine} 성분이 말라리아 치료와 예방에 효과가 있다는 것을 발견한다. 퀴닌은 칵테일로 잘 알려진 진토닉에 들어가는 토닉워터의 주성분이다.

영국의 클레먼츠 R. 마컴^{Clements R. Markham}은 안데스 산지에서 기나나무를 밀수하기로 계획한다. 그는 이후 고무나무 밀수도 계획한 장본인이고 영국에서는 애국자로, 남미에서는 도둑놈 중에서도 상도둑놈으로 알려진다. 당시 이를 독점하고 있던 페루, 볼리비아, 에콰도르는 기나나무의 해외 유출을 감시했지만, 마컴은 경찰의 눈을 피해 수천 그루의 묘목을 특수 제작된 상자에 넣어 영국으로 가져갔다. 기나나무를 획득한 영국은 식민지 인도에서 성공적으로 재배했다. 하지만 나무껍질에서 얻는 양은 턱없이 부족했다. 게다가 과도하게 껍질이 벗겨진 기나나무는 쉽게 죽었다. 욕망은 다시 일었다. 말라리아 치료제를 직접 대량으로 만들면 엄청난 부를 가져다줄 것이라 생각했고 왕실은 1845년 '왕립 화학 대학^{Royal college of chemistry}'이라는 학교를 런던에 세우게 된다. 독일인 화학자 빌헬름 폰 호프만^{August Wilhelm von Hofmann, 1818~1892}은 콜타르^{Coal tar}를 사용하여 말라리아를 치료하는 퀴닌 합성을 연구하게 되느데, 당시 학생 중 천재라 불렸던 15세의 윌리엄 헨리 퍼킨 ^{William Henry Perkin,} 을 조수로 채용했다. 퍼킨은 석탄 찌꺼기인 콜타르를 솔벤트에 녹이고 태워서 기나나무에서 나온 화합물과 비슷한 원소 비율의 유기화합물을 찾아낸다. 하지만 이 물질이 정확히 퀴닌은 아니었다. 솔직히 당시에는 어떤 분자인지 알 수도 없었다. 당시의 화학은 지금과 매우 달랐다. 과학의 한 분야라고 말할 수 없을 정도였다. 물론 18세기 프랑스의 라부아지에에 의해 실험적 원소 개념이 나오면서 주술적 성격의 연금술은 막을 내렸지만, 이 시기는 생성물을 원소 비율 정도로 분리하던 시기였지 지금처럼 분자적 화학구조가 있다는 것조차 몰랐을 때이다. 그러니까 퍼킨이 라부아지에의 방법으로 발견한 물질도 퀴닌과 원자 조성이나 원소 비율만 비슷했지 화학구조가 같지는 않았을 것이다.

그런데 어느 날 퍼킨은 솔벤트가 떨어져 알코올을 대신 사용했다가 용해된 콜타르가 보라색으로 바뀌는 것을 관찰한다. 보라색 염료가 만들어진 것이다. 아름다운 보라색을 내는 염료는 자연에서도 얻기 힘들었다. 당시

티리안 고둥 1만 2,000마리에서 얻을 수 있는 보랏빛 염료는 몇 밀리그램에 불과했다. 그런데 인공으로 대량생산할 방법을 찾은 것이다. 여기에 그의 욕망이 더해진다. 비록 스무 살도 안 된 나이의 어린 과학자였지만 보랏빛이 가져다줄 미래를 볼 수 있는 능력이 있었다. 당시 빅토리아 여왕이 보라색을 좋아했다는 사실은 그의 야망에 날개를 달아주게 된다. 그는 말라리아 치료제 연구를 접고 회사를 세워 염료 사업을 하게 된다. 물론 빅토리아 여왕이 첫 고객이었을 것이다. 그 보라색 염료는 그를 그야말로 돈방석에 앉혔다. 이 보랏빛 유기 염료는 퍼킨스 모브 Perkin's Mauve로 불리기도 했다. 영국에서 '모브'는 영어 단어인 '퍼플'보다 보랏빛을 대표하는 말이 될 정도였다.

영국의 화학자들은 퍼킨의 성공을 보고 자연에서 발견하지 못한 인공 화합물이 돈이 된다는 사실을 알게 된다. 어쩌면 이 사건이 화학 산업의 효시가 된 셈이고 화학이 실험실에서 머무는 것이 아닌 산업으로 확장할 수 있다는 사실로 전 유럽에 유행처럼 번져나갔다. 우리가 알고 있는 유럽의 제약 및 화학 회사 대부분이 이때 생겨난다. 당시의 유기화학은 물리학처럼 체계적인 이론과 방정식이 뒷받침한 것이 아니라 동식물에서 얻는 유기물 재료로 끊임없는 실험을 통해 시행착오를 겪어가며 나름의 경험적 체계를 잡아간다. 우리가 알고 있는 대부분의 염료와 치료제가 그렇게 만들어졌다. 해열제인 아스피린도, 버드나무에서 살리실산을 추출해 쓰던 데서 벗어나 당시에 설립된 바이엘이라는 회사에서 아세틸살리실산 Acetylsalicylic acid을 합성해 만들었다.

하지만 화학은 여전히 실험 수준이었고 물질의 피상적인 모습만 훑어볼 수 있는 상태에서 유기화학의 발전은 한계가 있을 수밖에 없었다. 말라리아 치료제라 알고 있던 퀴닌은 여전히 합성되지 않았고 인류는 분자를 다룰 수 없었다. 어쩌면 연금술과 그리 다를 바 없는 유기화학은 다시 100년이란 시간을 보내고 20세기 중반에 와서야 큰 변화를 맞이하게 된다. 그 변화의 토양에는 원자의 세부 구조와 원자의 화학적 특성을 이해하게 된 양자역학의 도움이 있었다.

분자 합성의 시작

원자가 모여 분자를 이루며 물질의 특성이 생긴다는 것을 알게 됐고 원자 간 공유결합과 이온결합을 이해하게 되었다. 분자구조가 정립되기 시작한 것이다. 물리학에서 화학은 양자역학의 응용에 불과하다는 환원주의적 주장도 이때 등장한다. 그만큼 화학을 이해하는 데 물리학의 영향이 컸기 때문이다.

미국 하버드 대학교의 로버트 번스 우드워드 교수가 화학계의 숙원 과제인 퀴닌 분자 합성의 실마리를 얻는다. 그에 대해서는 '자연을 흉내 내다'(6장)에서 소개하겠다. 이 사건은 단순히 말라리아 치료제를 합성한 업적을 넘어 인류가 분자를 자유자재로 다루게 되며 유기화학을 정립한 지점으로 남는다. 이렇게 말라리아는 유기화학의 출발과 확립을 관통하는 길목에 있었다. 이제 인류는 상상하는 그 어떤 분자라도 만들 수 있게 됐다. 자연의 거대한 힘을 흉내 낼 수 있게 된 유기화학의 확립은 인간의 욕망에 날개를 달아주었다. 석유화학 산업의 바탕이 됐고 나일론과 합성수지인 플라스틱이 등장했다. 말라리아를 근원적으로 없애는 살충제인 DDT도 정체가 밝혀졌다. 동시에 화학은 제약 산업으로 번져갔다. 셀 수 없는 신약이 만들어지며 인류의 생명 연장을 실현했다. 지금까지 우리가 사용하고 있고 알고 있는 대부분의 유기화합물이 100년도 안 되는 짧은 시기에 만들어지게 된다.

대부분의 물질은 한 손에는 작용을, 다른 손에는 부작용을 들고 나타난다. DDT는 80년도 안 되는 짧은 이력 중에 처음 등장했을 때 신의 선물이라는 찬사를 받았을 뿐 나머지 70년 동안 인류가 만든 최악의 유독물질이라는 극단적 평가를 받는다.

DDT는 질병을 유발하는 해충만 죽이지 않았다. 해롭지 않은 곤충까지 죽인다는 우려가 처음부터 있었다. 결국 환경호르몬 기능을 하며 생태계에도 악영향을 끼쳤다. DDT에 노출된 야생동물의 번식에 이상이 생겼다. 새들의 알껍데기가 얇아져 쉽게 깨지기도 하고, 부리가 휘는 기형이 나타나기도 했다. 미국의 해양생물학자이자 작가인 레이첼 카슨은 1962년 저서『침묵의 봄』을 통해 '새가 울지 않는 봄'으로 DDT를 포함한 살충제의 위험성과 그것이 결국 최종 포식자인 인류를 위협할 것이라 경고했다. 카슨의 경고는 현실에서 확인됐다. 자연 토양에서 DDT가 애초의 10분의 1로 줄어드는 데는 50년이 걸린다는 보고가 있지만, 반감기가 최대 24년에 달한다. 인류는 DDT 사용 금지를 선언한 후 이제야 두 번째 예측한 반감기를 지나는 중이다. 실제로 한국해양과학기술원이 2011~2014년 부산 연안 해역에서 채취한 퇴적물과 어류에서도 미량의 DDT가 검출되었다. 그런데 정말 DDT는 더 이상 만들어지지 않고 있는 것일까?

피프로닐 살충제로 인한 계란 파동 사건이 있던 시기에 경북 일부 지역에서 DDT가 검출되기도 했다. 우리나라의 경우 1970년에 사용이 금지됐는데 아직도 생태계에 영향을 줄 정도로 남아 있었던 것일까? 아니면 여전히 이 물질을 만들고 있었던 것일까? 사실 사용이 금지됐을 뿐 DDT는 아직도 생산되고 있다. 환경호르몬을 규제하는 스톡홀름협약에서도 DDT를 규제 대상 잔류성 유해물질로 정했지만, DDT 사용을 전면적으로 금지하지 못하고 있다. 아직도 전 세계적으로 수천 톤의 DDT가 생산된다. 일부는 아프리카와 개발도상국에서 사용되기도 하고 다른 살충제의 원료로 사용된다. 여전히 질병에 취약한 지역에서는 이 물질에 의존할 수밖에 없는 상황이다. 제3의 살충제인 디코폴^{Dicofol}은 DDT를 원료로 제조된다. 이 과정에서 정교하지 않은 공정, 혹은 의도적으로 DDT가 불순물 형태로 남게 된다. 여기에도 인간의 욕망이 스쳐 지난다. 살충제 제조업체로서는 DDT를 걸러내는 데 고비용이 들어가기 때문이다. 생산 비용을 줄여야 이익을 더 크게 남기는 유혹을 뿌리치지 못한다. 경북 양계장에서 발견된 디코폴(당시 중국산 디코폴에는 DDT가 25퍼센트가량 포함됐다)은 2010년 국내에서 사용이 금지될 때까지 중국에서 수입돼 사용됐다. 우리나라를 비롯한 선진국은 유해물질에 대한 규제와 통제가 강한 편이다. 상대적으로 통제가 느슨한 제3국에서 중국산 살충제가 여전히 사용되리라는 예측은 그리 어렵지 않게 할 수 있는 일이다.

이런 일들이 차곡차곡 쌓여서일까, 최근 화학은 말라리아만큼 공포의 대상이 되고 말았다. 화학 공포를 의미하는 '케모포비아'라는 신조어를 낳았다. 심지어 화학 혐오로 노케미족이 등장하기도 했다. 세상을 만든 마법과 같은 학문이 두려움과 외면의 대상이 된 것이다. 수천 명에 달하는 사망자를 낸 가습기 살균제 사건은 사고라기보다 참사에 가까웠고 아직도 고통받는 사람들이 있다. 무분별하게 사용된 플라스틱은 부메랑이 되어 인류의 삶을 역습한다. 지난 시절 말라리아 같은 전염병을 퇴치하고 농작물 생산에 이바지한 DDT도 분해되지 않고 지금까지 토양에 남아 동식물을 타고 우리의 몸으로 들어오고 있다. 항생제에 내성이 있는 슈퍼 박테리아가 등장하고 생전 경험하지 못했던 바이러스의 공격에 무기력해진다. 이런 일들이 연이어 발생하면 당연히 두려울 수밖에 없다.

물론 화학은 인류 말고도 자연을 구해내기도 했다. 인공 화학 염료를 합성해 고등의 멸종을 막았다. 택솔 물질을 합성해 주목나무를 더 이상 훼손하지 않아도 되게 되었으며, 석유를 활용하며 양질의 연료를 얻게 되면서 더 이상 향유고래의 머릿속에서 기름을 내지 않게 되었다. 하지만 그런 것은 인류 문명의 발전이라는 목적을 달성하며 얻게 된 전리품의 일부일 뿐이지 않을까 싶다. 왜냐하면 지금 인류가 그동안 물질을 마음껏 사용하고 지구로부터 받아 든 청구서에는 전혀 다른 말이 적혀 있기 때문이다. 특히 화학이 그렇다.

레이첼 카슨의 경고

화학의 역사를 돌이켜보면 수천 년을 지배했던 연금술의 시대부터 지금의 화학 산업 전성기까지 화학은 인간의 욕망에 닿아 있었다는 것을 알게 된다. 물론 물질의 근원을 이해하기 위해 탐구했던 과학 정신도 있었지만, 영원한 부와 생명을 얻기 위한 인간의 욕망으로 시작되고 지속된 것임을 부정할 수 없다. 자연은 경쟁 상대가 없는 거장이다. 그런 자연이 만든 물질의 분자구조를 미세하게 변형할 수 있는 인류의 능력은 분명 축복일 수 있다. 그것이 질병에 대항해 인류의 생명을 연장하는 신약일 수도 있고, 자연에 존재하지 않았던 물질로 인류의 삶에 편의와 부를 가져다줄 수도 있기 때문이다. 하지만 인류의 과학적 능력이 모든 일을 쉽고 이롭게 만드는 것만은 아닐 것이다. 한계가 없는 듯 보이는 이 능력이 욕망의 충족에 머무른다면 자연과 인류를 공격하는 침묵의 재앙은 반복된다. 과학이라는 학문의 과정은 실험과 이론이 맞거나 틀리는 성공과 실패로 이루어진다. 하지만 아무리 성공한 과학적 결과도 나쁜 방식으로 인류의 운명에 힘을 행사할 수 있다는 것을 알아야 한다.

그렇다고 우리는 화학을 무작정 공포와 혐오의 대상으로 봐야 할까? 화학 혐오도 공포도 일정 부분은 소비자의 무지에서 비롯된 것도 있다. 물론 소비자가 과학적 사고로 실체를 들여다볼 수 있는 능력을 키워야 하지만, 분명 한계가 있고 그 부담을 온전히 져야 할 의무도 없다. 공포와 불안은 알아야 할 것이 알려지지 않은 침묵을 통해 나온다. 레이첼 카슨도 경계를 넘어버린 오만한 기업과 정부에 항의했지만 받아들여지지 않자 저술로 더 많은 시민에게 알렸다. 과학과 관련한 모든 이해관계자가 침묵을 깨고 진실을 알려야 하고 윤리와 도덕, 환경의 정의를 저버리지 말아야 한다. 우리는 정확한 사실을 알아야 하고 미래를 보는 눈을 가질 권리가 있다. 그래야만 '미래를 보는 눈을 잃어버려 인간은 결국 자연을 파괴시키는 끝장을 보게 될 것'이라는 그녀의 예언을 멈출 수 있다. 물론 우리가 먼저 해야 할 일은 유해한 화학물질을 멀리하고 물질의 사용을 줄이는 일이다. 그리고 이런 과학의 이면을 인식하는 것도 중요하지만 결국 모든 것을 다시 제자리로 돌릴 수 있는 것도 과학기술이라는 점을 알아야 한다. 지금의 혼란한 세상의 해결책을 이야기할 수 있는 유일한 담론의 장은 과학이기 때문이다.

6
지구의 시간을 꺼내다

유기화학과 물질을 논하며 두 가지 물질을 이야기하지 않을 수 없다. 두 물질은 과거부터 지금까지의 긴 시간을 관통하며 다양한 화학물질을 만들게한 모태이기 때문이다. 그렇다고 그것이 특별한 물질은 아니다. 바로 누구나 알고 있는 화석연료인 석탄과 석유다. 화석연료를 모르는 사람은 거의없다. 하지만 두 물질이 얼마나 광범위하게 인류의 문명을 지배하고 있는지는 잘 모를 수 있다. 이제 그 긴 이야기를 시작하려고 한다.

석탄을 둘러싼 욕망

1856년 영국 화학자 퍼킨이 염료를 발견했을 당시 재료로 사용한 물질은콜타르이다. 콜타르는 단어에서 짐작할 수 있듯이 석탄에서 나온 물질이다. 당시 대부분 화학 연구의 주된 재료가 콜타르였다. 왜 수많은 물질 중 화학자들이 콜타르를 재료로 삼았을까? 시기적으로 보면 주기율표가 탄생되기도 전이니 새로운 원소를 찾아내느라 혈안이 되어 있었던 시절이다. 18세기 후반, 화학이 오늘날의 수준으로 올라서는 데 공헌한 라부아지에가 등장했다. 이 시기에 '질량 보존의 법칙'이라는 혁명과도 같은 이론도 등장해 화학에서 양적 탐구의 길이 열렸다. 반세기가 지나 19세기 중반에 다다르면 과학적 지식들이 축적됐을 법도 한데, 화학에서는 유독 시간이 더디 흐른 것처럼 보인다. 여전히 석탄에서 나온 끈적한 액체를 파헤치고 있었으니 말이다. 그 원인으로 정치·사회적 사건을 배제할 수 없다. 이 시기에 프랑스는 정치적 대혁명기를 지나고 있었다. 라부아지에는 민중이 일으킨 사회 개혁의 대혁명 흐름에서 반대편인 귀족 신분이었고 처형을 피하지 못했다. 한동안 그의 이론과 지식이 바로 화학계에 흡수될 수 없었을 뿐만 아니라 흡수할 만한 조직도 없었다. 이에 비해 다른 학문은 비교적 정상적으로 작동되고 있었다.

19세기에 들어서며 영국 물리학자 존 돌턴^{John Dalton, 1766~1844}이 2,300년 동안 잠들었던 원자론을 부활시켰고, 물질은 원자로만 이루어진 것이 아니라 여러 원자가 모인 분자가 있다는 주장을 아보가드로^{Amedeo Avogadro, 1776~1856}가 내놓는다. 이탈리아 물리학자이자 전기학자인 볼타^{Alessandro Volta, 1745~1827}에 의해 물질을 분리하는 데에 전기에너지를 이용하게 되면서 1830년 이후 화학이 모습을 갖춰갔다. 하지만 그 발전이란 것이 지금과 같은 혁신적인 발견이나 물질의 합성은 아니었다. 물질의 분자구조를 정확히 몰랐으니 미지의 원소가 복잡하게 들어 있다고 생각했고, 거기서 찾고자 하는 물질을 분리하는 데 집중했다. 이때까지도 프랑스 화학자 조제프 루이 프루스트^{Joseph Louis Proust, 1754~1826}의 이론, 즉 화합물은 '일정 성분비로 존재'한다는 법칙을 따랐다. 다른 학문에 비해 화학은 여전히 방황하고 있었다. 열역학에서 주요한 업적을 남긴 벤저민 톰슨Benjamin Thompson, 1753~1814이 영국 왕립연구소를 설립한 게 1799년이고 19세기 초까지 지금의 학회와 같은 수많은 학술 단체가 생겼으나 화학회는 1841년에야 조직됐고 정기적인 학술지를 발간하기 시작한 건 1848년부터다. 이때까지도 화학은 영국 왕립연구소의 부분 조직에서 다루었다. 화학은 이미 다른 학문에 비해 20여 년이 뒤처질 정도로 늦게 연구 환경이 구축된 것이다. 1811년에 아보가드로가 발견한 법칙은 50년이 지나 학술대회에서 알려질 정도였다. 호프만과 퍼킨 역시 왕립 연구소 구석에서 연구를 시작했다. 아무튼 이 혼돈의 시기를 통과하고 있던 화학자들에게 콜타르는 훌륭한 재료였다.

석탄은 지질시대 식물이 퇴적되어 매몰된 후 열과 압력으로 변형되어 생긴 광물이다. 약 3억 5,900만 년 전부터 2억 9,900만 년까지의 고생대 데본기와 페름기 사이 다섯 번째 시기를 '석탄기'라고 부르는데, 이 시기에 영국과 서유럽의 지층에서 방대한 양의 석탄층이 만들어져 붙여진 이름이다. 석탄은 석탄기에 수백만 년에 걸쳐 만들어졌다.

지각 아래로 1킬로미터를 내려갈 때마다 섭씨 30도씩 올라간다. 깊은 갱도는 그야말로 사우나인 셈이다. 지각 아래로 몇 킬로미터, 지각이 누르는 고압에 100도가 넘는 고온 환경에서 만들어진다. 석탄기 식물은 진화하며 리그닌Lignin이라는 유기물을 세포벽에 두르기 시작했는데, 당시 미생물은 이런 리그닌을 분해하지 못했다. 식물이 미생물에 의해 분해되지 않고 휘발성 물질이 빠져나가며 고농도로 농축된 탄소 물질이 석탄인 것이다. 이 석탄을 가열로coke oven에 넣고 고온으로 가열하면 메탄이나 수소 같은 가스와 암모니아 가스액과 탄소 덩어리인 코크스Cokes를 얻을 수 있고 흑갈색의 끈적한 액체가 나오는데 바로 이것이 콜타르이다. 지금은 콜타르에 300종 이상의 화합물이 존재한다는 사실이 밝혀졌는데, 19세기에는 이 정도까지는 아니어도 수많은 미지의 물질이 들어 있을 거라는 사실을 짐작하고 있었다. 과거 지구에 존재했던 동·식물을 포함한 대부분의 유기물이 혼합물로 존재한다고 믿었다. 분명 라부아지에의 실험 방법으로 잘 분리한다면 염료나 의약품 원료를 얻을 수 있다고 생각한 것이다. 그래서 말라리아에 효험이 있는 퀴닌 물질도 여기에 포함됐다고 믿고 추출해내려고 한 것이다. 꼭 퀴닌만이 아니더라도 수많은 물질 탐구에 타르[Tar]가 원료로 사용됐다.

이렇게 석탄은 석유 산업이 등장하기 전인 20세기 중반까지 유기화학 연구의 주재료였다. 그런데 석탄은 화학 연구의 재료로서뿐만 아니라 다른 의미로 인류 문명에 다가왔다. 이 시기에 염료나 약품 등은 주로 사업가들이 다루는 분야였다. 화학이 다른 학문에 비해 정통 과학자에게 관심을 받지 못했던 것도 이런 사회적인 이유가 있었다. 석탄은 열에너지를 얻을 수 있는 연료이기도 했지만 염료를 얻을 수 있었기 때문이다. 여기에 당시 식물을 태워 얻은 알칼리 물질로 또 다른 유용한 물질을 얻을 수 있었던 제약 산업이 편승하며 화학은 인류의 욕망인 부와 직결됐다. 사업가들이 이런 자원을 가만히 둘 리가 없다. 이들은 새로운 물질로 잉여 자본을 만드는 게 목적이었고 화학은 그들의 수단이었던 셈이었다.

중세 이후 근대 과학의 태동기인 17세기부터 19세기는 조금 더 입체적으로 들여다봐야 한다. 다른 시기도 마찬가지지만 물질은 인류 삶의 다양한 환경, 그리고 과학기술의 역사와 버무려져 있기 때문이다. 지금의 유기화학에서 사용하는 많은 재료는 대부분 석유라는 물질에서 얻고 있다. 시기적으로 보면 석유는 석탄의 본격적 사용 이후인 19세기 중·후반 등장한다. 물론 석유가 존재하는 지리적·공간적 위치가 석탄보다 발견되기 어려운 장소인 탓도 있었지만 이렇게 시간적 차이를 두고 등장한 것은 과학기술의 발전, 그리고 인류의 삶의 환경, 욕망과도 무관하지 않다.

영국과 석탄은 분리하기 어려울 정도로 깊은 연관이 있었다. 물론 영국은 지리적으로도 석탄이 풍부한 곳이었다. 사실 이 시기에는 어떤 문명과 물질도 영국과 관련 없는 것이 거의 없다. 가령 돈이 될 만한, 그러니까 일정량의 화폐를 통해 그 이상의 잉여 화폐를 만들어내는 능력은 영국이 탁월했다. 영국과 주변 제국들의 자본력과 산업화가 양수기가 되어 전 세계를 무대로 저수지의 물처럼 자본을 빨아들인 셈이다. 이를 혁명처럼 여겨 산업혁명이라 부르지 않던가. 물론 자본의 시각에서는 혁명이다. 하지만 물질의 역사로 보면 인류가 물질의 에너지를 변환해 사용하게 된, 자연의 비밀을 캐낸 사건이다.

대부분의 사람들은 산업화가 유럽 북부 해안에 있는 습기 찬 섬인 영국에서 시작된 것으로 안다. 이 사실은 부인할 수 없다. 그리고 여기에는 증기기관이 인과관계로 연결된다. 증기기관이 산업혁명을 이끌었고 증기기관을 가진 운송 수단의 발명으로 다시 석탄이 급속도로 퍼져 사용되었다. 하지만 이 사실은 상관관계일 뿐이지 인과관계가 성립하는 내러티브는 따로 있다. 거꾸로 처음부터 석탄이 목적이었고 증기기관은 이 목적을 위해 등장한 셈이다. 석탄이 아니었다면 증기기관의 등장은 우리가 아는 시기보다 더 늦어졌을 것이고 산업화는 조금 더뎠을지 모른다.

세상을 작동하게 하는 많은 종류의 에너지가 있지만, 그중 열에너지는 인류의 삶과 떼려야 뗄 수 없다. 인류 문명이 본격적으로 시작된 것은 '불' 덕분이었다. 특히 연소^{Combustion}라는 기능은 물질을 반응하게 하고 변하게 했으며 인류는 그 에너지로 문명을 만들어왔다. 석기를 다루는 것은 물리적 힘이다. 깨고 깎으면 될 일이다. 하지만 아무리 구리 금속이 눈에 보일 정도로 널려 있어도 광석에서 금속을 꺼내는 데는 열이 필요하다. 그래서 변화의 학문인 화학의 시작점을 연소 반응의 사용에 두기도 한다. 그런데 과학적으로 복잡한 반응이나 에너지 전환을 논하기 전에 연소의 가장 직접적 목적은 추위를 견디기 위함이었다.

소빙하기의 등장

지금 말하는 추위는 지구의 공전과 자전축, 그리고 위도가 만들어낸 계절에 따른 추위 정도를 말하는 게 아니다. 이른바 인류가 열에너지의 패러다임을 바꿀 정도의 추위를 말한다. 지난 100만 년 동안 지구에는 일곱 차례 이상의 빙하기가 발생했다. 지구에서 마지막 빙하기는 약 11만 년 전에 시작되어 10만 년을 지속한 빙하기였다. 바로 〈아이스 에이지〉라는 애니메이션 영화의 배경이었다. 마지막 빙하기의 종식은 생물의 종과 인류에게도 상당한 영향을 끼쳤다. 지구가 점점 따뜻해지면서 빙하가 녹고 해수면이 상승하며 해안 지역에 살던 수많은 종이 내륙으로 이동했다. 산림과 초원의 중간 형태인 사바나가 나타났고, 여기에 적응하는 종이 생겨났다. 포식자 공룡은 사라졌고 포유류인 인류가 살기 적당한 환경이 되면서 새로운 포식자의 위치에 선 것이다.

　이렇게 마지막 빙하기가 종식된 후 지구는 상당히 따뜻한 편이었다. 그런데 15세기 중반부터 19세기 중반까지 다시 지구에 추위가 닥쳤다. 지난 1만 년 중에 가장 극심하고 혹독한 추위가 찾아온 것이다. 많은 학자들은 이것을 '소빙기 Little ice age'라고 부른다. 과거의 빙하기보다 기간이 무척 짧기 때문에 붙여진 이름이다. 소빙기가 시작되며 지구 전체에 기후변화가 일어났고 흉작과 기근, 그리고 전염병으로 이어졌다. 우리나라에서도 경술년과 신해년인 1670년부터 2년간의 '경신 대기근'이 『조선왕조실록』에 실려 있을 정도였다. 당시 유럽의 상황은 최악이었다. 1740년 당시에 아일랜드 인구의 약 20퍼센트가 굶주림으로 사망했다. 당시 전 세계 인구가 10억 명이 되지 않았는데 인구의 20퍼센트가 소멸될 정도의 환경 변화는 인류 역사에서 엄청난 사건이었다. 혹한으로 농작물이 자라지 못했고 결국 곡물 가격 상승과 기근으로 이어졌다. 소빙기의 원인에 대해서는 아직 명확하게 규명되지 않았다. 과학자들이 태양의 흑점 활동과 관련이 있다고 한 주장이 지금까지는 가장 설득력 있는 설명이다. 공식적으로도 태양의 불규칙 활동기^{Maunder} _{minimum, 1645~1715}가 이 시기에 있었다. 흑점은 지름이 수천 킬로미터에서 수만 킬로미터에 달하는 태양 표면의 어두운 영역을 말한다. 이 영역은 태양 활동이 활발하게 일어나는 곳이다. 간혹 지구에서도 짧은 시간에 빛이 폭발하듯 강하게 빛나는 태양의 플레어 현상이나 태양 표면에서 불이 타오르듯 분출되는 홍염을 볼 수 있는데 그것은 모두 그 영역에서 일어난다. 홍염은 코로나 질량 방출로 이어지니 주요 태양 활동이 바로 이 흑점에서 일어나는 셈이다. 이런 태양 활동은 지구에 직접 영향을 끼친다. 그런데 이 시기에 흑점 수가 감소한 것이다. 그만큼 지구에 도달하는 태양에너지도 감소했다는 주장이다. 그래서 지금까지도 꽤 설득력 있는 가설로 받아들여지고 있다. 또 다른 원인은 당시에 일어난 화산 폭발이다. 폭발로 인해 분출한 아황산가스가 대기를 뒤덮고 태양에서 오는 에너지를 우주로 튕겨냈다는 주장이다. 사실 이 두 주장은 각각 소빙하기의 원인이라고 하기에 부족한 부분을 서로 메우고 있기도 했다.

그런데 최근 한 기후사학자의 주장이 타당한 근거를 제시하며 점점 신뢰를 얻고 있다. 바로 콜럼버스적 대전환이 여기에도 영향을 끼쳤다는 것이다. 유럽인들이 아메리카 대륙에 등장한 이후 원주민의 생활상이 바뀌었다. 당시 아메리카에는 소나 말처럼 가축화된 대형 동물은 없었다. 당시 아메리카에 분포한 가축화된 동물은 불과 6종이며 이마저도 지금의 가축과 같은 역할을 하지 못하는 소형 동물이었다. 당시 원주민은 대부분 정주민이었다. 정복자를 피하기 위해 자연스럽게 유목생활을 시작하게 됐다. 생태계가 뒤섞이기 전 원주민들은 수백 명 단위로 넓은 개활지에 둘러싸인 촌락을 이루고 살았다. 대형 가축의 부재는 유럽의 농경 방식과 큰 차이를 보였다. 게다가 아메리카에는 철기문화가 없었다. 철을 녹일 만한 큰 에너지를 얻을 방법이 없었기 때문이다. 쟁기질을 할 큰 동물과 철제 농기구가 없는 원주민들은 어떤 방법으로 농지를 개간했을까? 원주민들은 불을 이용해 농지를 개간했다. 원주민의 불은 땅을 사람이 살 수 있게 만드는 유일한 수단이었던 셈이다. 게다가 정복자를 피해 유목을 하기 시작하며 농업과 사냥을 위해 북아메리카 동부 해안을 무차별적으로 태웠다. 인간 공동체의 규모가 확장하며 더 많은 땅을 농경지로 개활한 것이다. 그런데 이런 정기적인 불놓기가 갑자기 감소했다.

정복자와 동물의 몸을 타고 온 박테리아와 바이러스, 기생충이 아메리카 대륙을 휩쓸었다. 인간의 생명이 하나둘 꺼져가며 원주민의 불길도 잦아들었다. 전염병으로 인해 원주민 사회가 붕괴되고 자연히 불태우기는 감소했다. 이것이 급격한 식물의 성장을 야기했다. 아메리카 적도 부근의 황폐한 지대가 모두 숲으로 바뀌고 대기의 이산화탄소를 다시 막대하게 빨아들이고 엄청난 산소를 뿜어냈다. 이는 오늘날 기후변화와는 정반대이다. 산소 농도가 증가하면 대기 중에 포함된 온실가스인 메탄이 산화된다. 메탄은 이산화탄소와 함께 온실 효과를 일으키는 물질이다. 두 물질의 감소가 지구의 온도를 내렸다. 점차 많은 학자들이 소빙하기의 주요 원인을 단순히 홀로세에서의 태양의 변화로만 보지 않는다. 그러기엔 훨씬 변덕스럽고 불안정한 기후가 찾아온 것이다. 소빙기에 전 지구적으로 만연한 추위는 새로운 현상을 야기했다.

이 시기에 유럽에는 또 다른 큰 변화가 생겼다. 목재 가격이 치솟았다. 당시 열을 얻을 수 있는 주요 재원은 목재였다. 목재의 부족은 11세기 농업 혁명 후 늘어난 인구와도 관련이 있다. 그리고 당시 증가하는 제철 산업에서 열의 확보는 필수였다. 물론 인류는 석탄의 존재와 화력을 알고 있었다. 석탄은 나무를 태워 내는 열보다 500도나 높은 섭씨 1,500도까지 올릴 수 있다. 고온을 필요로 하는 야금 산업, 그러니까 철을 녹이기 위한 용도에는 석탄이 더 유리했다. 하지만 당시 석탄을 다루는 기술로는 열원을 바로 활용하지 못했다. 석탄은 연소되며 휘발성 유독가스와 불순물을 뿜어냈다. 제철뿐만 아니라 어느 용도로도 사용이 쉽지 않았다. 그에 비해 목재는 쉽게 구할 수 있는 재료였고 다루기 쉬웠다. 목재는 열을 필요로 하는 대부분의 자리를 채웠다. 사실 대항해 시대가 본격적으로 펼쳐질 당시에도 목재 부족이 조선업에 치명적이었고 결국 16세기에는 대부분 배의 건조가 목재가 풍부한 식민지에서 이뤄졌다. 여기에 엎친 데 덮친 격으로 찾아온 소빙하기로 난방의 열원을 얻기 위해 숲을 마구 집어 삼켰다. 목재의 소멸은 또 다른 탄생으로 이어졌다.

최초의 증기기관과 유정

인류는 쓸모없다고 여긴 석탄에서 코크스를 찾아낸다. 유독가스와 불순물이 기체와 끈끈한 역청인 타르로 빠져나가고 남은 순수한 탄소 덩어리를 찾아낸 것이다. 인류의 물질 사용 역사에서 기후라는 변수를 넣어야만 해석이 가능한 사건이었다. 아무리 대체 수단이 있어도 희소하면 대체제로 채택되기 어렵다. 지금의 화석연료를 대체할 수단으로 태양광이나 풍력과 같은 자원이 고려되지만 아직 엄청난 에너지양을 감당하기 쉽지 않기 때문에 여전히 화석에너지에 의존하고 있지 않은가. 소빙하기에 난방용으로 석탄의 사용량이 급증한 또 다른 이유는 석탄 매장량이 풍부했기 때문이다. 지각 활동으로 석탄 광맥이 지각 위로 솟아 쉽게 구할 수 있기도 했다. 하지만 지상의 석탄마저 고갈되자 결국 지각을 뚫고 안으로 들어가야 했다. 석탄은 땅속 깊은 곳에 묻혀 있었고 사람들은 점점 더 깊이 파고 들어갔다. 하지만 깊은 지각에서 석탄을 꺼내는 일을 자연이 쉽게 허락하지 않았을 것이다.

지구 중심으로 100미터만 내려가도 섭씨 3도씩 올라간다. 석탄은 몇 킬로미터 아래의 고온에서 미생물에 의해 분해되지 않고 탄화된 물질이다. 그러니까 1킬로미터만 내려가도 엄청나게 더웠으며 휘발성 가스로 폭발 사고가 끊이지 않았다. 어둡고 좁은 갱도 작업에는 몸집이 작은 사람들이 유리했다. 당시 많은 어린아이들이 탄광에서 희생됐다. 가스 폭발은 영국 화학자 험프리 데이비Humphry Davy,1778~1829가 폭발이 일어나지 않는 등을 개발하며 해결됐다. 그런데 더 곤혹스러운 것은 갱도에 차오르는 지하수였다. 지하

깊숙한 석탄 탄광에 흘러든 지하수를 퍼낼 펌프가 필요했다. 그 기계장치로 고안한 것이 바로 증기기관이다. 1712년에 영국 기계 기술자 토머스 뉴커먼Thomas Newcomen, 1663~1729이 수증기의 압력을 이용해 실린더 내부의 피스톤 왕복운동을 회전운동으로 변환하고 지하수를 끌어 올리는 펌프를 만든 것이다.

증기기관의 등장으로 영국의 석탄 생산량은 두 배 이상 증가했다. 증기기관은 석탄으로 물을 끓여 증기를 만들고 다시 기계 에너지로 변환하는 열기관이다. 1769년에는 제임스 와트James Watt, 1736~1819가 뉴커먼의 증기기관에서 냉각기를 분리해 효율적으로 개량했다. 증기기관은 지속적으로 개선됐다. 마력당 석탄 소비량은 뉴커먼 증기기관이 44파운드였는데 19세기 후반에 이르러 선박에 사용된 증기기관은 1파운드에 불과했다. 석탄 생산량은 연간 1억 5,000만 톤으로 초기에 비해 무려 500퍼센트나 증가하게 된다. 1800년이 되면 영국은 약 2,000개의 증기기관을 갖게 된다. 1만 명 이상의 사망자를 낸 런던 스모그는 20세기 중반에 발생했지만, 사실 이때부터 석탄을 대기에 갈아 넣은 셈이다.

당시의 증기기관은 효율이 약 5퍼센트 정도에 불과했다. 사실 증기기관의 효율을 개선한다 해도 구조적 한계가 있었다. 에너지는 석탄에서 물과 수증기, 그리고 기계로 옮겨 다니며 대부분 손실되기 때문이다. 5퍼센트의 효율은 백열전구와 비슷하다. 백열전구는 전기에너지의 5퍼센트만으로 빛으로 내고 나머지는 열로 방출하는 효율이 낮은 조명이다. 아니, 나는 백열전구는 일종의 난방 기구에 가깝다고 생각한다. 그렇게 효율이 낮은 증기기관도 석탄광에서는 약 200명의 사람을 대신해 물을 퍼내는 역할을 했다. 백열등도 100년 가까이 인류의 밤을 지켜낸 데에는 이유가 있다.

그 이후 영국에서 증기기관을 원동력으로 사용하는 새로운 산업들이 등장한다. 물론 증기기관의 과학은 유럽 전체에 알려져 있었다. 하지만 유독 영국에서 막대한 잉여 자본이 증기기관의 연구 개발에 재투자됐다. 자본가들은 노동을 절약하기 위해 증기기관에 투자했다. 그 시작이 방직 산업이었다. 노동력이 비싸고 상대적으로 자본이 싼 부문에서 기계를 사용하면 잉여자본이 많이 창출됐기 때문이다. 이런 기계 연구 개발의 지적 재산을 지켜내려고 만든 것이 특허 제도이다. 영국은 자본의 창출과 그로 인해 얻은 부를 지키려고 노력한 대표적 국가다. 이 정신이 아메리카로 유입되고 전 세계를 성장이라는 끓는 솥으로 몰아간 것일지도 모른다.

석탄은 증기기관뿐만 아니라 다른 산업에도 큰 공을 세운다. 그중 가장 대표적인 것이 제철 산업이다. 잉글랜드의 콜브룩데일은 영국 제철 공업의 중심지였다. 제련에 목탄 대신 석탄을 이용하면서 철 생산량이 급증했다. 석탄은 섭씨 1,500도까지 쉽게 올릴 수 있을 정도로 많은 에너지를 방출한다. 1850년이 되면 영국의 철 생산은 전 세계 생산량의 절반을 차지한다. 철 생산량이 급증하며 기차와 배로 운송하기 위해 철교뿐 아니라 증기기관차와 선박이 등장한다. 그러면서 석탄과 철은 더 급속히 퍼져간다.

19세기 중반이 되면 철제 증기선은 승객이나 화물을 운송하는 데뿐만 아니라 군사적 목적으로 사용하기 시작한다. 근대 무기들을 철제 증기선에 장착한 유럽인들은 판매 시장 확장을 위해 식민지 건설에 적극적으로 나서게 된다. 철제 군함은 유럽인들이 다른 나라를 식민화하는 데 매우 중요한 수단이 되었다. 풍부한 석탄과 철을 이용해 가장 먼저 산업혁명을 이룬 영국 역시 제국주의 정책을 펼치며 식민지를 건설해갔다. 한반도 서쪽에 유럽의 철제 군함이 올 수 있었던 것은 어쩌면 앞서 말한 기후적 사건에서 출발했다고 보아도 무방하다.

증기기관은 석탄을 연소시켜 얻은 열에너지로 물을 끓여 기화한 수증기의 압력으로 실린더 안의 피스톤을 움직이게 하고 직선 운동을 다시 기계 회전운동으로 변환하는 장치다. 이 회전운동으로 바퀴와 물레방아를 굴려 기관차와 배를 움직이게 한 것이다. 기계의 회전운동은 여러모로 쓸모가 있다. 이 시기에 증기기관 자동차도 등장한다. 물론 지금의 자동차 열기관과 다르다. 증기기관이라는 열기관은 실린더 밖에서 연료를 연소시킨다고 해서 외연기관이라고 한다. 에너지의 변환은 손실이 적을수록 좋을 수밖에 없다. 당연히 실린더 내부에서 연소시켜 에너지 손실을 최대한 줄일 수 있는 내연기관을 꿈꿨을 것이다. 석탄이 대부분 탄소 성분이지만 수많은 물질이 섞여 있어 연소 후 물질이 남게 된다. 이 물질이 실린더 내부를 오염시켜서 석탄은 내연기관에 적합한 연료가 될 수 없었다.

대지의 검은 양분과 기후 위기

당시에 인류가 연료라는 이름으로 사용한 물질은 열과 빛을 얻기 위한 것이었다. 석탄이 주로 열을 얻기 위해 사용되었다면 인류의 밤을 밝히는 연료로는 기름을 사용했다. 하지만 당시 기름은 우리가 생각하는 석유가 아니라 석탄에서 나온 기름이나 식물과 동물의 지방에서 짜낸 기름이었다. 쉽게 구할 수 있는 식물성 기름에 심지를 꽂아 불을 붙이면 훌륭한 조명이 된다. 이후에 설명하겠지만 기름을 구성하는 지방은 탄화수소 물질이다. 긴 탄소 사슬이 존재하는 물질이다. 연소 반응에서 불완전연소는 항상 그을음을 만든다. 불순물이나 연소되지 않는 탄소 찌꺼기가 생기는 것이다. 그러니까 완전연소가 되는 양질의 기름은 늘 귀족의 차지였다. 기름은 조명 말고도 다른 중요한 장소에서도 사용했다. 철로 만들어진 기계의 보급으로 쇠의 마찰을 줄이기 위해서는 윤활유가 필요했다.

인류에게 또 한 번의 선물이 자연으로부터 도착한다. 1859년에 미국 펜실베이니아주 타이터스빌에서 시추 작업 중 갱내의 물 위에서 반짝이는 검은 기름띠가 발견되었다. 원유였다. 최초의 유정油井, Oil well이 발견된 것이다. 아이러니하게도 석탄은 증기기관을 탄생시켰고 원유 시추에 사용된 기계는 증기기관이었다. 증기기관을 통해 찾아낸 원유가 증기기관을 사라지게 하고 또 다른 물질과 산업, 그리고 인류 문명을 변하게 했다.

이렇게 물질의 등장은 인류 문명을 바꿀 만큼 깊은 연관이 있다. 원유와 석유는 같은 물질이지만 엄밀하게는 다른 물질이다. 원유Crude oil는 말 그대로 지각에 존재하는 천연 상태의 물질을 말한다. 반면, 석유Petroleum는 분류와 정제 과정을 거친 물질을 의미한다. 석유의 등장으로 인류의 밤을 환히 밝히기도 했지만 가장 유용하게 쓰인 것은 열기관인 내연기관의 연료로서였다. 내연기관이 발전할 수 있었던 이유는 석유라는 물질이 연소 후 찌꺼기가 남지 않았기 때문이다. 그뿐만 아니었다. 석유는 근대 유기화학과 정밀화학 산업 발전에 큰 변화를 가져왔다. 이렇게 석탄과 석유를 바탕으로 한 화학의 발전은 인류를 완전히 다른 시대에 살게 했다.

인류가 사용하는 에너지원은 지구에서 수백만 년에 걸쳐 화학적 과정을 거쳐 만들어진 귀한 자원이다. 다시는 석탄을 만들 수 없을지 모른다. 석탄은 식물의 리그닌을 분해할 수 있는 미생물이 없었던 시기에 만들어졌기 때문이다. 석유라고 별반 다르지 않을 것이다. 쉽게 말하면 석탄과 석유는 과거에 태양이 지구에 쏟아부었던 에너지를 그대로 간직하고 있는 광합성의 산물인 셈이다. 인류가 이 물질을 지각에서 꺼내 에너지로 쓰게 되면서 일어난 사건이 바로 산업혁명이다. 과거의 시간을 꺼낸, 그러니까 인류가 대지의 비밀을 알아낸 사건이다. 인류는 이때부터 어머니의 젖을 빨듯 대지의 검은 양분을 먹이로 편의를 누리며 성장했다. 성장에 도취돼 지각에 묻힌 탄소를 대기로 끊임없이 올려 보냈다. 그것이 어떤 결과를 가져다줄지 별 고민 없이 그리했다. 기후 위기를 일으킬 정도의 재앙을 가두었던 자물쇠를 푼 열쇠가 바로 화석연료와 열기관이다.

7

새로운 물질의 등장

미국에서 첫 유정이 발견되기 이전에도 인류는 꽤 오래전부터 석유의 존재를 알고 있었다. 석유라는 정식 이름이 붙여지기 전에는 '역청灤靑, Bitumen'이라 불렸다. 인류의 석유 사용 흔적은 기원전 3000년까지 거슬러 올라간다. 메소포타미아 지방의 수메르인은 석유 성분에서 대부분의 휘발성 유분溜分, Fraction이 증발하고 남은 흑갈색 찌꺼기로 조각상을 만들었고, 바빌로니아인들은 이것을 접착제로 사용했다는 기록이 있다. 지금 우리는 이 물질을 더 이상 이런 용도로 사용하지 않는다. 그저 발밑에 두고 자동차를 안정적으로 굴리는 용도로 사용한다. 이 역청 물질이 아스팔트Asphalt이다. 휘발성 유분이 남아 있는 검은 물질은 인류에게 정체를 알 수 없는 신비롭고 불가사의한 물질이었다. 인류는 그 기원을 죽은 고래의 피로 생각했고 그것에 어울리게 대우했다. 영험한 힘이 있다고 생각해 귀하게 다뤘다. 심지어 만병통치약으로 여겨 상처에 바르거나 해열을 위해 사용하기도 했다. 당시 석유의 용도는 우리가 알고 있는 것과 달랐다. 석유가 등불의 연료로 사용된 것은 로마제국 시대 기록에도 나와 있다. 하지만 정제 기술이 없었기에 질이 좋지 않았다. 그래서 등불의 주연료는 이런 고약한 검은 물질 대신 주로 식물과 동물의 기름에서 얻었다.

석유의 등장

태양을 등진 쪽 지구의 밤은 늘 조용하고 어두웠다. 그러던 어느 날 변화가 찾아왔다. 산업혁명 후 인류 문명의 진보는 수직 상승했다. 삶의 질이 급속도로 좋아지자 인류의 욕망은 해가 지고 난 후 버려지는 어둠의 시간을 채웠다. 야간에도 활동하기 시작한 것이다. 실내악이 흐르는 공간에서 연회를 즐기고 책을 읽거나 글을 쓰며, 여가와 문화가 어둠을 채웠다. 이 시기에 유럽의 문화 예술이 발전한 바탕에도 물질이 기여했다. 빛은 인류의 삶에 필수적 조건이 된다. 점점 양질의 빛을 갈망했다. 동식물성 기름은 이들의 욕망을 채우기에 부족했다. 그을음이 생기고 밝지 않았으며 오래 타지도 않았다. 조명을 위한 양질의 연료에 눈을 돌리기 시작한 것이다.

석유를 정제하면 양질의 연료를 얻을 수 있다는 주장이 15세기 초반에 나왔지만 실제로 정제를 통해 쉽게 불이 붙는 등유를 분리하는 기술은 1853년에 이르러서야 얻게 되었다. 등유가 등장하기 전 그 욕구를 채워준 것이 고래기름이다. 고래기름은 다른 동식물성 기름과 달랐다. 특히 향유고래 머리에 있는 기름은 양질의 지방이었다. 이 지방은 그을음이 생기지 않고 밝은 빛을 내며 타들어 가는 연료로 귀족층에서 선호했다. 18세기 중반부터 19세기 말까지 대서양 일대에서 고래잡이가 진행됐다. 그야말로 무자비한 포획이 귀족들의 욕망을 채운 것이다. 미국 작가 허먼 멜빌 ^{Herman Melville, 1819~1891} 의 소설

『백경』은 이런 시대를 배경으로 하고 있다. 목숨을 건 고래 사냥꾼과 향유고래의 사투를 그린 소설로 당시 극심한 고래 포획의 실상을 간접적으로 고발했음을 알 수 있다.

19세기 후반 유럽과 미국에는 조명 연료로 동식물 기름과 석탄에서 나온 석탄유가 있었지만 만족스럽지 못한 상황이었다. 석유는 조명용 램프 연료의 대체 물질이었다. 많은 제유소가 등장해 등유를 제조했으나 품질이 좋지 않아 여전히 고래기름이 좋은 연료로 사용됐다. 결국 고래기름 가격이 상승했다. 품질은 좋지 않으나 다시 등유를 찾을 수밖에 없었다. 결핍은 늘 인간의 욕망을 건드린다. 풍요로움에 대한 욕망으로 석탄을 파헤쳤던 것처럼 석유 또한 그 대상이 됐다. 인류는 자연의 심장을 향해 땅을 파 내려갔다. 그러던 중 1859년에 펜실베이니아 타이터스빌 근처에서 철도 직원에서 은퇴한 에드윈 드레이크 Edwin Drake, 1819~1880 가 암유 회사에 고용되어 각종 굴착 기계를 만들었다. 운 좋게도 그에 의해 증기기관에 연결된 드릴이 유전의 상부를 뚫었다. 그가 석유를 최초로 발견한 인물은 아니지만 최초의 유전 굴착자가 된 것이다. 이 일을 계기로 인류는 유전을 개발해 석유를 대량 공급할 수 있게 된 것이다.

등유 램프는 19세기 말에 이르러 전 세계적으로 보편화되었고 더 이상 고래는 희생되지 않아도 되었다. 당시 석유를 블랙 골드 Black gold 라고 부른 이유는 쉽게 짐작이 간다. 석유에서 등유를 추출하는 석유 정제 산업은 이때 본격적으로 시작된다. 그런데 석유에는 등유만 있는 것이 아니다. 등유보다 가벼운 기체나 액체 연료도 있었지만 상온에서 공기 중으로 사라지는 기체를 잡아둘 생각을 하지 못했다. 마찬가지로 등유보다 가벼운 액체 연료도 포집하기 어려웠다. 그나마 액체 형태로 존재하는 몇 가지 물질을 얻었으나 휘발성이 강해 보관에 어려움을 겪었다. 하지만 등유보다 가벼운 물질이 홀

릉한 연료가 될 수 있다고 생각한 이들이 있었다. 지금은 등유를 선박 엔진과 보일러에 사용하며 대부분 운송수단에는 가솔린과 디젤유가 사용된다. 이 시기에 우리에게 익숙한 인물들이 등장한다. 독일의 기계 기술자 니콜라우스 오토Nikolaus August Otto, 1832~1891가 가솔린 내연기관을 발명하고 카를 벤츠Karl Friedrich Benz, 1844~1929와 고틀리프 다임러Gottlieb Daimler, 1834~1900는 각각 1885년에 가솔린 내연기관 자동차를 만든다. 이때부터 석유는 등불의 연료뿐만 아닌 운송수단의 연료로 사용되기 시작한다. 처음에 가솔린은 등유 제조의 부산물일 뿐 특별한 사용처가 없었다. 가솔린 연료의 등장 후 얼마 지나지 않은 1892년 루돌프 디젤Rudolf Diesel, 1858~1913이 가솔린보다 무거운 유분을 이용하는 열기관 엔진을 개발한다. 압축으로 폭발하는 내연기관 엔진을 말하며 이 유분을 그의 이름을 따서 디젤유라고 한다. 그리고 1908년에 미국의 헨리 포드Henry Ford, 1863~1947는 자동차를 대량생산하며 내연기관 운송수단을 대중화시켰다. 자동차 산업의 기원은 바로 이들이라 할 수 있다. 석유의 등장으로 이동 수단이 보급되며 획기적 발전을 이루었고 화석연료의 사용을 폭발적으로 증가시켰다. 이 증가세는 멈추지 않았다. 21세기 들머리에서 전 세계의 연간 자동차 생산량은 약 5,800만 대였으나 이제는 1억 대이다.

우리는 대부분 화석연료인 석탄과 석유를 탄소로 이루어진 물질로만 알고 있다. 하지만 두 물질은 인류 앞에 등장한 시기가 다른 것처럼 생성 시기와 원인, 그리고 성분에서도 많은 차이가 있다. 석탄의 기원은 앞서 설명했듯이 지질학적 연구로 설득력 있게 설명된다. 지질학이 꽤 근사한 학문이라는 것은 이런 데서 드러난다. 인류가 생겨나기 이전의 지구 환경과 일어난 일들을 근사하게 설명했다. 그에 반해 석유의 기원은 아직도 명확하게 밝혀지지 않았다. 무기물에서 비롯되었다는 주장도 있으나 석유에 메탄이라는 가장 작은 탄소화합물질이 존재하는 것으로 보아 유기물에서 생겨났다는 생물 근원설에도 힘이 실리고 있다. 유기물이 분해되는 과정에서 반드시 메탄이 생성되기 때문이다. 그 근원에 대한 질문은 잠시 과학자들에게 맡겨두자. 우리는 이미 밝혀진, 그리고 잘 알려진, 그러면서도 알려지지 않은 것들을 알아야 하니 말이다. 물론 두 물질의 성분은 현대 과학기술로 완벽하게 분석됐다. 덕분에 우리가 거인들의 어깨에 쉽게 올라탔으니 얼마나 다행인가. 우리의 질문은 여기에서 다시 시작한다. 석탄과 석유는 어떤 물질인가?

석탄을 정제하다

탄소로만 존재할 것 같은 석탄에는 생각보다 많은 물질이 들어 있다. 물론 대부분의 성분은 탄소화합물이다. 석탄을 가장 쉽게 구분하는 방법은 탄소가 얼마나 들어 있느냐를 아는 것이다. 함유된 탄소분 함량에 따라 석탄의 종류를 구분한다. 특히 휘발성 물질의 함유량도 중요한데, 휘발성 물질이 14퍼센트를 초과하는 석탄을 역청탄 혹은 유연탄이라 한다. 그리고 함유량이 14퍼센트 이하일 때는 무연탄이라고 한다. 여기서 '연煙'은 연기를 의미한다. 석유 유분 중의 한 종류인 휘발유에서 사용하는 '유연有鉛'의 '연鉛'은 '납'으로, 의미가 다르다. 유연탄은 다량의 휘발성 물질로 인해 연소될 때 화염을 내며 매연도 많다. 유연탄 중에 탄소분이 70퍼센트 미만인 물질을 갈탄이라고 하는데, 지금은 대부분 사라졌지만 오래전 학교 교실에서 사용했던 난로의 연료인 조개탄이 바로 갈탄이다. 지금은 유연탄 대부분이 발전시설에서 사용된다. 연기가 거의 나지 않는 무연탄은 탄소분이 95퍼센트 이상이고 탄화율이 좋기 때문에 화력이 강하고 일정한 온도를 유지하며 연기 없이 연소된다. 대부분 가정과 농업에서 사용하는 무연탄이 연탄이다. 탄화도가 무연탄과 갈탄의 중간 정도인 유연탄을 역청탄이라고 하는데, 화력발전의 주원료이고 제철업에 사용하는 환원제 연료인 코크스를 만드는 데에 사용한다. 역청탄을 진공에서 가열하면 코크스를 얻을 수 있어 가열로를 코크스 오븐Coke oven이라고 불렀다. 코크스는 당연히 탄화도가 좋은 덩어리로 연기를 내지 않는다. 한때 영국에서 매연을 줄이기 위해 증기기관차에도 코크스를 사용했다. 그러나 가공을 더 하게 되면 비용이 증가하는 법이다. 결국 코크스는 가격 문제로 이후 값싼 갈탄과 역청탄이 증기기관차의 연료로 사용됐다. 지금까지의 분류는 탄화도에 따른 분류다.

석탄 속의 순수한 탄소를 제외한 휘발성 물질에는 많은 탄소화합물들이 함유돼 있다. 산소를 차단한 진공상태에서 석탄을 고온으로 건류하면 메탄과 수소, 일산화탄소 등을 얻을 수 있다. 이때 발생하는 수소를 모아, 최근 대체에너지로 부상하는 수소 에너지로 사용한다. 수소 에너지를 완전한 친환경 에너지 범주에 넣지 못하는 이유이기도 하다.

석탄에서는 또 어떤 물질을 얻을 수 있을까? 암모니아를 비롯한 각종 염 성분이 나오고, 검고 끈적이는 콜타르를 얻는다. 석탄이 복잡한 화합물인데 이게 전부일까? 이제 콜타르를 주목해보자. 콜타르는 마치 끈적한 원유와 비슷하다. 이 물질에 들어 있는 다양한 물질을 어떻게 분리했을까? 인류의 과학적 능력은 여기에서 빛이 난다. 유럽도 유럽이지만 아랍의 과학도 놀라웠다. 유럽이 소크라테스 이후 실험을 지양하고 사고를 중시하는 과학적 접근을 했다면 아랍에서는 실용적 학문으로 꽃을 피웠다. 순수한 금속 아연을 얻기 위해 금속의 끓는점을 이용하는 방법을 터득했다. 끓는점이 다른 혼합물이 온도별로 기화돼 식으며 물질별로 나뉘게 된다. 이 증류 방법은 혼합물에서 다양한 물질을 분리해 얻는 데 응용된다. 심지어 이 방법은 동아시아로 건너와 몽골의 증류주 제조에도 이용된다. 콜타르에서도 숨겨져 있는 수많은 물질을 증류법으로 분리해낸다. 그 대표적인 몇 가지만 살펴보자. 콜타르를 증류하면 증류 온도에 따라 벤젠^{Benzene}이나 톨루엔^{Toluene}, 자일렌^{Xylene} 등과 같은 가벼운 질량의 물질을 얻을 수 있다. 이후 설명하겠지만 이 세 가지 물질은 석유화학에서도 중요한 방향족 탄화수소 물질이다. 탄소 6개가 고리를 이루는 벤젠은 방향족 탄화수소 중 가장 기본적인 물질이다. 이 벤젠이 기본 분자가 되어 2개 혹은 3개의 벤젠 분자가 결합한 나프탈렌^{Naphthalene}이나 안트라센^{Anthracene}도 얻을 수 있다. 톨루엔이나 자일렌이 벤젠에 메틸기^{Methyl group, -CH₃}라는 작용기가 결합한 물질이라면 벤젠 고리에 수소와 산소가 결합하며 석탄산^{Phenol}이나 크레졸^{Cresol}도 얻을 수 있다.

콜타르에 들어 있는 여러 물질 이름이 생소하지만 의외로 일상에서도 사용된다. 크레졸은 방부제나 소독약으로도 사용하는데, 민간에서 천연 살균제로 알려진 목초액의 주성분이다. 19세기에는 이런 물질의 분자구조를 정확하게 알지 못했지만 분명 수많은 유기화합물이 콜타르에 있다는 것을 알았고 화학자들은 여기서 미지의 물질을 찾아내려 했다. 사실 초기에는 이런 연구 목적 외에는 콜타르를 적절하게 사용할 용도를 찾지 못했다. 중요한 연료인 코크스를 얻고 난 부산물일 뿐이었다. 몇몇 독자는 철로 아래에 깔려 기차의 무게를 견디는 '침목'이라는 이름의 나무를 본 적이 있을 것이다. 콜타르 특유의 향과 기름 성분이 방부와 방수 역할을 한다는 사실을 알아내고 침목이 썩는 것을 방지하기 위해 콜타르에 튀겨내기도 했다. 지금은 침목에 다른 방부제를 사용하거나 침목 자체가 다른 물질로 대체되어 사라졌지만 과거에 기차역 철로에서 나던 독특한 휘발성 냄새는 어쩌면 기차라는 이동 수단만이 가진 존재감의 표시이기도 했다.

그런데 콜타르가 과학의 영역에서는 빛을 발하게 된다. 우리는 플라스틱이라는 물질의 등장을 석유의 등장과 연관 짓는다. 시기적으로도 석유의 등장은 플라스틱의 등장과 맞물려 있다. 실제로 지금 만들어지는 대부분의 플라스틱은 석유화학 산업을 통해 얻은 물질로 만들어진다. 하지만 플라스틱의 출발점은 석탄이다. 플라스틱의 대명사인 나일론의 재료는 물과 석탄이었다. 역사적으로 보면 나일론의 등장보다 훨씬 이전에 독일에서 석탄산(페놀)으로 수지樹脂를 만들었고 이 방법을 개선해 '베이클라이트 Bakelite'라는 이름으로 상품화한 것이 플라스틱의 시작이다.

20세기 초 인류가 물질을 이루는 원자와 분자구조를 이해하기 직전에 등장한 석유는 그야말로 불이 붙은 장작에 기름을 부었다는 말이 어울릴 정도로 급격하게 석유화학 산업을 발전시키게 된다. 석유가 석탄보다 훨씬 많은 양질의 재료를 품고 있었기 때문이다. 이 부분은 고분자 물질을 설명할 때 더 자세히 다루기로 하고 이제 석유로 다시 돌아가 보자.

석유를 정제해 얻게 된 물질

석유에는 석탄과 달리 탄소가 길게 연결된 사슬이 있다. 이 탄소 사슬 주변에 수소가 결합한 순도 높은 탄화수소 Hydrocarbon 물질이 있다. 탄소 사슬은 산소와 반응해 내부 결합을 끊고 열에너지를 방출하며 부산물로 이산화탄소를 만든다. 물론 불완전한 연소로 일산화탄소도 만들지만 이 과정에서 물 분자와 수소 정도가 발생할 뿐이다. 생성물이 대부분 순수한 기체이니 연소된 석유 물질은 흔적 없이 사라진 것처럼 보인다. 석탄처럼 재나 반응 불순물을 남기지 않는다. 앞서 석유 물질을 추출하는 과정에서 정제라는 용어가 등장했다. 결국 석유 안에는 여러 종류의 탄화수소 물질이 있다는 것이고 정제라는 과정이 석유 산업에서 중요한 화학 공정이라는 것을 짐작할 수 있다. 정제라는 의미는 불순물이 섞여 있는 대상 물질을 사용 목적에 맞는 순수한 물질로 분리한다는 의미이다. 물론 원유는 혼합물이다. 땅속에 매몰

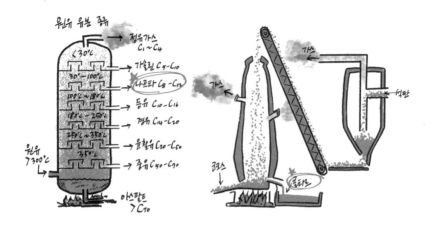

된 원유는 탄소화합물 외에도 소금이나 염산·황산과 같은 산 성분 등이 섞여 있다. 정제 방법 중 하나인 물을 사용하는 수세 과정을 통해 이런 불필요한 물질을 제거한 것을 석유라고 하지만 실제로 두 용어를 같은 의미로 사용해도 큰 문제는 없다. 원유는 수세 과정을 거쳐 불순물을 제거한 후 증류탑으로 옮겨져 여러 물질로 나뉘게 된다.

수세 과정을 거쳐 불순물을 제거한 석유는 사실 탄화수소 물질의 뭉치라고 보면 된다. 탄소끼리 결합한 분자 뼈대에 수소가 결합한 상태의 물질 덩어리이다. 그런데 탄소 원자가 결합한 크기별로 여러 종류의 탄화수소 물질이 존재한다. 앞서 설명했지만, 탄소는 탄소끼리 결합하려고 하며 길게 혹은 가지처럼 연결돼 분자 뼈대를 만드는 특성이 있다. 석유는 탄소 결합수가 1개에서부터 약 40개 정도까지 다양한 종류의 탄소사슬 혹은 이성질체로 존재하는 탄화수소화합물인 셈이다. 탄소 개수 때문에 질량이 서로 다르고 끓는점이 달라 이 역시 증류Distillation라는 방법을 쓸 수 있다. 이렇게 석유는 끓는 온도에 따라 1차적으로 물리적 분류를 한다. 이 과정에서 우리가 알고 있는 여러 종류의 물질을 얻게 된다. 크게 다섯 가지 부류의 유분을 얻게 되는데 이중에 가장 중요한 유분이 섭씨 30도에서 200도 사이에서 얻는 나프타Naphtha이다.

우리나라는 지리학적으로 원유 자원이 없다. 화석연료가 만들어지는 지질학적 위치에서 운 나쁘게도 비껴 있는 것이다. 그럼에도 우리는 전 세계에서 손꼽히는 석유 수출국이다. 원유 한 방울 나지 않는 나라가 석유 최대 수출국이라니? 용어를 잘 보면, 원유 수출국이 아니라 석유 수출국이다. 우리가 지닌 원유의 정제 능력 덕분이다. 우리나라는 대부분의 원유를 미국 혹은 중동 지역에서 배로 들여와 남부지방의 항만 근처 정유 시설에서 분별 증류하고 이를 다시 수출하는 것이다. 우리나라 근대화 시기에 섬유 산업이 발전한 지역이 정유 시설과 가까운 곳에 자리잡고 있던 이유도 섬유 산업이 석유화학 산업과 밀접한 관계가 있기 때문이다. 석유에서 얻은 화학물질이 섬유의 재료가 되기 때문이다.

그러면 우리는 석유에서 연료 물질 말고도 수많은 다른 화학물질을 어떻게 얻게 된 것일까? 시기적으로 석유 등장 이후에 물리학의 발전으로 원자와 분자의 구조를 알게 되고 유기화학이 완성이 된다. 분별 증류하는 물리적 방법에서 더 나아가 화학적 방법으로 석유를 세분해 정제하게 된다. 여기에서 주재료는 나프타가 사용된다. 탄화수소 사슬로 이뤄진 유분을 자유자재로 다루면서 세상에 없던 물질이 만들어지기 시작한다. 나프타를 포함한 여러 가지 유분은 3장의 탄화수소 여행에서 그 내용을 자세히 살펴보겠다. 그 전에 화학물질의 물성에 대한 생각을 정리해볼 필요가 있다. 분자의 모양이 물리적 성질에 영향을 주기 때문이다.

8
물질의 본성

최근 사전에 없는 '단짠'이라는 신조어가 등장했다. 단맛과 짠맛을 내는 음식이 미각에 매혹적이기 때문에 생겨난 말이다. 이런 음식은 한번 입을 대면 뇌가 고장 난 것처럼 멈추기가 어렵다. 실제로 단짠 음식이 뇌의 특정 신경세포 활동을 변화시켜 과식을 막아주는 '브레이크'를 고장 낸다는 사실이 밝혀졌다(캐나다 캘거리 대학교 호치키스 뇌 연구소 스테파니 보그랜드 교수는 이 논문을 2019년 6월 《사이언스 Science》지에 발표했다).

'단맛'과 '짠맛'은 물질의 성질을 표현하는 현대식 수사이다. 그런데 이 수식어는 지극히 인간중심적일 수도 있겠다는 생각을 해본다. 결국 사람이 느낀 맛이라는 물성은 혀 조직에 특정 물질을 접촉한 후 미각 세포와 신경을 통해 뇌의 특정 부위에 전달된 신호이며 아직도 밝혀지지 않은 뇌의 해석으로 감각을 규정한 질적 혹은 정성적 표현이기 때문이다. 이 물성은 다른 생명체에게는 전혀 다른 물성으로 받아들여지기도 한다. 마찬가지로 우리가 과학의 언어로 물질의 성질을 정의하지만, 결국 물성이라는 것은 과학의 특정 분야로만 설명되기 어려울 수 있다. 물리적으로 발현되지 않는 현상이 화학적, 혹은 생물학적으로도 발현되기 때문이다. 최근 과학자들의 행보는 분야가 무색할 정도로 경계가 흐릿하기에 학문의 범위에 선을 긋는다는 것이 무의미할 정도이다. 물질을 중심으로 물리학과 화학, 그리고 생물학까지, 최근에는 순수자연과학 외에도 공학 계열이나 심지어 정보통신 분야와 인문학에서도 물질을 다룬다(최근 물질은 정보로 간주되어 사회학적으로 의미를 가지기도 한다. 바이러스의 확산이 그렇다). 과학은 물론이고 대부분 학문 분야에서 물질과 그 성질은 중요하게 다뤄진다. 분야별로 시선은 다소 다르지만 학문이라는 커다란 영역에서 세상을 바라보고 있다는 것에는 공통점이 있다. 즉, 세상이 물질이고 물질이 세상인 것이다. 그렇다면 화학으로 보는 세상은 어떨까?

물질을 보는 입체적이고 섬세한 시선

화학적 시선 중 가장 명쾌한 언어는 '세상은 화학이 지배한다'라는 말이다. 우리 모든 일상에서 마주하는 대부분의 사물과 현상을 화학의 언어로 설명할 수 있기 때문이다. 화학은 반응과 변화의 학문이고 그 대상이 물질이다. 결국 다른 학문보다 물질을 직접적으로 다루는 학문이기도 하다. 그렇다고 물질 전체를 책 한 권으로 다루는 건 무모하다. 화학물질을 제대로 공부한다는 것은 화학 전공자가 배우는 각종 개념과 반응은 물론 물리학의 양자역학에서 생물학, 심지어 지질학이나 우주천문학까지 광범위한 영역에 손을 대야 하기 때문이다. 머리말에서 언급했듯 나는 화학물질을 바라보는 우리의 시선을 바꾸고 세상을 향한 지적 근력을 키우고 싶을 뿐이다. 물질은 문명을 만들었고 문명이 다시 물질을 만드는 순환 속에 인류가 놓여 있다면 그 물질의 본모습을 알아야 우리가 서 있는 위치를 알 수 있다. 과거 문명과 현재 문명에 대한 반성과 함께 교훈을 얻어야 인류에게 다가올 물질과 문명을 예측하고 대처할 수 있다. 분명 거기에는, 어쩌면 애써 외면했던 것들, 잘 알려져 있지만 알 수 없었던 진실이 있었을 것이다. 물질이 인류 문명에 특별한 영향을 준다는 것은 물질이 그 전과는 다른 특별한 성질로 인류에게 받아들여진다는 의미이다. 결국 물질을 이해한다는 의미는 물질이 가진 성질을 정확히 이해한다는 뜻이기도 하다.

이 지점에서 다소 막연해진다. 물질의 성질, 즉 물성은 절대적인 것이 아닐 수 있기 때문이다. 물성이 상대적이기도 하고 물성을 규정하는 요소가 수없이 많기 때문이다. 특별한 성질을 가진 원소가 있지만 원자가 모여 분자를 이루고 물질을 이루는 순간, 애초에 그런 원소가 있었나 싶을 만큼 다른 성질을 가지기도 한다. 심지어 구조가 변하며 이전에 없던 물성이 물질을 지배하기도 한다. 또 이런 물성이 다른 환경을 만나면 아무것도 발현되지 않기도 한다. 이 책에서 물질에 대한 절대적인 진리 혹은 정의를 다루고 싶지 않았다. 아니, 내게는 그럴 만한 능력도 없다. 다만 어떤 물질이 나쁘고 좋다는 식의 현상적인 이분법적 접근이 아니라 물질을 바라보는 좀 더 입체적이고 섬세한 시선을 전달하고 싶었다. 애초에 과학은 진리를 가르치는 학문이 아니다. 과학이 사실에 근거해 현상에 대한 가장 논리적인 설명을 보여주는 학문이라면 적어도 물질의 성질을 다루는 데 있어서 논리를 세울 만한 근거나 사실을 보여주는 게 맞다. 그래서 물성을 규정하는 주요한 몇 가지 사실을 알아보고자 한다. 이 사실을 근거로 우리는 보다 섬세하고 입체적으로 물질에 접근할 수 있을 것이다.

구조가 기능을 만든다

'구조가 기능을 만든다'는 말은 단순하고 명료하지만 이 말에는 많은 의미가 숨겨져 있다. 구조는 크기과 모양, 그리고 배열이나 순서, 연결 방식 등여러 요소가 포함돼 있기 때문이다. 먼저 구조가 왜 물성을 지배하는지 몇가지 사례를 들어 살펴보자. 단짠 음식을 조리하려면 두 가지 맛을 대표하는 설탕과 소금이 필요하다는 것은 쉽게 떠오른다. 무조건 두 재료가 들어가면 매혹적인 음식이 될 수 있을까?

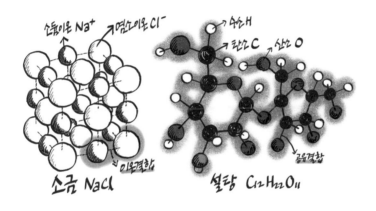

결론부터 말하면 재료의 크기 때문에 음식 맛이 예상과 다를 수도 있다는 것이다. 거시세계에서 보면 설탕과 소금은 아주 작은 입자로 그 크기에별 차이가 없다. 하지만 분자의 세계에서는 두 재료에 엄청난 차이가 있다. 설탕은 탄수화물의 한 종류로 포도당과 과당^{Fructose}이 탈수 작용(결합하며 물 분자가 빠져나오는 과정)으로 결합한 물질이다. 두 당 분자는 모두 탄소가 6개 있는 6탄당 구조이며 분자식은 $C_6H_{12}O_6$로 동일하지만 모양에는 작은 차이가 있는 이성질체^{Isomer}이다. 반면 소금은 소듐 양이온과 염소 음이온 원자가 이온결합으로 이뤄진 분자로 분자식은 NaCl이다. 원자가 기준인 미시세계에서 보면 설탕과 소금은 크기에서 엄청난 차이를 보인다. 이 크기는 음식에 어떤 것이 먼저 들어가느냐에 따라 음식 맛에 차이를 준다. 크기가 작은 소금이 음식에 들어가면 잘 침투할뿐더러 삼투압 현상으로 음식 재료의 조직에서 물 분자를 빼내 조직이 단단해진다. 뒤늦게 들어간 설탕은 음식 재료의 조직에 잘 섞이지 않게 된다. 거꾸로 설탕을 먼저 넣은 경우에는 설탕의 큰 크기 사이로 소금이 들어가 재료와 서로 어우러질 수 있다.

원자 1개의 크기가 커봐야 지름으로 0.1나노미터^{nm}(10^{-10}m)이니 결합 간 거리를 감안해도 소금 분자의 크기는 길이로 보면 약 0.2나노미터다. 하지만 설탕 분자는 1~2나노미터 정도다. 길이로는 4~5배로 보이지만 부피는 길이의 세제곱에 비례한다. 우리가 사는 거시세계에서는 논할 필요 없이 작은 존재지만 적어도 화학물질을 다루려면 이 미시세계의 크기에 조금은 더 익숙해져야 한다. 왜냐하면 대부분 진핵세포의 크기가 10~20마이크로미터$^{\mu m}$ 정도다. 미토콘드리아나 유전체 등 세포 내 소기관들은 훨씬 작은 크기라는 얘기다. 세포막을 구성하는 인지질과 단백질 분자가 10나노미터 이하이다. 결국 세포를 들락거릴 수 있는 물질의 크기가 제한된다. 일반적으로 고분자를 제외하고 물성을 유지하는 최소 단위인 분자는 대부분 1나노미터 정도다.

모든 물질이 이렇게 작게 쪼개져 존재하면 상상할 수 없는 일이 벌어진다. 물을 예로 들어보자. 물 분자는 1개의 산소 원자에 2개의 수소가 공유결합한 화합물이다. 분자 1개의 크기로만 보면 0.2나노미터 정도다. 물 분자하나의 질량은 양성자 10개 정도의 질량이다. 하지만 이 세상의 모든 물이 이렇게 분자 하나로 떨어져 존재한다면 이 세상은 불바다가 됐거나 생명체는 모두 익어버렸을 것이다. 모든 물질은 진동하고 운동한다. 대기 중에 존재하는 산소와 질소 분자들도 가만히 있질 않는다. 크기에 따른 속도 관계를 보자. 물 분자 크기라면 평균 초당 1킬로미터의 속도라는 운동량을 갖는다. 이 속도는 총알의 속도와 맞먹는다. 아무리 질량이 작아도 이 정도 속도라면 물 분자 하나가 가진 에너지는 엄청나게 클 것이다. 이 움직임의 정도가 물질의 온도를 정한다. 그리고 수많은 입자는 다른 물질과 무수히 반응한다. 만약 이 논리라면 아마 한 컵의 물도 고온과 고에너지를 가지고 있어이 세상을 모두 파괴해버릴지도 모른다. 하지만 세상은 너무나 고요하다. 이유는 이 운동이 한 방향으로 일정한 것이 아니라 입자끼리 방향성이 섞여 서로 충돌하면서 속도가 상쇄됐기 때문이다.

대부분의 물 분자는 광활한 바다와 지각 또는 생명체 내부, 대기의 수증기로 존재한다. 그리고 대부분은 물질에 깊숙하게 갇혀 존재한다. 지구의 반 이상을 덮고 있는 바다가 존재하는 이유는 지구의 중력 때문만은 아니다. 액체인 물은 물 분자가 결합한 물질이다. 물 분자는 극성을 가진 물질이다. 물 분자의 서로 다른 극성이 인력을 가지기 때문에 액체인 물로 존재하는 것이다. 그렇다면 왜 분자가 극성을 띠는 것일까? 분자의 극성 여부는 전자의 배치에 의해 결정된다. 분자에서 공유결합에 참여한 전자와 그렇지 않은 전자들이 존재하는 오비탈이 분자 모양을 만드는데, 오비탈은 물 분자 주변에 고르게 존재하질 않는다. 이런 전자의 편중된 현상이 분자에 극성을 띠게 만든다.

이런 전자의 편중 현상은 원자의 핵 때문이다. 대체적으로 산소를 포함한 분자는 산소 쪽에 음전하를 띠게 된다. 특히 산소가 분자구조의 끝 쪽에 있게 되면 극성이 두드러진다. 이런 경우에 다른 분자와 잘 결합하고 휘발성이 낮아져 끓는점이 높아진다. 이후에 등장하는 에탄올^{C_2H_5OH}은 극성 분자다. 분자 모양에서 보면 산소가 끝부분에 위치한다. 결국 물과도 잘 결합한다는 의미이다. 분자의 극성은 화학에서 용해의 정도를 결정한다. 우리가 마시는 술이 물과 에탄올의 혼합물이라는 것이 이해가 될 것이다. 이런 분자가 물과 친근한 정도를 친수성이라고도 한다. 물론 산소만 이런 능력을 가진 것은 아니다. 주기율표에서 산소 근처에 있는 질소[N], 황[S], 그리고 인[P]도 분자를 약한 친수성으로 만든다. 한편, 암모니아[NH₃], 황산[SO₄], 인산[PO₄]의 경우는 친수력이 꽤 강하다.

그런데 산소가 2개나 있는 이산화탄소는 극성이 없다. 탄소가 포함된 화합물이지만 무기물이고 산소가 존재하지만 극성이 없다. 왜 그럴까? 이산화탄소의 구조를 보면 산소가 탄소를 중심으로 양쪽에 180도 좌우 대칭 형태로 배치된다. 각각의 산소는 탄소와 이중결합으로 단단히 묶여 있다. 이 구조에서는 분자 내 모든 전자가 공유결합에 참여한다. 결국 산소 부근에 특별한 전하를 띠지 않는다. 만약 물도 이런 배치로 수소가 양쪽에 대칭돼 결합했다면 무극성이었을지 모른다. 하지만 물 분자에서 산소 원자 주변에는 수소와 결합하지 못한 전자가 남아 있다. 이 전자들의 반발력으로 물 분자에서 수소는 104.5도로 꺾여 결합해 있다. 이 굽은 구조가 극성을 만들게 된다. 분자가 극성을 가지면 가벼운 분자도 쉽게 뭉친다. 분자가 뭉치지 않으면 기체가 되고 뭉치면 액체 상태가 된다. 결속력이 증가하면 물질의 점도가 증가하다가 서로 단단하게 묶이면 거대한 네트워크를 구성하는 것처럼 고체가 된다. 만약 이산화탄소가 극성이 있었다면 서로 뭉치든가, 아니면 어느 물질에 붙들려서 대기를 떠돌지 않았을 것이다. 이 말이 얼마나 우스꽝스러운 말인지 알 것이다. 이산화탄소가 대기에 없다면 식물도 존재하지 않았을 테니까.

그런데 실제로 다수의 분자가 고분자인 경우가 많다. 그렇다고 축구공처럼 입체적으로 복잡한 구조체로 얽혀 있다기보다 대부분 직선으로 길게 늘어선 사슬 구조나 네트워크를 구축한다. 이런 분자의 구조를 형성하는 주요 원소가 탄소다. 탄소의 강하고 다양한 결합력이 분자의 뼈대를 만든다. 긴 분자구조는 또 다른 기능을 가진다. 분자의 길이가 길면 길수록 분자끼리 결합하려는 정도가 커진다. 분자의 길이가 짧은 것은 분자 간 결합력이 약해서 기체처럼 휘발돼 후각을 자극하기도 한다. 길이에 비례해 결합 강도뿐만 아니라 녹는점이나 끓는점이 높아지는 등 화학적 특성도 달라진다.

긴 분자 사슬은 직선이 아닌 경우가 있는데, 중간에서 꺾인 모양을 만들기도 한다. 그리고 중간에 나뭇가지처럼 삐죽 튀어나온 구조도 있다. 이런 모양을 갖는 이유도 탄소의 결합 특성 때문이다. 탄소는 전자쌍을 공유하며 결합하는데 전자쌍 공유 형태에 따라 단일결합, 이중결합, 심지어 매우 드물지만 삼중결합까지 한다. 단일결합인 경우 대부분은 직선의 사슬 형태를 유지하지만 이중결합이 되면 주변에 어떤 원소가 오느냐에 따라 모양이 꺾이게 된다. 분자량이 같은 고분자라도 이런 구조의 상이함은 물성을 다르게 만든다.

탄소화합물 중에 특별한 것 몇 가지만 기억하면 대부분의 분자구조를 이해할 수 있게 된다. 분자 모양 중에 탄소 6개가 모여 육각형의 링 Ring 을 이룬 구조가 있다. 육각형 각 꼭지에 탄소가 위치한다. 링 구조를 가진 대표적 물질이 벤젠이다. 이런 환 구조 분자는 직선형보다 다른 원소와 결합력이 현격하게 떨어진다. 그래서 휘발성을 띠게 되고 독특한 향이 있다. 향이 있다고 해서 방향족 화합물 芳香族化合物, Aromatic compounds 이라고 이름을 붙였다. 유기화학에서 다루는 또 다른 화합물인 지방족 화합물 脂肪族化合物, Aliphatic compounds 은 벤젠 같은 고리 구조를 갖는 방향족 화합물을 제외한 유기화합물을 말한다. 방향족 화합물을 제외한 대부분 탄화수소는 사슬 형태이고 지방산 분자가 사슬을 이루고 있기 때문에 지방족 혹은 사슬계라 부른다.

분자의 구조는 결정을 만들기도 한다. 탄소로 이루어진 다이아몬드는 지구에서 가장 안정적으로 배열된 결정체다. 다이아몬드와 유사한 투명한 유리도 결정체일까? 투명성과 결정성은 특정 물질에서 인과관계가 있지만, 그렇다고 모든 물질에서 이런 인과성이 성립되는 것은 아니다. 왜냐하면 유리 결정은 특별한 규칙을 가지지 않은 비결정 구조다. 규소와 규소 사이에 산소가 잔뜩 들어가 단단히 고정된 거대한 그물 덩어리이다. 그럼에도 투명한 이유는 빛이 전자기파이기 때문이다. 가시광선이 물질의 결합한 틈을 피해 반대편으로 뚫고 나온 것이 아니라 물질이 전자기파 특정 진동을 그대로 흡수하고 그 전자기파를 그대로 방출했기 때문이다. 대신 자외선은 유리를 통과하지 못한다. 유리 물질은 자외선 진동을 흡수한다. 유리는 흡수한 에너지를 방출하지 않고 유리 물질을 진동시킨다. 뜨거운 여름날 유리가 손을 댈 수 없을 정도로 뜨거워지는 이유는 흡수된 에너지가 유리 분자를 진동하며 빛 대신 열에너지를 그대로 방출하기 때문이다.

물질의 색

분자구조와 결정은 물질의 색에도 관여한다. 물론 엄밀하게 사람이 색을 구별한다는 의미는 인간의 시세포가 감지할 수 있는 빛의 파장이 존재하고 감지된 특정 파장을 뇌에서 수억 가지의 색으로 조합해 구별한다는 것이다. 하지만 물질이 애초부터 전자기파와 서로 영향을 주고받았기 때문에 우리가 다른 색으로 보는 것이다. 이 전자기파의 흡수와 방출도 물질 속 분자들이 어떻게 구성되느냐에 따라 달라진다. 금이라는 금속을 예로 들어보자. 금의 황금색은 붉은 기운이 약하게 감돌며 광택이 나는 노란색이다. 어떤 환경에서도 잘 변하지 않는 금은 고대부터 사람들을 매료시켰다. 금의 황금색을 바꿀 수 있을까? 그리고 다른 금속은 어떨까? 물론 색은 물질이 자체적으로 빛을 발산하는 것이 아니라 물질에 비춰진 가시광선 파장 중에 흡수되지 않고 반사된 파장의 빛을 말한다. 붉은색 조명 아래에서는 금이 황금색으로 보이지 않는 것처럼 비춰진 빛의 종류에 따라 물질의 색이 달라질 수 있다. 그래서 이 질문에서는 쪼이는 빛은 태양빛처럼 가시광선 영역에 해당하는 전자기파라는 조건을 둔다.

이제 빛이 물질과 상호작용하는 것을 이해할 차례다. 모든 물질은 빛을 만나면 상호작용한다. 물질에는 분자 혹은 원자 사이에 존재하는 전자의 운동으로 전기장이 존재한다. 따라서 물질이 빛을 만나면 특정 진동수의 전자기파와 상호작용할 수 있다. 금속 표면에는 금속 원자에서 탈출한 자유전자가 가득하다. 자유전자가 빛을 받으면 가시광선 영역의 진동수에 공명하게 된다. 동시에 표면에서 가시광선이 금속 안으로 들어오는 것을 허락하지 않는다. 결국, 진입한 가시광선의 진동수와 같은 진동수의 전자기파를 방출한다. 우리 눈에 밝은 금속 광택으로 보이는 이유이다. 하지만 모든 금속의 자유전자가 전자기파에 동일하게 작용하지 않는다. 예를 들면 자유전자는 큰 진동수를 가진 빛에 진동하지 못한다. X선과 같은 방사선 빛은 표면의 자유전자에 잡히지 않고 금속 안으로 들어가 원자 안쪽에 있는 전자에 흡수된다.

이제 금을 예로 들어보자. 자유전자의 속도는 금속의 전자 밀도가 높을수록 빨라진다고 알려져 있는데, 금의 자유전자의 속도는 다른 금속에 비해 비교적 느리다. 따라서 가시광선 중에서도 진동수가 큰 푸른색과 녹색의 전자기파에 공명하지 않는다. 결국 가시광선에서 자외선 경계부터 녹색까지는 금의 표면 안쪽으로 들어가 금 원자 안의 전자에 흡수된다. 물질 안의 원자나 분자가 빛을 흡수하면 에너지가 커져 뜨거워지는데, 이 표현은 에너지를 흡수해 들떴다는 의미이다. 흡수한 에너지는 다시 방출하지만 결국 금 원자들 사이에서 산란되며 흩어진다. 결국 금의 표면에서는 가시광선 중 노란색 이하 진동수가 작은 전자기파만 방출되는 셈이다. 물론 적외선 근처인 붉은색도 방출되지만 우리 눈에는 노란색이 강하게 느껴지게 된다. 구리의 경우는 자유전자 속도가 금보다 느려 노란색마저 안쪽에 흡수되며 적갈색으로 보인다. 눈으로 보기에는 금과 구리를 제외하고 대부분의 금속이 밝은 광택의 은백색을 보이지만 분광기의 스펙트럼으로 분석하면 금속마다 미세하게 흡수하는 파장의 정도가 다르다는 것을 알 수 있다. 하지만 이런 차이는 우리의 눈으로 정확하게 구별하기가 쉽지 않다.

결국 금속이 가진 고유의 색을 바꾸려면 원자 자체를 바꿔야 하므로 금속의 색을 바꿀 수 없다는 결론에 이른다. 하지만 이 결론의 전제는 순수한 금속의 큰 덩어리인 경우로 제한된다. 중세시대 유럽의 교회 창문에 그려진 스테인드글라스가 보여주는 다양한 색깔의 정체는 금속이다. 대부분의 금속은 산소와 반응해 산화물로 존재한다. 이렇게 금속이온이 다른 원자나 분자와 결합한 것을 착화합물이라고 하는데, 다양한 색의 안료나 염료는 대부분 금속 착화합물이다. 금속 착화합물은 종류에 따라 흡수하는 가시광선의 파장이 달라져 다양한 색을 낸다.

착화합물은 6장에서 설명할 화학 염료 산업과 제약 분야에서 중요한 기점이 된다. 그런데 순수한 금속이어도 고체 금속의 입자 크기가 가시광선의 파장보다 작으면 색이 달라진다. 나노미터 크기의 입자는 거대 크기의 입자와 달리 가시광선 영역의 특정한 파장을 흡수하기 때문이다. 특히 금에서 이런 현상이 두드러진다. 예를 들면 100나노미터 미만의 금 입자는 입자 모양에 따라 붉은색이나 주황색을 띤다. 심지어 50나노미터 크기의 구형^{球形} 금 입자는 황록색으로 보인다. 이렇게 흡수가 일어나는 전자기파 영역은 금속 종류마다 다르지만, 같은 금속에서도 크기나 모양에 따라 다양한 색으로 나타난다. 이 부분 역시 이 책의 마지막 퀀텀닷(양자점)을 설명하며 자세히 다루겠다. 결정은 순수한 분자들끼리 뭉치려는 현상이다. 그래서 홑원소나 몇 개의 원자단으로 이뤄진 물질에서 결정이 잘 나타난다. 이런 원자단 물질들은 서로 전자를 공유하며 거대한 네트워크를 구축하고 결합한다. 자연스럽게 결정은 규칙을 만들기도 한다.

전기가 흐르는 물질

금속은 홑원소 물질이고 뭉쳐 있는 형태다. 결정 고체는 물질 전체에 걸쳐 주기적으로 반복되는 원자 단위의 구조로 질서 있게 배열돼 있다. 이 원자의 모습은 마치 잘 쌓인 사과 상자 속의 사과를 연상하게 한다. 그렇다면 원자를 잘 쌓게 하는 무엇이 존재한다는 것을 예측할 수 있다. 화합물과 달리 금속은 이웃 금속 원자들과 서로 공유결합하지 않는다. 그래서 '금속결합'이라는 별도의 결합 방식으로 분류한다. 금속이 이

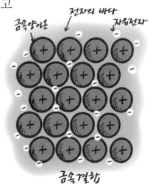

온 형태의 결정 고체지만 염소나 나트륨 같은 극성이 다른 이온처럼 인력으로 결정을 이룬 것도 아니다. 금속은 일반적인 공유결합도 하지 않고 이온결합도 하지 않으면서 어떻게 형체가 무너지지 않고 단단하게 결속되어 있을까? 답은 금속이 전기를 잘 흐르게 하는 이유이기도 한데, 금속결합의 비밀을 알아보자. 금속의 독특한 결합에 대해 밝혀진 것은 독일 물리학자

파울 드루데^{Paul Karl Ludwig Drude, 1863~1906}가 금속의 전기 저항을 설명하기 위해 '드루데 모델'을 발표하면서부터이다. 드루데 모델은 금속이 금속 양이온과 원자들 사이에 존재하는 전자로 이뤄졌다는 이론이고 '전기 저항^{電氣抵抗, Electric resistance}'은 자유전자의 충돌에 의한 것이라는 이론이었다. 드루데 모델은 양자론으로 설명되며 금속의 여러 가지 성질을 증명했다. 결론적으로 고체 금속은 수많은 금속 원자가 전자를 잃고 양이온 상태로 배열되는데 같은 전하를 가진 금속 입자를 쌓기 위해 이들을 강하게 유지할 힘이 존재해야 한다. 이 배열을 유지하는 것이 금속 원자로부터 방출된 전자인 자유전자이다.

대부분 금속 원자는 원자 바깥쪽의 오비탈에 존재하는 한두 개의 전자를 방출하고 양전하를 띤다. 결국 수많은 금속 원자의 바깥쪽 오비탈은 서로 결합해 금속 전체에 걸친 커다란 결합 오비탈을 만들고 금속에서 방출된 수많은 전자가 결합 오비탈 전체에 골고루 퍼지며 금속 원자 사이사이를 자유롭게 이동하게 된다. 방출된 전자는 음전하를 띠고 있고 극성이 다른 양이온과 인력을 생성하기 때문에 금속 원자를 흩어지지 않게 한다. 여기서 자유전자의 수와 양이온의 크기에 따라 결합하는 힘의 정도가 다르다는 것을 짐작할 수 있다. 또한 이런 이유로 금속의 물성이 금속 원소마다 다르다는 것을 알 수 있다. 수은은 결합력이 약하기 때문에 액체 상태로 존재하는 것이다. 그 차이점은 전류도 해당한다. 전기가 도체에서 흐른다는 것은 상식이다. 도체에는 음전하를 띤 전자가 있다. 바로 자유전자이다. 금속에 전기가 흐르는 이유도 바로 이 자유전자 때문이다.

고체 금속에 전압을 가하면 자유전자는 어떻게 될까? 전압은 외부에서 전자의 뭉치를 도체에 밀어 넣는 것으로 비유할 수 있다. 전하를 가진 전자가 금속으로 유입되면 이미 자유전자로 가득한 금속에 전하를 가진 입자가 밀려들어 오게 된다. 이 모습은 물이 가득 찬 호스의 한쪽 끝에 연결된 수도 꼭지를 열었을 때 호스 반대편에서 물이 바로 나오는 현상에 비유할 수 있다. 긴 구리선이라면 한쪽 끝에서 유입된 전자가 반대편 끝으로 나오는 것이 아니라 이미 금속 안에 가득찬 전자가 반대편으로 밀려 나오는 것으로 이해해도 무방하다. 그러니까 자유전자 하나가 금속 전체를 선회하지 않아도 전류는 발생한다. 같은 전압과 도체의 크기 조건이 동일해도 금속마다 전류량에는 차이가 있다. 이유는 금속마다 배열 형태와 원자의 크기, 원자가 가진 에너지와 자유전자의 밀도가 다르기 때문이다.

물론 금속이온의 배열이 완벽하다면 이동하는 전자들이 금속 이온의 방해 없이 지나다닐 것이다. 하지만 배열은 완벽하지 않고 금속 양이온조차 진동에너지를 가지고 있기 때문에 원자의 결정 배열에 어긋남이 존재한다. 그리고 다른 원소인 불순물이 있는 경우 전자의 진로는 더 많은 방해를 받는다. 이런 전자의 충돌은 산란 현상이고 이를 '저항'이라고 한다. 금속 배열 내에서 전자의 산란으로 전자는 에너지를 잃고 손실된 에너지는 금속의 온도를 높인다. 방출된 에너지는 열과 빛으로 나온다. 전구의 필라멘트 재료인 텅스텐 금속은 도체이지만 저항이 크기 때문에 빛을 방출하는 것이다. 은^{Ag}은 단위 부피당 자유전자의 밀도가 높고 저항이 낮기 때문에 전도도가 가장 높은 금속이다. 전도체로 가장 잘 알려진 구리^{Cu}는 그다음이다.

음전하를 띤 전자는 어디에나 존재한다. 심지어 비금속 물질에도 전자는 존재한다. 하지만 전자는 물질을 구성하는 원자나 분자에 갇혀 있기 때문에 단순히 전자의 유무만으로 도체와 부도체를 가름할 수 없다. 전하를 흐르게 하려면 물질 안의 분자나 원자에 갇혀 있지 않은 자유전자가 있어야 한다. 이 말은 자유전자가 있다면 금속 원소가 아니라도 전기가 흐를 수 있다는 것이다. 탄소는 대표적 비금속 원소다. 탄소로 이루어진 다이아몬드는 모든 전자가 원자의 결합에 갇힌 부도체지만, 자유전자가 존재하는 흑연은 비금속인 탄소임에도 전기가 흐른다. 심지어 자유전자가 판 전체에 걸쳐 있는 그래핀은 전도도가 구리보다 좋다.

구조를 만드는 탄소

우리는 플라스틱과 같은 고분자 물질은 대부분 부도체라고 알고 있다. 그런데 플라스틱을 이루는 고분자도 금속처럼 결합 오비탈을 만들고 거기에 전자가 존재하게 만들 수 있지 않을까 하는 질문을 할 수 있다. 가령 폴리아세틸렌의 경우 고분자 사슬 방향으로 자유전자가 존재할 수 있는 오비탈이 형성되며 대표적인 전도성 고분자로 알려져 있다. 물론 여기에 음이온을 도핑해야 전도성이 쓸모 있을 정도로 커진다. 결론적으로 자유전자가 물질 내에 존재하면, 얼마나 존재하는지와 물질의 구조에 따라 전류량은 다르지만, 전기는 흐를 수 있다. 현대인의 밤을 밝히는 조명은 더이상 저항이 큰 금속 필라멘트에 의존하지 않는다. 최근 등장한 LED와 OLED는 유기화합물 분야에서 시작되었다. 유기 전도체를 비롯해 유기 초전도체, 유기 자석 등은 최근 등장한 분자전자공학의 연구 주제이다. 모두 이전에는 존재하지 않던 분야이고 새로 나타난 물질이다.

인류는 화학뿐만 아니라 물리학과 전자기학 등의 과학을 통해 세상의 물질을 이해하고 그 독특한 성질을 찾아냈다. 지금 우리의 삶을 지배하고 있는 대부분의 물질은 물질에 대한 이런 과학적 이해를 바탕으로 우리 곁으로 옮겨져 온 것이다. 그 성질을 규정하는 배경에 물질의 구조가 영향을 미친다는 것을 알 수 있다. 구조가 기능을 만들기 때문이다. 물질의 성질을 찾아내 문명을 이루어온 인류는 어느 순간부터 물질의 구조를 바꾸거나 새로운 구조를 만들면 지금까지 보지 못했던 성질을 가진 신물질을 만들 수 있다고 생각하기 시작했다. 자연의 거대한 힘을 흉내 내기 시작한 것이다. 그 중심에 특정 원소가 있었다.

물질의 기능에는 분자구조가 영향을 준다고 했는데, 결국 구조를 유지하는 것은 분자의 뼈대이다. 물질의 골격을 이루려면 강하게 결합해야 하지만 동시에 다른 원소 혹은 화합물과 잘 반응하는 유연함도 가져야 한다. 그런 점에서 탄소는 다른 어떤 원소보다 장점이 있다. 수많은 물질을 모두 살펴볼 수 없지만, 주류 물질인 탄소화합물의 편린이나마 이해하는 것이 물질을 이해하는 데에 많은 도움이 될 것이다. 나는 부분을 이해한다고 전체를 볼 수 없다는 말에 동의하지만 그 부분이 물질의 중요한 부분을 차지한다면 전체를 볼 수는 없어도 전체 윤곽을 확인하는 데에는 도움이 될 것이라 믿는다. 이제부터 유기화학의 근본 물질인 탄소를 중심으로 물질을 투영해 보자.

유기화학과 무기화학

화학이라는 학문은 크게 두 분야가 있다. 이것은 마치 물리학에서 고전물리와 현대물리를 나누는 것과도 같은 대분류이다. 한 번쯤은 들어보았을 용어인 유기화학과 무기화학이다. 이 두 분류에 대한 사전적 정의가 있지만 그 경계는 다소 모호하기도 하다. 일반적 정의에서는 탄소가 들어 있는 화합물이 유기화합물이지만 꼭 그렇지 않은 경우가 있기 때문이다. 물론 모든 유기물질에는 탄소가 반드시 들어 있다. 하지만 이 조건은 양방향이 아니다. 탄소가 있다고 모두 유기물은 아니라는 것이다. 가령 간단한 탄소화합물인 이산화탄소에는 탄소가 있지만 대표적인 무기화합물로 취급한다. 이런 예외가 화학이라는 학문을 어렵게 만들지도 모르겠다. 내가 제안하는 것은 유기화합물이 대부분 산소와 만나 연소하고 이산화탄소를 발생한다고 보는 게 이해하기 쉽다는 것이다. 그러면 이산화탄소 같은 화합물은 자연스럽게 열외가 된다. 유기화학이 중요하지만 그렇다고 무기화학 분야가 유기화학 분야에 비해 빈약하지 않다. 그리고 여기에도 탄소라는 원소를 외면할 수 없다. 탄소를 제외한 100여 가지 원소의 화합물을 다루는 무기화학에서도 탄소를 꽤 중요한 물질로 다루고 있다. 가령 무기물인 규소를 중심으로 한 대표적인 화합물인 반도체나 전자소자는 고체물리와 고체화학 분야에서 활발히 연구되고 있지만 탄소화합물도 새로운 소자나 촉매 분야에서 무기화학자들의 관심 대상이기도 하다. 사실 지금 물질을 공부하며 이 구분을 정확히 이해하는 것은 크게 중요하지 않다. 개념의 이해보다 중요한 것은 유기화학에서 이 구분이 어떻게 인류사에 영향을 끼쳤는가를 이해하는 것이다.

이런 탄소화합물 중에 대표적인 것이 바로 탄화수소 물질이다. 탄소와 수소로 이루어진 화합물이다. 천만 개에 가까운 종류가 있는 탄소화합물을 전부 살펴볼 수 없지만 탄화수소 화합물의 흔적은 물질을 이해하는 데 꽤 도움이 된다. 앞서 언급한 석유화학물질 대부분이 탄화수소 화합물이다. 이제 탄화수소가 만든 물질에 어떤 것이 있는지 지방족 탄화수소를 중심으로 실전 여행을 떠나보자. 의외로 이 물질이 우리 일상을 지배하고 있었다는 놀라운 사실을 알게 될 것이다. 이 사실만으로도 누구나 화학자가 될 수 있다.

3장

새로운 물질을 만들다

탄소화합물은 유기화학의 근간이며 우리의 일상을 지배하고 있다.

인류는 천연 재료인 석유의 정제 공정을 통해 다양한 탄화수소 물질을 얻는다.

그리고 자연을 흉내 내 세상에 없던 물질을 만들어 문명을 채워왔다.

화석연료에는 특별한 물질, 바로 '탄소'가 있기 때문이다.

1

탄소 하나로 시작하다
– 메탄, 클로로포름, 메탄올

이제는 누구나 안다. 기후 위기의 주범은 온실가스이고 그 대표적 물질이 이산화탄소라는 것을. 관심의 중심 키워드도 '지구온난화'에서 '기후변화'로 이동했다. 그리고 변화론에서 기후 위기론으로 이동하며 탄소 배출을 제한해야 한다는 움직임이 환경단체를 넘어 여러 분야로 확장했다. 심지어 그동안 기후변화와 지구온난화는 걱정할 수준이 아니라며 부정적인 의견을 보였던 과학계도 돌아섰다. 그리고 전 지구적인 국제적 협력의 움직임이 보이기 시작했다. 그런데 팬데믹으로 개별 국가의 역할이 커졌다. 오히려 자국 중심의 생존 분위기가 조성된 것이다. 이런 상황으로 인해 탄소 배출 규제에서 국제적 협력이 다소 약화될까 우려하는 목소리도 나온다. 그런데 기후 위기에는 이산화탄소만 문제일까? 우리가 잘 알고 있지만 의외로 잘 알려져 있지 않은 온실가스 물질이 있다. 바로 메탄이다.

메탄의 분자구조는 이산화탄소만큼 단순하다. 1개의 탄소 원자를 중심에 둔 정사면체 구조에서 각 꼭짓점 위치에 4개의 수소가 위치하며 가운데 있는 탄소와 결합한 모습이다. 정사면체라는 안정한 구조인데 메탄은 왜 온실가스가 됐을까? 앞에서 입버릇처럼 화학은 구조가 기능을 만든다고 했다. 그리고 '물질의 생성 이유'에서 설명했듯 모든 분자는 진동한다. 여러 원자 혹은 원소로 이루어진 물질일수록 진동하는 정도와 형태는 다양해진다. 메탄은 네 가지 형태로 진동한다. 그중 비대칭 방식의 두 가지 진동이 이산화탄소처럼 전자기파를 흡수한다. 지구에 에너지를 쏟아붓고 다시 우주로 튕겨 나가야 할 적외선 전자기파를 대기에 가둘 수 있는 능력이 생긴 것이다. 이 능력은 순전히 구조 때문이다. 전자기파의 파장 영역으로 보면 적외선은 꽤 광범위하게 걸쳐 있다. 메탄은 그 영역의 일부를 흡수한다. 전자기파 에너지를 기준으로 이산화탄소가 흡수하는 영역보다 낮은 에너지 영역대를 흡수한다. 그렇다면 크게 걱정할 게 없어 보인다. 오히려 이산화탄소가 더 시급해 보인다. 하지만 온실효과에는 다양한 변수가 존재한다. 만약 대기 속에 메탄이 많아지면 결과는 완전히 달라질 수 있기 때문이다.

지리적으로 북극과 남극에 위치한 한대 기후 지역은 늘 땅이 얼어붙어 있는 동토 지역이다. 심지어 그 두께가 100미터가 넘는 지역도 있다. 기후 위기의 시나리오에는 영구 동토가 온난화를 가속하는 뇌관 중 하나로 지목되고 있다. 이산화탄소 배출로 기온이 오르면 영구 동토가 지표부터 해빙되고 이 과정에서 토양에 갇혀 있던 유기물을 미생물이 분해하며 메탄을 방출하리라는 것이다. 결국 방출된 온실가스가 양적으로 되먹임 작용을 한다는 것이다. 영구 동토에는 1조 6,000억 톤의 탄소가 갇혀 있고 그 양은 대기중 탄소의 두 배가 되는 양이다. 원래 많은 양이 많은 일을 하게 되는 법이다.

탄소 원자가 1개인 화합물을 간단하게 'C_1 화합물'이라고 표현한다. 탄소의 원자가전자^{Valence electron}는 4이다. 그러니까 최대 4개의 다른 원자와 결합할 수 있다. 가령 수소만으로 결합하는 탄화수소화합물의 경우 단 1개의 물질을 만들 수 있다. 화학식으로 CH_4라는 물질이 메탄('메테인'이 대한화학회에서 권장하는 용어지만 아직 혼용이 가능하고 '메탄'이 더 대중적이다)이다. 5개의 원자가 형성하는 분자 모습은 양자역학적으로 가장 안정적인 원자 배치가 된다. 탄소를 중심으로 결합한 4개의 수소는 부족하지도 지나치지도 않은 힘의 균형으로 전자를 공유하며 탄소 주변에 자리 잡는다.

메탄은 탄화수소화합물 중에 가장 작고 간단한 분자다. 당연히 가벼워서 상온에서는 기체로 존재한다. 그 자체로 안정한 화학물질이지만 만약 공기 중에 5.3~14퍼센트 정도가 있으면 산소와 결합하며 폭발한다. 18세기 영국의 석탄광에서는 자주 폭발 사고가 있었는데, 그 주범이 메탄이었다. 어둡고 좁은 갱도를 밝히려 사용한 조명이 메탄 뭉치와 만난 것이다. 당시 영국 화학자 험프리 데이비가 철망으로 감싼 등을 고안해 폭발 사고를 막았다.

메탄은 천연가스 연료로 사용할 수 있는 가장 간단한 물질이다. 이제 몇 가지 질문을 던질 수 있다. 이렇게 간단한 분자면 세상에 가장 많이 존재할 테고 그렇다면 에너지 걱정을 할 필요가 없어 보인다. 행여 부족해도 화학 공정으로 쉽게 만들 수 있지 않느냐는 물음이다. 탄소와 수소는 지구에 풍부한 원소이니 재료도 충분하니까 말이다. 쉽게 생각하면 그럴듯하다. 하지만 물질의 성질을 간과한 질문이다. 수소는 물론 탄소도 지구에 풍부하지만 대부분 다른 물질에 갇혀 있다. 다른 원소들과 함께 물질을 이루고 있다. 가령 바다를 이루는 재료 중 절반 이상은 수소이고 산소와 결합해 있다. 그리고 생명체를 구성하는 재료 중 99퍼센트가 수소와 탄소, 그리고 산소와 질소다. 자연은 두 원소로 메탄만 만들지 않는다. 물론 탄소와 수소 분자를 충돌시켜 메탄을 인위적으로 만들 수 있다. 하지만 벼룩을 잡겠다고 집 전체를 태울 수는 없다. 분자를 충돌시키는 데 드는 막대한 에너지는 어디서 얻을 것이며 게다가 반응에 사용할 재료를 얻는 데에도 에너지가 들어간다. 다행하게도 인류는 메탄을 일부러 만들 필요가 없다. 생명체를 포함한 모든 유기물이 분해되면 가장 쉽게 만들어지는 물질이기 때문이다.

게다가 인류는 운 좋게 자연으로부터 선물을 얻지 않았던가. 우리는 이미 석유화학 공정에서 정제라는 방법으로 쉽게 메탄을 얻을 수 있다는 사실을 알고 있다. 유기물 덩어리인 석유에서 가장 가벼운 유분인 탄화수소는 섭씨 30도 아래에서도 휘발되어 나오는 물질이다. 과거에는 상온에서 공기 중으로 날아가 버리는 이 기체를 온전하게 가둘 방법이 마땅찮아 쓸모가 없다고 생각했다. 하지만 지금은 메탄이 중요한 물질이 됐다. 꼭 에너지 연료라서가 아니다. 메탄의 용도가 연료에 국한됐다면 가솔린처럼 훨씬 더 성능이 좋은 다른 탄화수소 연료가 있기 때문에 사람들의 관심 밖으로 밀려 공기 중에 버려졌을 것이다.

메탄, 합성의 기본 재료

메탄은 연료 외에도 다른 물질을 만드는 기본 재료로 사용된다. 원래 메탄은 그 자체로 안정된 물질이다. 이 말은 메탄이 다른 물질과 잘 반응하지 않는다는 것을 의미한다. 그래서 물질의 합성 재료로 사용하기엔 적합하지 않다. 똑똑해진 인류는 여러 화학 공정을 통해 분자의 일부분을 교체하는 작업을 한다. 단순한 C_1 탄화수소화합물에서 유용한 C_1 탄소화합물을 만드는 것이 활용가치가 높기 때문이다. 메탄^{CH_4}에 있던 수소 3개를 염소^{Cl} 3개와 바꿔 $CHCl_3$를 만들었다. 이런 화학반응을 학문적 용어로 '치환 반응'이라고 한다. 물론 이런 반응이 간단하게 분자와 원자 몇 개를 가지고 할 수 있는 것은 아니다. 아직 인류는 레고를 조립하듯 분자 1개만 가지고 원자를 넣고 빼듯 다루지 못한다. 이 생성 물질은 결과적으로는 수소를 염소로 치환해 만들었지만, 사실 수많은 메탄과 염소 분자에 촉매와 열에너지를 주는 등의 화학반응으로 나온 결과물이다. 이 물질은 마취제로 잘 알려진 클로로포름^{Chloroform}이다. 이 물질은 시너와 본드의 위험성과 유사한 유독성 유해 화학물질로 분류된다. 플라스틱을 접착하는 용도로 사용하는 클로로포름은 폴리카보네이트$^{PC, Polycarbonate}$나 아크릴 소재를 녹인다. 일반 접착제처럼 플라스틱 물질 사이에서 굳어지는 것이 아니라 접착 대상 물질을 녹여서 하나의 물질로 만드는 용접 수준의 접착 기능을 한다.

이제 여기에 또 한 번의 화학반응 실험을 해보자. 클로로포름에 남아 있는 수소 하나를 불소^{F}로 치환한다. CCl_3F라는 화학식을 가진 물질 이름은 '삼염화불화탄소'이다. 이 물질은 한때 냉동 기계의 냉매로 사용했던 '프레온 가스'의 한 종류이다. 한때라고 표현한 이유는 프레온 가스가 오존층 파괴의 주범으로 지목돼 최근 사용이 제한되고 있기 때문이다. 짧은 화학식이 등장해도 겁먹지 않고 이 책을 놓지 않는다면 곧 프레온 가스를 발명한 한 인물을 만날 수 있다. 지구에서 가장 후회할 일을 만든 인물이다. 지금 소개하지 않는 이유는 이 사람이 화학사에서 벌인 중대한 사건과 함께 뒤에서 좀 더 입체적으로 판단해야 할 인물이기 때문이다.

메탄에서 출발한 물질의 변신은 여기서 그치지 않는다. 클로로포름은 화학 산업의 유기화학 공정에서 가장 중요한 물질을 만들 수 있다. 클로로포름은 산소와 광화학반응으로 포스젠$^{Phosgene, COCl_2}$이라는 물질을 만들 수 있다. 포스젠이 생소한 물질이지만, 대부분 사람에게 잘 알려져 있는 어떤 환경호르몬 물질의 제조 과정에는 꼭 필요한 물질이다. 만약 포스젠이 없었다

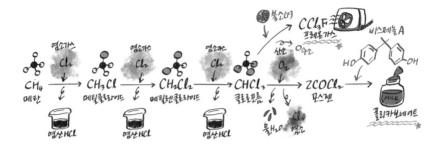

면 우리는 창문 없는 비행기를 탔을지도 모른다. 메탄과 클로로포름, 포스젠은 이름이 다르지만 모두 C_1 화합물이다.

C_1 화합물은 이뿐만 아니다. 화합물을 더 알아보기 전에 기본적인 개념을 하나 짚고 넘어가자. 일상에서 접하는 화학물질 이름을 유심히 관찰하다 보면 규칙이 존재한다는 것을 알 수 있다. 특히 이름에서 공통적으로 사용하는 어근이나 접미사는 분명 이 물질들이 공유하는 특정 성질이나 규칙을 대변하고 예측하게 한다. 이런 규칙이 물질에 이름을 부여하는 명명법이다. 하지만 여기서 모든 규칙을 언급하기는 어렵다. 앞으로 책에 등장할 몇 가지 물질로 한 가지 규칙을 알아보자.

물질 이름의 끝부분에 '~올^{-이}'이라는 접미사가 붙은 화학물질이 있다. 팬데믹으로 소독제가 일상 필수품이 돼버린 만큼 가장 먼저 떠오르는 물질이 알코올^{Alcohol}일 것이다. 그런데 화학에서 알코올은 특정 물질을 지칭하기보다 여러 물질을 총칭하는 이름이다. 대표적인 알코올은 술의 원료인 에탄올이다. 이런 접미사를 가진 또 다른 물질은 어떤 것이 있을까? 가령 보습 기능이 있는 화장품이나 샴푸 같은 미용 제품은 특정 물질이 물 분자를 잡고 있어 피부나 모발을 부드럽게 해준다. 이 물질은 프로필렌 글라이콜^{Propylene glycol}이다.

그리고 세포막을 구성하는 인지질인 콜레스테롤Cholesterol도 끝에 '~올ol'이 붙어 있다. 이런 물질이 생각보다 많다는 것을 알 수 있다. 이런 접미사는 아무렇게나 붙여진 것이 아니다.

비록 화합물이 다르다 해도 같은 작용기를 가지면 기본적으로 같은 성질이나 반응을 보인다. 즉, 화합물의 성질은 기능기의 성질을 투영하고 있다고 해도 무리가 아니다. 많은 작용기 중에 산소와 수소가 결합한 분자 조각, 즉 원자단인 '-OH'를 하이드록시기Hydroxyl group 혹은 하이드록실기, 한자로는 수산기水酸基라고 부른다. 이 작용기가 물질 이름의 접미사인 '~올'과 관련 있다. 물론 무조건 이 작용기가 있다고 모든 화합물에 이런 특별한 접미사가 붙진 않는다. 한 화합물에는 서로 다른 작용기가 1개 이상 있을 수 있다. 만약 하이드록시기가 있는 화합물 안에서 또 다른 작용기가 주된 역할을 할 경우 하이드록시기는 이름을 양보한다. 하이드록시Hydroxy~라는 접두어로만 사용되기도 한다. 우리 주변에서 '하이드록시'로 시작하는 이름을 가진 물질도 꽤 많이 접할 수 있다. 이렇게 하이드록시기가 탄소화합물에 결합해 주 작용기로 작용하는 포화 탄화수소를 알코올이라고 부른다.

다양한 종류의 알코올

구조적 의미로 알코올은 포화 탄화수소화합물에서 수소 원자가 하이드록시기-OH로 치환된 구조를 말한다. 그래서 알코올은 특정 물질을 지칭하는 것이 아니라 특정 성질을 지닌 유기화합물의 총칭이다. 화학에서는 알코올의 화학식을 'R-OH'로 표기한다. 여기서 R은 어떤 특정 원소가 아니다. 이후에 알킬기를 설명하며 라디칼Radical이란 용어를 설명하겠지만, 라디칼은 포화 탄화수소에서 수소 원자 1개가 빠진 것을 말하고 'R-'이라는 기호로 표시한다. 알코올의 종류가 많기 때문에 탄화수소화합물을 지칭하는 이런 대표 기호를 사용한다. 이런 알코올의 대표적인 물질은 메탄올^{Methanol}과 에탄올^{Ethanol}이다. 위의 설명에 앞서 배운 메탄을 적용해보자. 메탄은 포화탄화수소이다. 여기에서 수소 1개가 빠지면 반응성 있는 라디칼 물질$R-$인 메틸 CH_3 라디칼이 된다. 이제 수소가 빠진 자리에 하이드록시기가 연결되면 화학식이 CH_3OH가 된다. 이 알코올 물질을 메탄올이라 부른다.

자동차 워셔액 안에는 알코올 성분이 20~50퍼센트 정도 들어 있다. 알코올 물질은 어는 점이 낮다. 자동차 전면 유리의 세척 효과와 더불어 세정액이 얼어버리는 것을 방지하기 위해 어는점이 낮은 물질인 알코올 성분을 넣는다. 메탄올의 어는점은 섭씨 약 -94도이고 에탄올은 섭씨 약 -114도이다. 워셔액은 물과 혼합된 물질이다. 워셔액의 어는점은 어는점이 섭씨 0도인 물과 알코올의 혼합 비율로 결정된다. 최근 판매되는 워셔액은 대부분 에탄올 성분이지만 아직도 메탄올로 만들어진 워셔액이 유통되고 있다. 두 물질은 물에 잘 녹는 성질과 연소가 잘되는 공통점이 있지만, 확연한 성질 차이도 있다. 에탄올은 섭취가 가능한 반면, 메탄올은 소량이어도 중추신경을 마비시켜 시신경에 치명적 손상을 준다. 자동차 워셔액을 분사할 때 환기구를 통해 알코올 향을 맡게 되는데, 크기가 작은 알코올 분자는 휘발성이 강해 공기를 타고 쉽게 인체로 흡입된다. 그동안 국내에는 별도의 규정이나 규제가 없어 대부분 메탄올 워셔액을 사용했다. 하지만 독일, 미국 등 서방 선진국에서는 메탄올 함유량을 규제하거나 유해성이 낮은 에탄올을 사용하도록 제한하고 있다. 국내에서 메탄올 워셔액을 금지한 지는 얼마 되지 않았다. 분명 인체에 유해한 물질임을 알고도 왜 메탄올을 제품에 넣었을까? 메탄올 가격이 에탄올 가격의 절반밖에 되지 않는다. 앞으로도 계속 나올 이야기지만 위험한 화학물질은 규제와 기업의 이윤 사이 경계에 존재하는 경우가 많다. 정부의 규제 감독도 중요하기만 무엇보다도 기업의 윤리가 밑받침이 돼야 한다. 소비자가 수십만 가지의 화학물질을 알고 스스로 피해 가는 방법에 기대하기란 쉬운 일이 아니다.

메탄올은 어떻게 만들어졌을까? 분자식을 보고 있으면 앞선 설명처럼 마치 메탄에서 수소 하나를 떼고 메틸 라디칼을 만들고 수소와 산소를 차례로 붙이면 될 것 같아 보이지만, 실제로 이런 방법으로 만들지는 않는다. 물론 이런 치환 방법으로도 만들 수 있겠지만 더 쉬운 방법이 있기 때문이다. 방법도 방법이지만 재료를 쉽게 구할 수 있어야 한다. 메탄올은 일산화탄소^{CO}와 수소 분자^{H_2}를 고온 고압 환경에서 만든다. 그러면 두 재료는 어디에서 얻을까? 우리는 석탄에서 벤젠이나 톨루엔, 자일렌과 같은 방향족 탄소화합물 등을 얻기 위해 석탄을 분별하는 과정을 알고 있다. 산소를 차단한 진공상태 오븐에서 고온으로 석탄을 가열하면(이 과정을 건식 공정이라 해서 습식 공정인 증류와 구분해 건류乾溜, Dry distillation라 한다) 메탄뿐만 아니라 수소, 일산화탄소 등을 부수적으로 얻을 수 있다. 비록 코크스를 얻기 위한 부산물이지만 버려지지 않는다. 이때 발생하는 수소는 메탄올과 같은 화학물질을 만들 뿐 아니라 최근 대체에너지로 부상하는 수소 경제의 에너지 자원으로도 사용한다. 메탄올의 주된 용도는 대부분 산업 영역에서 연료나 물질을 용해시키는 용제로 사용한다. 그리고 다른 화학물질 합성과 제조에서도 메탄올은 훌륭한 재료가 된다.

2
불개미 끓이기를 멈추다
– 포름알데히드와 포름산

학창 시절 과학실 한쪽에 있는 목재 선반 위에는 실린더 모양의 유리병들이 진열돼 있었다. 병 안에는 작은 동물이나 어류 같은 생명체가 해부된 표본이 있었다. 당시에 이 표본들을 썩지 않게 한 물질이 병 안의 투명한 액체라는 것을 짐작할 수 있었다. 유기물의 부패는 미생물에 의해 일어난다. 표본이 담겨 있는 액체는 미생물의 증식을 방해하는 기능을 한다. 이 액체는 일종의 방부제인 포르말린 Formalin이다. 포르말린은 포름알데히드 Formaldehyde가 약 35~40퍼센트 정도 물에 녹아 있는 물질 이름이다. 포름알데히드는 익히 들어 익숙한 물질이다. 바로 새집증후군을 유발하는 물질이다.

물에 잘 녹는 기체, 포름알데히드

여기서 '알데히드 Aldehyde'라는 용어를 먼저 짚고 넘어가자. 알데히드 역시 앞서 다룬 알코올처럼 특정 물질 이름이 아니라 명명법 이름 중 하나이고 이 자체로 작용기가 되기도 한다. 여러 화학물질 이름의 끝에 '알데히드'가 붙어 있는 물질이 많은데, 이 이름을 붙이려면 '포르밀기 Formyl group, –CHO'라는 이름의 작용기가 탄소화합물에 결합돼 있어야 한다. 알코올이 되려면 탄소화합물에 하이드록시기 –OH가 있어야 하는 것처럼 말이다. 이런 작용기가 붙은 탄소화합물은 공통된 성질이 있다고 했는데, 알데히드는 일종의 독성을 띤다.

새집증후군을 유발하는 포름알데히드는 무색의 휘발성 화학물질로 물에 잘 녹는 기체이고 알싸한 자극성 냄새가 난다. 알데히드가 대기 중 0.04ppm, 그러니까 일정 부피를 가진 대기에서 1억 분의 4 정도의 농도에도 피부염을 일으킨다. 이 농도보다 커지면 후각을 자극해 냄새를 맡을 수 있다. 그러니까 냄새가 나지 않아도 이 물질에 의해 질병이 발생할 수 있다는 것을 알 수 있다. 2~3ppm만 돼도 고통을 느끼기 시작하고 30ppm에 노출되면 중독 증상이 나타나며 심한 경우 사망에 이른다. 앞서 메탄올에 의한 피해로 실명을 언급했는데 알고 보면 이 포름알데히드가 주원인이다. 포름알데히드가 생채 조직을 이루는 단백질을 굳게 하기 때문이다. 이 과정을 화학적 시선에서 살펴보자.

'산화'라는 말은 화학에서 자주 등장하는 용어다. 엄밀하게는 물질을 이룬 분자나 원자가 양성자나 전자를 잃는 과정이 산화이고 거꾸로 얻게 되면 '환원'이라고 한다. 하지만 조금 더 쉬운 설명은 '산소'와 반응하는 일련의 과정을 의미하기도 한다. 포름알데히드 HCHO는 메탄올 CH₃OH의 산화작용으로 만들어진다. 분자식을 보면 메탄올이 수소 양성자 2개를 잃고 다른 물질로 변한 것을 알 수 있다. 양성자를 잃는 것, 바로 산화작용이다. 산업에서 포름알데히드 제조 방법은 메탄올 증기와 공기를 반응시키는데 여기에 특별한 촉매를 사용한다. 보통 가열한 산화백금이나 산화구리를 사용한다. 메탄올에서 2개의 수소를 뺏어 오기 위해 산소와 반응시키는 것이다. 결국 이런 반응으로 메탄올은 포름알데히드와 순수한 물로 변한다.

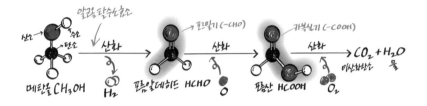

물질에 독성이 있다는 의미는 '반응성이 좋다'라는 말로 순화할 수 있다. 포름알데히드는 자체 분자끼리도 결합하려고 하고 다른 분자와도 잘 반응한다. 그 비밀은 수소에 있다. 포름알데히드에 있는 수소는 잘 떨어진다. 떨어져 나간 수소는 양성자이다. 결국 산화가 잘 일어난다는 것이다. 가령 요소와 포름알데히드는 잘 반응하는데, 두 물질이 반응하며 떨어져 나간 수소와 산소로 물 H_2O이 만들어진다. 화학에서는 이런 현상을 '탈수[脫水, Dehydration]'라고 한다. 메탄올에서 포름알데히드가 만들어질 때에도 탈수 현상이 있었다. 이런 반응은 반복된다. 결국 요소와 포름알데히드 물질이 계속 반응하며 거대한 분자를 만든다. 분자 안의 원자만 수십억 개가 될 수도 있는 거대한 고분자가 만들어지고 물을 부산물로 내놓는다. 이런 과정을 탈수 축합반응[脫水縮合反應, Dehydration condensation reaction]이라고 한다. 결론적으로 요소와 포름알데히드는 탈수 축합 반응으로 새로운 물질을 만든다. 이 물질이 잘 알려진 요소 수지 플라스틱이다. 두 물질은 섞기만 해도 단단한 플라스틱처럼 굳어지기 때문에 접착제로 사용된다. 건축용 합판은 얇은 판재를 여러 장 붙이는데, 그 접착제에 이 물질이 사용된다. 새로 지은 건축물에서 포름알데히드가 기체로 빠져나오는 것은 이제 전혀 이상한 일이 아니다. 포름알데히드는 수소를 잘 관리하지 못하기 때문에 생체 고분자와도 잘 반응한다. 특히 단백질은 포름알데히드를 만나면 쉽게 굳는다. 과학 시간에 메탄올이 손에 묻었던 경험이 있는 독자라면 피부가 하얗게 일어나는 현상을 경험했을 것이다. 메탄올 안의 포름알데히드가 피부 조직과 반응했기 때문이다. 과학실의 유리병에 담긴 표본은 핏기를 빼냈다고 해도 유난히 하얗게 보였다. 표본은 썩지 않는다. 표본을 분해할 수 있는 미생물이 없다는 얘기다. 미생물도 세포로 이뤄져 있다. 포름알데히드 수용액에서 미생물이 살 수 없는 건 당연하다.

변화는 존재하나 변함은 없다

특정 화학물질은 처음부터 원자를 가지고 조립해 만드는 것이 아니다. 원소라는 레고 블럭을 쏟아놓고 조립설명서를 보며 하나씩 만드는 것이 아니다. 어쩌면 만들어진 완성품을 부분적으로 수리한다는 비유가 더 적절할 것이다. 그 출발점은 기본 물질로 시작해 분자 안의 원자들을 다른 원자나 분자로 바꾸면서 다른 성질을 가지는 물질로 변하게 하는 것이다. 나는 화학식을 보고 있으면 아름답고 신비하다는 생각이 든다. 변화는 존재하나 변함은 없다는 것을 한눈에 볼 수 있기 때문이다. 반응식의 양쪽에 있는 반응물과 생성물을 보라. 물질은 분명 변했으나 그 원자들을 세어보면 변함이 없다. 그렇다면 포름알데히드 역시 다른 물질로 변화할 수 있을까?

초등학교 과학 교과서에 산-염기에 대한 학습 내용이 있다. 거기에는 벌에 쏘이면 암모니아를 바르는 사례가 나온다. 염기성 물질인 암모니아의 중화 작용으로 통증을 가라앉힌다는 것으로 벌의 독성분이 산성임을 알게 한다. 벌의 독은 개미산이라는 산성 성분이다. 또 다른 화학명은 포름산$^{Formic\ acid,\ HCOOH}$이다. 라틴어로 포미카^{Fomica}로 불리는 불개미를 끓이고 증류해 얻었다는 의미로 개미산이라는 이름이 붙었다. 개미산은 벌이나 개미에만 있는 것이 아니다. 자연에 존재하는 식물과 동물의 위액에서도 발견되는 물질이다. 과거에는 이 물질을 얻기 위해 이런 곤충이나 식물을 이용했다. 짐작하겠지만 이런 방식으로 얻을 수 있는 양은 얼마 되지 않는다. 화학구조를 알게 된 인류는 이 포름산을 얻기 위해 더 이상 불개미를 잡지 않는다. 천연고무 라텍스는 식물에서 나온 포름산을 응집해 만든 결과물이다. 그리고 각종 가죽 제품의 염색 공정에서 무두질하는 데 사용하기도 한다.

이제 작용기를 하나 더 소개한다면 카복실산$^{Carboxyl\ acid}$이다. 포름산은 카복실산이라는 산성 물질의 한 종류이다. 포름산의 화학식을 보라. 일종의 작용기인 카복실기$^{-COOH}$가 탄소화합물에 결합돼 있다. 우리는 산소를 이용해 포름알데히드를 다시 한번 산화시켜 포름산을 얻는다. 두 물질은 그 자체로도 중요한 물질이고 유기화합물을 만드는 기본 재료로 사용되는 물질이다. 물론 포름알데히드가 포름산만을 만들기 위해 거쳐가는 물질은 아니다.

지금까지 탄소 1개가 만들어 C_1 탄소화합물인 메탄에서 시작해 수용액과 독성물질, 마지막으로 산성 물질까지, 산화작용으로 물질이 변화하는 모습을 보았다. 이 과정에서 중요한 몇 가지 작용기를 거쳤다. 포르밀기를 포함해 알코올을 만드는 하이드록시와 알데히드, 그리고 카복실산이다. 네 가지 작용기는 물질 변화에 무척 중요한 관계가 있다. 자연에서 가장 많이 실행되는 반응이 산화 반응이다. 산화 반응으로 대부분의 물질이 모습을 바꿔가고 다른 기능을 수행하고 있다. 이후에 자세히 설명하겠지만, 당이 발효하며 알코올과 독으로 변했다가 마지막에는 식초가 되는 물질 변화의 흐름에도 이런 작용기 물질이 참여하고 있다. 결국 이 과정은 동물의 대사 과정 전반에 포함되기도 한다. 이 산화 과정은 다음 장에서 등장할 탄소가 2개인 화합물의 산화에서도 더욱 친근하고 선명한 이해를 선사한다.

3

탄소 두 개가 만나다
— 에탄, 에틸렌, 아세틸렌

앞서 탄소화합물의 다양한 모양이 왜 만들어지는지 설명했다. 탄소는 탄소끼리 결합하는 것을 좋아해서 많은 동소체 물질이 존재한다. 결국 탄소가 다른 탄소를 만나 C_2 화합물을 만드는 것은 아주 흔한 일이다. 2개의 탄소가 1개의 전자쌍을 공유하는 결합은 가장 간단한 탄소 간 결합이다. 이 분자 모양은 충분히 상상할 수 있다. 물론 탄소는 탄소끼리 1개 이상의 전자쌍을 공유하는 이중결합과 삼중결합도 가능하다. 그러니까 삼중결합에서는 두 탄소 원자가 전자쌍 3개, 즉 6개의 전자를 각 탄소 원자의 바깥 오비탈로 공유한다. 그렇다면 이런 질문을 할 수 있다. 탄소 원자의 원자가전자가 4이니까 2개의 탄소 원자가 4개의 전자쌍을 공유할 수도 있지 않을까? 그리 되면 마치 산소나 질소 분자처럼 다른 원소가 끼어들어 가지 않는 진정한 C_2 물질인 탄소 분자, 즉 탄소 동소체로 존재할 수 있지 않은가? 물론 이런 사중결합으로 이어진 C_2의 탄소화합물이 존재할 수 있다(이런 C_2 물질은 탄소화합물이라기보다 탄소 동소체가 맞다. 흑연처럼 탄소로만 이루어진 물질이다. 결합을 위한 빈 오비탈이 더 이상 없어 다른 원소와는 결합하지 않는다). 하지만 이런 물질은 자연 상태에서 보기 힘들다. 사중결합은 그 자체로 강하지만 꽤 불안정하다고 알려졌다. 그러니까 이런 결합은 바로 1개의 결합을 풀고 다른 원소에게 자리를 양보한다. 나는 당연히 원자가 지능을 가지고 이런 행동을 할 것이라고 생각하지 않는다. 원자가 전자쌍으로 결합하는 행위는 분명 양자역학적 법칙에 의해 결정되기 때문이다. 결국 물질은 자연의 법칙에 의해 설계되고 작동된다. 자연이 보이는 이런 움직임이 물리학으로 설명되기는 하지만, 여전히 무척 신비하고 경외롭게 느껴지는 이유는 인간관계에 비유된다는 점에서다. 물론 미시세계에서 벌어지는 일을 거시세계의 인간 사회관계에 비유하는 게 적절하지 않아 보이지만 강한 것은 쉽게 깨질 수 있다는 의미는 통하지 않나 싶다. 적당한 공유 행위는 두 개체를 보다 안정적으로 구속할 수 있다. 하지만 개체가 가진 모든 것을 공유하는 것, 이 자체가 이론적으로는 굳건해 보일 수 있지만 개체의 입장에서는 관계를 유지하기 힘들 수도 있기 때문이다.

C_2 탄화수소화합물에서 단일결합을 한 2개의 탄소 주위로 수소가 결합한 물질이 있다. 각 탄소는 바깥 껍질에 다른 탄소와 공유결합한 오비탈을 제외하고 미처 채워지지 않은 오비탈에 수소 원자에 있는 전자로 마저 채워 전자쌍을 만들고 반쪽짜리 오비탈들을 완성한다. 탄소뿐만 아니라 수소도 서로 부족한 부분을 채우는 것이다. 이렇게 만들어진 가장 간단한 C_2 탄화수소화합물이 에탄$^{Ethane, C_2H_6}$이다. 메탄처럼 무색무취의 기체이지만 메탄과 달리 자연에 풍부하지 않다. 메탄은 생명체의 탄소 대사로 인해 이산화탄소만큼 자연에 풍부하게 존재한다. 메탄은 그 자체로 에너지원으로도 사용된다. 하지만 에탄은 자연계에 많지 않기 때문에 물질 자체를 사용하는

경우는 그리 많지 않다. 오히려 C₂ 탄화수소화합물에서는 또 다른 탄소 이 중결합 물질인 에틸렌$^{Ethylene, C_2H_4}$과 삼중결합인 아세틸렌$^{Acetylene, C_2H_2}$의 활용도가 더 높다.

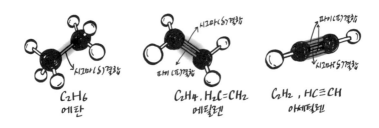

에틸렌과 아세틸렌이 익숙한 이름은 아니지만 그렇다고 생소한 물질도 아니다. 에틸렌은 에탄이나 메탄이 무색무취인 것과 달리 사과향처럼 상큼하고 좋은 냄새가 나는 기체 물질이다. 냉장고에 상한 사과를 넣어두면 나머지 싱싱한 과일이 금방 숙성돼 익어버리는 것을 경험한 적이 있을 것이다. 사과에서 숙성시키는 기체가 나오는데 바로 에틸렌 기체이다. 그래서 설익은 과일의 유통 단계에서 판매 직전에 에틸렌 가스로 숙성시키기도 한다. 기억을 더듬어보면 아세틸렌도 익숙한 물질이다. 지금은 사라진 포장마차의 등불 원료로 사용했다. 칼슘카바이드^{CaC_2}는 물과 만나면 아세틸렌 가스를 발생시킨다. 길거리 난전의 등불에서 나오던 아세틸렌 가스의 특유한 향을 기억하는 독자가 있을 것이다. 하지만 아세틸렌이라는 물질은 원래 냄새가 없다고 알려져 있다. 그런데 실험실에서 경험한 바로는 밤거리 포장마차에서 맡았던 독특한 향이 있다. 이 독특한 향은 카바이드에 물을 첨가해 아세틸렌을 얻는 반응 과정에서 나는 향이다. 그런데 그저 과일을 숙성시키거나 등불 연료 용도 때문에 두 물질을 중요한 물질이라고 하는 건 아니다. 이 두 물질에는 더 중요한 임무가 있다.

에틸렌, 화학 산업의 쌀

에틸렌은 불포화 탄화수소다. 앞서 탄소화합물을 설명하며 이중결합이 있는 불포화 탄화수소화합물은 알켄^{Alkene} 물질이라 했다. 결국 에틸렌과 아세틸렌은 C_2 탄화수소화합물 중 불포화 결합을 가진 가장 간단한 물질이다. 에틸렌은 탄소끼리 이중결합을 하기 때문에 에탄보다 수소가 적고 아세틸렌은 삼중결합으로 수소가 더 부족한 분자이다. 불포화 탄화수소는 이중결합이나 삼중결합 중 1개의 결합만 끊어내면 분자에 빈 오비탈이 만들어진다. 빈 오비탈이 생겼다는 것은 이 자리를 채울 수 있는 여지가 생겼다는 것이다. 결국 그 자체로 반응성이 좋은 라디칼 물질이 된다. 이 라디칼 물질이 화학 산업에서 유용하게 사용된다. 이제 여기서 다른 질문을 해보자. 언뜻 보기에는 단일결합보다 다중결합이 더 튼튼해 보이는데 다중결합을 쉽게 끊을 수 있을까? 오히려 단일결합인 알칸 물질에서 수소 1개를 떼어내 라디칼 물질을 만드는 게 더 쉽지 않을까?

비밀은 탄소 결합의 특성에 있다. 앞서 탄소의 특성에서 다뤘듯 탄소는 탄소 간 화학결합에서 단일결합보다 이중·삼중결합에서 더 뚜렷한 특징을 나타내기 때문이다. 에틸렌의 탄소 간 이중결합을 모두 끊는 데는 에탄^{C_2H_6}의 단일결합을 끊는 것보다 더 많은 에너지가 필요하다. 하지만 이중결합이 단일결합보다 정확히 두 배로 강하다고 볼 수 없다. 이중결합은 시그마결합과 파이결합으로 돼 있다는 것을 이미 설명했다. 이중결합의 한 부분인 파이결합을 끊는 것이 단일결합의 시그마결합을 끊기보다 쉽다. 그만큼 시그마결합은 강하다. 인류가 이런 탄소의 강한 결합을 산소로 끊어내면 강한 열에너지를 얻을 수 있다는 자연의 비밀을 풀어 이뤄낸 사건이 산업혁명이다. 그리고 파이결합을 끊어내면서 산업혁명으로 바탕을 다진 인류 문명에 새로운 물질을 내놓게 된다.

에틸렌은 에탄보다 다른 화합물과 쉽게 반응해 새로운 물질을 만들 수 있어 활용도가 높다. 석유화학 산업에서 에틸렌이 중요하기 때문에 원유에 있는 나프타 성분의 탄소 사슬이 긴 탄화수소 물질을 일부러 깨뜨려 작은 조각인 에틸렌을 만든다. 긴 레고 블록보다 작은 레고 블록을 여러 개 마련하는 게 분자 건축에 유리하기 때문이다. 그래서 에틸렌은 화학 산업의 쌀로 불린다. 수많은 화학물질이 에틸렌 분자를 출발점으로 시작하기 때문이다. 아세틸렌^{C_2H_2} 역시 화학 산업에서 중요한 재료다. 아세틸렌은 두 탄소의 시그마결합 1개와 파이결합 2개로 이루어진 삼중결합을 가진 분자이다. 에틸렌의 이중결합과 마찬가지로 아세틸렌의 삼중결합 중 파이결합 한 부분을 끊고 다른 탄소화합물과 반응해 거대한 탄소 사슬 분자 뼈대를 만든다. 바로 이 책 4장에 등장하는 고분자 물질들이다. 여기에서 기억해야 하는 사실은 대표적 C_2 화합물인 알켄이나 알킨 물질이 모두 화학 산업에서 무척 중요한 화합물이며 동시에 이후 등장할 또 다른 물질을 만들기 위한 훌륭한 재료로 사용된다는 것이다.

4

신의 물방울, 에탄올

누구나 알코올의 존재를 알고 있지만, 막상 알코올이 어떤 물질인지 설명하기는 쉽지 않다. 여기까지 따라온 독자라면 이제 알코올이 특정 물질만을 말하는 게 아니라 특정 작용기를 지닌 포화 탄화수소를 총칭한 용어라는 것 정도는 알았을 것이다. 그래서 알코올은 종류가 다양하다. C_1 화합물의 대표적 알코올이 메탄올이었다면, C_2 화합물 중 대표적 알코올 물질은 에탄올Ethanol이다.

에탄올은 일상에서 쉽게 접하는 물질이다. 순도가 높은 에탄올의 물성은 우리가 소독용 의약품을 사용하면서 그 기능을 잘 알고 있다. 바로 살균 효과다. 최근 바이러스 확산에 따른 예방 조치로 손 소독제를 사용하는데, 이것을 직접 만들어 사용하는 사람들도 늘었다. 각종 매체에서 손 소독제 제조 방법을 공개하며 주요 성분으로 알코올이라고 표시한다. 한편으로 우리가 흔히 마시는 술의 원료도 알코올이라고 부르기도 한다. 엄밀하게 말하면 마시는 술의 원료가 에탄올이니 알코올인 것은 맞지만, 모든 알코올이 술의 원료는 아니다. 그러니까 알코올은 훨씬 더 광범위한 정의이고 알코올에는 여러 종류가 있는 셈이다. 에탄올은 단백질을 응고시키기 때문에 소독 및 살균 작용을 한다. 에탄올이 80퍼센트 이상 함유된 손 소독제로 소독하는 행위는 분명 감염 예방에 유의미한 처치이다. 그런데 소독제 성분으로서의 알코올은 꼭 에탄올만 지목해 말하는 것이 아니다. 가령 탄소 3개로 이뤄진 C_3 포화 탄화수소 물질도 하이드록시기가 주 작용기로 작용하면 알코올 물질이 된다. 이름은 이소프로필 알코올 $^{\text{IPA, Isopropyl alcohol}}$ 혹은 이소프로판올 ^{Isopropanol}이다. 소독제에는 이런 에탄올과 IPA가 주로 사용된다.

에탄올은 메탄과 마찬가지로 에탄 ^{C_2H_6}의 수소 1개가 하이드록시기 $^{-OH}$로 치환된 물질이다. 결과적으로 화학식으로는 C_2H_5OH로 표기한다. 이 물질이 물에 희석된 것이 바로 우리가 즐겨 마시는 술이고, 자동차 워셔액, 혹은 가글 제품이나 미용 제품, 그리고 소독제 성분으로 사용된다. 에탄올은 대부분 화학 공정으로 만들어진다. 물론 술의 주성분인 주정 ^{酒精}의 제조는 주로 자연에 맡겨진다. 이후에 설명하겠지만 당의 발효 과정에서 에탄올이 만들어지기 때문이다. 에탄올을 만들기 위해서는 재료가 필요하다. 쉽게 예측해보면 에탄에서 출발하는 것이 쉬워 보인다. 하지만 에탄을 가지고 만들지 않는다. 생성물을 만들기 위해서는 반응할 재료가 넉넉한 것이 좋다. 에탄은 자연에 그리 풍부하지 않다고 했으니 그렇다면 어떤 재료를 써야 할지 어느 정도 눈치를 챈 독자도 있을 것이다. 화학 산업의 쌀이라는 별명이 붙은 물질, 에틸렌이 있지 않은가.

에탄올의 분자식을 보면 에틸렌 ^{C_2H_4}과 물 ^{H_2O}이라는 두 가지 물질이 들어 있다. 변함은 없고 변화는 있다는 말을 기억해보면 화학식이 조금 더 친근해질지 모른다. 에탄올은 에틸렌에 물을 반응시켜 만든다. 물이 흔한 물질이고 별다른 특성이 없어 보이지만 화학에서는 반응 재료로 많이 사용된다. 물질에 물이 첨가되는 이런 과정을 수화水和, Hydration 작용이라고 한다. 에틸렌과 물을 재료로 에탄올만 만드는 것은 아니다. 또 다른 물질을 만들기도 한다. 1개의 작용기로 만들어지는 알코올과 달리 2개의 하이드록시기$^{-(OH)_2}$를 가진 탄소화합물이 있다. 알코올과는 구별되는 이름이 붙여지는데 바로 글라이콜Glycol이다. 에틸렌 글라이콜Ethylene glycol, $C_2H_4(OH)_2$ 혹은 에탄디올Ethanediol은 에틸렌을 산화시킨 에틸렌 옥사이드Ethylene oxide, C_2H_4O라는 중간물질로 제조된다. 에틸렌 옥사이드를 다시 물과 반응시키면 에틸렌 글라이콜이 만들어진다. 작용기인 하이드록시기가 에탄올보다 분자 주변에 많기 때문에 물질끼리 수소결합이 많아진다. 분자끼리 뭉치며 물질은 점도가 생기기 시작한다. 작용기 하나 차이가 미미할 것 같지만 이런 차이에도 점도는 질감이 느껴질 정도로 확연하게 달라진다. 바로 이 물질이 자동차 부동액으로 사용되며 이후에 등장할 고분자 플라스틱의 재료로 사용된다. 고분자 물질의 기원을 파헤치면 이런 작은 탄화수소 물질에서 출발한다.

우리가 즐겨 마시는 술은 주정인 에탄올을 물에 희석한 물질이다. 사실

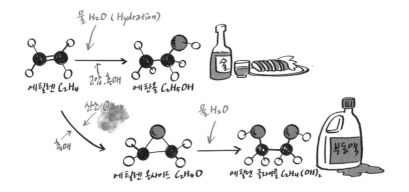

화학 공정으로 만든 에탄올과 자연에 맡겨 만든 에탄올은 다르지 않다. 분자식이 똑같은 물질이다. 하지만 마시는 술의 주정인 에탄올은 다소 특수한 과정을 거친다. 바로 식물을 통한 발효 과정이다. 이 과정에서 식물의 독특한 성분이 결합돼 나오는데 여기서 술의 풍미가 더해진다. 이 풍미는 아무리 화학 공정이 완벽해도 따라잡기 쉽지 않을뿐더러 행여 그대로 흉내 낸다 해도 발효의 효율성과 생산성을 따라잡을 수 없을 것이다. 오죽하면 신의 물방울이라는 별명까지 붙였겠는가. 하지만 발효라는 기본적인 과정은 인류가 자연을 이해하는 방식인 과학으로 충분히 설명된다. 주정인 에탄올은 곡물에 포함된 탄수화물인 전분$^{(C_6H_{10}O_5)_n}$을 엿당$^{C_{12}H_{22}O_{11}}$과 포도당$^{C_6H_{12}O_6}$이라는 당으로 분해하고 효모균을 이용해 당을 발효해 얻는다. 자세한 과정은 이후 발효를 다루며 설명하겠다. 인간은 발효라는 자연의 비밀을 알게 됐고 그 산물을 물에 희석해 식품으로 받아들이고 행복을 느끼도록 진화했다. 에탄올을 섭취할 경우 대뇌의 기능이 억제되어 흥분을 느끼기 시작하고 이후 중추신경 억제 효과가 나타나 감각이나 고통이 무뎌진다. 이런 증상을 느끼는 것이 아마도 생존은 물론 삶을 지탱하는 데에 유리하다고 판단했을 것이다. 하지만 인류가 이 물질에 완전하게 적응한 것은 아니다.

우리 몸은 거대한 화학 실험실

에탄올은 발암물질 1군으로 규정된 독성 물질이다. 에탄올 자체에 치명적인 유해성이 있는 것은 아니지만 노출량에 따라 위해성이 있다고 평가되는 물질이다. 에탄올이 함유된 알코올성 물질을 지나치게 섭취하면 중독에 이른다. 독성으로 인해 해독을 전담하는 간에 무리가 가고 심하면 질병을 유발하는 것이다. 대부분의 사람들은 에탄올 물질 자체가 인체에 이런 작용을 한다고 알고 있다. 하지만 고농도의 에탄올을 섭취하지 않는다는 조건이라면 에탄올이 인체에 미치는 현상은 뇌의 정상적 기능을 방해하는 정도다. 그렇다면 왜 에탄올이 발암물질로 취급될까? 우리 몸은 거대한 화학 실험실과 같다. 우리 몸 안에는 수많은 반응물질이 대기하고 있고 반응에 적합한 온도와 환경을 유지하고 있다. 그러니까 몸에 들어온 에탄올이 온전하게 분자를 유지하고 대사기관을 여행하다가 그대로 배출될 리가 없다. 정확히 말하면 인체에 미치는 유해성은 에탄올 그 자체의 독성보다 에탄올이 몸 안에서 화학적 반응을 하는 과정에서 생긴 중간 독성물질 때문이다.

개인차가 있기는 하지만 사람들은 과음 후에 숙취라는 공통적인 증상을 겪는다. 속이 불편하고 두통을 호소한다. 사실 이런 증상은 시간이 지나면 자연스럽게 없어지지만, 그 고통이 심해서 숙취를 빨리 해소하기 위한 민간요법이나 식품과 의약품의 도움을 받기도 한다. 하지만 이런 도움에 대한 과학적 근거는 아직 명확하게 밝혀지지 않았다. 이런 보조제는 독성물질의 소멸에 직접적으로 작용한다기보다 물질의 독성으로 인한 부가 증상의 완화에 도움을 주는 정도이다. 숙취를 유발하는 독성물질도 계속 인체에 남아 있지 않는다. 우리 몸은 결국 외부로부터 도움을 받지 않아도 몸의 화학 반응을 통해 독성물질을 분해하는 능력이 있다. 이제 그 과정을 살펴보자. 그 과정은 에탄올이 인체에 들어오고 여러 반응 과정을 거쳐 최종 목적지인 물과 이산화탄소로 분해되는 일련의 산화 반응이다.

5

독과 식초
– 아세트알데히드와 아세트산

앞에서 '알데히드^{Aldehyde}'라는 용어를 다루었다. 이것은 포르밀기$^{-CHO}$라는 작용기가 붙은 탄소화합물이고 일종의 독성물질이다. 메탄올이 산화해 포름알데히드로 변화되는 과정도 배웠다. 에탄올 역시 알코올의 산화 과정을 그대로 밟아간다. 몸에서 일어나는 이 과정을 살펴보자. 에탄올은 간에 존재하는 분해 효소의 도움으로 아세트알데히드^{Acetaldehyde}라는 독성 물질로 변한다. 메탄올의 산화에서 수소 양성자가 떨어져 나가 포름알데히드로 변화했듯 에탄올도 같은 과정을 따라간다. 결국 간에 있는 분해 효소의 기능은 에탄올에서 수소를 떼어내는 일이다. 그래서 이름도 '알코올 탈수소 효소^{ADH,} $^{Alcohol \, dehydrogenase}$라고 부른다.

바로 이 아세트알데히드 물질이 독성을 지녔고 숙취의 주요 원인 중 하나이다. 독성 물질을 그대로 놔둘 수는 없지 않은가. 인체의 간은 이 독성물질을 분해하느라 다시 바빠지게 된다. 이번에는 '아세트알데히드 탈수소 효소^{ADLH, Acetaldehyde dehydrogenase}가 이 물질을 산화시켜 무독성의 아세트산을 생성한다. 아세트산이라는 산 물질로 만드는 과정도 포름알데히드가 포름산으로 바뀌는 것과 동일한 산화 과정이다. 결국 아세트산의 화학식에도 카복실기가 있다는 것을 추측할 수 있다.

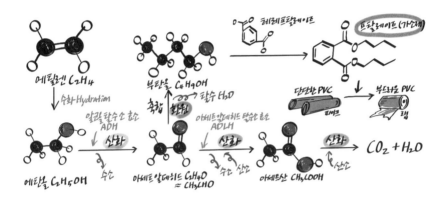

아세트산은 우리말로 초산이라고 부른다. 우리가 아는 식초는 아세트산이 약 3퍼센트 들어 있는 물질이다. 시큼한 향이 바로 아세트산의 물성이다. 식용 식초는 당의 발효 후 생성되는 알코올을 산화시켜 만드는데, 우리가 마신 술이 몸에서 산화하는 과정과 정확히 겹친다. 결국 술을 마신다는 것은 몸 안에서 식초를 만드는 것과 유사한 기작을 하는 것이다. 음주 후 다음 날 소변에서 시큼한 향을 맡는다면 아세트산이 만들어졌다는 증거이고 몸에서 알코올의 분해가 거의 완료됐다고 생각하면 된다. 몸에서는 아세트산이 물질 변화의 종착역이 아니다. 아세트산은 에너지 합성에 이용되기도 하고 콜레스테롤과 지방산을 만드는 데 이용된다. 술에 특별한 당 물질이 없어도 살이 찌는 이유는 결국 알코올이라는 탄소화합물의 산물을 몸에 저장하기 때문이다. 그리고 마지막까지 몸 안에 남아 있던 아세트산은 다시 산화 과정을 통해 물과 이산화탄소로 바뀐다. 알코올의 인체 여행은 여기에서 끝난다. 결국 이러한 산화 반응 과정을 빨리 진행하는 것이 숙취에 더 도움이 된다. 물질에서 수소를 빼내는 산화 과정에서 산소는 중요한 역할을 하는 재료다. 왜냐하면 수소 양성자 2개와 산소가 만나 물이 만들어지기 때문이다. 결국 중간물질로 변화하는 과정에서 탈수 작용이 일어난다. 결국 숙취해소제보다는 가벼운 유산소 운동과 물을 많이 섭취하는 것이 도움이 된다는 말은 그냥 나온 것이 아니다. 사실 알데히드 물질의 독성은 파악됐지만 숙취의 원인은 복합적 원인이라는 것이 일반적이다. 숙취의 원인이 알코올 발효 과정에서 생기는 독성 메탄올이라는 주장도 있고 과음으로 인해 면역체계에서 내보내는 사이토카인Cytokine이라는 단백질이 과다해 생긴다는 주장도 있다. 정확히 숙취의 원인은 밝혀지지 않았지만 분명한 것은 에탄올의 대사 과정에서 독성물질이 생긴다는 것이다. 우리 뇌는 포도당을 주원료로 활동하는데 당과 함께 혈액을 타고 뇌로 들어간 이 독성물질 때문에 두통이 생긴다. 하지만 이런 물질의 존재가 얼마나 다행인가. 만약 독성물질이 만들어지지 않는다면 에탄올 섭취의 제동 장치가 사라졌을지도 모르겠다.

자연 속의 생명은 물질 순환 고리를 연결하는 존재

자연은 식물을 통해 물과 이산화탄소를 탄수화물로 만들고 그 과정에서 산소를 부산물로 내놓았다. 그리고 산소를 호흡하는 생명체를 통해 식물이 만든 탄수화물을 다시 분해해 물과 이산화탄소로 돌려놓는다. 자연 안의 생명은 이런 물질 순환의 고리를 연결하는 존재이다. 인류는 거대한 순환 과정에서 중간물질의 존재를 알게 됐다. 영특해진 인류가 이 중간물질의 생성과 활용을 자연에만 맡기지 않고 개입하게 된다. 여기에는 분명 어떤 필요성이 요구됐을 것이다.

석유화학 산업을 떠올리면 대표적으로 화석연료 혹은 플라스틱이나 섬유 등 고분자 산업을 생각하기 쉽다. 하지만 의약품이나 화장품과 각종 첨가제를 생산하는 산업도 석유화학의 주요 분야이다. 우리는 이런 분야를 정밀화학 산업이라고 말한다. 특히 제약 분야는 천연 원료만 쓸 것 같지만 대량생산을 하기 위해서 인공 합성 원료를 사용하게 된다. 이후에 언급될 대표적인 진통제인 아스피린과 타이레놀은 에틸렌으로 만들어진 아세트산을 주재료로 합성된다.

화학이 합성과 인공이라는 수식어로 인해 천연보다 질이 낮거나 부족하다는 인식이 있다. 하지만 같은 물질이라면 분자구조는 동일하다. 오히려 화학 공정으로 불순물 없는 순수한 물질을 만들 수 있기 때문에 천연 물질 속 미지의 성분으로 인한 부작용을 방지할 수 있다. 그리고 자연으로부터 얻어내는 방식의 천연 원료는 그만큼 자연을 훼손할 수밖에 없다. 가령 우리의 일상에서 의류와 장식, 가구 등에 사용되는 가죽 제품은 섬유 제품에 비해 보온성 있고 견고하지만, 그만큼 동물의 생명과 교환해야만 얻어낼 수 있는 재료이다. 화학은 이런 가죽 제품을 대체할 수 있는 재료를 만들었다. 바로 인조가죽이다. 인조가죽의 핵심 재료는 이후에 고분자 합성에서 등장할 폴리염화비닐Polyvinyl chloride, 즉 PVC라고 알려진 물질이다. 그런데 우리가 알고 있는 PVC는 단단한 플라스틱이다. 가죽 제품과는 물성 자체가 다르다. 결국 PVC라는 고분자 재료에 특수한 물질을 첨가해 가죽과 유사한 물성을 만들었다는 사실을 예측할 수 있다. 이렇게 고분자에 배합해 탄성과 유연함을 부여하고 수지의 가공성을 향상시키는 첨가물을 가소제^{Plasticizer}라고 한다. 전통적으로 가소제를 제조하는 방법은 테레프탈레이트^{Terephthalate}라는 물질에 알코올을 넣어 만든다. 알코올은 메탄올과 에탄올에 그치지 않는다. 가소제에 사용하는 알코올은 부탄올^{Butanol}이나 옥탄올^{Octanol}, 에틸헥산올^{Ethylhexanol} 등이 사용된다. 부탄올은 탄소가 4개인 C_4 탄화수소 사슬이고, 옥탄올은 C_8, 에틸헥산올은 C_7 탄소화합물이다. 앞의 그림에서처럼 이런 알코올 탄소화합물 사슬 2개를 테레프탈레이트에 결합해 가소제를 만든다. 이렇게 알코올 물질은 현대 화학 산업에서 중요한 물질이란 것을 알 수 있다.

여러 알코올은 어떻게 만들어질까? 이중결합이 있는 알켄 물질이면 작용기를 붙여 만들 수 있다. 가령 부틸렌^{Butylene}에 하이드록시기를 연결해 부탄올을 만들 수 있다. 하지만 이런 식으로 만들려면 여러 알켄 물질이 필요하다. 똑똑해진 인류는 작은 조각으로 큰 조각을 연결하는 것이 더 유리하다는 사실을 알게 되었다. 바로 아세트알데히드로부터 출발할 수 있다. 에틸렌으로 알코올을 만들고 다시 아세트알데히드를 제조하는 것이다. 2개의 아세트알데히드를 축합하면 탄소가 많아지는 물질을 만들 수 있고 이 물질의 탈수·환원 과정을 통해 여러 가지 알코올 물질을 더 쉽게 만들 수 있다. 인류가 이런 복잡한 공정을 알아냈기에 자연의 수많은 생명체가 생명을 유지할 수 있었고 인류는 자연 생태계를 보호하면서도 물질의 혜택을 누릴 수 있었다. 그리고 이것이 가능하게 한 중심에는 탄소가 있고 화학이 있다.

6

탄소 세 개가 만났을 때
– 이소프로필 알코올과 아세톤, 그리고 수족관

사람은 물속에서 호흡할 수 없다. 그래서 대형 수족관은 무척 매력적인 공간이다. 거대한 창을 사이에 두고 다른 생명체가 공존하기 때문이다. 아가미가 없이도 마치 바닷속 세계에 들어와 있는 듯한 착각을 일으킨다. 이것을 가능하게 한 것이 수족관 창의 특별함이다. 수족관 관찰창은 관람객이 수족관 안의 생명체를 자세히 볼 수 있을 만큼 투명해야 한다. 그리고 수백만 리터에 달하는 물의 압력을 견디려면 두꺼워야 한다. 그런데 우리는 이런 투명도 때문에 관찰창이 유리라고 생각하기 쉽다. 물론 유리도 두꺼우면 압력에 견딜 정도의 강도가 된다. 하지만 유리가 두꺼워지면 투명도가 현저하게 떨어져 반대편을 잘 볼 수가 없다. 그렇다면 수족관 관찰창은 유리가 아닌 다른 물질이란 것이다.

지금까지 탄소의 수를 하나둘 늘려가며 포화 탄화수소인 알칸 화합물로 이야기를 시작했다. 바로 지방족(사슬계) 탄화수소들이다. 탄소 한두 개로 이루어지기 시작한 대표적 물질은 메탄과 에탄이다. 이제 탄소 3개인 C_3 화합물로 접어들면 라틴어 수사 접두어인 '프로파$^{Propa-}$'를 붙여 프로판(프로페인)^{Propane}이 등장하리라는 것을 짐작할 수 있을 것이다. 프로판 역시 우리 삶에 깊숙하게 연관된 물질이다. 일상에 열에너지를 얻는 연료로 사용하는 물질이다. 하지만 프로판 물질은 이후에 연료와 관련해 다뤄보기로 하고, 다른 물질로 C_3 화합물 이야기를 시작하려 한다. 바로 이소프로필 알코올^{IPA,} $^{Isopropyl\ alcohol}$과 아세톤$^{Acetone,\ CH_3COCH_3}$이다.

화학 산업에서 없어서는 안 되는 물질

이소프로필 알코올은 앞서 소독제를 다루며 잠깐 언급했다. 이 물질 역시 분자 뼈대에 탄소 3개가 사슬 형태로 연결된 C_3 화합물이고 분자식은 C_3H_8O이다. 프로필^{Propyl}이라는 단어에서 탄소의 수를 짐작할 수 있다. 긴 명칭 때문인지 화학자는 물론이고 일반적으로 '알코올' 혹은 IPA라고 줄여 사용한다. 무색이고 강한 알코올 향이 난다. 일반적으로 유기물질은 극성이 없다. 대부분 지방족 탄화수소로 이뤄졌고 기름이라 불리기도 한다. 그래서 극성이 있는 물로는 잘 지워지지 않는다. IPA는 무극성 물질을 잘 녹이며 얼룩을 남기지 않고 증발하기 때문에 산업 현장에서 각종 첨단 정밀 기기의 세정액이나 용제로 많이 사용된다. 최근에 손 세정제 재료로 알려지기 전까지는 일반 사람들이 만나기 힘든 물질이었다.

일상에서 사용하는 이런 세정 용도의 용제 중 대표적인 물질이 있다. 바로 손톱에 바른 매니큐어 성분을 지워내는 세정액으로 잘 알려져 있는 아세톤이다. 아세톤은 세정 능력이 막강하다. 화학과 관련한 실험 도구는 대부분 유리로 만들어져 실험 후 물로 세척해도 물때가 남는데, 아세톤으로 세척한 후 열로 말리면 새것과 다름없이 오염 물질이 사라진다. 그러니까 무극성 유기물, 기름때 등을 제거하는 데는 탁월하다. 피부과에서 박피 시술 전에 피부 위의 기름 성분을 제거할 때나 네일 숍에서 아세톤을 사용하는 것도 탁월한 세정력 때문이다. 심지어 일부 플라스틱도 녹여낸다. 가령 강산 물질에도 녹지 않는 네오플렌 소재는 아세톤에 녹는다. 엄밀하게 말하면 아세톤이 고분자 사슬 뭉치에 파고들어 가 분자구조를 느슨하게 해 물질을 부풀게 해버리는 것이다.

아세톤이 마치 인공 화합물인 것처럼 인식되지만 자연에도 원래 존재했던 물질이다. 심지어 인체의 대사 과정에서도 만들어진다. 물론 생식적으로 만들어지는 양이 독성을 발휘하기에는 적은 양이지만, 당뇨병이 있는 사람들은 그렇지 않은 사람보다 아세톤을 더 많이 생성하기도 한다. 몸의 아세톤은 케톤에서 발생한다. 최근 다이어트를 위한 단식과 저탄고지와 같은 식사법으로 탄수화물 섭취를 제한하는데, 이 영향으로 케톤체가 증가한다. 이때 아세톤도 같이 증가한다. 물론 아세톤의 증가는 케톤산증을 일으키지만, 앞서 언급했듯이 당뇨와 같은 질병의 합병증인 경우가 대부분이다.

수많은 C_3 화합물 중에 두 물질을 꺼낸 이유는 두 물질이 일상에서 친근하기 때문이기도 하지만, 보다 더 중요한 임무가 있기 때문이다. 두 물질은 화학 산업에서 없어서는 안 되는 물질이다. 용어 하나만 더 알고 가자. 포화 탄화수소보다 불포화 탄화수소가 반응에 더 유리하다는 것은 앞서 에틸렌 이중결합의 유용성을 설명하며 언급했다. 지방족(사슬계) 불포화 탄화수소화합물의 일반식인 C_nH_{2n}을 기억할 것이다. 탄소 개수인 n이 1인 경우에는 CH_2라는 메틸렌, n이 2인 경우에는 C_2H_4라는 에틸렌이 되는 화학식으로 표현할 수 있는 일반 규칙이다. 이런 규칙을 만족하는 물질을 통틀어 '올레핀Olefin'이라고 한다. 화학에서 올레핀은 앞서 배웠던 '알켄'과 유사한 용어이다. 차이가 있다면 알켄은 탄소 이중결합을 1개만 가지고 있는 물질 단위를 말한다. 물론 이중결합 2개 이상을 가진 물질도 있고 이를 부르는 이름이 따로 있지만, 통상 탄소 이중결합을 포함한 물질이라면 광범위하게 올레핀이라고 부른다. 그러니까 올레핀이라 하면 불포화 탄화수소화합물을 통칭하는 셈이다. 올레핀의 대표적 물질인 에틸렌은 반응성이 좋아서 다른 원자나 분자 등의 물질을 결합해 전혀 다른 성질의 물질을 만들 수 있다. 그래서 화학 산업의 쌀이라 칭하는 것이고 화학 산업에서 가장 관심을 두고 있는 물질이다. 이제 탄소 3개로 구성된 사슬 뼈대에 이중결합을 가진 알켄 물질이자 올레핀은 프로필렌$^{Propylene, C_3H_6}$이라는 것은 쉽게 알 수 있을 것이다.

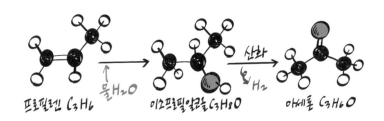

이 프로필렌에 물^{H_2O}을 결합하면 IPA가 된다. 그리고 이 IPA가 산화하면 수소 2개가 떨어져 나가며 아세톤이 된다. 물론 아세톤을 다시 환원하면 IPA를 만들 수 있다. IPA와 아세톤 두 물질의 분자구조를 보면 유사한 모양이다. 그러니까 분자에서 원자 몇 개만 바꾸면 다른 물질이 되는 것이다. 이것이 바로 화학의 묘미이기도 하다. 물론 IPA가 그 자체로도 소독이나 세정에 사용되지만, IPA가 가장 많이 사용되는 용도는 아세톤을 만드는 재료이다. 그렇다고 아세톤을 IPA로만 만드는 것은 아니다. 화학을 공부하면 최종 물질로 도달하기 위한 여러 방법이 있다는 것을 알게 된다. 그래서 굳이 많은 비용을 들여 어렵게 만들 필요 없이 가장 효율적인 방법을 선택하게 된다. 예를 들면 페놀^{Phenol}을 만드는 공정에서 아세톤은 의도치 않은 부산물로 많이 생겨난다. 화학은 부산물조차 버리지 않는다.

화학 산업에서 아세톤이 중요한 이유

화학 산업에서 아세톤을 왜 중요하게 다룰까? 단지 매니큐어 세정액이 주목적은 아닐 것이다. 이제 수족관 관찰창으로 다시 돌아가보자. 이 창은 바로 강도와 투명도가 보장되어야 하는 물질이다. 수족관 창은 유리가 아닌 플라스틱이다. 이 특별한 물질이 필요한 곳은 수족관뿐만이 아니다. 아이스하키 경기장에서 경기장과 관중석 경계에서도 능력을 발휘한다. 투명한 벽은 딱딱한 하키 퍽으로부터 관중을 보호하기 위해 단단해야 하고 경기를 잘 볼 수 있도록 투명해야 한다.

　이 물질의 역사는 우리가 생각한 것보다 깊다. 1930년대부터 독일 화학 회사인 롬앤드하스^{Rohm and Haas}사에서 제조하여 플렉시글라스^{Plexiglas}라는 상품명으로 판매하기 시작했다. 이 제품이 바로 아크릴 수지이다. 아크릴 수지의 대표적 물질에는 폴리메틸 메타아크릴레이트^{PMMA, Polymethyl methacrylate}가 있다. 이후에 등장할 폴리카보네이트^{Polycarbonate}보다는 강도가 다소 떨어지지만 단단한 재료이고 투명도가 유리만큼 보장되는 물성을 가졌다. PMMA로 만든 창은 그 두께가 30센티미터가 넘어도 투명도가 살아 있다. 미국 캘리포니아에 있는 아쿠아리움 관찰창은 가로 16.6미터, 세로가 5.5미터, 두께는 무려 33센티미터나 되는 관찰창이다. PMMA의 특성은 투명성과 강도뿐만 아니라 열에 강하고 성형성이 좋아 여러 용도로 사용한다. 물론 PMMA

가 플라스틱 형태의 제품으로만 사용되는 것은 아니다. 모든 기계는 작동 시에 기계적 마찰을 줄이기 위해 윤활유를 사용한다. 윤활유가 없다면 마찰로 인한 기계적 결함으로 인해 수명을 다하지 못할 것이다. 산업혁명 후 기계가 많아지자 동식물 기름을 사용했다. 그런데 이런 윤활유나 기계유는 온도가 내려가면 굳어지는 경향이 있다. 식물성 오일을 냉장고에 두면 굳어지는 현상과 유사하다. 그래서 낮은 온도에도 기름의 점도를 유지하기 위해 PMMA를 첨가한다. PMMA가 첨가된 윤활유는 섭씨 영하 100도에도 점도를 유지한다. 그리고 미술 회화용 유화 물감을 아크릴 물감이라고 부르는데, 괜히 그런 이름을 붙인 게 아니다. 페인트나 안료에 PMMA를 넣어 응고를 최대한 지연시킨다.

PMMA는 고분자 물질이다. 고분자는 기본 단위 화합물이 사슬처럼 반복적으로 무수히 결합한 분자이다. 기본 단위가 되는 물질을 단량체 혹은 모노머Monomer라 부른다. PMMA의 단량체는 메틸메타아크릴레이트MMA이다. 이 물질을 만드는 여러 공정 중에 아세톤이 필수적 기본 재료로 들어간다. 물론 아세톤만으로 만들지는 않는다. MMA는 아세톤에 청산이라고 부르는 시안화수소HCN, Hydrogen cyanide를 반응시키고 황산으로 처리해 황산염을 만들고 다시 알코올인 메탄올에 반응시키면 물이 빠져나오며 최종 산물로 MMA 단량체가 만들어지는 복잡한 과정을 거친다. 반응물을 어떤 것으로 하느냐에 따라 다양한 물질이 만들어지는 것이다. 이후에 등장할 폴리카보네이트에도 아세톤은 중요한 재료가 된다. 이렇게 우리 주변에는 많은 물질이 있지만 그 안을 들여다보면 결국 주요한 탄화수소화합물이 사용된다는 것을 알 수 있다.

7

자동차 부동액을 먹고 바른다고?
– 프로필렌 글라이콜

자동차 운전자라면 부동액이라는 물질에 대해 들어봤거나 부동액을 교환하며 이 물질을 본 적이 있을 것이다. 부동액은 '얼지 않는 액체'라는 의미지만 엔진과 같은 장치가 과열되어 망가지는 것을 방지하는 일종의 냉각수이다. 물론 일반적인 물 자체가 우수한 냉각 효과가 있으나 추운 겨울에도 얼지 않도록 물에 무언가를 첨가한 것이다. 마치 기계 윤활유에 PMMA를 첨가한 것처럼 부동액에도 화학물질을 첨가한다. 앞서 에탄올을 언급하며 부동액에 에틸렌 글라이콜Ethylene glycol, $C_2H_4(OH)_2$이 사용된다는 것을 설명했다.

화학물질의 성질을 언급하다 보면 시각과 후각을 동원하게 된다. 무색 무취라든가 알싸한 향이 난다든지 하는 표현을 한다. 이런 감각적 수단에 미각도 동원된다. 에틸렌 글라이콜은 설탕처럼 단맛이 난다. 실제로 과거에 자동차 정비업소에서 따로 모아놓은 부동액을 주인이 키우던 반려견이 마신 일화도 있다. 물론 그 결과는 끔찍했다. 왜냐하면 에틸렌 글라이콜은 독성이 있기 때문이다. 실제로 인명 피해도 있었다. 20세기 초 설파제라는 항생제가 완성된 후, 알약을 복용하기 힘든 어린아이가 복용하기 쉽게 액상 형태의 시럽으로 만들면서 이 물질을 사용했다. 결국 독성 때문에 아이들의 신장이 망가져 100명이 넘는 아이들이 사망에 이르게 되었다. 에틸렌 글라이콜도 알코올의 한 종류여서 알코올 계열의 화학물질에서 공통으로 나타나는 증상을 유발한다. 행복감이나 흥분을 불러일으키는데, 쉽게 말해 취한 상태로 만든다. 사실 문제는 그 이후다. 간에서 이뤄지는 이 물질의 대사 과정은 알코올의 대사 과정과 같다. 에틸렌 글라이콜의 분해 과정에서 생겨나는 글리콜산Glycolic acid과 옥살산Oxalic acid이 문제가 된다. 옥살산이 체내로 들어가 대사 과정에서 여러 산성 물질로 변해 혈액의 산 농도를 증가시키기 때문이다. 생명 활동은 단백질인 효소의 활성화로 이뤄지는데, 효소 단백질은 수소이온농도pH, Potential of hydrogen의 변화에 분자구조가 바뀔 정도로 민감하게 반응한다. 효소의 활성이 변하면 여러 가지 질병을 일으킬 수도 있고 급격한 변화는 쇼크와 심장마비를 유발해 사망에 이르게 할 수 있다. 또 옥살산은 체내의 칼슘 이온과 결합해 옥살산 칼슘Calcium oxalate을 만든다. 옥살산 칼슘은 담석의 주요 성분이다. 각종 장기에 쌓이지만 가장 대표적으로 신장에 쌓인다. 섭취 후 며칠 내에 신장 기능 이상이 발현될 정도다. 그래서 에틸렌 글라이콜은 독성물질로 분류한다.

과거에 인류는 옥살산의 정체를 몰랐지만 옥살산의 존재는 알고 있었다. 그래서 죽순이나 시금치는 가급적 물에 데쳐 먹었다. 대부분 나물도 이런 방식으로 조리하는데, 이는 식물에 존재하는 옥살산을 빠져나오게 하는 방법이다. 많은 채소에 옥살산이 칼륨과 결합해 존재한다. 시금치를 많이 섭취하면 요로 결석에 걸리기 쉬운 것이 이런 옥살산 때문이다. 나물을 무칠 때 깨와 함께 조리하는 이유도 체내에서 옥살산이 생성되는 것을 방지하기 위해서다. 나는 가끔 인류가 화학을 모르고도 물질을 어떻게 다뤄야할지 알고 있었던 사실이 신기할 때가 있다.

다시 이야기로 돌아가자. 부동액은 자동차뿐만 아니라 여러 종류 기계의 열 교환 장치에 사용된다. 그런데 이런 부동액 물질이 외부로 유출되면 위험해질 수 있어 독성이 약한 대체 물질을 사용하기도 한다. 바로 그 대체제가 프로필렌 글라이콜이다. '무독성 부동액'이라고 표시된 제품을 잘 들여다보면 프로필렌 글라이콜이 들어 있음을 확인할 수 있다.

프로필렌 글라이콜은 다른 이름으로 더 유명하다. 2개의 하이드록시기를 가졌기에 프로페인다이올(흔한 이름으로 프로판디올로도 불린다)로도 잘 알려졌다. 이 물질은 수분과 달라붙거나 흡수하는 특성이 있다. 그래서 의약품이나 화장품 또는 각종 피부 보호 제품에 많이 사용된다. 욕실에 있는 샴푸나 화장품 성분에는 어김없이 이 물질이 들어 있다. 화장품이나 피부 보호 제품의 경우 이 물질의 가장 유용한 기능은 보습 효과이다. 가령 보습제가 수분만으로 만들어졌다면 피부 속 수분은 빠른 시간에 빠져나가게 된다. 결국 피부의 탈수 현상을 막기 위해 물 분자를 가둬두는 물질이 필요한 것이다.

프로필렌 글라이콜은 수분을 흡수하는 효과 외에도 여러 기능이 있다. 끈적거림을 덜하게 하기도 하고, 제품의 향을 잡아두는 착향제로도 사용한다. 이쯤 되면 안전성에 의문이 든다. 부동액 재료를 피부에 바른다니 소비자로서는 걱정되는 게 당연하다.

오늘날 천연 화장품이 각광받으면서 석유화학 성분 자체를 기피하는 소비자가 늘고 있는 건 이런 이유에서다. 하지만 천연에서 유래한 성분이 유해성은 낮을 수 있겠지만 천연 물질을 지속적으로 사용하면 위해성이 커질수도 있다. 천연 재료에는 여러 물질이 들어 있고 이 중에는 안전성을 입증하는 데이터가 부족한 경우가 많기 때문이다. 화장품 원료의 안전성에 대한 지표를 제공하는 대표적인 단체로 EWG^{Environmental working group}가 있다. 화장품 성분에 대한 안전성을 평가해 등급을 매기는 미국의 비영리 환경단체다. 1~10등급 중 등급이 낮을수록 안전하다. 프로필렌 글라이콜 등급은 2~3등급이다. 이 물질은 우리나라 식품의약품안전처에서도 유화제·습윤제·안정제 용도로 인정한 원료이기도 하다.

안전하다고 인정된 이 물질은 심지어 식품에도 사용된다. 이루 셀 수 없는 많은 가공식품에 들어 있기도 하다. 실제로 프로필렌 글라이콜은 투명한 시럽 형태로 냄새는 없고 쓴맛과 단맛이 섞여 있다. 언뜻 보기에 자동차 부동액에 넣는 물질을 몸에 바르고 먹을거리에 넣는다는 생각을 하면 끔찍할 수밖에 없다. 하지만 소량일 경우 이 물질이 사람에게 미치는 독성은 거의 무시할 만하기 때문에 각종 실생활 제품과 식품에 사용하고 있다. 여기에서 얻는 장점이 더 크기 때문이다. 세계보건기구^{WHO}는 일일 섭취 허용량을 체중 1킬로그램당 무려 25밀리그램이나 허용하고 있다. 물론 실제 화장품이나 식품에는 이에 훨씬 못 미치는 양이 들어 있다. 아주 적은 양으로도 제품에 효과적으로 작용할 수 있기 때문이다. 기업의 입장에서 비싼 재료를 굳이 더 많이 넣을 이유도 없다.

유해성과 위해성의 차이

이 지점에서 유해성과 위해성에 대해 다시 생각해보자. 화학물질이라고 해서 특별하거나 끔찍한 모습을 가진 분자가 아니라는 것이다. 이런 물질은 우리 몸의 대사 과정에서도 혹은 몸의 일부에서도 생겨날 수 있는 그리 생소하지 않은 물질일 수도 있다. 미량으로도 치사량이 되는 독성물질이 아닌 이상 대부분 물질에 대해 우리 몸은 견뎌낼 수 있는 임계치가 있다. 그 임계 수준을 지킨다면 화학물질을 통해 훨씬 더 윤택한 삶을 영위할 수 있다. 유해하다는 단편적인 의미로 모든 물질을 우리 삶에서 걷어낼 수는 없다.

단지 몇 가지 사례로 프로필렌 글라이콜의 용도를 말했지만, 이 물질은 우리가 상상하기 어려울 만큼 광범위하게 사용되고 있다. 이 물질의 수요는 연간 600만 톤이 넘는다. 이 물질 자체로도 사용되지만 이 물질을 원료로 또다른 화학적 반응을 통해 수많은 제품을 만들기 때문이다. 프로필렌 옥사이드^{PO}, 프로필렌 글라이콜^{PG}, 폴리프로필렌 글라이콜^{PPG}, 모두 프로필렌의 후손이다. 각각의 화학물질은 그 자체로도 다양한 용도가 있지만, 최종적으로 폴리프로필렌 글라이콜은 이소시안 산화물^{Isocyanate}과 결합해 폴리우레탄^{PU}이라는 특수한 플라스틱을 만드는 재료로 사용된다. 앞으로도 또 다른 기능성 물질이 나올지 모른다. C_3 화합물 라인업의 중요성이 더욱 대두되고 있는 것이 현실이다.

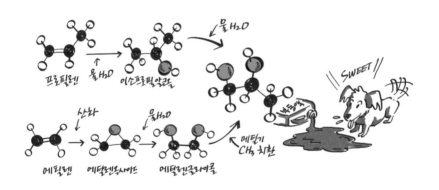

물질은 삶의 일부이다. 왜곡된 시선으로 화학이라는 수식어가 붙어 있는 물질을 삶에서 배제한다면 오히려 불편함이나 결핍에 따른 질병으로 고통받고 이 빈자리를 메우기 위해 또 다른 생명과 자연을 더 많이 훼손해야 할

지도 모른다. 화학의 철학이 바로 이것이었다. 하지만 우리가 경계해야 할 것은 결핍의 시대를 해결한 화학물질이 필요를 넘어 현재는 과잉의 시대가 되고 있다는 것이다. 특히 다음 장에 등장하는 폴리머는 그 과잉을 부추긴 특별한 존재이기도 하다.

8

네 개 이상의 탄화수소
– 석유화학 산업의 발전

1859년 펜실베이니아주에서 첫 유정이 발견되기 전부터 인류는 석유의 존재를 알고 있었다. 그리고 석유에 대한 집착에 가까운 관심은 열기관 때문이라기보다 조명에 사용할 등유 때문이었다. 최초의 등유 발견자에 대한 논란이 있지만 역사적 사실을 종합해보면 에드윈 드레이크가 첫 유정을 발견하기 몇 해 전에 한 인물이 등유 정제법을 만든 것이 확실하다. 첫 유정 신화는 등유 정제법 발견과 원료 조달이라는 필요의 연장선에 있었다. 그리고 등유의 정제 이전에는 고래의 포획이라는 잔혹함이 있었다. 그 시절에 고래는 전 세계인이 열광한 상품이었고 고래 포획은 최초의 에너지 산업이었다. 포경선들이 고래를 잡아 머릿속에서 기름을 꺼내고 피부 아래 지방층인 블러버^{Blubber}를 분리해 정제하고 나면, 그 물질은 인류 밤을 밝히고, 기계를 돌리는 윤활유로 사용되며 섬유 제품을 만들어냈다.

　만약 등유가 조금 더 늦게 발견됐다면 아마 고래는 멸종 동물이 되어 우리는 공룡처럼 고래를 책에서나 봤을지도 모른다. 19세기 중반에는 고래의 남획은 극에 달한다. 이 시기에 미국의 포경선이 대서양을 지나 동아시아 지역인 일본과 한반도까지 이르렀던 기록이 있고 인도양의 끝자락인 남아프리카에까지 다다른 사실로 보아도 전 세계 바다를 뒤지는 광란의 고래잡이라 할 수 있을 정도였다. 고래는 사업가들이 잉여 자본을 창출할 수 있는 화폐 교환 대상이었다. 1865년 당시 고래기름 가격은 1갤론(3.785리터)당 1달러 77센트였다. 현재의 휘발유 가격의 20~30배에 달하는 가치였던 셈이다. 당시 어지간한 노동자가 며칠 동안 일해서 벌어들이는 금액과 맞먹었다. 가격은 공급이 늘면 내려간다. 하지만 막대한 공급에도 끊임없는 수요로 가격을 쉽게 내리지 못했다. 여기서 고래기름이라는 양질의 등불 원료를 비싼 가격에 공급하기 위한 사업가들의 잔인함과 자본주의적 과욕만 언급하기에는 뭔가 부족하다. 그만큼 수요가 있었다는 것이고 지금의 우리가 물질을 대하는 태도와도 닮아 있는 부분이다. 이 광란의 질주를 멈추게 한 것은 한 과학자의 집요한 관심이었다.

석유의 정제와 유분

캐나다 태생의 의사 에이브러햄 게스너Abraham Gesner, 1797~1864는 지질학에도 남다른 관심을 보였던 사람이다. 결과적으로 그는 이 일로 의학자보다 지질학자로 더 많은 명성을 얻게 된다. 캐나다는 신의 축복을 받은 대지임에는 틀림없다. 석탄이 지각을 뚫고 나와 널려 있었고 마치 비에 젖은 땅처럼 역청질의 원유가 스며 나오는 자연환경이니 말이다. 석탄과 콜타르, 그리고 원유는 늘 그의 연구 재료였다. 콜타르와 역청질의 원유를 끓이고 온도별로 증발하는 기체를 냉각해 물질을 분리하기를 반복했다. 액체 혼합물을 온도별로 증류해 분리하는 방법은 연금술에 의해 잘 알려졌으니 증류라는 방법이 특이할 것은 없었다. 석유를 증류하던 어느 날, 그는 섭씨 200도에 다다른 지점부터 생긴 기체를 액화시키는 데 성공한다. 물론 이 온도보다 더 낮은 온도에도 증류되는 물질이 있었지만, 휘발성이 강한 기체를 포집해 다루기 어려웠을 터이다. 이 액체는 특별했다. 마치 화가 난 듯 폭발적으로 타들어 가지 않고 은은하게 스스로 몸을 태워 빛으로 바꿨고 다른 동식물에서 얻어낸 기름과 달리 그을음이 적었다. 검은 원유가 품고 있던 특별하고 순수한 연료를 분별해낸 것이다. 그는 이 물질에 케로신^{Kerosene}이라는 이름을 붙이고 자국은 물론 미국에 상표특허를 낸다. 1854년, 인류 앞에 등유燈油가 등장한 것이다.

그가 증류 실험에 사용한 도구는 오늘날 정유 공장의 거대한 증류탑이 되었다. 앞서 원유의 수세 과정을 거쳐 불순물이 제거된 석유가 증류탑에서 끓는점에 따라 유분^{Fraction}별로 분별돼 여러 탄화수소 물질을 얻게 된다고 한 설명을 기억할 것이다(157쪽). 이때 주요한 다섯 가지 종류의 유분을 얻었다. 이제 앞서 탄화수소를 배웠으니 어떤 물질이 유분별로 분류되어 나오는지 살펴보자.

가장 가벼운 유분인 탄화수소는 섭씨 약 30도 아래인 상온에서도 휘발되어 나오는 물질이다. 무색무취의 물질로 마치 아지랑이처럼 석유 표면에서 피어올라 공기 중으로 사라진다. 과거에는 이런 물질을 가두기 어려웠을뿐더러 존재조차 관심이 없었을 것이다. 바로 가장 가벼운 탄화수소인 C_1~C_4까지의 물질이다. 이 물질은 탄화수소 여행의 출발점에서 지금까지 다뤘던 알칸 물질이다. 바로 메탄^{CH_4}과 에탄^{C_2H_6}, 그리고 프로판^{C_3H_8}이다. 그리고 우리에게 연료로 익숙한 부탄$^{C_4H_{10}}$이라는 물질이다. 모두 기체 물질이며 전체 석유에서 2퍼센트 정도 존재한다. LPG라고 하는 액화석유가스$^{Liquid\ petroleum\ gas}$는 프로판과 부탄의 혼합물이다. 그러니까 LPG 차량의 경우 가스충전소가 주변에 없는 지역에서 연료가 고갈되는 위급한 상황을 만나면 휴대용 부탄가스로 임시변통할 수 있다. 과거에는 이 기체를 가둘 방법이 없었다. 보일-샤를의 법칙을 알게 된 인류가 높은 압력으로 기체를 액화시켜 저장하는 방법을 터득하고 나서야 일상에서 연료로 사용할 수 있게 됐다. 증류 온도 섭씨 30~200도 사이에서는 나프타가 추출된다. 나프타는 전체 석유의 30퍼센트를 차지하는 C_5에서 C_{12}까지의 유분이다. 탄소 수에 해당하는 탄화수소 물질 이름이 각각 존재한다. 대표적으로 C_7와 C_8 탄화수소 물질인 헵탄^{Heptane}과 옥탄^{Octane}이 혼합된 가솔린^{Gasoline}은 이 유분군에 속한다.

앞서 물성을 다루며 분자 사슬이 길어지면 뭉치는 성질이 나타난다고 했다. 길어진 분자들은 분자 질량도 커지며 더 이상 기체로 존재하기 어려워진다. 나프타는 연료 외에도 석유화학 공업에서 중요한 재료이다(나프타는 이후 '연료와 고분자 물질' 부분에서 자세히 다룬다). 끓는점이 점점 높아지며 섭씨 300도 가까이 오르면 C_{12}~C_{15} 물질을 얻을 수 있다. 바로 에이브러햄 게스너가 발견했던 등유를 이 구간에서 얻을 수 있다. 디젤^{Diesel}로 불리며 석유의 40퍼센트를 차지하는 경유는 섭씨 300~400도 사이에서 증류된다. 이 구간에서는 C_{15}~C_{25} 탄화수소 물질이 나온다. 마지막으로 섭씨 400도 이상 고온에서는 C_{25}~C_{40} 탄화수소화합물이 추출되며 석유 증류가 비로소 마무리된다. 분자 사슬이 커져 서로 엉키고 점도가 커지며 고형화되는 물질이다. 바로 파라핀이나 아스팔트를 얻게 되는 구간이다.

지금까지 석유가 연료 물질로 분별 증류되는 것을 설명했다. 그런데 우리는 플라스틱을 포함해 수많은 제품의 원료인 탄화수소화합물이 석유에서 나온 것으로 알고 있다. 그러니까 석유에서 연료 외에도 정밀화학물질을 추출할 수 있다는 것이다. 여기에서 한 가지 질문을 할 수 있다. 화학이 완

성됐다는 의미는 원자를 자유자재로 이용해 원하는 분자를 만들 수 있다는 것이다. 결국 지구에 흔한 물질인 탄소와 수소라는 재료로 원하는 물질을 만드는 것이 가능한데, 굳이 석유라는 재료에서 출발한 이유는 무엇일까? 그렇다면 연료 외에도 우리가 알고 있는 수많은 물질이 모두 석유 안에 들어 있었던 것일까?

여기에서 물질의 반응에 대한 화학적 의미를 짚고 가자. 우리가 화학에서 가장 오해하기 쉬운 것이 원자단 수준에서 일어나는 일련의 변화가 현실에서 쉽게 일어날 수 있다고 생각하는 것이다. 가령 가장 간단한 물 분자^{H_2O}를 보면 수소 원자 2개와 산소 원자 1개를 가까이 가져가 물 분자를 만들 수 있다고 생각하는 것이다. 결론부터 말하면 두 원자로 물 분자를 만들기는 쉽지 않다. 우선 원자 한두 개를 만지작거리는 일 자체가 불가능에 가깝다. 실제로 물은 수많은 수소 분자^{H_2}와 산소 분자^{O_2}로 만든다. 그렇다고 두 기체를 한 공간에 가두고 섞는다고 물로 변환되지 않는다. 만약 모든 반응이 원자나 분자 단위에서 이렇게 쉽게 일어난다면 우리 몸은 주변을 가득 채운 공기 중 원자에 의해서 온전하지 못할 것이다. 물론 어떤 반응들은 상온에서도 쉽게 일어나기도 한다. 그런 것을 보통 소프트 화학^{Soft chemistry}이라고 하는데 흔한 현상은 아니다. 대부분의 반응은 재료만 준비된다고 쉽게 일어나지 않는다. 왜냐면 반응물이 생성물로 반응하기 위해서는 에너지 기준에서 높은 에너지 언덕을 넘어야 하는 경우가 많기 때문이다. 이 언덕은 반응물이 쉽게 반응하지 않게 하기도 하고 거꾸로 생성물이 반응 전의 물질로 되돌아가지 않게 하기도 한다. 일반적으로 이 언덕을 넘기 위해 외부에서 여러 가지 형태의 에너지를 얻게 되는데 대표적인 것이 열이다. 학문적으로 이 언덕을 활성화 에너지^{Activation energy}라고 한다.

결국 수많은 수소 분자와 산소 분자의 운동성을 높이기 위해 고온의 열이나 고전압의 전기와 같은 강한 활성화 에너지를 주어 입자 간 충돌을 일으킨다. 이것은 마치 요리와 비슷하다. 재료를 냄비에 넣는다고 요리가 바로 되지 않는다. 끓이는 행위로 재료가 서로 섞이며 음식으로 탄생하는 것과 유사하다. 수소와 산소 기체는 그 충돌로 분자가 깨지며 원자단에서 물 분자로 결합한다. 물론 이 에너지 언덕 높이를 낮추면 적은 에너지로도 반응이 더 쉽게 일어날 수 있다. 이런 언덕을 낮추는 물질을 '촉매^{Catalyst}'라고 한다. 그래서 촉매는 화학에서 중요하다.

이제 질문의 답을 알 수 있을 것이다. 탄소와 수소가 많다고 해서 원하는 탄소 사슬 개수를 조절하며 원자 간 결합을 만들기는 생각보다 쉽지 않다는 사실을 말이다. 순수한 탄소와 수소를 얻는 것도 문제고 반응을 통제하는 데에 오히려 더 큰 비용이 들 수 있다. 그래서 우리는 필요한 물질이 이미 가득 들어 있는 원료를 활용하는 것이다. 물론 필요한 모든 물질이 원료에 들어 있지 않지만, 기본적인 재료가 있다면 그 재료를 자르거나 붙여서 원하는 물질을 만드는 게 훨씬 쉽다는 것이다. 바로 그 다양한 재료가 이미 화석연료에 들어 있었다.

화석연료 안에 들어 있는 재료들

이제 석유 안의 탄화수소화합물의 구조를 살펴보자. 탄화수소화합물은 탄소 간 결합으로 긴 사슬이 잘 만들어진다. 그런데 여기에는 꼭 사슬 구조만 존재하는 것은 아니다. 탄소가 3개 이상이면 사슬 외에 다른 모양도 만들어진다. 사슬 끝이 연결되며 고리 형태의 방향족 탄화수소화합물이 만들어지기도 하고 탄소 가지^{Branch}를 치며 마치 나뭇가지를 닮은 '가지형 탄화수소$^{Branched\ hydrocarbon}$'가 생성되기도 한다. 가령 일직선 사슬 구조인 부탄을 노멀부탄이라 하면, 가지처럼 생긴 이성질체를 이소부탄^{Isobutane}이라고 한다. 두 분자의 화학식은 같지만 구조가 다르고 성질 역시 차이가 난다. 구조가 기능을 만든다고 하지 않았던가. 모양이 다르면 분명 다른 성질을 지니게 된다. 이소부탄이 노멀부탄에 비해 끓는점이 높은 편이다. 일반적으로 동계용 연료에 이소부탄이 많이 함유되어 있는 이유다.

사슬이 길어지면 이런 이성질체는 더 많은 종류가 존재하게 된다. 예를 들어 C_{10} 탄화수소인 데칸^{Decane}의 경우 이성질체는 70종이 넘고 C_{20}인 에이코산^{Eicosane}의 경우 이성질체는 36만 6,319개나 된다. 그렇다고 이런 것을 모두 알 필요는 없다. 만약 수많은 알칸 물질 중 한 가지를 기억해야 한다면 바로 옥탄^{Octane}이다. 일반적으로 사슬을 가진 옥탄$^{C_8H_{18}}$의 구조를 쉽게 떠올릴 수 있는데 실제 가솔린에는 이 구조가 아니라 가지가 튀어나온 이성질체를 주로 사용한다. 노멀옥탄에 비해 연소 효율이 훨씬 좋기 때문이다. 그런데 이 옥탄은 18종의 이성질체를 가지고 있다. 분명 석유에는 이런 이성질체가 존재한다. 하지만 섬세한 분별 증류로 원하는 이성질체인 옥탄을 추출하기도 어렵거니와 찾아낸다 해도 그 양이 적다. 그래서 인류는 분별 증류에만 의지할 수가 없었고, 큰 탄화수소를 깨고 이어 붙여서 이런 이소옥탄Isooctane을 만들기 시작했다. 거대한 정유 시설이 단지 증류만을 위한 커다란 냄비로 구성된 것은 아니다. 새로운 물질은 대부분 나프타라는 유분에 들어 있는 물질로 만든다. 그래서 나프타는 그 자체로 물질이지만 다른 화학물질의 중요한 재료가 되는 것이다.

물론 알칸 물질은 그 자체로도 중요하게 사용된다. 하지만 다른 물질의 재료로 사용하기 위해 반응성 좋게 먼저 손질을 해야 한다. 이는 마치 요리전에 음식 재료를 손질하는 것과 같다. 보통 알칸Alkane의 사슬 모양 포화 탄화수소에서 1개의 수소를 떼어내는 손질을 한다. 사슬 구조의 포화 탄화수소인 알칸의 일반식은 C_nH_{2n+2}가 된다. 그러니까 수소를 떼어낸 알킬기는 일반식은 C_nH_{2n+1}이 된다. 이를 화학식에서 간단하게 R-로 표시한다. 수소가 떨어진 탄화수소 원자단은 유기화학에서 중요한 기능기Function group로 작용하기 때문에 별도의 작용기로 취급된다. 그 기능기 이름은 알칸의 어미를 바꿔 알킬기Alkyl group라 부른다. 기호인 R이 바로 앞서 언급한 라디칼의 약자로 수소가 하나 떨어져 나가 전자쌍을 이루지 않은 오비탈을 가진 원자의 집단을 말한다. 다른 전자를 받아들이기 위한 채비를 했기 때문에 반응성이 좋은 물질이다. 가령 메탄CH₄이라는 알칸에서 수소 1개가 떨어져 나간 가장 간단한 알킬기는 CH_3인 메틸기가 된다. 이 자체로도 분자 물질이지만, 매우 불안정한 화학물질이고 라디칼 물질이다. 라디칼 반응은 이후에 등장할 플라스틱을 만드는 데 가장 중요한 반응이다. 이런 알킬기와 더불어 불포화 탄화수소인 알켄도 라디칼 물질로 만들 수 있어 앞서 이런 물질을 올레핀이라 불렀다. 올레핀의 이중결합 중 파이결합 1개를 끊어내면 이 역시 라디칼 물질이 되며 반응성이 좋아 수소나 염소 등의 다른 물질이 결합될 수 있다. 결국 포화든 불포화든 라디칼 물질로 만드는 것이 석유화학 산업에서 가장 중요하다.

라디칼 물질은 레고 장난감 블럭에 비유하면 이해가 더 쉬워진다. 블럭에는 연결할 홈이 나 있다. 그러니까 포화 탄화수소는 이 홈이 수소라는 작은 블럭으로 가득 차 있는 것이다. 그러니 다른 블럭과 연결하기 어렵다. 그런데 라디칼 물질은 탄소화합물에 빈자리가 나 있다. 그 빈자리는 알칸에서 수소를 빼거나 알켄에서 이중결합을 끊어내 여유를 만든 것이다. 이제 원하는 물질을 빈자리에 연결해 만들면 된다. 그런데 블럭의 크기가 크고 길면 원하는 분자 모양 만들기가 수월하지 않게 된다. 오히려 작은 블럭 여러 개가 원하는 분자 모양을 만드는 데 유리하다. 그래서 작은 단위의 메틸기나 에틸렌이 재료로 많이 사용되는 것이다.

이렇게 탄화수소화합물이 몇 가지 종류만 있다면 화학이 어렵지 않겠지만, 석유에는 조금 더 복잡한 탄화수소 물질이 들어 있다. 탄소는 길게 사슬과 가지 모양으로도 결합하지만 어느 정도 길어지다가 양 끝이 서로 결합하며 고리 구조를 만드는 특징이 있다. 이런 고리 혹은 링 구조의 탄화수소를 사이클로알칸^{Cycloalkane}이라 한다. 이런 구조를 많이 포함한 유분 구간도 나프타이다. 4개의 탄소가 사각형을 이루면 사이클로부탄^{Cyclobutane}이고 5개와 6개가 고리를 이루면 사이클로펜탄^{Cyclopentane}, 사이클로헥산^{Cyclohexane}이다. 육각형 구조인 사이클로헥산은 1935년 나일론6로 연결되는 중요한 분자다. 이런 고리형 탄화수소 중 방향족 탄화수소라고 부르는 물질은 대부분 향을 가진 물질이다. 벤젠 구조를 가진 아로마틱 성분을 BTX라고 부른다. 벤젠, 톨루엔, 자일렌 물질을 총칭하는 용어다. 이런 성분들은 석탄에도 존재한다. BTX 물질은 그 자체로 용제^{Solvent}처럼 정밀화학 산업에서 사용되지만 플라스틱에서 중요한 재료가 된다. 톨루엔은 폴리우레탄^{Polyurethane}의 재료이고 벤젠을 환원하면 사이클로헥산이 만들어지는데, 나일론의 핵심 재료가 된다. 그리고 이 벤젠 고리에 메틸기 CH_3가 양쪽으로 결합하면 페트병의 원료인 테레프탈레이트를 만들 수 있다.

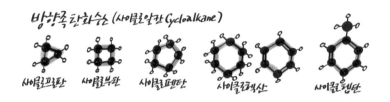

이런 몇 가지 사례만 보더라도 인류가 어떤 물질이든 만들어낼 수 있을 것처럼 보이지 않는가. 인류는 과학으로 화석연료의 정체를 알게 됐으며 이제 그 물질들을 자유자재로 다룰 수 있는 능력을 지니게 됐다. 지각에 있던 물질을 꺼내 다른 물질로 만들어 대기와 자연에 쏟아냈다. 화석연료의 탄생과 역사에 비하면 100년 정도밖에 안 되는 아주 짧은 시간에 벌어진 일이다. 대표적인 물질이 연료와 플라스틱이다. 인류가 자연으로부터 위대한 유산을 물려받고 미래 지구 환경에 어떤 것을 남기고 있는 것일까? 앞에서 우리가 정신없이 마음껏 사용한 후 지금 손에 들려진 청구서에는 분명 다른 내용이 적혀 있다고 했다. 모든 것을 제자리로 되돌려야 할 비용도 영수증에 적혀 있는 것이다. 과연 우리가 그렇게 사용한 연료와 플라스틱의 본질은 무엇일까?

9
연료를 얻기 위한 화학적 여정

지금처럼 가정마다 연료 공급이 원활치 않았던 시절의 주방 풍경을 기억하는 독자가 있을 것이다. 곤로 혹은 풍로라고 불리는 난방 혹은 주방 기구에 등유를 사용했다. 그리고 가스 저장과 유통이 가능해지면서는 주방 풍경이 바뀌었다. 지금은 화학 실험실에나 있을 법한 커다란 연료 탱크 용기가 집집마다 있었고 가스가 떨어지면 배달을 시켜 일일이 교체했다. 당시이 가스 연료를 '프로판' 가스라 불렀다. 앞서 석유 분별 증류 과정에서 언급한 '액화석유가스^{LPG}' 물질이다. 지금도 자동차나 휴대용 가스 연료로 사용하는 LPG는 프로판과 부탄이 주성분이다. 분명 두 물질의 혼합물임에도 왜 상품 이름이 '프로판'이 됐을까? 그리고 휴대용 LPG 연료는 '부탄' 가스라고 부른다. 이유는 두 혼합물 중 함량 비율이 높은 물질이 상품명이 된 것뿐이다. 사실 차량용 LPG 충전소마다 프로판과 부탄의 혼합 비율에 차이가 있다. 이유는 대기압 때문이다. 도심과 산악 지대의 고도에 따라 대기압이 다르고 두 혼합물의 비율에도 차이가 있다. 이는 두 물질의 끓는점이 기압에 따라 다르기 때문이다. 더 들여다보면 탄화수소 물질의 이성질체의 비율도 다르다. 부탄의 경우에도 노멀부탄과 이소부탄 비율을 조절한다. 주변 환경 조건에 따라 발화점을 유지하기 위해 연료의 비율을 미세하게 조절해 사용하는 것이다. LPG와 비슷한 이름을 가진 LNG^{Liquefied natural gas}는 액화천연가스다. LPG의 원료는 석유 정제 과정에서 추출한다. 하지만 LNG의 주원료는 메탄이다. 이 물질은 원유 안에도 있지만 메탄이 저장된 가스층에서 뽑아내 바로 사용한다고 해서 '천연가스'라고 부른다.

　메탄부터 부탄까지의 물질은 질량이 작아 기체로 존재한다. 그런데 휴대용 부탄가스를 흔들어보면 액체임을 알 수 있다. 사실 물질의 상태를 쉽게 정의할 수는 없다. 물질의 상태는 주변 환경에 따라 달라지기 때문이다. 부탄까지의 물질을 기체라고 단정한 데에는 묵시적인 조건이 따른다. 일상적 온도와 대기압이라는 조건이다. 가령 물질 외부로부터 물질 내부로 에너지가 공급되어 물질의 온도를 높이면 물질이 가진 내부 에너지가 상승해 물질 상태가 변화한다. 액체인 물이 끓어 수증기인 기체로 변하는 것을 생각해보면 쉽게 이해가 된다. 그런데 상태 변화에는 온도뿐만 아니라 압력도 작용한다. 일정 부피에 존재하는 분자들에게 압력을 가하면 부피가 줄고 분자들에게 강한 힘이 작용해 분자 간 거리가 좁게 배열된다. 실제로 기체를 냉각하는 방법으로 압력을 높여 액화시키는 방법이 있다. 거리가 좁게 배열되면 분자들의 움직임이 줄어 물질 내부 에너지가 작아진다. 활발하게 운동장을 뛰어놀던 초등학생들을 좁은 교실에 모아놓으면 운동량이 떨어지는 것과 유사하다. 결국 물질의 온도가 내려가는 것이다. 그래서 과학자들은 초저온 실험 환경을 실현하기 위해 기체를 액화시키는 방법을 사용하기도 한다. 이런 저온 현상은 일상에도 쉽게 찾아볼 수 있다. 꽉 찬 부탄 가스통

이 유난히 차갑게 느껴지는 것도 이런 이유이고 사용 중인 부탄 가스통 표면에 성에가 끼는 것도 일정 공간 안에서 강한 압력으로 액화된 부탄 물질이 노즐을 통해 기체로 승화할 때 주변의 열을 빼앗기 때문이다.

석유에는 부탄에 그치지 않고 더 긴 포화 탄화수소 물질이 존재한다. 부탄 이후로 탄소가 늘어난 펜탄(펜테인)$^{Pentane, C_5H_{12}}$과 헥산(헥세인)$^{Hexane, C_6H_{14}}$ 물질이 있다. 탄소가 늘어나며 사슬이 길어지고 약 40여 개까지의 탄소가 결합한 포화 탄화수소 물질이 석유 안에 존재한다. 그중에 탄소 7개와 8개로 만든 탄화수소인 헵탄(헵테인)^{Heptane}과 옥탄(옥테인)^{Octane}은 탄소가 늘어나며 길고 무거워져 주변 분자와 엉키기 시작한다. 이제 더 이상 상온과 상압에도 기체로 존재하기 어려워 액체로 존재하기 시작한다. 이 물질은 우리 일상에서 가장 많이 사용하는 연료다. 두 종류 물질이 혼합한 연료에 우리는 휘발유 혹은 가솔린이라는 이름을 붙였다.

크래킹과 노킹

정유화학 산업은 암석에 갇힌 생물의 사체인 최종 물질을 꺼내 인류가 에너지를 얻을 수 있는 형태로 분류하고 가공하는 산업으로 요약된다. 그런데 마치 증류주를 만드는 것처럼 원유를 증류하는 공정에 그치지 않는다. 가공이라고 표현한 의미는 분류에만 그치지 않고 물질에 특별한 조작을 한다는 것이다. 우리가 사용하는 가솔린 물질은 원래 석유에 들어 있던 자연 발생 물질인 헵탄과 옥탄을 분리하고 추출한 것만은 아니다. 여기에 크래킹^{Cracking}이라는 인위적 힘이 개입하게 된다. 크래킹은 말 그대로 큰 대상을 잘게 부수는 것이다. 그러는 이유는 단순하다. 바로 화학의 철학과도 일치한다. 더 많은 양의 유용한 물질을 얻기 위해서이다.

크래킹이 언제부터 시작되었는지는 확실하지 않다. 미국에서 첫 유정이 발견되고 크래킹 방법이 없던 시절인 19세기의 석유 제품은 등유였다. 지금은 등유를 난방 연료 정도로 사용하고 있지만, 당시 등유는 내연기관의 초기 재료이자 조명 램프의 주원료였다. 등유 역시 증류로 얻어진다. 물론 등유를 얻는 온도보다 낮은 온도에서 증발된 탄화수소 물질이 있었다. 당시 가벼운 가솔린은 낮은 온도에서도 폭발성이 강해 쉽게 화재가 발생했을 테고 휘발성이 강해 그만큼 포집과 관리도 쉽지 않았다. 게다가 추출량마저 얼마 되지 않았다. 하지만 내연기관의 발전은 연료에 더 까다로운 성질을 요구했다. 서서히 타들어 가는 등유보다는 폭발력 있는 에너지를 필요로 했고 완전 연소되는 가벼운 연료가 필요했다. 결국 가벼운 유분을 에너지로 값어치 있게 사용하게 된 계기가 크래킹의 시작이다. 그러니까 석유 성분의 절반 이상을 차지하는 긴 사슬의 탄화수소를 잘게 쪼개는 방법을 터득한 것이다. 크래킹 공정을 거치면 더 많은 양의 가솔린 물질을 얻을 수 있다. 물론 크래킹 공정은 여기에만 적용되는 게 아니라 화학공업의 쌀인 에틸렌을 얻는 데에도 사용한다.

가솔린으로도 부르는 휘발유는 보통 두 종류의 탄화수소화합물이 혼합된 액체 연료이다. 정유사가 밝히는 옥탄가는 바로 옥탄 함유량을 말하는 것이다. 이 함유량이 연료의 신분을 결정한다. 최근 출시되는 차량은 온실가스 배출량을 줄이고 연비를 높이기 위한 터보차저 ^{Turbocharger} 방식 엔진이 주류인데, 기술적 완성도가 있음에도 소비자에게 세심한 주의를 요구하기도 한다. 완성차 제조업체에서는 엔진 성능을 이유로 옥탄가가 높은 연료 사용을 권장한다. 일반 휘발유를 사용했을 경우에 엔진 '노킹 ^{Knocking}'을 일으킨다는 것이다. 노킹 현상은 쉽게 말해 엔진의 실린더 내부로 분사된 연료가 다른 원인으로 인해 예정된 폭발 시점에서 벗어나 폭발을 일으키며 소리와 함께 진동이 나는 현상이다. 마치 망치로 두드리는 소리가 난다고 해서 붙여진 용어이다. 20세기 초 자동차 제작 기술 수준은 지금과 달랐다. 지금의 전자 제어 장치 ECU, Electronic control unit와 다르게 차량 제어를 주로 기화기氣化器에 의존하던 시절이다. 자동차 정비업소에서 '카뷰레터 Carbureter'라고 부르는 차량 부품이 바로 기화기이다. 이 부품은 온도나 환경, 연료에 예민한 기계 장치다. 초기 석유 정제 기술로는 연료의 높은 품질을 기대하기 어려웠을 테니 노킹 현상은 당연했고 차량 이용자에게 큰 고통이었을 것이다.

노킹 현상을 떠올릴 때 화학사에서 중요하게 다루는 인물이 있다. 어떤 일이든 후회할 일을 만드는 데는 천부적 소질을 가진 인물이다. 1921년 미국 오하이오주 제너럴모터스 연구소에 근무하던 토머스 미즐리Thomas Midgley, Jr., 1889~1944는 화학을 산업적으로 이용할 방법을 연구하고 있었다. 그는 테트라에틸납(CH₃CH₂)₄Pb이라는 화합물을 연구하던 중에 이 물질이 엔진의 노킹 현상을 현저하게 억제할 수 있다는 사실을 알아낸다. 사실 납 물질이 위험하다는 것은 이미 알려져 있었지만, 우리가 얼마 전까지만 해도 납으로 만든 치약 튜브를 썼듯이 당시는 대부분 소비재에 납을 사용했던 시절이다. 결국 제너럴모터스와 화학 기업인 듀폰, 그리고 스탠더드 오일사는 테트라에틸납을 대량 생산하기 위한 합작 회사까지 만든다. 당시 주유소에는 정유사별 주유기가 따로 설치되어 소비자가 연료를 선택할 수 있었는데, '에틸 Ethyl'이라는 이름으로 판매된 것이 바로 이 첨가물이 들어간 휘발유였다. 그런데 배기가스에 의해 납중독이 일어나리라는 사실은 미즐리나 제조사도 알고 있었을 것이다. 워낙 납에 대한 인식이 좋지 않아 연료 이름에서 납은 빼고 '에틸'이란 상표를 사용한 것이 이 사실을 방증한다. 납 중독은 고대부터 인류사와 화학사에서도 잘 알려져 있다. 가볍게는 근육 경직에서 심하면 뇌 기능에 장애를 유발해 시각이나 청각 신경을 잃게 하고 사망에 이르게까지 한다. 로마의 멸망이 지배층의 납중독에 원인이 있었다는 설도 있고 위대한 음악가 베토벤의 난폭한 행동과 청력 상실도 납중독이 원인이었다.

이 연료의 또 다른 이름은 휘발유에 납을 첨가해 만든 연료, 그러니까 '납 연^{鉛}' 자를 써 유연휘발유라 부른다. 당시 사망 이유를 알 수 없는 수많은 희생자와 유연휘발유 위해성의 상관관계를 밝힌 사람은 클레어 페터슨 Clair Cameron Patterson, 1922~1995이다. 20세기 중반 우라늄 동위원소의 반감기를 측정해 지구 나이를 계산하려 했던 그는 대부분 시료에서 고농도의 납이 검출된 사실을 알고 시대별 지질 조사를 통해 원인을 알아냈다. 그의 연구로 이후 미국에 청정 대기법이 만들어졌지만, 유연휘발유 판매는 1986년까지 이어졌고, 이 때문에 1927년부터 약 60여 년 동안 매년 약 5,000명가량이 사망했다. 우리나라의 경우 1993년에 들어서며 유연휘발유가 완전히 퇴출당한다. 현재는 모두 납이 없는 무연휘발유를 쓰고 있다. 분명 납이 첨가된 연료의 배출 가스로 대기에 납 농도가 증가하리라는 사실을 미즐리가 모를 리가 없었을 것이다. 분명 그에게도 과학자로서 윤리적 적정선이 있었을 것이다. 하지만 그는 침묵했다. 대체 무엇이 선을 넘게 했을까?

화학과 환경 정의

블랙 골드로 성공의 단맛을 본 토머스 미즐리는 과학기술이 가져다준 부를 믿고 또 한 번 선을 넘게 된다. 냉장고에 사용되는 냉매는 물질의 상태를 변화시켜 주변의 열을 빼앗는 물질로 냉장 기계에는 핵심 물질이다. 1920년대 열기관에는 독성이 강한 냉매를 사용했다. 바로 암모니아 기체였다. 이 물질은 인화성도 높지만 빈번한 냉매 누출 사고가 있었고 한때 100여 명의 사망자를 내기도 했다. 미즐리는 자체 독성은 물론 호흡 독성도 없고 부식

이 되지 않으며 열에 강한 효율적인 냉매를 개발하게 된다. 그런데 이 일이 지구를 망칠지도 모른다는 생각은 꿈에도 못 했을 것이다. 이 물질은 염화불화탄소 Chlorofluorocarbon 화합물이고 약자 용어로는 CFCs라 불리며 우리에겐 '프레온 가스'로 더 잘 알려진 물질이다. 물론 현재는 사용을 제한하고 있는 물질이며 대부분 열기관에는 다른 대체 물질이 사용된다. 사실 산업적 결과물이 이렇게 빨리 자연을 망친 경우는 드물다.

프레온 가스는 광범위하게 사용됐다. 열기관 냉매뿐만 아니라 분사 도구인 스프레이류에는 모두 이 물질을 사용했다. 이 물질도 유연휘발유의 납처럼 반세기가량 대기에 뿌려졌다. 물론 그 대가는 혹독했다. 대기 상층부에는 산소가 3개 결합한 오존O_3이라는 물질이 있다. 지상에서는 반응성이 좋아 살균제처럼 사용되는 물질이고 성층권에서는 태양으로부터 오는 강한 에너지인 자외선을 흡수하는 기특한 역할을 한다. 오존이 없다면 태양으로부터 쏟아지는 강한 자외선 때문에 생명체가 지금까지 살 수 없었을 것이다. 성층권의 평균 두께가 40킬로미터에 달하기에 오존층이 꽤 두껍게 존재할 것 같지만, 실은 그 양이 얼마 되지 않아 층이 얇다. 그런데 프레온 가스는 자체 양의 3만 배나 넘는 오존을 파괴할 수 있다. 게다가 이산화탄소의 온실효과와 비교할 때 만 배나 강하다. 심지어 프레온 가스는 잘 파괴되지 않고 오랜 시간 대기에 머무른다.

토머스 미즐리가 어떤 일이든 후회할 일을 만드는 데는 천부적 소질을 가졌다고 했는데, 그 일에 자신도 피해 가지 못했다. 그는 소아마비에 걸리는 바람에 다리를 쓰지 못하자 도르레를 이용해 침대에서 일어나는 장치를 개발했다. 그런데 1944년 기계 오작동으로 줄이 엉키며 목에 감겨 질식사를 하게 된다. 납중독으로 사람들이 희생됐다는 사실과 CFCs가 오존을 파괴한다는 사실은 그의 사후에 밝혀진 것이다. 어쩌면 후회는 남겨진 이들의 몫이 된 셈이다. 지금은 모든 것이 제자리로 돌아갔을까? CFCs 이후 다른 냉매가 만들어졌지만 수소화불화탄소^{HFCs, Hydrofluorocarbon} 계열이다. 이 또한 온실가스다.

오염자 책임 원칙을 적용한들 이미 모든 것이 망가졌다. 이처럼 화학은 다른 과학보다 환경 정의의 관점에서 특별히 신중해야 한다. 물질의 발견으로 이익을 본 사람과 피해를 보는 사람이 시공간적으로 일치하지 않기 때문이다. 두 물질은 반세기 동안 대기에 뿌려졌고 결국 우리와 후세들은 계속 기나긴 결산을 해가야 하는 셈이다.

석유에서는 또 다른 연료도 얻는다. 디젤^{Diesel}유는 가솔린 물질보다 탄소 수가 더 많다. 무려 두 배 가까이 무거워 중유^{重油}라고 부른다. 중유보다 탄소 수가 더 많아진 물질을 파라핀계 탄화수소라고 한다. 파라핀은 양초의 고체연료로 잘 알려져 있다. 탄소가 늘어나며 더 무거워지고 엉킨 분자들이

상온에서 고체화된다. 온도가 오르면 쉽게 점도 있는 액체로 풀어진다. 파라핀계 탄화수소의 탄소 수는 일반적으로 약 40개 정도까지를 말한다. 이런 모양의 분자는 이후에 등장할 지방산 분자의 모습과 닮아 있다. 지방도 연료의 일종이다. 등유가 등장하기 전에는 동식물의 기름을 연료로 사용했다. 연료의 기능을 충족하기 위한 분자의 구조는 비슷할 수밖에 없다.

여기까지가 자연이 생명체의 사체로 만든 탄화수소 물질의 일부이다. 이제 인간이 개입하며 작은 탄화수소 물질을 수백에서 수백만 개의 탄소가 연결된 탄화수소화합물로 만든다. 그동안 자연에 없던 물질이 나온 것이다. 분자는 무척 길어지고 수소가 있던 자리가 다른 물질로 교체되기도 하며 서로 엉키고 뭉쳐진다. 바로 탄화수소화합물 조각이 중합 공정을 거쳐 고분자인 플라스틱이 탄생한다. 세상의 모습은 너무도 다르지만 세상을 이루는 물질들은 공통점이 많다. 비슷한 물질, 비슷한 모양이지만 그 일부가 다른 원자로 치환되고 모양이 바뀌면서 전혀 다른 성질로 존재하기 때문에 물질의 재료가 완전히 다르다고 생각하기 쉽다. 하지만 아무렇게 나뒹굴던 비닐 봉투나 플라스틱 물질 조각은 우리 몸을 구성하는 재료와 별반 다르지 않다.

10
구조가 기능을 만드는 분자 건축

현대인에게 '지방'은 건강뿐만 아니라 미용의 적으로 취급된다. 대부분 성인병과 같은 질병은 몸에 지방이 과잉 축적된 비만이란 조건에서 출발하고 외모 지상주의로 보면 비만은 아름다움에 방해가 되기 때문이다. 지방에 대한 이해가 높아지며 포화와 불포화 지방, 그리고 트랜스 지방이라는 과학적 용어가 일상에 자리 잡았다. 지방을 좋고 나쁨으로 구별해 경계를 만들어 접근하기 시작했다. 트랜스 지방의 정체를 몰라도 음식에 이 성분이 들어 있는 것을 유심히 보고 경계하게 된다. 연료라는 탄화수소 물질을 이야기하다가 갑자기 지방을 꺼낸 데는 이유가 있다. 지방도 탄화수소 물질과 별반 다르지 않기 때문이다. 화학에서는 구조가 기능을 만든다고 자주 언급했다. 이런 화학구조와 기능의 관계를 가장 잘 설명할 수 있는 것이 '지방'이다. 지방의 좋고 나쁨이라는 경계를 긋게 한 것은 지방의 구조가 큰 몫을 했기 때문이다. 지방이라는 탄화수소 물질을 구조적으로 이해하는 것은 어찌

면 플라스틱을 포함한 탄화수소화합물의 특별한 성질을 들여다볼 수 있는 창일 수 있다.

지방은 더 포괄적 의미로 지질^{Lipid}이라고도 하는데 지질과 지방은 같은 의미로 사용해도 된다. 지질의 종류는 더 세분화되고 다양하다. 가령 동식물로부터 얻는 중성지방인 트라이글리세리드^{Triglyceride}와 스테로이드^{Steroid}, 그리고 세포막을 구성하는 인지질^{Phospholipid} 등이 모두 지질의 종류다. 통상 우리가 직관적으로 알고 있는 지방은 지질 중 중성지방을 말한다. 이런 지방은 동물뿐만 아니라 식물에도 흔하게 존재하며 생명체의 영양분으로 피부와 껍질 아래에 저장된다. 우리는 흔히 고기에 있는 지방 성분, 그러니까 일명 기름이나 비계라고 하는 부분만 지방으로 생각하지만, 사실 식물에서 짜내어 튀김 요리에 사용하는 액체 유지인 기름^{Oil}도 같은 성분의 지방이다. 같은 물질인데 왜 물리적 물성은 다를까?

먼저 지방의 구조를 보자. 지방은 크게 글리세롤^{Glycerol}과 지방산$^{Fatty\ acid}$이라는 두 물질로 이루어졌다. 글리세롤은 글리세린^{Glycerin}으로 불리기도 한다. 글리세린은 최근 팬데믹으로 자가 방역 활동을 하며 널리 알려진 무색무취의 액체 물질이다. 손 소독제 제조에서 통상 소독용 에탄올과 정제수, 그리고 글리세린을 약 8:1:1 비율로 섞게 된다. 이제 글리세롤의 분자 모습을 자세히 보자. 글리세롤에도 탄소 뼈대가 있다. 탄화수소에서 탄소 3개가 연결된 뼈대에 수소가 결합된 것이 '프로판'이다. 이 프로판 분자의 수소 3개가 하이드록시기$^{-OH}$로 바뀌면 글리세롤이 된다. 지방산도 마찬가지로 탄소가 연결된 뼈대에 수소가 붙은 지방족 탄화수소 사슬인 알킬기$^{R-}$ 끝에 카복실기$^{-COOH}$가 붙어 있는 카복실산의 한 종류이다. 자연적으로 생성되는 지방산의 탄소 뼈대는 일반적으로 탄소가 4~28개 사이이고 대부분 짝수의 탄소 원자들로 구성되며 가지가 없는 긴 사슬 모양이다. 이제 글리세롤과 지방산이 에스테르 ^{Ester} 결합을 하게 되는데, 에스테르 결합은 글리세롤에 있는 하이드록시기 ^{-OH}에 지방산의 카복실기 ^{-COOH}가 만나며 물 ^{H₂O}이 빠져나가고 강하게 결합하는 반응을 말한다. 이 결과로 생성된 새로운 화합물을 글리세리드 ^{Glyceride}라고 하고 이를 통상 '지방'이라고 부른다. 이 모습이 지방에 대한 설명의 전부이다.

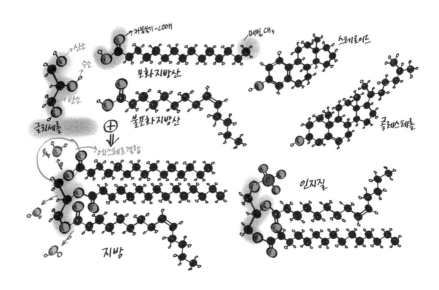

지방은 마치 발이 3개 달린 해파리가 엉켜 있는 사슬 모습이고 이런 구조 때문에 미끈거린다. 실제로 지방은 글리세롤 분자에 1개 혹은 2~3개의 지방산이 붙어 있다. 결합한 지방산 분자의 수에 따라서 모노글리세리드 ^{Monoglyceride}, 다이글리세리드 ^{Diglyceride}, 트라이글리세리드 ^{Triglyceride}로 구분된다. 그리고 우리가 말하는 대부분의 지방은 지방산이 3개짜리인 트라이글리세리드를 말한다. 글리세롤과 지방산 분자는 생체 안에서 합성되고 분해된다.

하지만 이것만으로는 생명체에 충분하지 않아 외부로부터 섭취해야 한다. 그러니까 섭취하는 대부분의 지방이 중성지방인 트라이글리세리드라는 것이다. 질문이 하나 생긴다. 트라이글리세리드를 왜 중성지방이라고 번역했을까? 지방산 수로 구분했다면 '삼지방' 정도가 맞을 것 같다. 이유는 간단하다. 1개의 글리세롤 분자에 붙은 3개의 지방산이 서로 다른 종류일 수 있다. 대부분의 천연 유지처럼 다른 종류의 지방산이 결합한 경우는 혼합 글리세리드 형태이고 이때 분자 내 극성을 가지고 있지 않아서 중성지방이라고 한다. 이렇게 지방산의 종류는 더 세분화된다는 것을 알 수 있다. 복잡하다고 생각할 것 없다. 우리는 이미 불포화나 포화 혹은 트랜스라는 용어를 알고 있지 않은가. 그렇다면 어떤 기준으로 지방산이 세분화되는 걸까? 앞서 설명했듯 지방산의 성분은 다르지 않다. 결국 구조가 기능을 만든다고 했으니 지방산의 종류는 모양에 따라 종류가 결정된다는 것을 알 수 있다. 우리가 알고 있던 불포화, 포화 등의 용어는 지방산에 국한된 용어다. 결과적으로는 불포화 지방이라는 용어보다는 불포화 지방산이라는 용어가 더 적절한 표현이다.

포화 지방산과 불포화 지방산

이제 지방의 핵심인 지방산에 대해 더 알아보자. 지방을 구성하고 있는 지방산의 종류에 따라 지방 분자들의 물성이 달라지게 된다. 결과적으로 불포화 지방산을 많이 함유하는 글리세리드는 포화 지방산을 많이 함유하는 글리세리드에 비해 녹는점이 낮고 상온에서 액체 상태로 존재한다. 바로 식용유나 각종 오일 같은 물질을 말한다. 일반적으로 식물성 유지에는 액체 상태가 많고 동물성 유지에는 고체가 많은 것도 이러한 이유다. 그렇다고 이렇게 외울 수만은 없다. 수많은 지방 종류와 성질을 다 암기하며 살 수는 없다. 이 모든 답을 해결하는 결정적 힌트는 포화^{Saturated}와 불포화^{Unsaturated}라는 용어를 이해하는 데에 있다. 우리가 앞에서 분자의 결합을 공부하던 중에 탄소 결합에서 파이결합인 이중결합이 있으면 불포화되었다고 하고, 포화된 경우는 시그마결합만 있다고 배웠다. 그렇다면 몇 가지 지식을 엮어 질문해보자. 우리 몸에 유익하다고 알려진 오메가3 지방산이나 몸에 나쁘다고 알려진 트랜스 지방도 이 탄소 결합과 관련이 있을까?

지방에서 지방산을 떼내어 본 화학구조는 4~28개 정도의 짝수 개 탄소 원자가 결합한 긴 사슬로 양쪽 끝에 카복실기$^{-COOH}$와 메틸기$^{-CH_3}$를 갖는 탄화수소 물질이다. 카복실기와 메틸기는 작용과 관련이 있는 분자 그룹으로 다른 물질과 결합하는 데 의미가 있을 뿐이다. 지금 우리가 살펴보려고 하는 지방산의 종류를 아는 데는 이 작용기가 중요하지 않다. 중요한 것은 탄소가 만드는 '긴 사슬' 모양이다. 이 사슬은 탄소가 길게 연결돼 있고 주변에 수소가 결합된 모양이다. 간혹 '고급 지방산'이라는 용어를 접하기도 하는데 고급이라는 뜻은 품질을 말하는 등급이 아니라 탄소가 많다는 의미다. 그러니까 '긴 지방산'이라고 해도 의미는 통한다.

실제 지방산을 대상으로 이 구조를 살펴보자. 보통 천연 상태의 지방산은 대표적으로 다섯 가지 종류가 있다. 팔미트산$^{Palmitic\ acid}$(15), 스테아르산$^{Stearic\ acid}$(17), 올레산$^{Oleic\ acid}$(17), 리놀레산$^{Linoleic\ acid}$(17), 리놀렌산$^{Linolenic\ acid}$(17)이다. 괄호 안의 숫자는 분자의 뼈대가 되는 탄소의 수다. 지방산 화학식은 굳이 외울 필요가 없다. 지방산 탄화수소의 모양을 화학식으로 나타내면 $C_nH_{2n+1}COOH$ 형식이다. 마치 공식처럼 n에 괄호 안의 탄소 숫자를 넣으면 각 지방산의 화학식이 된다. 다양한 지방산도 그 형식은 비슷하고 그저 탄소 수에 따라 지방산 길이가 달라지는 것뿐이다.

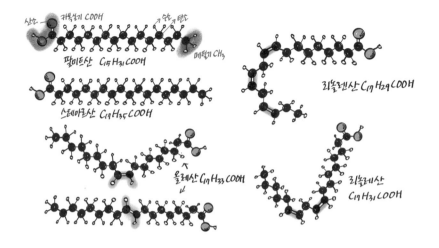

예를 들면, 팔미트산은 $C_{15}H_{31}COOH$($C_{16}H_{32}O_2$)이고 탄소가 2개 더 많은 스테아르산은 $C_{17}H_{35}COOH$($C_{18}H_{36}O_2$)이다. 올레산이나 나머지 두 지방산의 탄소 수는 스테아르산과 같다. 그런데 화학식을 보면 서로 다르다. 알려진 지방산 공식의 n값에 탄소 수를 넣으면 맞지 않는다. 실제로 화학식에서 올레산은 $C_{17}H_{33}COOH$($C_{18}H_{34}O_2$), 리놀레산은 $C_{17}H_{31}COOH$($C_{18}H_{32}O_2$)이고 리놀렌산은 $C_{17}H_{29}COOH$($C_{18}H_{30}O_2$)이다. 차이가 있다면 탄소의 수는 같고 수소의 수가 줄어든 것을 볼 수 있다.

지방산 공식은 탄소의 단일결합인 시그마결합일 경우에만 국한된다. 그러니까 탄소가 모두 단일결합으로 사슬처럼 이어져 있다면 일반적 공식이 적용된다. 탄소 사슬에서 수소가 탄소 주변에 모두 결합해 있으면 이 구조를 포화됐다고 말하며 이를 포화 지방산이라고 한다. 반면에 사슬 중간에 탄소끼리 이중결합이 있다면 수소가 결합할 자리가 모자라게 된다. 이것을 불포화라고 한다. 그래서 이중결합이 포함된 지방산을 불포화 지방산이라고 한다. 이중결합은 하나일 수도 있고 여러 개일 수도 있다. 이제 화학식에서 왜 수소의 수가 줄어들었는지 알았다. 올레산은 이중결합이 1개이고 리놀레산에는 이중결합 부분이 2개, 리놀렌산에는 이중결합 부분이 3개 있는 것이다. 이중결합 부분은 지방산 모양을 다르게 만든다. 팔미트산이나 스테아르산처럼 포화 지방산을 가진 지방은 곧은 사슬을 가지고 있어 조밀하게 쌓이고 단단해진다. 상대적으로 이중결합이 많으면 모양이 꺾여 있고 덜 단단하다.

불포화 지방산을 포함한 액체 지질인 기름은 공기 중에 두면 이중결합 부분에서 탄소 간 결합 중 하나인 파이결합을 끊고 산소와 잘 결합한다. 가정에서 액체 기름에 쩐내가 나면 산소와 결합한 것이다. 산소를 받아들이는 것, 바로 산화작용이다. 불포화 지방산이 많은 지방이 산패가 잘 되는 이유다. 그런데 불포화 지방산이라고 해서 모두 같은 물성을 가지지는 않는다. 어떤 종류는 산소와 온도에 따라서 산패 정도와 단단해지는 물성이 다르다. 예를 들어 코코넛 오일을 낮은 온도에서 보관하면 고체화되는 것을 볼 수 있고 산패 정도도 낮다. 상대적으로 포화 지방산은 수소가 탄소 주변을 모두 채우고 있어 산소가 들어갈 자리를 잘 내주지 않는다. 이제 어느 지방 물질이 산패가 잘 되는지는 굳이 이야기하지 않아도 알 수 있을 것이다. 이런 산패나 굳는 정도의 차이는 결국 지방에 포함된 지방산의 모양과 그 함유 비율에 따라 다르다는 것이다. 물질의 성질은 특정 원자단 때문에 생기는 작용기도 있지만 이런 모양 때문에 성질이 결정되는 경우도 많다.

불포화 지방산을 더 세분화해 분류할 수 있다. 이중결합을 이룬 분자 조각의 형태에 따라서 시스^{Cis} 형태와 트랜스^{Trans} 형태로 나뉘며 두 분자는 이성질체라고 볼 수 있다. '시스'와 '트랜스'라는 용어는 라틴어에서 왔는데, '시스'는 '같은 면'이라는 뜻이고 '트랜스'는 '다른 면'이라는 뜻이다. 보통의 이성질체가 갖는 이런 기하학적 차이점은 분자를 구성하며 눈에 보이지 않는 쌍극자 모멘트라는 힘 때문에 생긴다. 결국 이중결합 부근의 전자들이 어느 공간에 존재하느냐에 따라 분자에서 전기적 극성을 띠고 이에 따라 다른 원자들의 핵과 전자들 사이에 존재하는 힘에 의해 모양이 달리 만들어지는 것이다. 결과적으로 시스 구조에서는 한쪽으로 몰려 있는 전기적 힘에 의해 모양이 구부러지게 된다. 반면에 트랜스 구조에서는 이중결합 부분이 직선에서 벗어나 꺾어지긴 했지만 전체적인 모양은 직선에 가깝다. 앞의 지방산 그림에서 올레산 구조를 보라.

만약 두 가지 모양의 나무토막을 쌓는다고 가정해보자. 하나는 곧은 나무토막이고 다른 하나는 꺾인 모양의 나무토막이다. 두 가지 종류 중 어느 쪽이 견고하게 잘 쌓일까? 당연히 곧게 뻗은 나무토막이 잘 쌓인다. 구부러진 나무토막은 엉성하게 쌓일 수밖에 없고 잘 무너질 것이다. 바로 이 모양 때문에 물리화학적 물성이 결정이 되고 고체와 액체라는 물질의 상태도 결정된다. 포화 지방산으로 이루어진 고체 형태의 글리세리드는 불포화 지방산보다 잘 굳고 높은 온도에서 녹는다. 동물성 유지인 버터처럼 고형화된 식물성 유지 제품이 마가린이다. 식물성 유지는 불포화 지방이 많아 대부분 액체 형태인데 왜 마가린은 굳은 형태를 띨까? 마가린은 순전히 과학적 산물이다. 불포화 지방산의 이중결합을 강제로 끊고 수소 원자를 집어넣어 포화 지방산처럼 만든 것이다. 이런 과정을 '수소화'라고 한다.

포화지방이 정말 나쁠까

지금까지 습득한 지식을 쇠고기와 돼지고기의 지방에 적용해보자. 포화 지방산이 많은 쇠고기 지방이 더 굳은 형태이고 잘 녹지 않는다. 그래서 포화 지방을 많이 섭취하면 혈액 내에 포화 지방산이 많아져 심혈관계 질환을 더 많이 유발한다는 말이 나오게 된 것이다. 혈관 내에서 지방끼리 뭉치며 혈관벽에 붙어 혈액의 흐름을 방해할 수 있다는 것이다. 성인병으로 대표적인 질병인 고지혈증은 필요 이상의 지방 성분 물질이 혈액에 존재하여 염증을 일으키는 상태를 말한다. 그런데 트랜스 지방은 바로 불포화 지방임에도 마치 포화 지방과 같은 모양을 하고 있다. 그래서 트랜스 지방이 좋지 않다는 결론에 이르게 됐다.

포화 지방에 대한 경각심은 1953년에 생리학자 앤셀 키즈 Ancel Keys, 1904~2004에 의해 최초로 보고됐고 심심치 않게 수십 년을 가설로 버텨오며 사람들에게 경각심을 주고 있다. 하지만 지방의 물성은 지방의 구조 하나만으로 간단히 결론 내리기 힘들다. 지방은 3대 영양소 중에서 가장 많은 열량을 낸다. 사실 지방을 섭취한다고 몸에서 바로 지방으로 바뀐다고 생각하면 오해다. 섭취된 지방은 분해되며 에너지로 변환된다. 오히려 탄수화물을 많이 섭취하면 에너지로 쓰고 남은 재료를 모아 중성지방을 만들어 몸의 구석구석에 저장한다. 게다가 완벽한 포화 지방이란 것은 없다. 포화 지방산이 많은 지방이 있을 뿐이다. 중성지방은 여러 지방산이 혼합돼 있다. 우리가 알고 있는 식품용 각종 기름, 예를 들면 올리브유, 카놀라유, 옥수수나 콩기름, 쇠고기나 돼지고기의 기름이나 버터 등이 이 세가지 불포화 지방산(올레산, 리놀레산, 리놀렌산)과 두 가지 포화 지방산(펄미트산, 스테아르산)의 혼합 비율에 따라 결정된다는 것이다. 예를 들어 논란의 중심이던 돼지기름과 쇠기름의 약 45퍼센트는 불포화 지방산인 올레산이고 포화 지방은 각각 41퍼센트와 52퍼센트이다. 나머지는 리놀레산과 리놀렌산이 차지한다. 결국 포화 지방산의 비율에서 두 지방 물질의 운명이 갈린 셈이다. 소의 지방은 돼지의 지방보다 포화 지방산 비율이 11퍼센트 많을 뿐인데 나쁜 지방으로 오

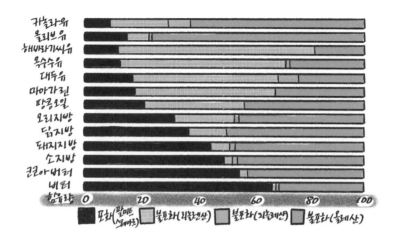

인된다.

결국 지방은 지방산의 길이와 포화도의 비율과 모양에 따라 성질이 다양해진다. 액체는 좋고 고체는 나쁘고, 포화의 여부에 따라 해가 된다는 주장도 근거가 약하다. 포화 지방은 흡수가 어렵고 혈관 벽에 쌓여 각종 심혈관 질환의 원인이 된다 하지만, 실제로 이런 일은 몸에서 쉽게 일어나지 않는다. 모든 지방은 쓸개즙의 유화 작용으로 액화된 후에 소화되고, 혈관에도 리포 단백질이라는 운반체가 지방이 혈관에 달라붙는 것을 방해한다. 몸에 좋다는 식물성 지방조차 인체에서 합성되지 않는 몇 가지 필수지방산 함량이 동물성 지방보다 다소 높다는 사실 외에는 특별한 차이가 없다.

여기서 우리가 물질을 대하는 또 다른 태도에 대해 살펴보자. 일부 독자는 기사를 통해 지방산의 종류 중에 있던 리놀레산에 대해 잘 알고 있을 것이다. 최근 크릴오일 원료를 100퍼센트 사용한다고 표시한 일부 제품에서 크릴오일 외에 다른 유지가 혼합된 것으로 조사돼 소비자보호원과 식약처가 해당 업체에 행정처분을 했다. 이 사건의 중심에 있던 지방산이 바로 리놀레산이다. 그리고 크릴오일에 있는 오메가3가 바로 리놀렌산이다. 리놀렌산을 리놀레산으로 채워 벌어진 일이다. 그런데 오메가3라는 불포화 지방산을 꼭 이런 형태의 제품으로 챙겨 먹어야 할까 하는 생각이 든다. 이미 우리는 그것을 균형 잡힌 식단으로 충분히 제공받을 수 있지 않은가. 우리가 쉽게 이용할 수 있는 대표적인 식품이 들기름이다. 들기름에는 60퍼센트가 넘게 오메가3 지방산이 함유되어 있다. 그리고 일주일에 한두 번 정도 등푸른 생선이나 채소인 냉이, 아욱, 케일, 쑥, 미나리를 섭취해도 된다. 나물을 들기름에 무쳐 반찬으로 먹었던 조상들의 지혜는 그냥 나온 게 아니었다. 사실 아무리 몸에 필요한 필수 지방산이라도 과하게 섭취하면 동맥에 축적되는 콜레스테롤이 증가한다. 심혈관계 질환의 발병률이 높아지며 면역계 기능을 손상시킬 수 있으며 혈액 응고를 방해한다는 보고가 있다.

한편 최근 연구를 보면 트랜스 지방산과 포화 지방산이 심장 관련 질병을 유발한다거나 불포화 지방산이 이를 억제한다는 근거가 뚜렷하지 않다는 의견도 지배적이다. 물론 이런 주장이 포화 지방을 더 많이 섭취해도 상관없다는 것을 말하지 않는다. 지방 물질의 섭취와 건강의 관련성은 아직은 더 많이 연구되어야 알 수 있기 때문이다. 트랜스 지방이나 포화 지방산과 관련해 질병과 연결 짓는 무수한 주장 사이에서 소비자는 트랜스 지방이 들어 있는 가공식품을 꺼린다. 오히려 단백질 식품인 육류와 콩을 찾는다. 하지만 실제로 트랜스 지방은 이런 천연 식품에도 많이 존재한다. 따라서 특정 지방의 좋고 나쁨에 대한 평가와 섭취에 대한 허용 여부를 다루는 것은 그다지 합리적 접근이 아니다. 누차 이야기하지만 많은 양이 많은 일을 한다. 문제는 물질에 노출되는 양이다. 풍요로움을 누리는 현대인들은 먹을거리를 놓고도 선택에 고민한다. 천연과 가공, 가염과 저염, 기능성 혹은 저

지방 식품이 눈앞에 펼쳐져 있다. 과거에는 결핍이 문제됐지만 지금은 과잉이 문제다.

마지막으로 더 강조해두고 싶은 것은, 크릴은 바다 생물인 고래의 먹이라는 것이다. 고래는 두 차례에 걸친 잔인한 시대를 지나고 있는 생명체다. 19세기 화석연료의 등장 이전에는 연료의 공급을 책임졌고 제2차 대전이 끝난 후에는 급격하게 증가한 플라스틱으로 고통받고 있다. 그런데 꼭 그들의 먹이마저 빼앗아야 하는지 질문을 던지고 싶다. 해안가로 떠밀려 와 죽어가는 고래의 배 속에는 크릴보다 플라스틱이 더 많다. 그 대부분은 인류가 만든 고분자 물질이다.

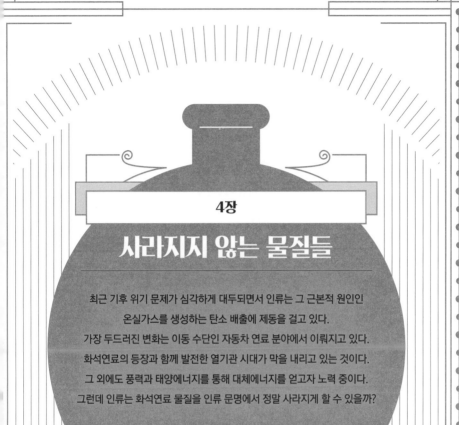

4장

사라지지 않는 물질들

최근 기후 위기 문제가 심각하게 대두되면서 인류는 그 근본적 원인인

온실가스를 생성하는 탄소 배출에 제동을 걸고 있다.

가장 두드러진 변화는 이동 수단인 자동차 연료 분야에서 이뤄지고 있다.

화석연료의 등장과 함께 발전한 열기관 시대가 막을 내리고 있는 것이다.

그 외에도 풍력과 태양에너지를 통해 대체에너지를 얻고자 노력 중이다.

그런데 인류는 화석연료 물질을 인류 문명에서 정말 사라지게 할 수 있을까?

1

당구공에서 시작된 플라스틱의 역사

'플라스틱'이라고 하는 '고분자 Polymer 물질'의 탄생에서 바로 떠오르는 물질이 '나일론 Nylon'이고 그 등장과 함께 탄탄한 스토리를 갖춘 상품이 스타킹이다. 나일론 스타킹이 최초로 세상에 등장해 발매된 첫날, 몇 시간 만에 400만 켤레가 팔린 실적이 플라스틱의 탄생 스토리를 만들기에 충분히 극적이었으리라. 그리고 발견이나 발명의 스토리를 더 풍성하게 채워주는 세렌디피티 Serendipity (우연한 뜻밖의 발견이나 발명)가 나일론 소재에도 비껴가지 않았다. 하지만 나일론의 첫 상품은 스타킹도 아닐뿐더러 최초의 플라스틱, 그러니까 고분자인 폴리머의 시작도 나일론은 아니었다. 화학사에서는 그 기원을 나일론보다 조금 더 앞에 두고 있다. 나일론 스타킹의 탄생 스토리가 워낙 강력해서인지 그 이전의 이야기들은 모두 죽은 이야기가 되어버렸다. 그럼 인류는 언제부터 고분자 물질을 만들어 사용하기 시작했을까?

최초의 인공 고분자, 그러니까 플라스틱의 탄생을 추동한 것은 당구공이었다. 둥근 당구공이 그리 복잡해 보이지 않지만 의외로 까다로운 조건을 채워야 한다. 약 40만 회의 타격과 5톤의 하중을 견디는 내구성과 충격에서도 탄성은 필수이고, 변형되지 않는 완전한 구형을 유지해야 한다. 심지어 당구공이 타격될 때 발생하는 약 시속 30킬로미터의 속도로 인해 당구대 표면과 순간 마찰열이 섭씨 250도까지 올라가기 때문에 내열성도 있어야 한다. 당구공의 주요 재질은 페놀 수지로 이미 알려졌지만, 첨가되는 물질과 수십 단계에 이르는 제조 과정은 그야말로 당구공 제조업계의 극비 사항이다. 페놀 수지는 화석연료에서 추출한 재료로 만든 플라스틱의 한 종류이다. 그렇다면 플라스틱이 존재하지 않던 시절 당구공은 무엇으로 만들었을까? 바로 코끼리의 위턱에 있는 송곳니인 상아다. 상아는 재질이 특별해 당구공뿐만 아니라 파이프 담배나 피아노 건반, 빗의 재료로도 사용됐다. 제국주의 시대 유럽 귀족들의 욕망을 채웠던 재료는 상아였고, 이들에게 상아를 공급할 수 있었던 지역은 어렵지 않게 추측할 수 있다.

아프리카 서부 기니만 북쪽에 있는 연안에 '코트디부아르 공화국 République of Côte d'Ivoire'이 있다. 프랑스어로 된 국명의 뜻은 '상아 해안'이다. 15세기 후반부터 유럽의 제국주의 국가들이 식민지인 이곳 해안을 중심으로 상아를 수탈했다. '상아'라는 단어를 넣어 나라 이름을 지을 정도니 얼마나 많은 코끼리가 희생되었을지 짐작할 수 있다. 19세기에 당구공이 상아로 만들어지면서 그 수요는 급증했을 것이고, 상아에 대한 인간의 그칠 줄 모르는 욕망은 생태계 진화에도 영향을 끼쳤다. 멸종의 위기에서 코끼리에게는 상아가 없는 것이 진화적 강점으로 작용하면서 상아 없는 코끼리들이 나타날 정도였다. 물론 사람들도 위기의식을 느꼈지만, 생태계 위기라는 인식보다 상아에 대한 수요와 공급 사슬에서의 위기감이 더 컸을 것이다. 공급의 한계로 원재료 가격이 상승했던 것이다. 19세기 중엽 미국 당구 용품 회사의 사장이었던 마이클 펠란은 상아 대체 물질을 만드는 사람에게 1만 달러의 상금을 주겠다고 신문에 광고를 낸다. 미국 뉴욕의 인쇄공이었던 존 웨슬리 하이엇John Wesley Hyatt, 1837~1920은 동생과 함께 톱밥과 종이를 풀과 섞어 당구공 제조를 시도했다. 두 형제는 우연하게 이것이 매우 단단한 물질이 된다는 사실을 알고 1869년에 '셀룰로이드Celluloid'라는 이름을 붙인 최초의 천연수지, 일종의 천연 플라스틱을 등장시켰다. 하지만 그들은 상금을 받지 못했다. 이것으로 상아 당구공을 완전히 대체하긴 어려웠기 때문이다. 이 천연수지의 주성분인 니트로셀룰로오스Nitrocellulose의 성질 때문인데, 이 물질은 잘 깨지고 잘 폭발해 당구공으로 쓰기가 적합하지 않았다. 당구공은 곧 인공합성수지에 자리를 내주게 된다. 물론 셀룰로이드가 그냥 자리를 내주고 인류 문명에 잠시 나타났다가 사라진 것은 아니다.

탁구공은 천연 물질

2004년 아테네 올림픽을 앞두고 국제올림픽위원회IOC는 항공사로부터 당혹스러운 통보를 받았다. 대회에서 쓸 대량의 탁구공을 항공 화물로 운송할 수 없다는 것이었다. 결국 위원회는 두 달이나 걸려 배로 수송하는 소동이 벌어졌고 이후 IOC는 국제탁구연맹ITTF에 탁구공의 재질을 바꿔달라고 요구했다. 결국 2014년 7월부터 개최되는 모든 국제 대회에서 플라스틱 재질로 된 탁구공을 사용하기로 결정했고 2016년 이후 올림픽에서는 그동안 사용했던 탁구공은 자취를 감췄다. 탁구공이 플라스틱 재질로 바뀌게 된 이유는 국제민간항공기구ICAO가 기존의 탁구공을 '고등급 위험물질'로 지정했기 때문이다. 그때까지 120년 가까이 사용했던 탁구공은 바로 셀룰로이드 물질로 만들었다. 셀룰로이드는 열에 민감하게 반응하고 불이 붙으면 연쇄적으로 확산돼 전소되는 특성 때문에 항공기 반입을 거부당한 것이다.

그러니까 셀룰로이드는 최근까지도 사용되었고 우리 주변에서도 쉽게 찾아볼 수 있는 물질이다. '셀룰로이드'는 앞서 언급한 것처럼 상품명이고 이 물질의 주성분은 '니트로셀룰로오스'이다. 인류 역사에서 이 물질이 이때 처음 등장한 것은 아니다. 인류는 면綿을 질산화시켜 면 화약을 만들어 사용하고 있었다. 니트로Nitro 혹은 나이트로라는 용어는 이름에서 질소Nitrogen 원소와 관련이 있다는 것을 알 수 있다. 앞서 다룬 하이드록시기HO-와 같은 일종의 작용기 가운데 하나로 보통 니트로기Nitro group라고 불리는 이름의 작용기이다. 질소 원소 1개와 산소 2개가 결합한 원자단NO_2을 말한다. 셀룰로오스Cellulose는 지구에 있는 유기화합물 중 가장 많은 양을 차지하는 물질이다. 녹색식물과 일부 조류, 그리고 다양한 균의 세포벽을 구성하기 때문이다. 식물은 이산화탄소로 자신의 몸을 불려 매년 1,000억 톤의 셀룰로오스를 만들어낸다. 지구에 박테리아와 같은 세균이 얼마나 있는지 가늠이 안 되니 이제 지구에 있는 셀룰로오스의 양은 상상에 맡기겠다. 우리 몸에 있는 미생물 질량만도 200그램이다.

셀룰로오스는 수천 개의 포도당$C_6H_{12}O_6$이 연결된 사슬이 격자형으로 겹쳐지며 만들어진 다당류 고분자이다. 그러니까 태생부터 자연이 만든 중합체인 셈이다. 셀룰로오스는 프랑스의 화학자 앙셀름 파앤Anselme Payen, 1795~1871이 1838년에 식물로부터 분리해 발견했다. 그런데 셀룰로오스와 유사한 물질이라는 뜻을 가진 신소재를 하이엇이 처음 발명한 것은 아니었다. 1855년 영국 알렉산더 파크스Alexander Parkes, 1813~1890가 면화에 질산을 넣어 개발한 '파케신Parkesin'이라는 물질을 만든 것이 시초다. 하이엇 형제는 이 제조 기술을 개량하여 셀룰로이드를 만든 것이다. 셀룰로오스 분자에 붙어 있는 하이드록시기 중 하나인 수소가 니트로기로 치환되면 니트로셀룰로오스라는 물질이 된다. 니트로기로 치환된 것이 많을수록 폭발성이 커지게 되는 물질이다. 사실 지금 인류는 이 물질의 분자구조를 쉽게 알 수 있지만, 유기화학이 채 정립되지 못한 과거에는 미지의 물질이었다. 니트로셀룰로오스는 셀룰로오스의 정체가 밝혀지기 전부터 여러 과학자로부터 폭발의 특성이 있는 불안정한 물질로만 알려졌다. 마땅한 제조법도 알지 못하던 차에 우연의 세렌디피티는 여기에도 어김없이 찾아온다. 실수로 질산이 든 병을 엎어 황산과 혼합됐고 이것을 앞치마로 닦아내고 난로에 말리다가 큰 폭발을 경험한 것이 계기가 됐다. 이후 인류는 이 물질에 관심을 가지기 시작했다. 셀룰로오스를 질산과 황산 혼합물에 녹이고 물과 섞어 얇고 단단한 필름 같은 얇은 판형 제품을 만들 수 있었다. 식물에서 얻을 수 있는 장뇌Camphor라는 물질을 가소제可塑劑로 첨가해 유연성 있는 필름을 만들었다. 이 필름은 1889년에 미국의 코닥Kodak사가 대량생산한 후 1957년까지 영화 필름으로 사용됐다. 영화사 필름 창고의 화재가 빈번하게 발생한 원인은 결국 이 물질의 물성 때문이었다. 말 그대로 폭약 필름이었던 셈이다. 영화 상영 기사와 영화를 사랑했던 어린아이의 우정을 다룬 영화 〈시네마 천국〉에서 주인공 알베르토가 영사기에서 시작된 화재로 인해 실명하게 되는 장면이 있다. 바로 이 필름의 폭발 때문이었다.

우리가 재활용품을 분리해놓으려 할 때 고민하게 만드는 물질이 있다. 손으로 비벼보면 유난히 부스럭거리는 소리가 나는 플라스틱 필름이다. 종이 우편 봉투에는 사각형 모양의 얇은 이 투명 필름이 붙어 있어 내용물에 인쇄된 수신인 주소를 볼 수 있다. 그리고 담뱃갑이나 사탕을 포장하는 얇은 필름 물질도 그것이다. 재활용 표시도 없는 이 물질이 분리수거의 대상이냐는 것이다. 정답부터 말한다면 고민 없이 종량제 봉투에 넣으면 된다. 이 필름은 셀로판^{Cellophane}이라고 하는 필름 제품이다. 셀룰로오스의 '셀로^{Cello}'와 투명하다는 의미의 프랑스어 '디아판^{Diaphane}'의 합성어이다. 미국 화학 기업 듀폰^{DuPont}사가 처음으로 이 필름을 발명했다. 셀로판은 셀룰로오스를 가공해서 만든다. 흔히 재생 셀룰로오스 제품이라고도 하는데 합성 플라스틱과 달리 생분해성 친환경 제품이다. 여기에 니트로셀룰로오스로 표면에 막을 더 입히면 수분이 통과하는 것을 막아 다양한 제품에 사용할 수 있다. '셀로판' 하면 떠오르는 상품이 하나 더 있다. 바로 셀로판테이프다. 엄밀하게 말하면 아세트산 셀룰로오스 막에 접착제 필름을 붙인 제품이다. 이 필름에도 꽤 흥미로운 화학물질 이야기가 있다.

스카치테이프의 탄생

이야기는 미국 미네소타에서 대학을 중퇴하고 작은 사포 회사에 취직한 어떤 청년으로부터 시작한다. 비록 대학 중퇴라는 학력이었지만 연구소에서 일할 정도로 열정적인 청년이었다. 1859년 미국에서 유정이 발견되어 석유 산업이 시작됐고 동시에 열기관의 변화를 가져왔다. 석유는 당시까지 외연기관이었던 증기기관을 내연기관으로 대체하며 자동차 산업을 이끌었다. 1908년 포드는 대량생산이 가능한 생산 시스템을 도입해 자동차의 대중화 시대를 열었다. 1924년 미국의 도로에서는 포드의 모델 T 자동차가 약 1,000만 대가량 달렸고 이는 미국 자동차의 절반 정도를 차지하는 수였다. 동시에 튜닝 산업도 활발했다. 1920년대는 자동차를 두 가지 색으로 칠하는 '투 톤 컬러'가 대유행이었다. 그러나 도장공이 자동차에 다른 색으로 칠하려면 원래의 칠 표면 위에 종이를 덮고 테이프를 붙여 경계를 깨끗하게 처리해야 하는 일이 골칫거리였다. 당시 페인트나 테이프 둘 다 성능이 좋지 않아 심할 때는 처음부터 다시 일을 해야 하기도 했다. 사포 회사에 근무하던 청년의 일은 사포 표본을 지역 내 자동차 수리 공장에 배포하는 업무였다. 그러던 어느 날, 가는 곳마다 도장공들이 테이프에 대해 불평하는 소리를 듣고서 '붙였다가 떼어도 접착제 자국이 남지 않는 테이프'를 떠올린다. 그는 천에 모래를 붙여 사포를 만들 때 쓰는 접착제를 토대로 연구했고 몇 년 후 이상적인 접착제 배합을 완성한다. 결국 이 마스킹 테이프는 불티나게 팔렸고, 말단 조수였던 그는 연구소 기술 부문장으로 승진도 하게 된다.

그는 투명 셀로판 필름을 사용한 신제품 개발을 시작했고 결국 새로운 접착제로 또 다른 제품을 만들었다. 그리고 그 이름을 '스카치 셀로판테이프'라 붙였다. 이 작은 사포 회사 이름은 '미네소타 채광 가공 회사Minnesota Mining and Manufacturing'로, 지금은 그 앞 글자 M 3개를 딴 이름으로만 부르는 쓰리엠3M이다. 이 다국적 기업을 일으킨 이 청년의 이름은 리처드 드루Richard Drew이다. 그런데 '스카치'라는 이름은 왜 붙였을까? '스카치'는 스코틀랜드인에게는 속어인데, '인색한 사람'이나 '부족한 물건'을 뜻한다. 하지만 검약한 스코틀랜드인을 뜻하는 긍정의 의미도 있다. 당시 드루가 테이프에 접착제를 양쪽 끝에만 아껴 발랐다고 해서 '인색한 상사Scotch boss'에서 유래했다고도 한다. 하지만 그 시기가 대공황 기간이었고 이 제품이 각종 물건의 수리나 보수에 이용되어 사람들이 어려운 시절을 넘어가는 데 도움을 주었다는 '근검 절약'의 뜻이 더 진실에 가까워 보인다.

셀룰로오스는 나무에서 나오는 천연 고분자이다. 이 물질은 지금까지도 우리 주변에서 많은 제품에 사용된다. 그렇다면 분명 엄청나게 자연을 훼손했을 터이다. 하지만 걱정하지 않아도 된다. 화학이 자연을 구한 경우가 여기에도 해당된다. 셀룰로오스는 1992년에 일본의 화학자 고바야시Kobayashi

와 쇼다^{Shoda}에 의해 생물학적 효소를 사용하지 않고 화학적으로 합성되었다.

셀룰로오스는 플라스틱 산업의 미미한 시작이었다. 인류는 자연의 물질을 과학의 영역으로 가져오기 시작했다. 지구가 태양으로부터 에너지를 받고 오랜 시간에 걸쳐 만든 물질, 과거의 시간과 에너지를 오늘날의 과학기술로 꺼내 쓰기 시작한 것이다.

페놀 수지의 탄생

페놀은 앞서 잠시 언급했다. 석탄의 건류 공정으로 코크스 외에도 많은 물질을 얻게 되는데 그중 원유와 비슷한 검고 끈적한 콜타르를 기억할 것이다. 콜타르에 있는 수많은 유기화합물을 증류해 얻은 방향족 탄화수소 중 대표적인 것이 페놀인데 다른 이름으로는 '석탄산'이라고 부른다.

1872년에 그동안 세상에 없던 새로운 물질이 등장하게 된 결정적 재료가 페놀이다. 물질이 만들어지는 특별한 방법은 없었다. 이 시기의 방법이란 연금술에서 행했던 여느 실험과 다를 바가 없었기 때문이다. 당시 유기화학물질 합성이나 추출은 그저 여러 물질을 섞고 열을 가해 변화를 관찰하는 것이 대부분이었으니 특별한 제조법이라고 할 것이 없었다. 독일 화학자 요한 폰 베이어^{Johann Friedrich Wilhelm Adolf von Baeyer, 1835~1917}가 석탄산(페놀)과 포르말린(포름알데히드 수용액)을 섞고 가열해 수지^{Resin} 물질이 나오는 것을 발견하고 바로 논문을 썼다. 당시 생성물은 특별하게 어떤 제품의 재료가 되기엔 부족했고 그 결과물을 활용할 수 있을지에 대한 직관조차 부족했다. 그의 논문은 이후 30여 년 동안 잠들게 된다. 이 논문이 다시 세상에 드러나며 본격적인 이야기가 시작된 것은 당구공 때문이다.

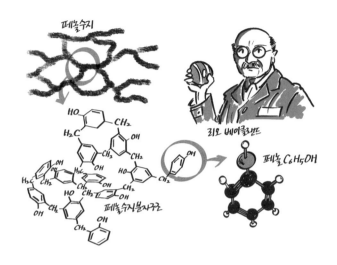

페놀수지

리오 베이클랜드

페놀 C_6H_5OH

페놀수지분자구조

우리는 인류의 이기심 혹은 이득을 위해 희생된 자연을 접했다. 그리고 화학이 그 자연을 구했던 사례도 수없이 목격했다. 보랏빛 염료의 고둥이 그랬고, 등불 연료의 향유고래가 그랬다. 코끼리의 상아는 당구공에 필요한 내구성과 내열성을 확보한 최적의 천연 재료였다. 하이엇의 실패 이후 1906년에 미국의 화학자이자 사업가였던 리오 베이클랜드 Leo Hendrik Baekeland, 1863~1944 가 잠들어 있던 폰 베이어의 논문을 찾아냈고 포름알데히드와 페놀의 반응 방법을 개선해 최초의 합성수지를 만들었다. 베이클랜드가 자신의 이름을 따서 이 물질을 베이클라이트 Bakelite 라는 이름으로 상품화한 것이 바로 최초의 인공 페놀 합성수지이자 인공 플라스틱이다. 상아 대신 만든 페놀 수지 당구공은 페놀이 포름알데히드 구조에 들어가며 치밀하게 짜깁기된 구조로 완전한 탄성을 만족시키기에 충분했다. 게다가 단단하고 열에도 잘 견뎠다. 이때만 해도 플라스틱이나 고분자라는 말이 등장하지 않았고 소나무 점액의 굳은 덩어리를 연상케 하는 수지라고 불렀다. 고분자라는 물질이 존재하는지조차 몰랐던 것이다. 페놀 수지의 등장은 혁명과도 같았다. 페놀 수지 덕분에 상아 느낌이 나는 물건을 서민들도 저렴한 가격으로 살 수 있게 된다. 플라스틱의 철학 중 하나가 물질 소비의 보편화이다. 플라스틱은 빈부 격차와 무관하게 소비의 민주화를 이루게 했다.

나일론 돌풍

고분자의 정체나 플라스틱이라는 이름은 언제부터 우리 곁으로 왔을까? 1920년대 독일의 헤르만 슈타우딩거Hermann Staudinger, 1881~1965는 천연고무를 연구하고 있었다. 당시만 해도 아무도 고분자의 존재 자체를 생각하지 않았다. 세상의 모든 물질을 쪼개 보면 작은 분자화합물로 이뤄져 있을 것이라 생각했다. 하지만 슈타우딩거는 고무를 이루는 물질은 거대한 분자라고 가정하며 고분자의 존재를 주장했고 결국 자신의 주장을 증명했다. 화학구조를 기반으로 커다란 분자 자체가 물질을 구성할 수 있다는 사실을 밝혔고 이로써 고분자화학 분야가 시작되었다. 그는 이 공로로 1953년 고분자 분야에서는 최초로 노벨상을 받는다. '플라스틱'이라는 명칭은 그가 고분자를 설명하며 했던 말, '플라스틱은 수많은 단량체Monomer 분자가 연결된 사슬이나 그물'로 정의되며 사용됐다. 이후 플라스틱은 더욱 다양한 형태로 연구되고 개발되기 시작한다.

우리가 일반적으로 알고 있는 인공 플라스틱의 시작은 하버드 대학교의 전임 강사인 월리스 흄 캐러더스Wallace Hume Carothers, 1896~1937가 등장하고부터다. 그는 화학 기업인 듀폰사의 전폭적 지원을 약속받고 그곳 연구소로 옮긴다. 당시 듀폰은 1929년에 시작된 세계 대공황의 위기를 신소재 개발로 벗어날 수 있다고 믿고 공격적 경영 전략의 일환으로 캐러더스에게 구애했다. 그는 그것이 자신의 인생에서 비극의 시작이 될 줄도 모른 채 듀폰으로 향했다. 그는 합성고무의 일종인 네오프렌을 발명해 자동차 타이어에 최초로 적용한다. 이후 듀폰은 캐러더스에게 수백 명의 연구원과 막대한 연구비를 투자한다. 그에게도 세렌디피티의 행운은 찾아왔다. 물론 행운은 게으른 자에게 그냥 찾아오진 않는다. 그는 헤르만 슈타우딩거의 고분자설을 믿고 있었고 알코올과 산을 합성해 폴리에스테르Polyester를 만드는 데 성공했다. 하지만 처음에는 이 덩어리 물질에 특수한 성질이 있다는 것을 몰랐다. 그때 연구소 동료인 줄리언 힐Julian Hill이 이 고분자 덩어리를 막대기에 묻혀 장난을 쳤는데, 실처럼 길게 늘어나는 것을 알게 됐다. (이 장면에서 어릴 적 달고나를 찍어 먹던 나무 젓가락에 달고나가 실처럼 늘어져 허공에 날리던 모습이 생각난다.) 힐이 대수롭지 않게 넘긴 현상을 캐러더스는 지나치지 않았다. 우리가 세렌디피티를 단순한 우연이라고 치부하지 않는 이유가 있다. 호기심을 품고 노력하다 보면 어느 순간 그냥 운이 따라온다는 것은 너무 낭만적이고 낙관적이지 않은가. 과학자에게 '관찰'은 인류의 암흑을 깨는 전원 스위치와 같다. 마치 현미경에서 초점을 조절하다 보면 흐릿한 시야에서 초점이 맞아 선명하게 드러난 세포를 본 것처럼, 관찰은 이미 존재했으나 미처 알지 못했던 것을 우리 눈앞에 가져다준다.

캐러더스는 아민과 산을 결합해 녹는점이 더 높은 아미드 화합물인 폴리아미드Polyamide로 같은 실험을 했다. 역시 가느다란 실이 만들어졌고 마치 비단실을 닮은 가느다란 물질은 강도마저 좋았다. 신이 있다면 또 다른 세상의 비밀 문을 여는 열쇠를 그에게 쥐여준 것이다. 1935년에 석유의 부산물이었던 벤젠을 재료로 새로운 중합체重合體, Polymer가 만들어진다. 당시 이 물질에 6-6이란 암호명이 있었고 이것이 바로 나일론6였다.

하지만 그의 운은 거기까지였다. 평소 동료와 갈등으로 우울증에 시달리던 그는 1937년에 15년 넘게 가지고 다니던 청산가리로 음독 자살을 한다. 그는 자신이 합성해낸 물질로 만든 상품이 세상에 나오는 광경을 보지 못하고 41세의 나이로 생을 마감한다. 여기에 과학의 발견이 자연의 희생을 막은 이야기가 하나 더 추가된다. 그의 사망 1년 후 나일론 칫솔이 처음으로 상품으로 나왔다. 그 이전 칫솔모는 돼지털이었다. 가격이 비싸 온 가족이 함께 사용하는 터라 비위생적이었다. 돼지털 때문에 일부러 돼지를 살생하지는 않았겠지만, 양털을 얻기 위해 양에게 그러듯이 돼지들은 가혹한 면도를 당했을 것이다. 나일론 칫솔의 등장으로 돼지털 칫솔의 역사는 막을 내린다. 하지만 나일론이 다른 제품으로 유명해지는 바람에 칫솔은 나일론으로 만든 최초의 상품이라는 명예를 빼앗겼다. 칫솔이 나온 같은 해 10월에 나일론이라는 물질은 석탄과 공기와 물로 만들었다는 사실이 공개되었고, 이듬해에 뉴욕에서 열린 세계박람회에서 스타킹이라는 새로운 나일론 제품을 선보였다. 그리고 1940년 5월 나일론 스타킹 발매 첫날 몇 시간 만에 400만 켤레가 팔리는 기염을 토했다. 바로 직전 유럽에서 발발한 제2차 세계대전 중에 군수용품의 재료로 나일론이 사용되기 시작했고 1900년대 중반에 본격적인 플라스틱의 시대가 열릴 때까지 페놀 수지인 베이클라이트와 나일론은 일상에서 많은 용도로 사용된다.

페놀 수지는 단단하고 열에 잘 견디며 전기가 통하지 않아 회로기판과 같은 절연체로 많이 사용됐다. 현재 전자회로 기판으로 가장 많이 사용하는, 일명 PCB로 불리는 기판은 폴리염화비페닐 ^{Polychlorinated biphenyl}로, 안정한 고분자 유기화합물의 일종이다. 이 물질이 등장하기 전에는 베이클라이트 소재가 많이 사용됐다. 지금은 녹색의 PCB 기판이지만 예전 전자제품에 들어 있던 황색 회로 기판은 베이클라이트 소재이다. 베이클라이트는 그 외에도 많은 부분에 사용되다가 PVC라고 알려진 폴리염화비닐 ^{Polyvinyl chloride}

의 등장으로 사용처가 대폭 줄었다. 베이클라이트를 대체한 두 물질을 보면 염소^{Chlorine} 원소가 들어 있다는 것을 알 수 있다. 탄화수소 분자에 수소 대신 다른 원소가 들어가며 전혀 다른 성질의 물질이 된다는 것을 알 수 있다. 바로 이 점에 화학자들이 관심을 두었다. 물질은 분자에서 원자단 자리가 바뀌며 전체 성질을 바꾼다. 이 방식으로 여러 종류의 성질을 가진 고분자 물질을 만들 수 있었다.

이런 고분자는 어떻게 만들어질까? 고분자는 '중합체'라고도 한다. 작은 단위를 거듭 연결해 만든다는 의미다. 이런 중합체 물질의 확산이 가능하게 된 배경은 바로 인류의 손에 석유가 쥐어진 사건이다. 그런데 이런 질문을 해보자. 인류 문명에서 석유를 사라지게 할 수 있을까?

최근 기후 위기와 맞물려 인류는 그 근본적 원인인 온실가스를 생성하는 탄소 배출에 제동을 걸고 있다. 화석에너지를 완전히 제거하기 어렵지만 다른 에너지로 대체하려는 노력이 이어지고 있다. 주변에서 가장 두드러지게 변화하고 있는 것이 이동 수단인 자동차의 연료이다. 완성차 업계는 화석연료를 연소해 사용하는 내연기관의 종말을 선언하고 전기차와 수소연료전지로 구동하는 자동차를 만들어내고 있다. 석탄과 석유의 등장과 함께 발전한 열기관이 막을 내리고 있는 것이다. 물론 전기차의 배터리를 충전하기 위한 전기에너지와 연료 전지에 공급할 수소를 얻기 위해서 아직까지는 화석연료가 사용될 수밖에 없는 한계가 있지만, 여기에서는 다른 이야기를 하고자 한다. 전기와 수소를 얻는 데에 화석에너지를 사용하지 않는다는 가정을 해보자. 화석연료를 대체하는 에너지를 얻게 된다면 인류는 화석연료인 석탄이나 석유를 인류 문명에서 정말 사라지게 할 수 있을까?

모든 분야에서 화석연료를 천덕꾸러기로 여기고 있음에도 지금도 정유회사는 조 단위의 천문학적 자금을 생산 설비에 투자하고 있다. 그들이 기후 위기 혹은 환경 파괴와 무관하게 이기심을 보이는 걸까? 정유사의 미래 투자와 같은 행보에서 정유 산업이 지속될 것이라는 사실을 짐작할 수 있다. 어느 날 모든 이동 수단이 전기차와 수소차로 바뀌어 휘발유나 경유 같은 화석연료를 사용하는 내연기관이 사라져도 석유는 계속 필요하다. 그 이유는 석유가 특별한 탄화수소 물질이기 때문이다.

앞서 탄화수소 물질을 다루며 언급한 올레핀과 알켄, 그리고 불포화 탄화수소라는 용어를 기억해보자. 세 가지 용어는 같은 말이기도 하고 의미가 다소 다르며 정의에도 차이도 있지만, 이 용어들을 관통하는 사실은 '탄소의 이중결합'이다. 이중결합이 중요한 이유는 앞서 라디칼 물질을 설명하며 언급했다. 탄소 간 2개의 결합 중에 1개를 풀며 다른 물질과 결합할 수 있는 기회를 만든다는 것이다. 이것이 고분자의 열쇠다. 올레핀은 분자 내에서 탄소 간 1개의 이중결합을 갖는 불포화 탄화수소화합물을 말한다. 정리를 해보면 결국 석유가 인류 문명에서 사라지게 할 수 없는 이유는 바로 이 올레핀 때문이다. 올레핀이 '석유화학 산업의 쌀'이라는 별명은 그냥 생긴 게 아니다.

앞서 다룬 정유 공정에서 석유의 30퍼센트나 차지하는 '나프타'라고 불리는 물질을 언급했다. 그리고 레고 블럭에서 작은 블럭의 유용성도 설명했다. 나프타에서 얻은 다양한 탄화수소 분자를 분류한 물질 그대로 사용하는 것보다 중질 유분을 깨부수고 이중결합이 존재하는 가장 작은 단위의 올레핀을 만드는 것이 더 중요하다. 석유화학에서 에틸렌이 중요하기 때문에 원유에 있는 나프타 성분의 긴 탄화수소 물질을 깨뜨려 작은 조각인 에틸렌과 같은 올레핀 계열의 화합물을 만드는 것이다. 플라스틱으로 불리는 인공 합성수지나 합성고무 혹은 합성섬유는 이런 올레핀 계열 화합물로 만든다. 자동차, 전자, 건설, 제약, 의류 소재는 물론 일상생활을 지배하는 모든 물질의 끝에는 결국 올레핀이 존재한다. 석유가 사라지게 할 수 없는 이유, 바로 이 '올레핀' 때문이다.

올레핀, 화학 산업의 쌀

오늘날의 문명에서 올레핀이 만들어낸 물질을 제거할 수가 없다. 전기차를 내세우며 화석연료를 사용하는 내연기관의 종말과 함께 온실가스 물질에서 해방됐다고 선언이라도 하고 싶지만, 인류는 화석연료에 이미 너무 깊숙하게 들어와 있어서 이 물질을 제거하는 순간 지금 누리는 문명의 편의를 모두 포기해야 할지도 모른다. 그 삶이 어떨지 굳이 상상할 필요도 없다. 이미 인류는 그런 물질이 부재했던 시기를 경험했고, 당시 사료도 많이 있으니 과거를 들여다보면 알 수 있다. 가장 최근이라고 할 수 있는 시기가 1914년 제1차 세계대전 당시이다. 당시 유럽인들의 생활상을 사진으로 자세히 엿볼 수 있다. 적어도 100년 전 회색빛 문명으로 돌아가야 하는 삶이다. 지금의 우리 삶과 비교해보면 다시 돌아가기 쉽지 않은 삶의 모습이다.

오늘날의 우리 삶을 잠시 살펴보자. 출근 전에 커피 전문점에 들러 시원한 아이스 아메리카노 한 잔을 구매한다. 계산을 위해 꺼내는 신용카드는 폴리염화비닐, 일명 PVC로 알려진 물질이다. 커피가 담긴 투명하고 단단한 플라스틱은 폴리에틸렌 테레프탈레이트Polyethylene terephthalate라는 물질인데, 우리에게는 이름의 약자인 페트PET라는 이름으로 더 익숙한 물질이다. 빨대는 폴리프로필렌Polypropylene으로 만들었다. 커피를 마시며 눈을 떼지 못하고 있는 휴대전화에도 여러 고분자 물질이 들어가 있다. 점심을 먹기 위해 방문한 패스트푸드 매장은 그야말로 고분자 물질 범벅이다. 일회용 스푼은 폴리프로필렌이고 용기는 폴리스타이렌Polystyrene이며 음식을 포장한 종이나 음료를 담은 종이컵 안쪽에는 수분을 막아주는 폴리에틸렌^{Polyethylene}이나 폴리카보네이트^{Polycarbonate}가 코팅돼 있다. 집을 나서기 전 몸을 씻기 위해 사용했던 각종 세제에도 화학물질이 있었고 화장품에도 미세한 플라스틱이 존재한다. 그리고 멋지게 입었던 의복과 신발에는 폴리에스테르와 폴리우레탄^{Polyurethane}이 있다. 이렇게 물질 이름이 다르면 화학적 구조와 성분, 기능이 다르다. 하지만 모두 올레핀에서 출발한 물질이다.

일반적으로 국내 정유사는 원유를 수입해 정제하고 여러 가지 석유 제품을 생산해 내수 시장에서 유통하거나 다시 수출하는 기업이다. 땅에서 기름 한 방울 나지 않지만, 우리나라는 이른바 석유 수출국이다. 그런데 정유사 말고도 화학 회사가 또 있다. 정유 회사로부터 나프타를 공급받아 에틸렌이나 프로필렌, 벤젠, 톨루엔, 페놀 등 기초 화학 제품, 그러니까 레고 장난감의 가장 작은 블럭을 만드는 회사들이다. 과거에는 두 사업 간 경계가 명확했다. 그런데 최근 정유사들이 올레핀 산업에 주목하며 종합석유화학 기업으로 변모하고 그 경계가 흐려졌다. 2022년에는 국내 4개 정유사 모두 올레핀을 생산할 것으로 예상된다. 이동 수단의 에너지로 대표되던 석유 제품이 설 자리를 잃어가면서 새로운 수익 모델을 찾은 것이라고 해야겠지만, 그만큼 인류 문명의 물질 소비가 사업 기회를 보장해주고 있는 셈이다. 이제 그 올레핀이 어떻게 플라스틱 물질을 만들어가는지 여러 중합체의 정체를 알아보자.

2

달고나를 닮은 폴리머

최근 식음료 매장에서 '달고나 커피'라는 음료가 젊은 고객층에게 인기다. 이 음료는 단맛이 나는 갈색 덩어리가 커피 음료에 녹으며 단맛이 극대화되는 제품이다. 그런데 여기에 들어간 '달고나'는 최근 등장한 식품이 아니라 별 먹을거리가 없던 시절에 길거리에서 팔던 아이들의 군것질거리였다(사실, 이름은 여러 가지로 불린다). 그러니까 추억을 녹인 음료이다. 잊혀진 식재료가 등장했고 최근 인터넷 영화인 〈오징어 게임〉에 등장해 전 세계인이 알게 된 식품이다. 달고나는 대체 무엇으로 만들어졌을까? 사실 그 단맛에서 원료를 쉽게 짐작할 수 있다.

달고나의 주원료는 탄수화물인 설탕이었다. 설탕을 가열해 연한 갈색을 띠는 걸죽한 용액으로 만들고 베이킹소다(탄산수소나트륨)를 첨가해 빵처럼 부풀게 한 후 굳혀서 과자처럼 만든 것이다. 그런데 여기서 원료가 '설탕이었다'라고 과거 시제로 썼다. 그럼 지금은 설탕이 아니란 말인가? 굳이 과거형으로 말한 이유는 최종 물질인 달고나에서는 설탕이라는 고유의 물질은 사라지고 다른 물질이 생겼기 때문이다. 열처리되고 첨가물이 들어가 생성된 물질은 설탕 고유의 단맛에 고소함, 그리고 약간의 쓴맛이 더해졌다.

설탕은 이당류로 분류된 물질이다. 당을 구성하는 기본 물질은 포도당 Glucose과 과당Fructose, 그리고 포유동물의 유즙에 존재하는 갈락토오스Galactose 다. 이 분자들은 탄소 6개가 뼈대를 이루고 탄소 주변으로 수소와 산소가 결합했으며, 전체 원자의 개수라고 해야 24개에 불과한 작은 분자다. 이들을 단당류라고 한다. 설탕은 포도당과 과당이라는 두 개의 단당류가 결합한 분자로 이당류이다. 전체 원자가 50개도 되지 않는 화합물 덩어리지만 인체에서 합성할 수 없고 오로지 식물만이 합성한다. 동물은 그것을 섭취해 몸에 들여보낸다. 우리는 그 맛에 흠뻑 빠졌으며 그것을 세포 안에서 에너지원으로 사용한다. 어쩌면 에너지로 사용하기 위해 그 달콤함을 느끼도록 진화했는지도 모른다. 사실 달고나를 만드는 과정은 화학 실험이나 별반 다르지 않다. 열로 물질을 변화시키는 것이기 때문이다. 그럼 설탕에서는 무슨 일이 벌어진 걸까?

분자들의 결합, 중합체

설탕 용액이 섭씨 130도 이상 올라가면 설탕 덩어리에 갇혀 있던 물 분자와 반응해 포도당과 과당이 분리된다. 그리고 온도가 160도 이상이 되면 더 복잡한 일이 일어난다. 당 분자가 작은 여러 가지 물질을 만든다. 이런 물질들이 기본 단위가 되어 계속 가해지는 열로 서로 결합하기 시작하며 다시 분자가 커지고 결합에 참여하지 못한 분자의 파편들은 탄소 부산물을 만들어내기도 한다. 이때 독특한 향과 짙은 색이 나온다. 이런 작용을 통틀어 당의 캐러멜화 작용이라고 한다. 간혹 이 과정을 고기나 빵을 구울 때 생기는 갈변 현상인 마이야르 반응과 혼동하기도 하는데, 마이야르 반응은 당 외에도 단백질 구성 성분인 아미노산이 갈변 현상에 참여한다는 점에서 차이가 있다. 캐러멜화와 마이야르 반응에서 알 수 있는 것은 결합의 단위가 우리가 지금까지 알고 있던 원자가 아닌, 원자 몇 개가 모인 작은 분자들이 단위가 되어 서로 결합해 커지며 '중합체'를 만든다는 것이다. 중합체, 혹은 고분자라는 이름은 특정한 물질을 지칭하는 것이 아니라 공통적 성질을 가진 부류의 물질을 통틀어 부르는 이름이다. 이것은 마치 스무 살이 넘은 사람을 '성인'이라고 부르는 것과 비슷하다.

　고분자는 처음부터 고분자가 된 것이 아니라 저분자가 중합해 만들어진다. 고분자가 되는 방식에는 두 가지가 있는데, 이 방식은 저분자의 구조에 따라 정해진다. 결국 결합이란 것은 원자든 분자든 간에 결합하려는 대상의 주변에 쌍을 이루지 못한 전자를 묶어 결합 오비탈에 가두는 일이다. 그러니까 저분자에 남아 있는 전자, 다른 말로는 결합에 참여할 수 있는 전자가 없으면 결합은 잘 일어나지 않는다. 그래서 이런 물질이 다른 물질과 결합하려면 자신을 이루는 결합의 한 부분을 끊거나 전자를 잃어버리고 새 식구를 맞이할 빈자리를 만들어야 한다. 결국 고분자를 만들기 위해서는 안정한 저분자를 산화 반응 혹은 강한 에너지로 분자의 특정 부위나 결합이 약한 부분이 떨어져 나가게 만들어야 한다. 그렇게 떨어져 나간 빈자리를 이용해 저분자끼리 연결해 중합해나가는 것이다. 이 방식을 화학에서는 '축합 중합縮合重合, Condensation polymerization' 반응이라고 한다. 이때에는 결합을 위해 떨어져 나간 부산물이 생길 수밖에 없다. 앞서 언급한 설탕의 '달고나'의 경우와 비슷하다. 단당인 저분자가 축합 중합에 의해 캐러멜이 되고 끈적거린다. 그리고 무수한 부산물이 향과 색을 만들어낸다.

중합하는 방식에 또 다른 방법이 있다. 단, 여기에는 조건이 있다. 저분자 내 원자 간 결합에서 전자쌍 2개로 결합한 경우다. 이 경우가 바로 이중 공유결합이다. 이중결합이 있으면 분자 내 다른 부분의 원자나 분자 조각을 버리지 않더라도 자리를 만들 수 있다. 이중결합 중 하나를 풀면 된다. 가령 사람끼리 마주 보고 두 손을 서로 꼭 잡고 있다고 생각해보자. 두 사람은 또 다른 제3의 인물과 손을 잡을 수 없다. 하지만 두 손 중 하나를 풀면 두 사람이 헤어지지 않고도 다른 사람과 또 손을 잡을 수 있는 것과 같다. 이 반응의 특징은 축합 반응과 달리 연쇄적으로 일어날 수가 있다. 저분자끼리 연결한 아주 긴 사슬 분자를 만들 수 있게 된다. 이 방법을 화학에서 '첨가중합Addition polymerization' 반응이라고 한다.

축합 중합도 이런 비유가 가능하다. 두 사람이 한 손으로 서로 손을 잡고 있고 다른 손에 우산이나 가방을 들고 있는 형태다. 그러니까 두 사람이 헤어지지 않고 또 다른 사람과 손을 잡으려면 우산이나 가방을 버려야 한다. 이게 부산물이 된다.

'산과 염기' 혹은 '산화와 환원' 반응은 화학 산업에서 무척 중요하고 기본적이며 필수적인 반응이다. 그런데 화학 산업에서 중요한 반응이 하나 더 있다. 다소 생소한 이름인 반응이지만 앞서 이 반응을 주도하는 물질을 이미 언급했다. 'R-'이라는 기호로 표시하는 라디칼이다. 포화 탄화수소에서 수소 원자 하나가 빠진 것을 라디칼이라 불렀다. 그런데 왜 이름을 이렇게 지었을까? 각종 이데올로기나 개념에 수식어로 라디칼(래디컬)Radical이라는 용어를 붙인 경우를 종종 볼 수 있다 '라디칼'은 급진적이거나 과격하다는 의미로 사용된다. 흥미로운 것은 화학에서도 같은 의미로 사용한다는 것이다. 바로 라디칼 반응Radical reaction이다. 이름에서 풍기는 것만으로도 이 반응은 마치 폭발 물질처럼 급진적이고 과격하게 느껴진다. 단어의 사전적 의미

그대로 받아들여도 좋을 만큼 이 반응은 활발하고 폭력적 반응이다. 라디칼 반응이 '산-염기'나 '산화-환원'처럼 일상에서 흔히 볼 수 있는 반응이 아니라고 생각할 수 있지만 의외로 주변에서 쉽게 찾아볼 수 있다.

불안정한 분자, 라디칼

라디칼 반응은 주로 라디칼에서 일어난다. 이게 무슨 궤변인가. 이 말은 산-염기 반응이 산-염기에서 일어난다는 말처럼 무척 성의 없는 설명이다. 하지만 라디칼 반응을 알려면 라디칼의 정체를 알아야만 한다는 의미이기도 하다. 우리는 공유결합을 이해하며 '전자쌍'이라는 용어를 사용했다. 단일 공유결합은 두 원자가 1개의 전자쌍을 공유하는 것이고, 이중 공유결합은 2개의 전자쌍을 공유하는 개념이다. '공유된 전자쌍'의 의미는 공유 주체인 두 원자가 전자 2개가 존재하는 오비탈을 각자의 오비탈로 여긴다는 것이다. 말 그대로 전자라는 재산을 공동소유하는 개념이다. 여기에서는 원자를 대상으로 설명했지만 공유 주체는 분자가 될 수도 있다.

이제 결합을 끊어내는 경우를 생각해보자. 각자 헤어지는 것이다. 헤어지며 각각의 공유 주체가 전자쌍을 나눠 각자 전자를 하나씩 가지는 공평한 방법이 있다. 한편 불공정한 헤어짐도 발생한다. 공유결합에 참여했던 모든 전자를 한 공유 주체가 욕심을 부려 모두 가져갈 수도 있다. 다른 쪽은 전자 2개를 모두 잃는 셈이다. 이것은 마치 이혼하는 부부가 재산을 분할하는 형태에 비유해도 적절하다. 상대적으로 다른 공유 주체는 억울하게도 빈손이 된다. 하지만 빈손이어도 전자 하나를 남기는 것보다는 안정하다고 느낀다. 자연은 절대 손해 볼 행동을 하지 않는다. 이 경우에는 전자가 더 많거나 부족한 이온 형태로 각자 존재하게 된다. 이온은 우리의 생각과 달리 그 자체로 안정하게 존재하는 경우가 많다. 그런데 공평하게 나눠 가진 경우는 항상 홀수의 전자를 각자의 오비탈에 남기게 된다. 오비탈은 전자 한 쌍으로 채워지는 게 안정하다. 그런데 각 오비탈에 전자 하나씩만 있으니 그 자체로 불안정하게 된 셈이다. 이렇게 불안정한 상태의 원자에 '라디칼'이라는 이름을 붙였다. 불안정하다는 의미는 반응성이 좋다는 뜻이다. 그래서 라디칼 원소는 다른 원자나 분자와 반응하길 좋아한다. 탄화수소 고분자 물질인 많은 종류의 플라스틱이 이런 라디칼 반응으로 만들어진다.

앞서 다룬 에틸렌^{C_2H_4}과 프로필렌^{C_3H_6}을 재료로 꺼내보자. 두 물질은 올레핀으로 통칭하는 알켄 물질이다. 이제 알켄과 불포화라는 용어가 나오면 이중결합을 떠올려야 한다. 두 물질은 탄소 간 결합에 이중결합을 포함하고 있다. 이중결합을 하나 끊어내면 탄소 원자 간 결합은 단일결합만 남게 된다. 분자가 분리되지는 않지만 결국 전자쌍을 이루지 못하는 전자를 가진 라디칼 물질이 된다. 이때 같은 라디칼 분자를 결합하면 좀 더 큰 분자가 만들어지고 이 분자 역시 라디칼 물질이 된다. 한 번의 반응으로 끝나는 게 아니라 연쇄반응이 일어난다. 이런 과정이 반복되면 엄청나게 긴 사슬 형태와 큰 질량을 가진 분자가 된다. 이 자체도 분자이기 때문에 우리는 이런 물질을 '고분자'라고 부르는 것이다. 그리고 이런 연쇄반응을 일으켜 작은 분자를 붙여가는 과정을 중합화^{Polymerization} 혹은 올리고머화^{Oligomerization}라고 한다. 단당류가 길어지며 끈적끈적한 엿당이나 올리고당이 되는 것도 이런 원리다. 이런 반응을 추동하는 라디칼 물질, 가장 작고 기본이 되는 분자는 단량체^{Monomer}라고 부른다. 결국 에틸렌이나 프로필렌은 단량체로 중합화 과정을 거쳐 고분자인 폴리에틸렌과 폴리프로필렌으로 만들어지는데, 이 고분자 사슬이 스파게티 면처럼 뭉쳐져 있는 것이 바로 우리가 포장지와 음식 용기로 사용하는 플라스틱이다.

물론 이 반응만으로 모든 플라스틱 물질의 생성을 말할 수 없다. 과학자들은 단량체를 변화시키면 중합체도 달라질 수 있다고 생각했다. 에틸렌에 있는 수소 대신 다른 물질을 넣어 새로운 단량체를 만들고 중합하면 완전히 새로운 플라스틱이 나온다. 또 다른 알켄 물질이 등장해 새로운 단량체를 만들 수도 있다. 앞서 물질은 원자 혹은 분자로 이루어져 있다고 했지만, 가장 작은 단위를 표현하는 수사에 불과하다. 여기서 중요한 것은 우리가 사용하는 물질, 대기 중에 있는 각종 기체와 액체에 들어 있는 저분자 물질을 제외한 대부분의 물질은 고분자 형태가 많다는 것이다. 의도된 것이든 자연적으로 만들어진 것이든 대부분 물질은 화학반응을 거쳐 생겨난다. 이제 우리가 가장 많이 사용하는 고분자들의 정체를 알아보자.

3
착한 플라스틱과 나쁜 플라스틱?
– 폴리에틸렌

플라스틱 plastic의 물성은 다른 물질과 달리 특별하다. 열과 압력을 가해 액체 형태를 만들어 성형할 수 있기 때문에 다양한 모양을 만들 수 있다. 식히면 단단하면서도 잘 휘기도 하고 잘 깨지지 않는다. 게다가 잘 부식되지도 않아 수명이 길다. 플라스틱이라는 용어도 '원하는 모양으로 쉽게 가공할 수 있다'는 의미의 그리스어 '플라스티코스 Plastikos'에서 유래했다. 플라스틱이라고 해서 모두 같은 물질이 아니다. 플라스틱을 이루는 다양한 성분은 여러 종류의 플라스틱을 만들고 각각 다양한 물성을 가지게 한다. 몇몇 플라스틱은 질감과 육안으로 구별되지만, 아무리 화학에 정통한 사람이라도 비슷한 모습의 작은 플라스틱 조각을 만난다면 정밀 성분 분석기를 사용하지 않는 한 그 물질의 정확한 성분을 알기 어렵다. 보통 사람이 우리의 일상을 지배하고 있는 플라스틱을 모두 알 수 없는 것은 당연하다. 하지만 어떤 물질인지 모른다고 크게 걱정할 필요는 없다. 우리가 사용하는 대부분의 플라스틱 제품에는 성분을 표시해놓았다. 특별히 재활용이 가능한 제품에는 물질의 영어 이름을 약자로 표시했거나 그 물질에 해당하는 번호가 적혀 있다. 각자 이름이 있었으나 우리가 무심코 지나쳤을 뿐이다.

지구에서 가장 흔한 재료로 만든 폴리에틸렌

앞으로 여러 가지 플라스틱을 소개할 텐데, 이름을 정하는 규칙을 알면 플라스틱을 이해하는 데에 도움이 된다. 플라스틱은 지금까지 설명했던 중합체, 즉 고분자(폴리머) 물질이다. 각 물질은 단량체(모노머)의 종류에 따라 다른 물질이 된다. 그래서 각각의 물질을 구분하기 위한 명명 규칙이 있다. '폴리poly~'라는 접두어는 고분자를 지칭하며, 뒤따르는 단량체의 이름으로 폴리머 물질을 구분한다. 고분자의 모습은 가느다란 실이나 스파게티 면처럼 단량체가 사슬로 길게 연결된 모습이다. 단단하거나 필름 같은 물질이 실이나 면발 같은 모습이라니 이해가 가질 않는다. 그렇다면 마치 베틀을 이용해 고분자를 직조라도 한다는 말인가?

원자나 분자가 얼마나 작은지 우리는 이미 알고 있다. 아무리 인류의 과학기술이 발전했어도 중합체로 만들어진 긴 분자를 뜨개질의 실이나 베틀의 날실과 씨실처럼 다룰 수는 없다. 이렇게 다뤄야 한다면 플라스틱이 저렴한 물질이 될 수 없다. 아마 잘 정렬된 나노 구조를 가진 나일론이 비단은 물론 특수섬유보다 비쌌을 것이다. 이제 플라스틱을 솜사탕 정도로 비유해보겠다. 설탕을 녹여 가느다란 실로 만들고 이 실들을 바람에 날려 특별한 규칙 없이 뭉쳐서 솜사탕을 만든다. 바로 이 솜사탕의 모습이 우리가 만나는 플라스틱이다. 아니면 접시 위에 놓인 스파게티 면을 상상해도 된다.

우리 주변에서 가장 흔하게 찾아볼 수 있는 플라스틱은 폴리에틸렌이다. 제품을 포장하는 얇은 포장지나 반찬통과 같은 용기는 대부분 이 물질이다. 이름에서 고분자를 구성하는 기본 단위인 단량체를 찾아보자. '폴리'라는 접두어를 제거하면 '에틸렌'이 남는다. 그러니까 바로 에틸렌이 단량체이고 폴리에틸렌은 에틸렌 분자를 여러 개 중합한 물질인 셈이다. 에틸렌은 앞서 이미 다뤘다. 탄소 2개가 이중결합한 분자 뼈대, 그리고 각 탄소에 수소 2개가 결합한 분자이다. 앞서 배운 라디칼을 적용해보자. 에틸렌 분자의 탄소 이중결합에서 결합 하나를 끊으면 두 탄소 원자에는 결합에 참여하지 않은 전자가 하나씩 남게 된다. 탄소 간 결합이 완전히 끊어진 것이 아니므로 이 물질은 아직 에틸렌이다. 결국 에틸렌 분자는 다른 물질과 결합할 수 있는 민감한 상태가 된다. 이제 단량체로 고분자를 만들 준비가 끝났다. 이때 다른 물질이 또 다른 에틸렌 라디칼 분자라면 축합 반응을 통해 탄소끼리 연결되며 이 과정을 반복하면 사슬은 길어진다.

폴리에틸렌을 원소 종류로만 보면 탄소와 수소로만 이루어진 분자이다. 두 원소는 우주와 지구에 가장 흔한 재료이다. 폴리에틸렌에는 유해하다고 알려진 중금속 원소나 염소, 플루오린(불소)처럼 반응성 좋은 원소도 들어 있지 않다. 폴리에틸렌 사슬 일부를 떼어낸 모양은 우리 몸을 이루는 지방 분자에 있는 지방산의 모습이며 앞서 다룬 탄화수소 연료 물질과 완벽하게 닮았다. 물질로만 본다면 당연히 폴리에틸렌이 인체에 유해한 성분일 리가 없다. 지방을 연료로 사용하듯 폴리에틸렌도 연소하면 에너지를 방출하고 이산화탄소와 물로 바뀌는 물질일 뿐이다. 폴리에틸렌은 영문 약자로 PE 혹은 LDPE(1), HDPE(2)로 표시한다. 폴리에틸렌의 조밀도를 기준으로 저밀도 폴리에틸렌^{LDPE, Low density polyethylene}과 고밀도 폴리에틸렌^{HDPE, High density polyethylene}으로 나눈다. 단어의 의미에서 알 수 있듯이 저밀도 플라스틱은 물질이 부드럽고 고밀도는 단단하다. 제품의 용도에 맞게 다른 압력 공법으로 만든 것이다. 보통 고밀도 폴리에틸렌은 저압법으로 만든다. 마치 가래떡을 뽑아내듯이 곧은 사슬을 뽑아낸다. 반면에 고압법은 곧은 사슬을 만들지 못한다. 가지를 가진 사슬은 뭉쳐지기 어려워 저밀도 플라스틱이 되는 것이다. 폴리에틸렌은 비교적 안전한 물질로 쓰임새가 많다.

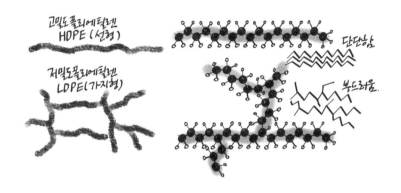

유해성과 무해성 너머의 고민

폴리에틸렌 물질의 유해성을 굳이 이야기해야 한다면 간접적 영향을 들 수 있다. 플라스틱이 영원하다는 것이 자연에는 그리 달갑지 않은 성질이다. 물질의 순환에서 배웠듯이 모든 물질은 임무를 완수하면 출발했던 그 자리로 다시 돌아가야 한다. 석유는 인류가 자연으로부터 받은 선물이니 석유를 통해 만든 물질도 다시 자연으로 돌려보내야 한다. 이 거대한 순환 자체가 자연이었다. 물질을 다시 자연으로 돌아가게 하는 최종 임무는 대부분 미생물의 몫이다. 그런데 미생물이 물질을 먹이로 분해하려면 저분자 단위의 작은 조각이 돼야 한다. 그런데 고분자는 탄소 사슬이 단단히 결합돼 있어서 미생물에 의해 분해가 잘 되지 않는다. 수백 년이 지나도 변하지 않고 자연에 그대로 남아 있는 끔찍한 일이 돼버렸다. 폴리에틸렌이라는 물질은 인체에 직접 위해를 가하지 않는다. 하지만 우리가 탄소 물질 대순환의 고리의 한 부분을 작동하지 않게 묶어버렸다. 탄소를 플라스틱에 넣고 가둔 것이다. 우리 인류도 그 대순환의 벨트에 놓여 있는 존재일 뿐이다. 긴 시간이 지나 이 멈춤의 영향이 인류에게 다가올 것이라는 건 의심할 여지가 없다. 이제까지 우리가 플라스틱을 구분하려는 태도, 그러니까 '좋은 플라스틱', '나쁜 플라스틱'이라고 하는 말은 지극히 인간 중심의 기준인 것이다. 좋고 나쁨, 무해와 유해의 의미가 애초부터 자연을 염두에 둔 의미가 아니었다. 자연에게는 플라스틱의 존재 자체가 달갑지 않다. 이제 플라스틱을 어떻게, 얼마나 사용할 것인가를 고민해야 할 시기이다. 그런데 인류의 욕망은 여기에서 멈추지 않는다. 단량체를 약간 비틀어 바꾸면 전혀 다른 물질이 만들어진다는 비밀을 알게 된 것이다. 에틸렌이라는 단량체에서 수소 1개를 다른 원소로 바꿨다. 겨우 원소 1개를 바꿨을 뿐인데 우리 인류의 손에는 전혀 다른 물질이 쥐어졌다.

4

단단하기도 하고 부드럽기도 한 플라스틱
– 폴리염화비닐

에틸렌 단량체에서 수소 원자 1개를 바꾸는 것은 꽤 간단해 보인다. 하지만 이런 단량체를 만들기 위한 과정은 생각보다 꽤 복잡하다. 이쯤에서 중요한 사실을 다시 짚고 넘어가야겠다. 화학에서 원소만 있으면 특정 분자 하나를 뚝딱 만들 수 있다고 생각하는 것에 대한 오해다. 앞서 물 분자를 만드는 일이 그랬다. 결과적으로는 에틸렌 분자에서 원소가 치환된 것처럼 보이지만 실제로 단량체 하나를 만드는 것은 어쩌면 물 분자를 만드는 것보다 더 복잡한 과정을 거쳐야 할지도 모른다는 것이다.

앞서 C_2 화합물을 다루며 에틸렌뿐만 아니라 아세틸렌^{C_2H_2} 물질도 언급했다. 에틸렌 구조에서 삼중결합을 가진 아세틸렌도 다양한 물질의 원료로 사용된다. 사실 분자에서 삼중결합은 분자에게 극단적 성격을 지니게 만든다. 질소 분자처럼 극도로 안정적이게 만들기도 하지만 상당히 불안정한 상태를 만들기도 한다. 아세틸렌이 삼중결합을 끊고 산소 분자와 반응하며 방출하는 에너지는 무척 크다. 그래서 인류는 산소 아세틸렌 용접 불꽃을 만들어 쇠를 녹여내는 방법을 터득했다. 아세틸렌은 물과도 반응한다. 물과 반응하며 우리에게 익숙한 물질이 등장한다. 아세틸렌 삼중결합 중 하나를 풀고 물이 첨가되면 비닐알코올^{Vinyl alcohol}이 된다. 비닐알코올 역시 무척 불안하다. 그리고 자신의 분자 내 결합 구조를 바꾸면서 아세트알데히드로 변한다. 분자 내에서 안정을 위해 원자들이 자리를 바꾸는 것이다. 아세트알데히드는 합성수지의 원재료로 사용된다. 그런데 아세틸렌이 물과 반응하는 공정에 촉매가 사용된다. 촉매를 사용하는 이유는 반응을 더 쉽게 하기 위함이다. 이 촉매로 수은이 사용된다. 이미 수은의 독성과 그 폐해에 대해서는 잘 알려져 있다. 일본의 미나마타현의 공장 지대에서 수은으로 인한 미나마타병이 발생한 것도 이런 합성수지 제조 공정에서였다.

PVC라는 이름으로 익숙한 폴리염화비닐

그런데 아세틸렌이 염산과 만나며 더 유명해진다. 바로 염화비닐이라는 물질이 만들어지기 때문이다. 염화비닐^{Vinyl chloride}은 에틸렌 분자의 수소 자리 중 하나를 염소가 차지한 형태이다. 염화비닐을 만드는 방법은 칼슘카바이드에 물을 반응시켜 얻는 아세틸렌에 염산을 반응시켜 만드는 방법과, 석유에서 얻는 에틸렌에 염소가스를 반응시켜 그 수소 원자 하나를 염소로 치환해 제조하는 방법이 있다. 이렇게 염화비닐, 영어로는 바이닐 클로라이드 모노머^{Vinyl chloride monomer}라는 단량체를 만든다. 복잡한 과정이지만 결과적으로는 에틸렌에서 겨우 원소 하나가 바뀐 것뿐이다. 인류는 이 물질의 등장으로 또 다른 세상을 만난다.

염화비닐이라는 용어가 낯설어 보이는 독자도 있겠지만, 염화비닐 단량체를 중합하면 익숙한 물질을 만나게 된다. 폴리염화비닐 ^{Polyvinyl chloride}이라는 이름보다 약자인 PVC로 더 익숙한 물질이다. 폴리염화비닐은 폴리에틸렌과 이후에 등장할 폴리프로필렌에 이어 세 번째로 많이 생산되는 플라스틱이다. PVC의 등장은 우리의 생활을 무척 편리하게 만들었다. 이유는 PVC의 강력한 성질 때문이다. PVC는 다른 플라스틱에 비해 색을 내기 쉽고 강하다. 내 오래된 기억에 남아 있는 장면 중에 어렸을 적 살던 집에서 보일러 공사를 하던 모습이 있다. 공사 인부들이 회색 플라스틱 파이프를 마당에 피워놓은 모닥불의 열로 구부리는 것이었다. 바닥 모양에 맞춰 원하는 대로 배관 모양을 만들어가는 모습을 재미있게 지켜봤던 기억이 있다. 한번 구부러진 파이프가 식으면 다시는 원래 모양으로 돌아오지 않았다. PVC가 일상에서 가장 많이 사용된 곳이 건축 토목 분야이다. 마치 금속처럼 단단하고 열에 강하며 가공이 쉬워서 지금까지도 많이 사용하고 있다.

폴리에틸렌처럼 PVC도 부드러운^{Soft} 것과 단단한^{Hard} 것이 있다. 고무호스나 방바닥 장판이 연질 PVC^{SPVC}로 만들어졌고 파이프에 사용하는 것은 경질 PVC^{HPVC}이다. PVC는 원래 단단하다. 그래서 연화제나 가소제를 사용해 단단한 성질을 조절한다. 이런 물질들은 PVC의 고분자 사슬 뭉치 사이에 들어가 전체 물성을 변형한다. 대표적 연화제 물질로 다이옥틸 프탈레이트^{DOP, Dioctyl phthalate}라는 물질을 사용하는데 연질 PVC의 경우에는 이런 연화제의 양이 전체의 절반 정도 들어간다. 그 외에도 색을 입히기 위한 착색제 같은 첨가 물질이 추가된다.

PVC는 건축 토목 분야 외에 어디에 사용될까? 턴테이블로 음악을 들을 수 있는 레코드판을 국내에서는 LP판으로 부르지만, 영어권에서 부르는 이름은 바이닐 레코드^{Vinyl record}이다. 레코드판의 재질이 PVC이기 때문에 붙여진 이름이다. 단단한 성질 때문에 턴테이블의 재생 바늘에 의한 마모가 적다는 이유로 PVC를 사용했다. 단단한 성질 때문에 사용되는 또 다른 용도는 신용카드이다. 아마도 유효 기간이 지난 신용카드를 폐기하기 위해 가위로 자르며 그 단단함을 감각적으로 경험해보았으리라 생각한다. 한편 착색이 잘 되고 가공이 쉬워서 장난감이나 모형 피규어의 재료로도 사용된다. 경질 PVC 외에도 연화 PVC는 일상에 훨씬 가깝게 있다. 지금은 대부분 폴리에틸렌으로 바뀌었지만 1980년대 초부터 음식물 포장에 사용한 비닐 랩은 폴리염화비닐리덴^{PVDC, Polyvinylidene chloride}을 사용했다. 또는 PVC에 프탈레이트와 같은 엄청난 가소제를 넣은 물질이다. 가정용 비닐 랩이 폴리에틸렌으로 바뀐 것도 그리 오래되지 않았다. 그런데 아직도 일반 음식점에서 포장에 사용하는 포장랩은 PVC 제품이 많다. PVDC 랩은 수분과 기체 투과율이 낮아 음식 냄새가 확산되는 것을 막을 수 있을뿐더러 공기를 차단할 수 있어 음식의 산패를 지연시킬 수 있었다. 그래서 음식뿐만 아니라 일반 의약품 중 알약을 포장한 트레이는 대부분 이 물질이다. 가소제를 사용해 단단한 물질을 연질로 만들면 탄성과 흡착력마저 좋아져 비닐 랩이라는 특수한 필름 제품이 탄생한 것이다. 그런데 연화폴리염화비닐(연질 PVC)^{Plasticized PVC}과 폴리에틸렌 제품은 비닐 랩이 요구하는 흡착 특성을 강화하기 위해 별도의 첨가 물질(분자량이 적은 폴리이소부틸렌^{Polyisobutylene}, EVA 수지^{Ethylene vinyl acetate} 등이 사용됨)을 넣고 고무와 같은 성질을 띠게 해 잘 늘어나도록 만든다. 사실 PVC 제품은 지금까지 언급한 제품 외에도 엄청나게 많은 용도로 사용되고 있다.

PVC의 독성 문제

PVC 물질 분자로 보면 폴리에틸렌과 달리 염소^{Cl}의 존재가 신경 쓰인다. 일

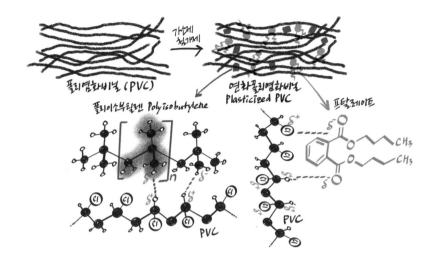

반적으로 염소 물질은 강한 반응성이 있기 때문이다. 그것도 음식을 포장하는 랩에 존재한다고 하니 여간 신경 쓰이는 게 아니다. 게다가 PVDC는 PVC에 비해 염소가 두 배나 많다. 하지만 염소는 고분자에 결합해 있다. 에너지를 주고 강제로 결합을 끊어내지 않는 한 대부분 물질 안에 갇혀 있어 비교적 안전한 편이다. 이런 고분자 물질 자체는 안전한 편에 속하는 물질이지만 대부분 일반 제품에서는 각종 첨가물이 혼합돼 있다. 첨가물은 분자가 결합한 것이 아니라 고분자 사슬 뭉치 사이에 혼합된 형태이기 때문에 물리적으로도 인체에 노출될 수 있다. 이런 첨가제 중에 연화 PVC의 가소제로 사용되는 프탈레이트는 간과 신장에 손상을 가져올 뿐만 아니라 인체 세포의 에스트로겐 수용체와 결합하며 호르몬 기능을 교란할 수 있는 환경호르몬 물질로 알려져 있다. 아이들이 장난감을 빨거나 씹는 경우 쉽게 노출될 수 있다. 크기가 작은 분자는 피부를 통해 쉽게 인체에 흡수되고 지방조직에 축적된다. 물론 대부분은 배출되지만 어린이의 경우 그 정도가 다르고 신체 방어 기능이 약해 위험할 수 있다. 지방 조직에 축적이 잘 된다는 의미는 지방에 잘 붙들리게 된다는 뜻이다. 기름이 기름에 녹는 원리다. 뜨겁고 기름진 음식에는 랩 사용을 줄이고 전자레인지에 데우는 경우에도 랩을 제거해야 안전하다. 그렇다면 이런 가소제 말고 다른 안전한 가소제를 사용하면 되지 않느냐는 질문을 할 수 있다. 하지만 아직까지 이 물질의 성능을 능가하는 물질이 없고, 있다 해도 프탈레이트와 동일한 독성이 있거나 가격이 비싸기 때문에 여전히 프탈레이트가 사용되고 있다.

선진국에서는 PVC 제품의 독성에 대해 적극적이고 강력한 통제를 하고 있지만 문제는 비정상적인 유통 과정을 거쳐 수입되는 제품이다. 신흥개발도상국이나 중국 등 해외에 공장을 두고 값싼 인건비와 재료비로 제품을 생산하는 경우 독성물질의 통제가 쉽지 않기 때문이다. 게다가 제조 공정에서 각종 촉매로 사용되는 중금속이 제품에 잔류하는 경우가 많기 때문에 각별한 주의가 필요하다. 그런데 우리는 플라스틱의 제조 공정과 사용에 관심을 가져야 할 뿐만 아니라 이런 물질이 사라지는 것에도 관심을 가져야 한다. 영구적인 플라스틱의 존재는 자체적 유해성을 떠나 탄소 순환을 방해할 뿐만 아니라 생태계에도 악영향을 끼치고 있기 때문이다. 앞서 말했듯 폴리에틸렌은 태우면 물과 이산화탄소로 바뀐다. 온실가스가 방출되는 것이다. 그런데 PVC는 소각해 폐기하는 과정에서도 문제가 있다. 가소제, 안정제, 착색제 등 첨가물 때문에 소각 시에 죽음의 물질이라 불리는 다이옥신이 방출되고 이 과정에서 염화수소가 발생하기도 한다. PVC는 독성 때문에 '석유화학 문명이 낳은 기형아'라고 불리기도 한다. 수거 후 소각 폐기하는 경우, 대기 환경까지 신경 써야 한다. 물론 이것은 수거해 소멸시키는 시점에 고민할 문제이다. 매립을 포함해 수거되지 않는 물질이 소멸되지 않고 자연에 그대로 방치되는 경우는 생태계에 미치는 영향이 상상하는 것보다 심각하다. 특히 바다 생태계는 플라스틱으로 몸살을 앓고 있다. 이득은 인간이 보고 피해는 자연이 당하고 있다. 그러나 결국은 인간도 자연이다.

다시 강조하지만 화학물질은 환경 정의의 문제이고 이 정의가 실현되기까지 소비자인 우리가 주의할 수밖에 없다. 우리의 플라스틱 사용 목적은 생존의 문제가 아니라 단순히 일상을 조금 더 편리하게 영위하기 위해서였다. 저렴하고 편리함이 주는 달콤함에 취해 세상을 '자연이 소화할 수 없는 물건'들로 채웠다. 맹목적인 일회용품 문화였고 자연과의 장기적인 약속은 외면했다. 어쩌면 이것이 기업이 제품을 지속적으로 공급하는 정당성을 만들어준 것일지 모른다. 결국 우리와 자연이 안전해지려면 이 수요와 공급이라는 공식에서 탈출해 조금 더 불편함을 선택하는 것이 유일한 방법으로 보인다.

5

금속보다 매력적인 플라스틱
– 폴리아세틸렌

머리카락에 책받침과 같은 플라스틱 물질을 문지르거나 플라스틱 빗으로 머리를 손질하다 보면 머리카락 한 올 한 올이 마치 살아 있는 듯 뭉치지 않고 서로 밀쳐내며 하늘을 향해 곧게 서는 경험을 해보았을 것이다. 이렇게 만든 원인은 정전기이다. 전기는 도체를 만나면 흐르게 된다. 그리고 부도체나 절연체에는 전기가 흐르지 않는다. 정전기는 흐르지 않고 특정 공간에 머물러 있는 전하 뭉치를 말한다. 머리카락을 들뜨게 한 현상은 머리카락에 있는 전하가 서로 반발력으로 밀어냈기 때문이고 이 전하는 플라스틱 표면에 남아 있던 정전기가 마찰로 인해 머리카락으로 이동한 것이다. 플라스틱 대부분은 부도체 혹은 절연체라는 것이 상식처럼 알려져 있다. 플라스틱은 마치 그 탄생부터 절연체로서 임무를 띠고 탄생한 것처럼 전하가 흐르지 않는 물질로 알려져 있다.

20세기 초 최초의 합성 고분자인 베이클라이트는 절연을 목적으로 판매되어 사용됐다. 전자회로를 구성하는 기판으로 사용한 것이다. 플라스틱은 대부분 절연이 필요한 장소에 존재한다. 전기선은 여러 가닥의 구리 전선을 플라스틱 물질로 감싸 외부로 전하가 흐르지 않게 한다. 플러그나 전기 소켓, 그리고 스위치 등이 플라스틱으로 만들어진다. 그런데 여기에서 '모든' 대신에 '대부분' 이라는 표현을 썼다. 이 말은 전기를 통하게 하는 플라스틱도 존재한다는 말이다. 『햄릿』3막 2장에 나오는 "여기 더 매력적인 금속이 있다."라는 말처럼 특별한 물질이 있다.

합성된 폴리아세틸렌 분말

앞서 언급한 아세틸렌$^{Acetylene, C_2H_2}$도 중합체를 만들 수 있다. 중합체는 폴리아세틸렌^{Polyacetylene}이다. 폴리아세틸렌은 아세틸렌의 탄소 간 삼중결합에서 1개의 결합이 끊어지고 이중결합인 상태에서 다른 아세틸렌과 단일결합 사슬로 이어지는 비교적 간단한 고분자이다. 그런데 이 고분자는 특별한 성질이 있다. 어떠한 용매나 열에도 용해되거나 잘 녹지 않는다. 이 말은 플라스틱의 철학인 가공성을 찾아볼 수 없다는 말과 같다. 사실 이런 성질을 가진 고분자 물질은 몇 종류가 더 있다. 가령 테플론^{Teflon}과 같은 고분자는 워낙 열에 잘 견뎌 주방 기구에 코팅해 사용하기도 한다. 그런데 폴리아세틸렌에는 더한 특별함이 있다. 플라스틱임에도 금속처럼 전기가 통한다.

물질의 성질은 화학구조와 관련됐으므로 고분자 화학에서 새로운 물성을 가진 물질을 얻고자 할 때 원하는 화학구조로 합성하는 방법이 중요하다. 이때 물성과 구조와의 연관성에 대한 이론도 필요하겠지만, 생성물의 반응을 지배하는 메커니즘에 접근하는 것이 기본이다. 아무리 구조가 좋은 생성물도 잘 만들어지지 않으면 의미가 없기 때문이다. 대부분의 반응은 생성물로 가는 에너지 언덕을 넘기가 쉽지 않고 결국 반응을 도와주는 촉매 역할이 필수적일 수밖에 없다. 대부분의 반응에서 촉매 물질을 알지 못하고는 목표 물질을 제대로 합성해낼 수 없는 경우가 많다. 자신들의 이름을 딴 '치글러-나타' 촉매를 발견한 독일의 카를 치글러^{Karl Ziegler, 1898~1973} 교수와 이탈리아의 줄리오 나타^{Giulio Natta, 1903~1979} 교수는 1963년 고분자 분야에서 두 번째 노벨상을 받았다. 현재까지 대부분의 고분자 합성은 이 촉매의 덕을 입고 있다. 치글러 교수는 에틸렌을 배위 중합해 저밀도 폴리에틸렌^{LDPE}을 만들었고 나타 교수도 프로필렌으로 폴리프로필렌을 만들게 된다. 배위 결합은 공유결합의 일종으로만 기억하자. 이후 6장에서 염료 물질을 다루며 설명할 것이다. 보통 이런 물질을 만들려면 엄청난 압력과 온도가 필요한데, 이 촉매로 인해 반응 언덕을 낮춰 반응이 쉽게 일어나게 한 것이다

1958년 치글러와 나타는 특별한 촉매로 폴리아세틸렌을 합성했지만 분말 형태로만 생성됐다. 왜 분말 형태로밖에 만들 수 없었을까? 사실 이런 질문은 과학자 외에는 대부분 사람에게 관심 밖의 일이다. 분말이든 필름이든 아니면 긴 섬유 형태든 결과물을 녹여 소성하고 적절한 모양과 용도의 제품을 만들 수 있느냐가 중요하기 때문이다. 그런데 폴리아세틸렌은 분말로밖에 만들어지지 않았다. 게다가 어떤 용매에도 녹지 않고 열에도 녹지 않아서 필요한 물건을 만들 수 없는 이런 재료에 관심을 둘 사람은 드물다.

이로부터 10여 년이 지나 일본 도쿄공업대학 시라카와 히데키^{白川英樹, 1936~} 교수는 이론적으로 폴리아세틸렌이 사슬이 이어진 방향으로 전도띠를 형성할 수 있다고 생각했다. 그것은 이중결합과 단일결합이 번갈아 존재하는 폴리아세틸렌만이 갖는 공액 오비탈 때문이다. 우리는 앞서 언급한 공유결합 이론에서 시그마결합과 파이결합이라는 용어를 배웠다. 단일 공유결합은 시그마결합만 있고 이중 공유결합의 경우 시그마결합에 더해 파이결합이 존재

했다. 그런데 폴리아세틸렌은 고분자를 이루며 탄소 공유결합 사슬에서 이중결합과 단일결합이 번갈아 나타난다. 이때 공유된 전자들의 궤적인 오비탈이 이론으로는 전혀 상상할 수 없는 형태로 나타난다. 원래 파이결합은 이중결합 이상에서만 나타나야 하는데, 폴리아세틸렌처럼 이중결합과 이중결합 사이에 존재하는 단일결합에서도 파이결합으로 오비탈이 연결되어버린다. 결과적으로 공유된 전자가 폴리아세틸렌 사슬 전체 영역을 마음껏 돌아다닐 수 있게 된 것이다. 이유는 물리학으로 밝혀진 공명 현상Resonance 때문이다.

원래 공명 현상은 두 물질이 같은 진동수로 진동할 경우 진동이 증폭되는 경우를 말하는데, 분자에서도 이런 현상이 나타난다. 그러니까 단일결합 양쪽에 있는 이중결합의 파이결합 오비탈에 있던 전자들이 서로 공명을 일으켜 크게 진동하기 때문에 단일 공유결합 부근까지 돌아다닐 수 있는 것이다. 우리는 이것을 '공액 오비탈Conjugated orbital'이라 부른다. 단일결합에만 있는 시그마결합에 파이결합이 존재하는 것 같은 현상이다. 결국 폴리아세틸렌의 모든 사슬이 이중결합 된 것처럼 파이결합에 있는 전자들이 탄소 사슬 전체를 자유롭게 다니게 된다. 이 말은 외부로부터 전압이나 에너지가 유입되면 공액 오비탈에 있는 전자가 폴리아세틸렌 분자 밖으로 쉽게 떨어져 나갈 수 있다는 의미다. 더 쉽게 말하면 폴리아세틸렌은 일종의 전기가 통하는 플라스틱인 셈이다. 시라카와 히데키 교수는 벤젠 화합물이 이런 현상을 보이는 것에 착안해 폴리아세틸렌도 전도성 물질일 것이라 주장한 것이다. 그런데 설사 전도성이 있다 해도 분말 형태의 고분자는 전도성이나 밀도 등 물리적 특성을 측정하기도 어려워 그 자체로는 절연체나 다름없었다. 시라카와는 만약 폴리아세틸렌을 필름 형태나 섬유 형태로 만들면 자신의 주장을 증명할 수 있을 것이라 믿었다. 여기에도 어김없이 세렌디피티가 등장한다. 1974년에 우연하게 폴리아세틸렌 필름을 얻게 된 것이다. 우연에는 항상 예정된 실수가 등장해 우연을 운명적으로 만든다. 예정된 길에서 반복되는 실패가 예정에도 없던 다른 길에서 성공으로 바뀌는 경우가 많다. 어쩌면 치밀한 계획은 성공으로 가는 방해꾼일지도 모르겠다.

은빛의 금속 광택 필름

폴리아세틸렌으로 중합하는 과정에는 아세틸렌 기체를 촉매가 포함된 액체와 혼합하는 일이 필요했다. 이 과정에서는 혼합 물질을 잘 저어주는 교반기라는 기계를 사용한다. 시라카와 교수팀이 치글러와 나타 교수의 선행 연구를 이어 폴리아세틸렌 합성 연구를 지속했지만 결과는 마찬가지로 분말 상태였다. 연구 초기에 시라카와 연구팀의 동료 팀인 이케다 연구팀에 일시적으로 합류한 외국계 연구원이 조수로 들어와 잠시 이들의 고분자 합성 연구를 거들게 된다. 그의 일은 수용액에 촉매제를 넣고 교반기를 작동하면서 아세틸렌 기체의 양을 조절해 기계에 주입하는 일이었다. 어느 날 그는 이 방법으로는 중합 속도가 느릴 것이라 예상했고, 고의든 실수든 촉매제를 더 넣게 됐다. 합성 실험 중 잠시 자리를 비운 사이에 교반기는 모터 고장으로 작동이 멈췄고, 고장 부위를 살피던 중 조수는 교반기 안의 반응액 표면에 얇은 은회색 막이 형성된 것을 확인했다. 이 은막의 모습은 마치 데워진 우유 표면에 단백질 응고로 얇은 막이 생긴 것으로 상상하면 충분할 것이다. 그는 몇 차례 같은 과정을 반복해 이 은회색 막이 폴리아세틸렌이 만들어낸 결과물이라는 것을 확인하고 이케다 박사에게 보고했다. 늘 분말 형태에서 벗어나지 못했던 시라카와와 이케다 연구진은 이 반응 공정을 더 연구했고 1974년 시라카와 교수팀은 폴리아세틸렌 필름을 얻게 된다. 폴리아세틸렌 필름은 은회색의 금속 광택을 띠고 있었다. 하지만 시라카와의 예상과 달리 원하는 전기 전도성을 얻을 수 없었다.

　폴리아세틸렌 필름은 구조적으로 자유전자가 판 전체를 다닐 수 있는 전자구름이 균일하게 덮여 있을 수 있다. 앞에서 언급한 공액 오비탈 때문이다. 만약 전압에 의해 필름으로 들어온 전하는 판 전체에 비편재화된 전자구름에 의해 쉽게 움직일 것이다. 금속보다 더 매력적인 물질이 만들어지는 것이다. 하지만 시라카와 연구팀이 만든 필름은 사슬 형태가 얽힌 구조에서 전자구름이 물질 전체를 감싸지 못했다. 그러니까 마치 빙하 위 크레바스처럼 전하가 다닐 수 있는 길이 군데군데 끊어진 것이다. 당시까지 시라카와는 그 이유를 알지 못했다. 하지만 분말에서 필름 형태로 만든 것은 그 자체로도 꽤 흥미롭고 성공적인 결과였다.

　결국 이것은 1975년 화학 학회에 보고되고 이 은빛 금속 광택 필름에 관해 듣게 된 미국의 화학자 앨런 맥더미드 Alan MacDiarmid, 1927~2007 교수는 여기에 숨겨진 비밀을 눈치챈다. 그는 시라카와를 초빙해 같은 대학의 앨런 히거 Alan Heeger, 1936~ 교수와 함께 연구를 지속했다. 1977년 이 폴리아세틸렌 필름에 염소, 브롬, 요오드를 이온화시켜 산화 처리했다. 그랬더니 전도도가 증가한 것이다. 그것도 초기 전도도보다 무려 10억 배나 증가한 것이다. 별도로 첨가한 물질은 주기율표 17족에 해당하는 할로겐족 원소다. 결국 할로겐 기체로 도핑 Doping하는 방법인데, 폴리아세틸렌 사슬 사이에 음이온 뭉치를 강제로 끼운 것이다. 그러니까 널찍한 빙하 위 크레바스를 메운 것이다. 사실 화학적으로 산화라는 용어가 더 적절한 표현이지만 여기에서 중요한 것은 전기 전도도의 우수성이 높아졌다는 것이다. 전기 전도도의 단위를 알 필요까지는 없지만 전기를 가장 잘 흐르게 한다는 금속인 은 Ag의 전기 전도도가 6.3×10^7 미터당 지멘스 S/m이고 플라스틱이 평균 10^{-16} 미터당 지멘스인데 반해 산화된 폴리아세틸렌의 전기 전도도는 10^3~10^5 미터당 지멘스에 달한다. 구리가 5.8×10^7미터당 지멘스인 것을 보면 이 물질에 대한 매력도가 어느 정도였을지 짐작할 수 있다.

노벨상의 아쉬움

세 과학자는 폴리아세틸렌 필름을 요오드로 처리하여 전자가 쉽게 움직이도록 한 전기 전도성 플라스틱에 대한 논문을 발표했고, 2000년 노벨화학상을 공동 수상했다. 고분자 분야에서 네 번째 노벨상이다. 첫 번째와 두 번째는 앞서 등장한 슈타우딩거와 치글러·나타이다. 세 번째인 1974년 노벨상 수상자는 중합 반응의 메커니즘을 연구한 미국의 폴 존 플로리Paul John Flory, 1910~1985 이다. 그는 나일론을 만든 캐러더스의 동료였다. 캐러더스가 자살하지 않았다면 노벨상을 받을 수 있었을지도 모른다는 아쉬움이 있다. 그런데 네 번째 노벨상에도 아쉬운 인물이 등장한다. 사실 폴리아세틸렌 필름 그 자체가 만들어지지 않았다면, 그러니까 생성 과정에서 촉매제가 과다하게 투입되지 않

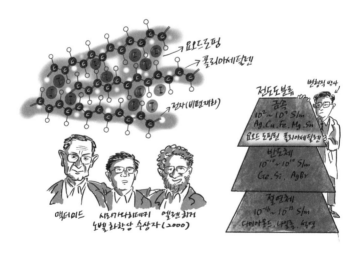

았고 하필 그때에 교반기가 고장 나지 않았다면 필름 생성이 불가능했거나 훨씬 더 뒤늦게 발견됐을 일이다. 그리고 그런 일을 가능하게 한 사람은 시라카와 옆방 연구실의 조수였다. 어찌 보면 그가 노벨상의 기회를 빼앗긴 것처럼 보이지만 과학에서 결과는 실험실의 공동 자산이라고 위로를 해야 할 것 같다.

하지만 그러기에는 다소 아쉬운 부분이 많다. 전도성 고분자의 가능성을 확인한 인류는 분자전자공학이라는 새로운 분야를 개척했다. 이런 중합체는 가격이 저렴하고 화학적으로도 안정하며 기계적 성질도 좋기 때문이다. 게다가 중합체의 단량체도 자유자재로 조절할 수 있기 때문에 성분뿐만 아니라 구조도 바꿔 중합체 전체의 성질을 통제할 수 있게 되었다. 이 분야로 인해 인류의 문명이 완전히 바뀌는 계기를 마련한다. 예를 들어 이를 기점으로 발전한 분자전자공학 분야는 지금까지 존재하지 않았던 새로운 물질을 만든다. 폴리파라페닐렌 비닐렌^{PPV, Polyparaphenylene vinylene}은 유기발광다이오드^{OLED}의 주요한 발광 소재로 사용된다. 이때 발견된 물질이 결국 현대 정보통신 문명에서 디스플레이 분야를 가능케 한 셈이다. 이런 엄청난 일이 벌어질 것이라는 것을 감지하지 못한 채 이케다 연구팀의 조수는 9개월의 연수 기간을 마치고 1968년에 고국으로 돌아갔다.

일본 연수생이었던 그 조수는 한국원자력연구소의 변형직 박사다. 그는 연구원 신분으로 원자력연구소에 근무하며 국제원자력기구^{IAEA}의 장학금으로 1967년 5월 일본의 도쿄공업대학으로 건너갔다. 그는 이케다 박사 연구팀에 합류했고 평소 관심 있던 폴리아세틸렌의 크기를 확대하는 실험을 했던 것이다. 세렌디피티를 언급하며 교반기에 밀리몰^{mMol}로 설정된 촉매의 양 단위를 잘못 보고, 넣어야 할 양의 1,000배에 달하는 몰^{Mol} 단위로 넣었다는 이야기가 있으나 그 진실은 확인되지 않는다. 설사 모든 진실이 확인돼 그에게 이 공로가 인정된다 해도 그에게 노벨상은 주어지지 않는다. 노벨상은 사망한 과학자에게는 주어지지 않기 때문이다.

두 번째 프로메테우스의 불이었던 에디슨 전구도 이제 LED와 OLED라는 새로운 물질로 대체됐고, 우리의 일상을 지배하는 디스플레이 화면은 이런 발광형 유기물인 고분자 중합체로 만들어진다.

물질은 일상을 구성하는 바탕을 넘어 국가 간 전략 무기가 됐다. 고분자가 부품 소재의 주요한 품목으로 여겨지며 이런 전략적 물질을 소유한 기업과 국가가 힘을 가지게 된 것이다. 최근 전략물자 수출을 금지한 일본이 겨냥한 목적도 한국의 반도체 공정에 타격을 주기 위한 것이었다. 분명 전도성 고분자는 금속보다 매력적인 물질이다. 그 조수의 업적도 실험실의 공동 자산이라고 위로를 하지만 아쉬움은 그의 빈자리만큼 남는다.

6

유리처럼 투명한 플라스틱
– 폴리에틸렌 테레프탈레이트

고분자 물질 이름이 다소 어렵지만 남녀노소를 떠나 대부분 사람에게 익숙하게 이름이 알려진 물질이 있다. 바로 '페트[PET]'와 '스티로폼[Styrofoam]'이다. 물론 두 물질은 단량체가 서로 다른 고분자 화합물이다. 페트는 화학물질 이름이 맞지만, 스티로폼은 화학명이 아닌 상품명인데 물질명처럼 사용된다. 기실 이런 사례는 흔하게 볼 수 있다. 상품명이 물질명으로 둔갑한 이유는 일상에 너무 깊숙이 들어온 탓이다. 물론 두 물질이 문명에 깊숙이 들어와 편리하게 해준 것은 맞다. 두 물질은 자연을 대신해 충족시켜주었기 때문이다. 두 물질이 없었다면 유리를 만들기 위해 지각은 더 파헤쳤을 테고, 목재를 얻기 위해 나무는 더 많이 베어져 나갔을지도 모른다.

우리가 페트라고 부르는 물질은 '폴리에틸렌 테레프탈레이트[Polyethylene terephthalate]'라는 긴 이름의 고분자 물질이다. 이 이름의 약자인 '페트'가 플라스틱 병을 일컫는 일반명사가 됐다. 이 페트 물질은 특별한 성질이 있다.

단단해서 웬만한 충격에도 잘 깨지지 않는다. 앞서 다룬 PVC나 고밀도 폴리에틸렌^{HDPE}도 강도가 좋으나 페트를 따라잡을 수 없다. 그런데 이 물질은 또 다른 특별함이 있다. 바로 빛을 그대로 투과시키는 성질이다. 이런 성질은 앞서 다룬 아크릴 수지인 폴리메틸 메타아크릴레이트^{PMMA}와 폴리카보네이트^{PC}를 제외하고 다른 고분자 물질에선 찾아보기 어렵다. 마치 유리처럼 투명도가 우수하기 때문에 내용물을 볼 수 있는 음료수 병이나 컵으로 많이 사용된다. 투명도에서라면 지지 않는 PMMA나 PC를 일상에서 사용하지 않는 이유는 가격과 안정성 때문이다. 그리고 같은 두께라면 페트의 강도가 더 월등하다. 기체의 투과를 방해하는 정도도 월등하다. 페트병 용도만 봐도 그 성질을 쉽게 짐작할 수 있다. 병에 담는 내용물에는 물 외에도 탄산이 들어간 기능성 액체가 있기 때문이다. 누구도 김이 빠진 음료를 원하지 않는다. 병 속의 이산화탄소가 누출되어도 안 되며 외부 공기 중 산소가 병 안으로 들어가 내용물을 오염시켜도 안 된다. 페트는 폴리에틸렌^{PE}이나 폴리프로필렌^{PP}에 비해 기체 차단성이 50배나 높다. 강도 면에서 보면 유리병처럼 수거 후에 여러 번 재사용해도 큰 문제가 없어보인다. 그래서 재활용 분리수거 대상이지만 불행하게도 페트병은 유리병처럼 재사용할 수 없다. 대신 재활용한다.

고분자의 유리화

재사용과 재활용의 의미가 유사해 보이지만 엄밀하게 보자면 처리 방식이 다르다. 커피 음료 전문점에서는 음료의 용도에 맞게 물질을 사용한다. 뜨거운 커피는 차가운 음료와 달리 페트 용기를 사용하지 않고 종이컵을 사용한다. 페트가 유리처럼 온도차로 인해 깨지기 때문일까? 이유는 유리 전이 온도^{Glass transition temperature} 때문이다. 화학에서는 유리를 고체가 아닌 액체로 취급한다. 말하자면 굳은 액체 상태다. 유리는 분자가 움직이는 시간이 오래 걸릴 뿐이지 흐르는 액체처럼 움직이기 때문이다. 그리고 온도에 따라 유리의 상태는 변한다. 고온으로 벌겋게 달궈진 유리가 엿가락처럼 늘어지는 장면을 상상해보라. 그러니까 유리 전이라는 의미는 물질이 유리처럼 상태가 변하게 된다는 의미다. 유리 전이라는 특징은 대부분 고분자에도 해당되는데, 이것은 물질의 녹는점과는 다른 의미다. 고분자는 특정 온도를 기준으로 낮은 온도에서는 형체를 유지하지만, 그 이상의 온도에서는 고무처럼 물러져 형체를 제대로 유지하지 못하고 모양이 무너지는 물성 변화의 경계 지점이 있게 된다. 물론 더 높은 온도에서는 액체처럼 녹는다. 뜨거운 물을 페트 용기에 담아보면 쉽게 그 의미를 알 수 있다.

유리 전이 온도는 고분자 종류마다 다르고 같은 고분자라고 해도 결정 조건에 따라 차이가 있다. 페트의 경우 대략 섭씨 75도에서 유리화가 시작된다. 이보다 높은 온도의 액체와 페트가 만나는 순간은 어떨까? 투명한 용기가 하얗게 변색되며 마치 살아 있는 듯 뜨거워 오그라드는 모습을 관찰할 수 있다. 물론 이런 실험에서는 화상에 주의해야 한다. 페트 용기를 유리병처럼 재사용하려면 오염물과 세균을 제거하기 위해 높은 온도에서 세척해 소독해야 한다. 하지만 높은 온도에서 페트는 원래 모양을 잃어버린다. 페트 물질을 수거하는 이유는 물질 자체를 재활용하기 위함이다. 수거된 페트는 용기나 섬유로 만들고 오염된 경우는 소각해 열에너지로 사용한다.

폴리에스테르는 합성섬유로 잘 알려진 물질이다. 탄소 사슬에 에스테르기^{-COO-}를 가진 섬유 형태의 고분자이다. 20세기 후반 폴리에스테르를 이용한 제품 연구의 결과로 지금의 페트가 등장했다. 결국 페트의 분자식 안에는 에스테르 원자단이 존재한다. 그러니까 페트를 재료로 다시 섬유와 옷을 만드는 것은 이상한 일이 아니다.

　페트 재질이 각종 유리병을 대체하는 장점이 뛰어나지만 유리 전이 온도가 낮아 고려할 부분이 하나 더 있다. 물 이외에 영양분이 들어간 음료의 경우에는 미생물의 먹이가 될 수 있다. 탄산의 경우 산성이고 비타민C가 들어간 음료는 그 자체로 방부제 역할을 하므로 큰 문제가 없지만, 가령 차 종류의 각종 영양 성분이 포함된 음료는 멸균을 해야 한다. 그래서 이런 음료의 경우는 보통 섭씨 90도 이상의 고온에서 병에 주입하는데 페트의 유리 전이 온도 때문에 한동안 이런 음료는 유리병을 사용할 수밖에 없었다. 물론 다른 방법이 있다. 적외선으로 페트의 온도를 높이고 서서히 식히면 고분자 사슬의 결정이 변하며 분자들이 더 촘촘하게 배열돼 물질의 유리 전이 온도를 90도 이상으로 올릴 수 있다. 이때 결정화는 거꾸로 빛의 투과율을 떨어뜨려 불투명하게 된다. 이 현상은 유리 전이 온도를 넘어가면 발생하기 때문에 뜨거운 물을 붓는 실험에서 확인되는 백화현상과 유사하다. 간혹 페트 재질의 용기가 불투명하다면 용기의 불량이 아니라 내용물의 살균을 위해 처리된 공정 때문임을 기억하라.

물질 이름에서 생긴 오해

소비자가 인터넷을 통한 집단 지성으로 지식 수준이 높아지는 건 사실이다. 하지만 잘못된 지식이 무차별하게 확산되는 폐해도 있다. 페트병에서 내분비계 장애 물질이 나오며, 뜨거운 물을 부을 경우 더 많이 용출된다는 이야기가 있었다. 반은 맞고 반은 틀린 말이다. 뜨거운 물로 분자가 몇 개 떨어져 나갈 수는 있다. 사실 미시세계에서 보면 우리가 만지는 행위로 인해 물질의 표면에서 원자와 분자 조각이 떨어져 나가는 건 당연한 일이다. 이런 현상이 우리 눈에 보이기 시작하는 것이 '마모'이다. 뜨거운 물은 열에너지를 가지고 있고 플라스틱 고분자 사슬이 열에 의해 느슨해지고 사슬 조각이 떨어져 나갈 수 있는 것이다. 하지만 떨어져 나간 모든 플라스틱이 환경호르몬은 아니다. 아마도 디에틸헥실 프탈레이트^{DEHP, Di-(2-ethylhexyl) phthalate}라는 이름 탓일 수도 있겠다. DEHP는 딱딱한 성질을 가진 폴리염화비닐^{PVC}를 유연하게 만들기 위한 가소제이다. 페트에도 '프탈레이트'라는 이름이 들어갔기 때문에 생긴 오해다. 화학물질은 구조가 기능을 만든다고 했다. 이름만으로는 그 진위를 알 수가 없다. 두 물질의 구조는 완전히 다르고 성질도 다르다.

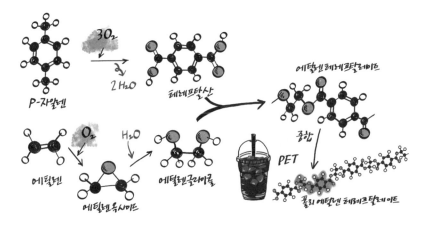

폴리에틸렌 테레프탈레이트 단량체는 두 그룹으로 나뉜다. 에틸렌 그룹과 테레프탈레이트 그룹이다. 에틸렌은 여러 번 다뤘으니 더 이상 설명하지 않겠다. 앞서 부동액으로 사용했던 에틸렌 글라이콜^{C₂H₄(OH)₂}을 기억하는가. 페트는 테레프탈산 또는 테레프탈산 메틸에스테르와 에틸렌 글라이콜을 중합하여 만들어진다. 그러니 사용하는 데에 크게 걱정할 필요가 없는 물질이다.

7
뜨거워도 괜찮아
- 다양한 용도의 플라스틱

인류가 지금까지 한 번도 경험하지 못한 감염병이 찾아왔다. 감염자의 급증으로 사회적 거리두기의 단계가 상승하며 사람들의 삶이 달라졌다. 매장 내 음식 및 음료 섭취가 일체 금지되고 포장이나 배달만 허용됐다. 그런데 포장과 배달이 늘며 새로운 고민거리가 등장했다. 일회용 플라스틱이 분리수거장에 하루가 다르게 쌓여가고 있기 때문이다. 그렇다고 배달과 포장마저 제한하는 것이 능사는 아닐 것이다. 안타까운 마음을 뒤로하고 문 앞에 덩그러니 놓인 배달 음식을 들여왔다. 그런데 배달돼 온 음식은 아직 식지 않았다. 심지어 뜨거운 음식을 담은 일회용 플라스틱 용기는 페트 물질과 다르게 용기 모양을 그대로 유지하고 있었다. 이 플라스틱은 어떤 물질일까?

고분자의 결정

앞서 고분자 플라스틱은 유리 전이 온도가 있다는 것을 알았다. 분명 뜨거운 음식을 담은 플라스틱은 페트와는 다른 성분이고 유리 전이 온도도 다르다는 사실을 짐작할 수 있다. 대부분 뜨거운 음식에 사용되는 플라스틱은 폴리프로필렌 성분이다. 폴리프로필렌은 뜨거운 열에도 녹지 않는 걸까?

화학을 공부하다면 '녹다Melt'라는 의미를 특별하게 다룬다. 물질에는 녹는점Melting point이 있다. 물질의 상태, 즉 고체와 액체, 그리고 기체 상태에서 상변화相變化의 임계 지점 중에 고체 상태가 액체로 변하는 점을 녹는점이라 표현하며 그 변화를 발화시키는 온도로 표시한다. 고분자에서 유리 전이 온도와 녹는점은 무엇이 다른지 짚고 넘어가자.

두 온도를 이해하기 위해서는 먼저 고분자 결정의 의미를 알아야 한다. 지금까지는 우리가 사용하는 고분자 물질을 마치 스파게티 면처럼 그 긴 사슬이 뭉쳐진 구조로만 설명했다. 흔히 결정이라 함은 집단을 이루는 개개의 물체가 규칙을 가지고 배열된 모습을 말한다. 결정을 이룬 것과 이루지 않은 것은 같은 성분이라 해도 확연히 다른 성질을 가질 수 있다. 규소는 산소와 결합하며 결정을 이루는 여부에 따라 모래와 석영이라는 신분이 정해진다. 물론 흔한 결정을 이루기에는 고분자의 사슬이 무척 길다. 긴 분자 가닥을 규칙에 맞춰 보기 좋게 배열하는 것은 쉽지 않은 일이다. 그런데 마치 스파게티 면처럼 뭉쳐 있는 고분자도 결정을 가지는 경우가 있다. 고분자는 결정성Crystalline 고분자와 무결정 혹은 무정형Amorphous 고분자로 나뉜다. 하지만 두 종류로 나누는 기준을 명확히 할 필요가 있다. 고분자 물질 전체는 완벽한 결정화가 어렵다는 가정하에 고분자 사슬 뭉침에 일부라도 결정이 있으면 결정성 고분자로 정의한다. 이 말은 무정형 고분자는 물질 내부에 이런 결정이 한 부분도 없어야 한다는 의미다. 결국, 무정형 고분자는 100퍼센트 무정형 형태가 되어야 한다. 일반적으로 대부분 결정성 고분자 플라스틱은 전체의 40~70퍼센트 정도의 무정형을 포함한다.

왜 녹는점과 유리 전이 온도를 다루며 결정을 이해해야 하는지 보자. 플라스틱 물질 안에서 고분자 사슬 하나는 아무렇게 위치하지만, 한번 자리 잡은 고분자 사슬은 위치를 이동하기 쉽지 않다. 그렇다고 아예 움직임이 없는 것은 아니다. 분자의 세상을 볼 수 있는 아주 강력한 현미경으로 보면 자리를 완전히 바꿀 정도는 아니지만 조금씩 움직인다. 특히 무정형 부분은 결정 부분보다 조금 더 활발하게 움직인다. 온도가 높아지면 결정 영역은 여전히 결정에 갇혀 있어 움직이기 어렵지만 무정형 영역 사슬은 결정 부분에 비해 상대적으로 움직임이 커진다. 온도가 상승하다가 임의의 특정 온도에 다다르면 무정형 영역의 사슬이 활발해진다. 바로 이 지점이 고체에서 액체로 가기 전 고무 상태로 나타난다. 거꾸로 유리 전이 온도 이하에서는 무정형 사슬 부분의 움직임이 줄어들게 되는데, 무정형 사슬의 움직임이 둔해진 상태에서는 외부에서 오는 충격을 완충시키지 못한다. 결국 유리 전이 온도 아래로 내려가면 고분자 사슬 간 얽힘이 깨질 수 있다. 이 말은 유리 전이 온도 아래에서는 플라스틱도 잘 깨질 수 있다는 의미이다. 간혹 추운 겨울날 플라스틱이 충격에 잘 깨지는 현상을 볼 수 있는데, 바로 이런 이유 때문이다. 플라스틱이 일상에 유용한 것은 상온 기준에서의 일이다. 그럼 유리 전이 온도를 넘어 온도가 계속 올라가면 어떻게 될까? 결국 결정 영역까지 사슬이 풀어지게 된다. 플라스틱은 단단함을 유지하지 못하고 액체처럼 흘러내린다. 이 온도를 녹는점, 용융 온도라고 한다.

정리해보면, 녹는점인 용융 온도를 Tm^{Melting temperature}이라 하고 유리 전이 온도를 Tg^{Glass transition temperature}라고 할 때, Tm은 고분자 사슬의 결정 구조

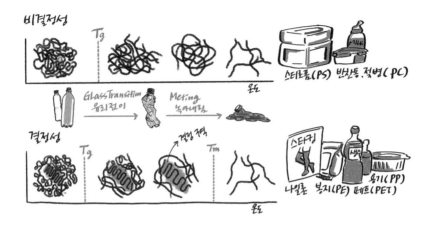

를 잃는 상태를 말하고 Tg는 비결정, 즉 무정형 사슬 부분의 움직임이 활발해져 물질이 고무처럼 변하는 온도이다. 이 말은 결정이 애초부터 없었던 무정형 고분자는 녹는점 Tm을 가질 수 없다는 의미도 된다. 그리고 결정성 고분자는 반드시 녹는점 Tm을 가지며 100퍼센트 결정 구조가 아닌 한, 대부분 유리 전이 온도 Tg도 가진다. 결국 유리 전이 온도가 높으면 열에 강하다는 것이다.

다양한 용도에 맞게 쓰이는 플라스틱

그렇다면 우리 주변의 플라스틱은 어떻게 나뉠까? 일반적으로 대표적인 결정성 플라스틱은 나일론, 폴리에틸렌[PE], 폴리에틸렌 테레프탈레이트[PET], 폴리프로필렌[PP] 등이 있다. 그리고 무정형 플라스틱으로는 앞으로 등장할 폴리스타이렌[PS], 폴리카보네이트[PC] 등이 있다. 이론적으로 결정성 플라스틱은 강도는 높지만 고온에서 액체처럼 녹고, 무정형 플라스틱은 강도는 약하나

고온이 되면 점성을 가지고 고무처럼 유연성이 높아져 가공하기 쉬운 상태가 된다. 하지만 앞서 설명했듯이 모두 100퍼센트 결정이거나 무결정으로 존재하기는 쉽지 않다. 대부분 두 가지 상태가 혼재되어 있고 그 정도도 다르다. 그래서 플라스틱의 성질은 결정성의 유무뿐만 아니라 그 정도까지 고려해야 하기 때문에 그 구성을 단순하게 구분할 수가 없다.

플라스틱의 결정성은 물성과 온도에 따른 상변화에만 관련된 것이 아니다. 빛의 투과율에도 관련이 있다. 결정성 플라스틱은 대부분 불투명하고, 비결정, 즉 무정형 플라스틱은 투명한 편이다. 이 말은 고분자가 결정이냐 비결정이냐는 육안으로도 판단할 수 있다는 말이 된다. 만약 투명하면서 강도가 높은 플라스틱이 필요하다면 결정과 무정형 영역의 비율을 조절해 고분자의 물성을 변화시킬 수 있다. 실제로 내열성과 내구성이 뛰어난 폴리프로필렌의 단점이라면 투명도가 낮다는 것이다. 내열성이 약해도 식품 용기 분야에서 페트가 사용되는 이유는 투명도도 한몫을 한다. 최근 페트와 비슷한 투명도를 가진 폴리프로필렌 플라스틱이 만들어지고 있는 원리는 바로 이 결정성의 비율 조절이다.

폴리프로필렌의 가장 큰 장점은 안전한 물질이고 열에 강하다는 것이다. 전자레인지에 넣어 음식물을 데우는 용도로 쓰는 플라스틱은 대부분 폴리프로필렌이다. 간혹 플라스틱에 담긴 음식물을 전자레인지에 데울 때 거기서 용출되는 성분을 발암과 연결하는 괴담이 있기도 한데, 나는 폴리프로필렌에서 이 이야기를 '진실'로 만들 만한 과학적 설명을 아직까지 찾지 못했다. 내가 말할 수 있는 것은 폴리프로필렌은 적어도 친환경 물질에 가깝다는 것이다. 친환경이면 친환경이지 가깝다는 건 또 무엇일까? 이 말은 적어도 물질 성분 자체는 인체에 해롭지 않다는 의미다. 이 말은 지극히 인간 중심적 관점에서 하는 말이다. 우리는 늘 우리 몸에 들어오는 것들만 걱정한다. 유해성과 질병, 그리고 안전을 이야기한다. 하지만 바다거북의 코를 뚫고 들어간 음료 빨대는 폴리프로필렌이었다.

자연은 인류에게 커다란 선물을 주었는데 우리는 자연에 무엇을 돌려주고 있을까? 돌이켜보면 화석연료 문명은 역사상 가장 비싼 에너지다. 대량생산으로 석유화학 제품이 저렴해 보일 뿐이다. 화석연료를 채굴해 정제하고 생산하기까지 막대한 비용이 들어간다. 산업혁명 인프라는 이 기반 위에서 설계됐고, 글로벌 기업들이 이해관계를 수직적으로 통합해 운용하며 효율과 단기 이익만을 추구하는 신자유주의 경제로 나아갔다. 지구적 미래를 위한 장기적 안목과 투자는 안중에도 없었고 방해되는 것들은 눈앞에서 치워지고 숨겨졌다. 연일 넘쳐나는 일회용품, 그리고 화석연료를 통해 지각에 있던 탄소를 지구 대기와 자연에 쏟아내고 있다. 지구는 몸살을 앓고 기후변화로 촉발한 생태계의 변형과 생명체의 서식지 변화로 결국 바이러스까지 동물의 몸을 타고 인간에게 옮겨졌다. 탄력성을 잃어버린 인류 사회는 한 번도 경험하지 못한 자연의 실험에 무력화되고 있다. 그런 상태로 '친환경'이라는 말만 되뇔 수 있을지 의문이다. 이 물질과 관련해 풀어낼 또 다른 이야기에 앞서 무력감이 든다. 하지만 무조건 기피할 수는 없다. 우리는 고분자 플라스틱이 가진 장점으로 지금의 위기를 버텨내야 하기 때문이다.

8

팬데믹 최전선의 플라스틱
– 폴리프로필렌의 명암

인류가 한 번도 경험하지 못한 자연의 시험이 벌어지고 있는 지금 어쩔 수 없는 선택이 주어졌다. 사회적 거리두기 방역 지침에 따라 사용이 급증하고 있는 일회용품들이다. 팬데믹 이전에 식음료 매장에서 일회용품 사용을 제한했던 기억이 무색할 정도로 일회용 도구의 사용이 허용되거나 권장되고 있다. 어느 정도의 양이 소비되는지 집계조차 불가능하다. 그나마 측정이 가능한 한 가지 사례로 플라스틱을 먹어치우는 인류의 거대한 식성을 짐작할 수 있을지 모르겠다. 우리는 코로나가 전 세계적으로 한창 확산되던 시기에 전 세계인의 주목을 받으며 선거를 치러냈다. 당시 투표장 입구에서 나눠주던 비닐장갑을 기억할 것이다. 투표가 끝나고 쓰레기통에 버려진 비닐장갑은 어느 정도의 양이었을까? 당시 비닐장갑은 5,800만 장이 사용됐다고 한다. 비닐장갑의 두께가 0.2밀리미터이니 차곡차곡 쌓으면 그 높이가 1.2킬로미터에 달하는 양이다. 2020년 7월 기준 행정안전부가 인허가하고 정상 영업 중인 다양한 브랜드의 음료 프랜차이즈 매장은 전국적으로 8만 3,600여 개이다. 골목 상권에 들어선 음료 매장까지 합치면 하루에 포장 판매로 소비되는 일회용품의 양은 짐작조차 하기 힘들다. 이제 일반음식점조차 포장과 배달 비중이 높아졌다. 팬데믹 이전에 일회용품을 하나라도 줄여야 한다고 드높이던 목소리는 어디서도 들리지 않는다. 우리는 어쩔 수 없는 선택을 할 수밖에 없고 환경에 또 다른 빚을 지고 있는 셈이다.

이런 선택지에서 피할 수 없는 것이 바로 방역의 최전선에 있는 마스크다. 마스크는 미세먼지나 질병의 원인인 세균과 바이러스의 감염을 막는 현대인의 필수품이 됐다. 마스크는 다양한 재료로 만들어지기도 하는데, 일반적으로 호흡기를 보호하기 위한 보건용 마스크는 석유화학 산업의 산물인 고분자 플라스틱으로 만든다. 물론 한 번 사용하고 폐기하는 것이 보건 위생에 유리하기 때문에 다른 일회용품처럼 플라스틱으로 만드는데, 이것은 마스크만의 특별한 기능 때문이기도 하다. 어떤 특별한 기능일까? 답을 알기 전에 질병의 역사와 함께 진화된 마스크의 물질 역사를 잠시 살펴보자.

마스크의 출현

호흡기를 보호하는 용도로 사용한 마스크의 역사는 의외로 깊다. 고대 그리스와 로마인은 천연 해면으로 만든 스펀지를 사용해 마스크를 만들었다고 한다. 당시에는 전쟁에서 연기를 피워 적군의 호흡을 방해하는 전략이 빈번했다고 하는데, 그래서 병사들이 연기를 흡입하지 않게 하려고 스펀지를 사용한 것이 마스크의 기원으로 알려진다. 또 다른 기록에 의하면, 로마 시대에 광산 노동자들이 석면에 노출돼 호흡기 질환으로 사망하는 일이 발생하자 노동자들을 광산의 각종 먼지로부터 보호하기 위해 동물 방광으로 마스크를 만들었다.

　지금의 팬데믹처럼 14세기 중세 유럽에 흑사병이 창궐했다. 당시 유럽 인구의 3분의 1인 2억 명가량이 이 질병으로 사망했다. 지금 코로나 감염을 막기 위해 의료진이 착용한 방호복처럼 당시 의사들도 마스크를 사용했다. 미생물에 대한 개념이 없던 시절, 보이지 않는 세균이나 질병에 대한 인류의 태도는 다소 낭만적이었다. 마스크에 새 부리 모양을 달았고 그 안에 향이 좋은 물질을 넣었다. 보이지 않는 적은 공기에 있었고 좋은 향이 공기를 정화한다고 믿었다. 지금 집 안 공기를 살균하기 위해 향초를 켠다고 하면 누구도 믿지 않겠지만, 물질에 대한 정체를 몰랐던 시절에 할 수 있는 일은 극히 제한적이었다. 특히 당시는 화학조차 연금술의 시기를 지나는 터여서 보이지 않는 생물과 질병을 다루는 데서 어처구니없는 일이 아무렇지 않게 진실처럼 통용됐다. 예를 들면 왕립학회 초기 화학계의 거물인 로버트 보일은 가장 뛰어난 과학자이자 회원이었다. 그런 그도 질병에 대한 태도는 사뭇 달랐다. 백내장의 치료법은 인분을 말려 빻은 가루를 환자의 눈에 붙이는 것이고, 갑상선 환자의 치료제는 처형된 죄수의 손에 남은 땀이라고 믿었다고 한다.

　마스크가 과학의 영역으로 들어온 건 19세기 초이다. 존 딘과 찰스 딘 형제는 마구간이 화재로 휩싸이자 갑옷과 헬멧을 쓰고 소방용 펌프를 헬멧에 연결해 불 속으로 뛰어들었다. 일종의 방연 마스크였던 셈이다. 이 형제의 발명품은 최초의 잠수용 헬멧으로 진화한다. 1854년에는 존 스텐하우스가 수분을 잘 흡수하는 목탄의 특성을 이용해 호흡기용 마스크를 개발했다. 지금도 공기 정화 용도로 숯을 두는 가정이 있다. 숯은 꽤 오래전부터 소독과 정화 용도로 사용됐다. 숯을 시작으로 마스크에 최초로 필터라는 개념이 도입됐다. 그렇게 탄소 에어 필터 ^{Carbon air filter}는 성능이 계속 개선되었고 응용 범위가 넓어지며 지금의 공기청정기에까지 적용되었다.

마스크의 딜레마

마스크가 지금의 모습으로 변모된 계기도 질병 때문이다. 질병과 마스크는 떼려야 뗄 수가 없는 관계다. 과거에도 지금과 같은 팬데믹이 있었는데 통계가 제대로 집계되기 어려운 20세기 초여서 정확한 희생자 집계가 어려울 것이라 추정되기는 하지만, 세계보건기구는 1918년 전 세계적으로 많은 희생자를 낸 스페인 독감의 경우 유행 당시 2년간 사망자를 4,000만~5,000만 명으로 보고하고 있다. 이후 1950년대 초 1만 2,000명의 사망자를 낸 런던 대형 스모그와 로스앤젤레스 스모그 등 대기오염에 의한 질병이 발생하면서 마스크는 점차 인체공학적으로 가볍고 기능적으로 발전했다.

앞서 전기가 흐르는 플라스틱인 폴리아세틸렌을 공부하며 정전기의 정체를 알았다. 대체적으로 정전기는 불편한 존재다. 흐르지 않는 전하 뭉치가 머리카락을 곤두서게 하고 전자 장치의 회로에 피해를 주기도 한다. 어딘가에 머물며 무심코 닿은 손을 통해 높은 전압으로 고통을 안겨주던 그 정전기가 팬데믹 시대에 방역의 최전선을 맡게 된 것이다.

마스크의 정전기 흡착 부직포 필터에 대해 들어보았을 것이다. 보건용 마스크는 안쪽으로부터 내피, 멜트블로운[MB, Melt blown] 필터, 그리고 외피 구조로 이뤄져 있다. 오염물질의 크기에 따라 마스크 외피, 필터, 내피를 순차적으로 통과하게 하는 기술이 적용돼 있다. 그리고 필터의 층 구조, 그러니까 몇 겹인가에 따라 성능이 달라질 수 있기는 하지만 대체로 정전기 흡착 방식을 통해 입자 크기를 3마이크로미터[μm]까지 차단한다. 몇 년 전 메르스 감염병 확산 당시만 해도 이렇게 많은 종류와 기능이 있는 마스크가 없었다. 신종 전염병이 나타날수록 마스크에 대한 연구 개발이 발전을 거듭하고 있다. 가볍고 인체에 무해하며 가성비가 뛰어난 소재 개발을 통해 마스크는 생명을 지키는 방어막으로 인정받고 있다. 여기에 폴리프로필렌 고분자가 사용된다. 멜트블로운은 지름이 10마이크로미터 이하인 가는 폴리프로필렌 섬유를 거미줄처럼 얽히고 겹겹이 쌓이게 해 미세 이물질이 쉽게 통과하기 힘든 구조로 되어 있다. 여기에 더해 합성섬유는 자체적으로도 정전기가 형성되기도 하고 고전압으로 정전기를 입힐 수 있다. 정전기라는 전하를 띤 입자 뭉치가 이물질을 전자기력으로 끌어당겨 흡착하는 특징이 있어서 미세먼지나 타인의 비말을 막아준다.

음료수 빨대가 바다거북의 코에 박혀 있는 영상의 방영 이후 한 프랜차이즈 커피 전문점은 일회용 플라스틱 빨대를 종이 재질로 바꿨다. 하지만 아직도 길은 멀다. 거북이뿐만 아니라 바다와 그 생태계에 연결된 동물들의 몸속에 플라스틱이 채워지고 있다. 배를 가른 동물의 사체에 플라스틱 조각이 가득 차 있는 영상을 본 독자도 있을 텐데 누구도 그 장면을 편하게 본 이는 없을 것이다. 최근 마스크도 새로운 환경오염의 주범이 되고 있다. 전 세계 인구가 일주일에 서너 장의 마스크를 쓰레기로 배출한다. 무분별하게 버려진 마스크 끈에 사지가 꼬인 조류들이 나타나기 시작했다. 마스크 필터는 고분자 물질임에도 분리수거되지 않고 쓰레기로 버려진다.

플라스틱이 영원하다는 이점은 물질 탄생 초기에 인류의 문명에만 유효했다. 이제 그 영원함의 철학이 환경의 적이 된 셈이다. 많은 해양 생물이 바다로 떠내려간 플라스틱에 고통받고 있고 더 나아가 많은 종이 멸절했다. 지난 40년간 척추동물 개체수의 절반 이상이 사라졌는데, 이중 해양 생명체의 비율이 높다. 온실가스는 오존층을 파괴하고 그렇게 뚫린 방어막은 태양으로부터 오는 자외선을 바다에 쏟아낸다. 해류와 자외선에 노출된 플라스틱은 수백만 조각으로 분해돼 미세 플라스틱이 되고 해양 생물의 몸과 수증기, 그리고 지각을 타고 다시 인간의 몸으로 들어온다.

마스크도 플라스틱 빨대도 폴리프로필렌이다. 비록 그 성분이 환경호르 몬처럼 인체에 직접적으로 유해하지 않아도 물질 자체가 자연에 해를 끼치 고 있다. 이제 우리의 선택지는 그리 많지 않다. 자신은 물론 타인의 소중한 생명을 지키기 위해 우리는 마스크라는 플라스틱 물질을 사용해야 한다. 하 지만 일회용으로 쓰이고 그대로 버려져 자연에 남게 되는 이 물질의 거취 에 대한 고민도 함께 해야 하는 시점이기도 하다.

9
조심스러운 고분자
− 폴리스타이렌

페트^{PET}에 비해 폴리프로필렌^{PP}은 섭씨 160도까지의 온도에서도 형체를 잘 유지한다. 그렇다고 식음료 매장에서 뜨거운 커피를 이런 플라스틱에 담아주지는 않는다. 가령 전자레인지에서 조리 후 음식이 담긴 플라스틱 용기를 손으로 덥석 잡고 놀랐던 기억이 있다면 왜 뜨거운 음료를 종이컵에 담는지 알 것이다. 고분자 물질은 열과 꽤 친숙하다. 고분자에 유리 전이 온도가 따로 있다는 의미 자체가 고분자들이 열을 흡수하고 물리적으로 반응한다는 뜻이기도 하다. 종이는 천연 재료인 셀룰로오스라는 고분자가 엉성하게 얽힌 구조여서 열을 잘 전달하지 않는 편이다. 대신 종이는 수분에 약하다. 물 분자가 셀룰로오스 덩어리의 분자 사이사이로 들어가 엉성하게 얽힌 고분자 간격을 무참히 더 벌린다. 얽힌 조직을 해체하며 부피를 크게 만들고 전체 물질을 약하게 만든다. 수분이 빠져나간 자리의 셀룰로오스 조직은 회복되지 않는다. 예를 들어 물에 젖었던 책은 원래의 모습을 되찾을 수 없다. 그래서 출판사에서 책을 폐기하는 방법 중 가장 효과적인 방법으로 물을 이용하기도 한다. 그런데도 음료수를 담은 종이컵은 마시는 동안 멀쩡하다. 분명 종이컵에는 수분의 흡수를 방해하는 물질이 있는 것이다. 액체를 담는 대부분의 종이 제품 안쪽에는 폴리에틸렌 물질이 얇은 필름 형태로 코팅 처리돼 있다. 이렇게 우리의 일상은 플라스틱 물질에서 자유로울 수가 없다.

이제 식음료 매장에서 뜨거운 음료와 차가운 음료를 포장 주문해보자. 그리고 음료를 담은 용기의 물질을 살펴보자. 차가운 음료가 담긴 투명한 용기는 페트이고 빨대는 폴리프로필렌이다. 그리고 뜨거운 음료가 담긴 것은 폴리에틸렌이 코팅된 종이컵이다. 그리고 종이컵에 뚜껑이 씌워진다. 뜨거운 음료에 사용되는 뚜껑은 열에 강해야 한다. 지금까지 공부한 것을 적용해보면 이 뚜껑은 폴리프로필렌으로 만들어져야 정상이다. 물론 열에 강한 고분자 물질은 폴리프로필렌만 있는 것은 아니다. 유리 전이 온도가 높은 물질은 다양하다. 그런데 시중에 있는 대부분의 커피 컵 뚜껑은 폴리스타이렌^{PS, Polystyrene}이라는 소재로 되어 있다.

폴리스타이렌과 벤젠

이 물질은 원래의 이름보다 '스티로폼'이라는 제품으로 더 잘 알려져 있다. 스티로폼의 원래 물질 이름은 발포 폴리스타이렌^{發泡 polystyrene, Expanded polystyrene}이다. 마치 팝콘을 만드는 것처럼 폴리스타이렌 뭉치를 부풀려 부피를 키운 제품의 상품명이 '스티로폼'이다. 결국 스티로폼은 부피만 늘어났을 뿐이지 폴리스타이렌 성분 그대로인 셈이다. 가볍고 맛이나 냄새도 없어서 일회용 식품 용기나 제품의 포장재로 흔하게 사용한다.

지금까지 언급한 고분자 물질과 달리 폴리스타이렌은 '환경호르몬'이라는 불편한 문제가 있기에 이 물질을 식품과 관련된 용도로 사용하는 데에는 주의가 필요하다. 수차례 반복한 말이지만 화학에서 분자의 구조는 기능을 만든다. 분자를 구성하는 원소가 특별하게 반응력을 가져 유해할 만한 입자가 아닌데도 분자의 모양이 특별한 기능을 하는 경우가 많다. 폴리스타이렌은 탄소와 수소로만 이루어진 물질이다. 그렇다면 폴리스타이렌의 분자 모양이 뭔가 특별하다는 얘기다. 그 정확한 이유를 알기 위해 폴리스타이렌의 탄생 과정을 알아보자. 폴리스타이렌도 여느 고분자처럼 중합하는 방법이 다르지 않다.

그 전에 앞서 다룬 폴리염화비닐인 PVC 단량체를 기억해보자. 염화비닐 단량체$^{Vinyl\ chloride\ monomer}$를 만드는 방법에서 에틸렌에 염소가스를 반응시켜 그 수소 원자 하나를 염소로 치환하는 방법이 있었다. 결과적으로 보면 에틸렌이라는 단량체에 수소 하나를 염소 원소로 바꾼 것이다. 여기에 등장한 용어 바이닐(비닐)^{Vinyl}은 화학에서 사용하는 작용기 이름이다. 그래서 바이닐기(비닐기)$^{Vinyl\ group}$로 부른다. 바이닐기는 에테닐기$^{Ethenyl\ group}$라고도 하는데, 에틸렌$^{CH_2=CH_2}$ 분자에서 수소 하나가 떨어져 나간$^{-CH=CH_2}$ 모양이다. 수소 하나가 떨어져 나간 자리에 다른 원자나 분자를 결합하면 전혀 다른 성질의 물질이 만들어진다. 탄소 6개가 고리 형태로 이뤄진 벤젠^{C_6H_6}은 화학에서 꽤 유명한 방향족 탄소화합물이다. 이제 바이닐기에 이 벤젠이 결합한다. 실제로 벤젠과 에틸렌을 산촉매로 반응시키면 에틸벤젠$^{Ethylbenzene,\ C_8H_{10}}$이 생성된다. 이 에틸벤젠의 또 다른 이름이 '스타이렌^{Styrene}'이다. 정리해보면 바이닐기에 염소가 결합하면 염화비닐이고 벤젠이 결합하면 스타이렌이 된다. 이 스타이렌 분자를 단량체로 반복해 중합하면 폴리스타이렌이라는 고분자가 만들어지는 것이다.

벤젠은 1800년대에 석탄의 콜타르에서 분리되어 발견됐지만, 지금은 대부분 석유에서 만들어진다. 벤젠은 염료나 안료, 나일론과 같은 합성섬유나 고분자 합성수지의 원료로 사용한다. 그리고 농약이나 살충제, 방부제와 각종 약품 등 광범위한 화학공업 제품의 원료로 첨가되지 않는 곳이 없을 정

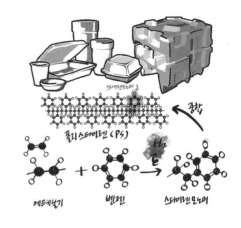

도다. 약방의 감초 역할인 셈이다. 벤젠이 백혈병의 원인 중 하나라는 사실은 산업에 종사하는 사람 외에도 많은 사람들이 알고 있다. 벤젠이 함유된 물질의 발암성이 알려지고 나서 사용 빈도가 다소 감소하고 있지만 여전히 많이 사용된다.

벤젠 자체는 가벼운 휘발성 물질이다. 기체나 다른 물질에 섞여 혼합물로 존재한다. 그래서 대부분 음식과 호흡을 통해 인체로 흡수된다. 동물시험에서 음식을 통한 섭취 시에는 대부분 체내로 흡수됐고 호흡을 통해서는 노출 농도의 절반가량이 흡입되어 20퍼센트가량이 체내에 남는다. 우선적으로 지방 조직에 저장되고 이후 혈액을 타고 대사에 간섭하며 신경조직, 간, 뇌, 신장, 비장 등의 각 장기로 퍼져 질병을 유발하는 인자로 활동한다. 한번 몸에 들어온 벤젠이 무조건 축적되는 건 아니다. 대사를 거치지 않은 벤젠은 주로 호흡기를 통해 배출되고 대사체는 소변을 통해 배설된다. 그러니까 절대적으로 노출되는 양이 중요하다. 그런데 이 경우는 벤젠이 물질에 혼합물로 들어 있을 경우이다. 물리적 혼합물은 여러 성분이 섞여 있는 상태이므로 물질 성분별로 쉽게 분리된다. 하지만 화학적 결합인 화합물은 다

르다. 폴리스타이렌은 벤젠이 탄소 사슬에 꽁꽁 묶여 있는 탄소화합물이다. 그렇다면 벤젠이 쉽게 분리되지 않으므로 안전한 것이라고 생각할 수도 있다. 그럼에도 폴리스타이렌은 취급에 주의해야 한다.

호르몬을 닮은 내분비 교란 물질

폴리스타이렌이 다른 고분자와 달리 조심스러운 부분은 분자 모양 때문이다. 2개의 스타이렌 단량체가 결합한 '스타이렌 다이머 ^{Styrene di-mer}'와 3개가 결합한 '스타이렌 트리머 ^{Styrene tri-mer}'의 모양 때문이다. 구조가 기능을 만든다고 했다. 결국 이런 고분자의 작은 조각에 특별한 기능이 있다는 말이 된다. 우리 몸에는 호르몬이 있다. 호르몬은 내분비기관에서 분비되어 혈액을 통해 신체의 여러 기관으로 운반되고 주로 생식과 성장 등에 관여한다. 우리 몸에는 흡수한 물질의 정체를 확인하는 정밀한 분석기 같은 특별한 장치가 있는 것이 아니다. 흡수된 물질이 우리 몸에서 늘 사용하던 물질과 다르면 대부분 배출된다. 우리 세포는 다룬 적이 없는 이상한 모양은 잘 받아들이지도 않고 어떻게든 밖으로 배출하려고 한다. 이런 물질이 배출되지 않고 남으면 독이 된다. 그런데 우리 몸에서 사용하던 물질과 비슷한 구조면 비록 엉뚱한 물질일지라도 몸은 받아들이기도 한다. 그렇게 원래 사용했던 물질의 경로로 낯선 물질을 배달하고 도착지인 각종 기관에 이르러서는 정작 물질을 제대로 사용하지 못하기 때문에 몸의 기관은 제 기능을 발휘하지 못한다. 특히 호르몬을 닮은 이런 외부 물질을 내분비 교란 물질 ^{EDCs, Endocrine disrupting chemicals}이라고 한다. 그래서 인류의 모든 산업 활동으로 발생한 물질이 몸속으로 들어가 호르몬 흉내를 내며 내분비계를 교란하기에 '환경호르몬'이라고 부른다. 바로 스타이렌 저분자가 호르몬 물질과 닮은 것이다.

　지금까지도 스타이렌 분자의 단량체와 일부 다량체가 환경호르몬 문제로 끊임없는 논란의 중심에 있다. 폴리스타이렌이 내열성이 있지만 고온에서 이런 저분자들이 용출되어 나온다는 것은 이미 실험으로 확인됐다. 플라스틱이 아무리 단단해도 물리적으로 긴 고분자에서 분자 몇 쯤 떨어져 나오는 것은 쉬운 일이고 특히 열을 가하면 탄소 사슬이 쉽게 풀리기도 한다. 그럼에도 이 물질이 환경호르몬이냐 아니냐를 두고 갑론을박이다. 같은 유해물질이라도 신체 조건에 따라 다르게 반응할 수도 있다. 하지만 내가 주장하는 것은 분명 호르몬과 모양이 닮았다는 것이다. 그리고 구조가 기능을 만든다는 사실은 변함없다. 뜨거운 커피가 담긴 컵 뚜껑에 이 물질을 사용한다(이제 관심 있게 뚜껑에 표시된 재활용 마크를 보라). 사실 뚜껑에 있는 작은 구멍은 입을 대고 커피를 마시는 용도가 아니다(원래 용도는 빨대를 꽂게 만든 것 같다. 이게 점차 음료 흡입구 역할을 하도록 변형됐다). 한낱 커피 컵 뚜껑 하나를 조심하자는 얘기를 이렇게 장황하게 늘어놓은 것이 아니다. 보다 더 근원적인 물질의 정체를 알기 위함이다. 유해성 여부에 대해서는 전문 기관을 믿을 수밖에 없다. 하지만 전문 기관조차 화학물질 전체를 알 수 없다. 지금 유해성 논란의 외중에 전문 기관이 하는 말을 잘 해석할 필요가 있다. 특정 물질이 환경호르몬으로 이상 기능을 하느냐를 두고 명확하게 경계를 긋지 않는다. 환경호르몬이라는 특별한 증거를 찾지 못했다고 하며 특정 제품에서 위해한 정도의 양이 용출되지 않는다고 말한다. 우리는 스타이렌이 에틸벤젠과 같은 물질임을 알고 있다. 에틸벤젠은 동물시험 결과, 신경계와 간에 이상을 유발하고 발암 가능성도 제시됐다. 국제 암 연구기관은 에틸벤젠을 발암물질로 분류한다. 이 물질을 불필요하게 음식물 용기에 자주 사용할 필요는 없어 보인다.

서로 다른 고분자들의 공중합체

서로 다른 고분자들을 섞을 수도 있다. 폴리스타이렌 제조 과정에서 폴리부타디엔 Polybutadiene 이라는 합성 고무를 섞으면 어떻게 될까? 마치 폴리스타이렌 사슬에 폴리부타디엔 사슬이 나뭇가지가 얽힌 것처럼 뭉친 모양이 된다. 이 원리는 서로 다른 과일 나무를 교접해서 두 과일이 혼합된 맛을 내는 새로운 과일을 만드는 것과 유사하다. 이런 것을 공중합체 Copolymer 라고 한다. 이런 경우에는 각 고분자의 특징이 섞여서 원래의 고분자 특징 외에 또 다른 능력을 갖게 된다. 원래 폴리스타이렌은 단단하면서도 충격에 약해 잘 깨진다. 정보를 저장하는 도구인 콤팩트디스크 CD 의 투명한 겉포장 케이스가 폴리스타이렌이다. CD 케이스를 떨어뜨린 경험이 있다면 폴리스타이렌의 물성을 이미 체험했을 터이다. 그런데 폴리스타이렌 공중합체의 경우 폴리부타디엔 사슬이 가지가 되어 폴리스타이렌 안에서 단단히 갇혀 있으면서 고유한 고무의 성질을 지킨다. 이렇게 특수한 구조로 되어 있는 고분자에 힘을 가하면 고무인 폴리부타디엔이 외부 에너지를 흡수한다. 폴리부타디엔은 폴리스타이렌이 갖지 못하는 고무 탄성을 이 공중합체에 선물하게 되는 셈이다. 그래서 이 물질은 더욱 강해져서 쉽게 깨지지 않게 된다. 우리가 마시는 요구르트 병이 바로 이 공중합체로 만들어졌다. 요구르트 병은 성인의 힘으로도 쉽게 찢어지거나 깨지지 않는다. 이렇게 쉽게 깨지지 않는 고분자를 '내충격용 폴리스타이렌 High-impact polystyrene '이라고 하고 약자로 HIPS라고 한다. 충격에 강한 새로운 물질도 그 내부에는 스타이렌 구조를 가지고 있다. 최근 초등학교 저학년 학생들 사이에서 이런 플라스틱 용기 밑동을 입으로 뜯어 마시는 것이 유행이다. 물론 매일 그렇게 마시지 않겠지만, 이런 불필요한 섭취 방법으로 노출량을 늘릴 필요는 없다.

10

플라스틱과 환경호르몬
– 폴리카보네이트

플라스틱이 등장해 인류 사회의 문명을 바꿔놓은 지 채 100년도 되지 않았다. 환경호르몬이라는 말은 더 최근에 생긴 말이다. 1997년 일본의 과학자들이 한 방송에서 "산업 활동으로 환경에 배출된 화학물질이 생물체에 유입돼 마치 호르몬처럼 작용한다."라고 말하며 '환경호르몬' 문제가 처음 등장했다. 지각에서 화석연료를 꺼내 새로운 물질을 만들고 풍요로운 삶을 누린 지 약 100년이 지나 인류가 만든 물질이 자연과 인류를 공격하고 있다는 사실을 지각한 것이다. 나는 화학을 다루며 깨친 사실이 하나 있다. '양이 많은 것이 많은 일을 한다'는 것이다. 그것이 좋은 일이든 나쁜 일이든 어떤 존재로 인한 어떤 영향을 인식할 정도가 된다는 조건은 우선적으로 그 존재의 양이 많아야 한다는 것이다.

폴리카보네이트와 비스페놀A

인터넷에서 '환경호르몬 물질'을 검색만 해도 관련된 화학물질이 끝없이 나온다. 그중에 폴리스타이렌의 유해성 논란과 함께 자주 등장하는 대표적 물질이 폴리카보네이트 Polycarbonate이다. 논란의 중심에 있다는 건 그만큼 많이 사용된다는 의미다. 이 물질은 열과 충격에 강하다. 그리고 등급에 따라 다르지만 광학적으로 투명성이 우수하다. 항공기 창문이나 정수기 물병, 젖병과 반찬 보관 용기로 사용된다. 폴리카보네이트는 어떤 물질이길래 유해성 논란의 중심에 있는 것일까?

폴리카보네이트 단량체를 만들려면 두 가지 재료가 필요하다. 첫 번째 재료는 이미 탄화수소 여행을 하며 다뤘던 물질이다. 메탄 분자 CH_4의 수소 3개를 염소와 바꿔 만든 클로로포름 $CHCl_3$이라는 물질을 기억할 것이다. 설명 당시에 화학 산업의 유기화학 공정에서 클로로포름은 가장 중요한 물질을 만들 수 있다고 하고 이야기를 뒤로 미뤘다. 지금이 설명하기에 적절한 지점이다. 클로로포름은 산소와 광화학반응으로 포스젠 $COCl_2$을 만들게 된다. 이제 재료 하나가 준비된 셈이다. 두 번째 재료도 그리 생소한 재료는 아니다. 페놀 C_6H_6O과 아세톤 CH_3COCH_3이다. 페놀은 석탄에도 들어 있는 물질이기에 인류는 화석연료를 다룬 초창기부터 이 물질의 존재를 알고 있었다. 그리고 석유화학의 쌀과 같은 존재, 아세톤이 있었다. 1891년 러시아 화학자 알렉산드르 디아닌 Aleksandr Dianin, 1851~1918은 2개의 페놀과 1개의 아세톤을 합성했다. 페놀과 아세톤을 합성하며 물 분자가 빠지면 다른 물질이 생성된다. 이 새로운 물질의 이름을 비스페놀A Bisphenol-A, $C_{15}H_{16}O_2$라 명명했다. 이름에서 '비스페놀'은 페놀 두 분자를 의미하고 'A'는 아세톤의 약자이다. 이제 두 재료가 모두 준비됐다.

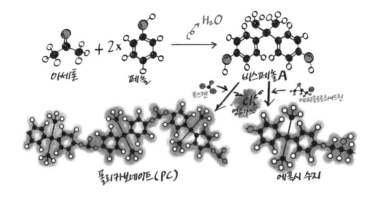

아세톤 + 2x 페놀 $\xrightarrow{\text{H}_2\text{O}}$ 비스페놀A

포스겐 → 염소가스 ← 에피클로로히드린

폴리카보네이트(PC)   에폭시 수지

1953년 독일 바이엘 연구소 헤르만 슈넬^{Hermann Schnell, 1916~1999} 박사는 포스겐과 비스페놀A를 최초로 합성해 단량체를 만들고 이를 중합해 새로운 고분자 플라스틱을 만든다. 그리고 바이엘사는 1955년 세계 최초로 '폴리카보네이트'를 상표로 등록하고 개발 5년 후 필름과 성형 가공 재료로 판매하기 시작해 지금까지 전 세계에 공급하고 있다. 폴리카보네이트의 유연한 성질은 기존 유리 제품으로 만들 수 없는 산업용 재료로 폭넓게 사용되고 있다. 가령 인천공항 제2여객터미널의 천장을 자세히 본 사람이라면 아름다운 건축물의 곡선 천장이 투명하다는 것을 알 것이다. 투명하고 내구성이 강한 폴리카보네이트는 같은 두께의 유리에 비해 약 250배 정도의 충격에도 견딜 수 있는 강도를 지닌다. 이것은 건축 산업에서 캐노피나 차양막 아케이드 등에 사용된다. 폴리카보네이트의 특성은 무척 뛰어나다. 금속만큼 단단하고 열에도 강하다. 게다가 투명하기에 폴리카보네이트의 수요가 확대되며 압력에 견디는 항공기 창문과 물에 삶아야 하는 젖병, 그리고 반찬통으로까지 사용되며 일상화되었다.

통조림 캔은 알루미늄 금속이다. 내용물에 의한 금속의 부식, 녹을 방지하기 위해 캔 내부는 매우 얇게 플라스틱으로 필름 코팅 처리가 되어 있다. 통조림 제조 공정에서 캔 내부에 내용물을 넣고 봉한 후에는 가열, 멸균, 소독을 해야 한다. 결국 필름 코팅은 고온에도 견딜 수 있는 재료여야 한다. 초기에는 에폭시 수지가 사용됐다. 내부 부식을 방지하기 위한 코팅제나 접착제로 사용하는 에폭시 수지를 만드는 데에도 비스페놀A는 사용된다. 비스페놀A에 에피클로로하이드린^{Epichlorohydrin}을 합성해 대표적 범용 에폭시 수지인 비스페놀A 디글리시딜 에테르^{DGEBA, Diglycidyl ether of bisphenol-A}를 만들기 때문이다. 하지만 최근 비스페놀A 유해성 논란으로 내열성이 우수한 폴리이미드^{PI, Polyimide}를 사용하기도 한다.

지금은 젖병과 반찬통 같은 경우에는 다른 고분자들을 사용하고 있고 일부는 실리콘 재료를 사용하기도 한다. 하지만 워낙 폴리카보네이트의 물리적 기능이 뛰어나서 이런 대체 재료가 성능을 따라가지 못했다. 예를 들어 폴리프로필렌의 경우에는 투명도도 떨어지고 흠집이 잘 난다. 그리고 폴리에테르설폰^{Polyethersulfone}은 열에도 강하고 안전하지만 투명도가 좋지 않고, 폴리아미드는 가격이 비싸고 열에 약하다. 요즘은 폴리페닐설폰^{Polyphenylsulfone} 재질이 각광을 받고 있지만 그래도 폴리카보네이트의 성능을 따라잡기 힘들다.

비스페놀A는 하루에도 몇 번씩 만지게 되는 마트나 식당의 영수증, 그리고 은행 순번 대기표의 감열지^{感熱紙}에도 존재한다. 감열지는 열을 이용해 문자가 인쇄되는 종이다. 일명 '현색제'라는 명칭의 물질이 종이에 코팅돼 있다. 1960년대 미국의 NCR사가 만든 열에 의해 색을 발현하는 물질이다. 초기에는 팩스 용지로 사용되었고 카드 영수증이나 순번 대기표, 티켓 등으로 확산됐다. 현색제가 코팅된 부분은 쉽게 알 수 있다. 영수증을 손톱으로 빠르게 긁어보면 마찰열로 검게 변하는 면이 코팅된 쪽이다. 이 현색제 물질에 비스페놀A가 들어 있다. 폴리카보네이트처럼 물질이 고분자에 갇힌 상태가 아니기 때문에 노출되는 양이 생각보다 많다. 비스페놀A는 물에 거의 녹지 않지만, 아세트산·벤젠·에탄올 등에 잘 녹는 친유성 성질이 있다. 피부에 바르는 각종 핸드크림이나 로션 등 화장품은 기름이 주성분이다. 결국 비스페놀A는 이런 성분들에 쉽게 용출되는 성질이 있기 때문에 피부 관리 제품을 바른 손이나 입으로 감열지를 접촉할 경우, 피부에 더 쉽게 흡수될 우려가 있다(2010년 미국 환경단체에서 실시한 연구 결과를 보면 영수증에 포함된 비스페놀A가 젖병이나 캔에서 나오는 양의 최소 250배에서 최대 1,000배 정도라고 한다).

환경호르몬과 노출량

비스페놀A가 환경호르몬으로 알려지면서 여러 나라들이 비스페놀A 사용을 규제하기 시작했다. 비스페놀A는 여성호르몬인 에스트로겐과 유사 작용을 하는 환경호르몬이다. 최근 정자 수를 감소시키고 사춘기를 촉진하며 어린이 행동 장애에 영향을 미칠 수 있다는 연구 결과가 나오기도 했다. 또 비만과 태아의 발육에 영향을 미치고 갑상선 장애, 천식, 심장병 등을 일으키거나 심지어 발암의 위험도 있다는 주장이 나오기도 했다. 설치류와 같은 동물시험에서 그런 의혹이 어느 정도는 사실로 밝혀지기도 했다. 하지만 현재 소비자가 식품 등을 통해 섭취하는 비스페놀A의 양은 안전한 수준이라는 것이 당국의 주장이다. 사람을 대상으로 한 임상시험에서는 아직 유해성이 확인되지 않는다는 것이다. 대부분의 비스페놀A가 소변 등으로 체외 배출되는 것이 사실이다. 이러한 주장은 관련 과학자, 정부 감독 기관, 그리고 미디어 및 관련 환경단체에서 철저하게 검증하고 검토한 결과 나온 것이다.

'현재 사용이 허가된 반찬통이나 캔과 같은 식품 용기에서 녹아 나오는 비스페놀A의 양은 걱정할 이유가 없다'고 한다. 그렇더라도 우리나라의 식품의약품안전처는 2012년부터 비스페놀A가 포함된 재료로 만든 유아용 젖병 생산을 금지하고 있다. 우리뿐만 아니라 많은 선진국들도 마찬가지이다. 지금도 인터넷과 각종 환경단체, 그리고 정부기관 등이 환경호르몬에 대한 논란을 벌이고 있다. 환경호르몬은 '화학물질의 안전성'이라는 가면을 쓴 것일까 아니면 억울한 누명을 쓰고 있는 것일까?

이러한 조치가 의미하는 중요한 사실이 있다. 바로 비스페놀A는 환경호르몬이 확실하다는 사실, 이 부분은 부인하지 않는다는 것이다. 단지 각종 용기나 포장재로부터 우리가 입으로 섭취하는 양이 아직까지는 안전한 수준이라는 것인데, 바로 여기에 함정이 있는 것이다. 바로 유해성과 위해성 이야기다. 누차 말하지만 많은 양이 결국 많은 일을 한다. 노출이 많으면 배출되더라도 축적되는 양이 존재한다. 그리고 그만큼 변화를 만들게 된다.

그런 노출을 피하기 위한 지혜로운 소비자들의 행동에 기업들도 재료를 바꿨다. 사람들은 '비스페놀 프리' 제품을 선호하기도 하는데, 무설탕 제품^{Sugar free}이 '제로'나 '다이어트'라는 이름이 붙어 판매되고 있지만 설탕 대신 단맛을 내는 다른 물질이 들어 있는 것과 마찬가지이다. 비스페놀A를 사용하지 않았다는 제품이 나오지만, 만약 기존 폴리카보네이트와 물리적 성질이 뒤떨어지지 않는 제품 중 비스페놀A 프리 제품이 있다면 그것은 비스페놀F나 비스페놀S가 첨가된 제품으로 볼 수 있다. 그리고 연구 결과는 놀랍게도 비스페놀S와 비스페놀F 모두 내분비 교란 작용에 있어서 비스페놀A와 큰 차이를 보이지 않았다고 한다. 결국 고분자 합성수지로 된 제품을 사용할 때는 제품에 표기된 재질의 종류에 관심을 가져야 한다. 아직은 소비자가 해야 할 일이 많다.

11
침묵의 역습

지금까지 우리 일상에서 대표적인 고분자 제품을 다뤘다. 물질을 설명하기 위해 골치 아픈 화학 명칭과 화학기호를 다소 불친절하게 꺼낼 수밖에 없었다. 이 점은 무척 송구하다. 하지만 어린 학생들도 '폴리에틸렌 테레프탈레이트'라는 용어는 몰라도 '페트'라는 이름은 안다. 이 사실은 고분자 플라스틱의 쓰임새가 우리 일상에 깊이 들어와 있음을 말해준다. 플라스틱을 사용하지 않는 삶이 가능하기나 한 걸까? 지금 집필 중인 책상 위만 봐도 온통 플라스틱이다. 컴퓨터는 말할 것도 없고 독서대와 조명용 스탠드, 필기도구, 그리고 갈증을 해소하기 위해 가져온 탄산음료 병과 컵 등 한두 가지가 아니다. 모두 폴리머라는 고분자 물질이다.

최근 글로벌 커피 전문 프랜차이즈 한 곳이 중요한 선언을 했다. 전 세계 매장에서 일회용 플라스틱 빨대를 없애겠다는 것이다. 바로 대체제인 종이로 만든 빨대가 등장했고 소비자는 '환영'과 '불편'이라는 두 얼굴로 반응했다. 또한 대부분의 커피 판매점에서 포장 판매를 제외하고 일회용 플라스틱 컵의 매장 내 사용을 금지했다. 하지만 최근 감염병의 세계적 유행이 시작되며 이 움직임은 일시적으로 멈췄다. 감염의 전파가 민감한 상황에서 소비자가 일회용품을 선호했기 때문이고 방역 당국도 일회용품 사용이 방역에 이롭다고 생각한 것이다. 물론 팬데믹이 종식되면 이 움직임은 계속될 것이다. 사실 빨대는 폴리프로필렌으로 만들어지고 일회용 컵은 페트 재질이다. 분해가 어려울 뿐이지 폴리카보네이트나 폴리스타이렌과 달리 환경호르몬과는 다소 거리가 있는, 비교적 안전한 물질이다. 케모포비아를 추동하는 요소 중 하나가 플라스틱의 독성 때문이면 두 제품은 굳이 제한하지 않아도 된다. 그런데도 일회용 제품 사용을 제한하는 이유는 무엇일까?

사실 '안전한 물질'이라는 표현에 함정이 있다. '안전'이란 말은 어디를 향하고 있는 것일까? 지금까지의 안전은 인간 중심적 시선과 사고에서 정의된 조건이다. 우리 몸에 들어오는 것만 경계했기 때문이다. 지금까지 이 책에서도 일부 고분자는 안전하다는 표현을 사용했다. 플라스틱과 같은 고분자 물질의 종류를 확인하고 해로운 물질에 대해 주의하며 사용하는 것도 중요하지만 더 중요한 사실을 놓치고 있었다. 플라스틱 사용은 현재는 물론 미래 시제를 동시에 지녔다는 것이다. 플라스틱이 처음 등장하던 당시 플라스틱의 영원함을 다이아몬드에 비유했다. 그러나 그때는 맞고 지금은 틀렸다. 그 영원함이 미래를 삼키고 있었던 것이다. 주변을 둘러보면 플라스틱이 들어 있지 않은 것이 없을 정도로 플라스틱은 인류의 삶에 밀접한 물질이 됐다. 분리수거함을 보면 재활용품의 대부분이 플라스틱과 관련한 고분자 합성 물질이다. 1907년 베이클랜드가 인공 합성 플라스틱을 발명한 이래 한 세기를 넘기는 동안 약 80억 톤이 넘는 플라스틱이 만들어졌고 이 중 절반 이상이 다시 지구에 버려졌다. 표면적으로는 정상적인 수거를 통해 소각되거나 재활용되고 있지만, 그 양은 극히 일부이다. 혹시 분리수거라는 제도로 인해 무엇인가 잘못되고 있다는 의식조차 못 하는 것은 아닐까? 어쩌면 재활용 수거통에 넣는 행위로 이 물질을 사용하는 의무와 책임을 완수했다고 생각할지 모르겠다. 그나마 이런 제도로라도 일부 걸러져 확인되고 있는 게 다행일까? 어느 정도인지도 모르는 나머지 플라스틱은 어디에 있는 걸까?

플라스틱의 역습

플라스틱이 세상에 나타난 지 100여 년이 지났지만, 지금까지 전 세계에서 생산된 플라스틱의 절반은 2000년 이후에 생산되었다. 현재 우리는 매년 2억 8,800만 톤의 플라스틱을 생산한다. 그중 1,300만 톤이 바다로 흘러 들어간다. 미국해양대기청NOAA에 따르면 바다에 버려진 쓰레기가 분해되는데는 길게는 수 세기가 걸린다고 한다. 우유팩은 5년, 비닐봉지는 10년에서 최대 20년이 걸리며, 플라스틱이 코팅된 종이컵은 30년이 걸린다. 음료 매장에서 퇴출시킨 폴리프로필렌 플라스틱 빨대는 200년, 페트병은 두 배인 450년 수준이다. 물론 더 장수하는 물질도 있다. 폴리스타이렌인 스티로폼은 500년, 나일론이 주재료인 낚싯줄은 무려 600년이 걸린다. 물론 긴 시간 동안 제품이 온전한 형태는 아닐 것이다. 바다에 있는 플라스틱의 4분의 3은 잘게 분쇄된 채 인류가 닿을 수 없는 바다 바닥에 가라앉아 있다. 그리고 약 5조 개, 1억 4,000만 톤의 플라스틱이 바다에 떠다닌다. 환경단체는 일부 태평양 지역을 조사한 결과 플라스틱이 플랑크톤보다 180배가 많다는 것을 확인했다. 경북 영덕에서는 온몸이 붉은색으로 변한 바다거북 사체가 발견됐고 거북의 몸에서는 각종 플라스틱 제품이 나왔다. 장수의 상징인 거북이의 삶은 고작 30년에서 멈췄다. 또 스페인 남부 해안에서 발견된 향유고래의 사체에는 무려 29킬로그램의 플라스틱이 있었다. 이제 거북과 고래는 해양 오염의 아이콘이 됐다. 바다와 섬에 사는 플랑크톤에서부터 어류와 조류는 자외선과 파도에 의해 잘게 부서진 작은 플라스틱을 먹이로 착각한다. 바다는 그야말로 플라스틱 수프로 변해가고 있다. 미세 플라스틱은 그 자체로 환경호르몬과 화학 성분을 가지고 있기도 하지만 바다에 존재하는 독성물질도 잘 흡착하는 성질이 있다. 먹이사슬의 최하층에는 미생물이 있고 플라스틱은 결국 그 사슬을 따라 올라가 생태계 최상층인 인간에게 고스란히 전달된다. 플라스틱에 의한 해양 오염 문제는 이미 널리 알려진 문제이다. 하지만 우리가 사는 세계와는 관계가 없는 일처럼 버려두고 외면한다. 나 하나 줄인다고 세상이 크게 좋아질 게 없다고 생각한다. 세상에는 잘 알려진 사실이 있다. 우리는 그것을 안다는 것을 안다. 그저 알기만 할 뿐이다. 사람들은 아직 태어나지 않은 미래 세대나 아주 멀리 있는 사람들을 위해 자발적으로 행동하고 희생하지 않는다. 왜냐하면 그 행동이 바로 이익이 되지 않기 때문이고 아직 자신은 안전하다고 생각하기 때문이다.

플라스틱이 사용되는 수명은 어떤가. 일상에서 물질이 제대로 사용되는 라이프타임 Lifetime을 보면 충격적이다. 수명은 고작 평균 20분이다. 제품이 만들어지는 시간은 1분이면 족하다. 그런데 이 물질이 지구에서 완전히 사라지는 데 수백 년이 걸리고 심지어 강한 재질은 500년 이상이 소요된다. 사용은 현재 인류가 하고 있고 물질은 미래까지 존재한다. 그 미래에 현재 인류는 없다. 그래서 플라스틱 물질은 환경 정의의 문제에서 다뤄져야 한다고 하는 것이다. 우리 세대가 이익을 누리고 정작 피해와 책임은 후손이 짊어지게 하는 정의롭지 못한 매개 물질이기 때문이다. 편의를 누릴 권리가 있다면 책임이 따라야 한다. 불행하게도 현 인류가 책임을 지기에는 이미 늦었고 침묵의 역습은 시작됐다. 최근 우리가 마시는 물이 이미 플라스틱에 오염됐다는 보고가 있다. 전 세계 생수의 93퍼센트가 오염됐고 우리나라에서도 유통되는 생수 40퍼센트에서 폴리프로필렌과 폴리스타이렌, 폴리카보네이트 조각들이 검출됐다. 팬데믹이 시작되기 직전 호주 뉴캐슬 대학교는 '플라스틱 인체 섭취 평가 연구'를 통해 한 사람이 매주 먹는 미세 플라스틱 양이 신용카드 한 장 분량(약 5그램) 정도라고 밝혔다. 지구 기후변화도 이 플라스틱과 무관하지 않다. 내가 구매한 플라스틱 제품 하나 때문에 지구 반대편에 이상 기후가 나타날 수 있다. 제품 생산 과정에 막대한 탄소가 배출되고 있기 때문이다. 플라스틱은 화석연료로 만들어진다. 화석연료는 과거 지구 생명체가 현재 인류에게 물려준 선물과도 같은 유산이다. 우리는 과연 무엇을 다음 생명체에게 유산으로 물려주고 있을까?

촘촘하게 얽혀 있는 물필의 관계에 대한 입체적 조망

기후 위기에 대한 인식이 확산되어 전 지구적으로 플라스틱 사용에 대한 저항의 공감대가 형성되고 기업을 중심으로 변화의 움직임이 있을 무렵 팬데믹이 찾아왔다. 최근 집에 머무는 시간이 늘자 택배와 배달도 덩달아 많아졌다. 집 앞이 일회용 플라스틱 쓰레기로 넘쳐난다. 소비의 적정선이 무너진 소비 붕괴다. 물론 팬데믹이니 어쩔 수 없는 부분도 있다. 그렇다면 이전에는 어땠을까? 집단적 의식을 공유하면 위험해지는 것이 있다. 이익도 손해도 공평해지면 죄의식이 덜해지기 때문이다. 남들은 안 하는데 나만 변한다고 세상이 바뀔 것 같지 않다는 생각을 하면서 조금도 걱정하지 않고 끓는 솥 안으로 미끄러지고 있었던 것이다. 지구에서 인간이 살지 못할 수도 있다는 생각을 하지 않는다. 어떻게든 잘될 거고 해결될 것이라고 여긴다. 이건 확신이 아닌 낙관으로 포장된 소망일 뿐이고, 앞으로 무슨 일이 벌어질지를 도무지 생각하려 들지 않는다. 지금 존재하는 모든 것들이 거꾸로 뒤집힐지도 모르는데도 움직이지 않는다. 팬데믹은 물론이고 전 지구적으로 나타나는 기후 현상은 쉽게 요약되거나 일반화되지 않는다. 다만 쌓여가는 쓰레기를 보며 무언가를 망가뜨리는 원심력이 점점 강해지고 있다는 불안감은 분명해진다. 지금 당장은 팬데믹으로 국가는 물론 개인의 평범한 삶마저 유지하기 힘든 시절이다. 게다가 경제적·정치적 혼돈마저 겹쳤다. 그래서인지 지구적 미래를 호소하는 문구 아래서는 덤덤한 얼굴만 보인다. 어쩌면 이 무심함이 이 전쟁 같은 시절을 버티는 데 최선일지도 모르겠다. 그럼에도 우리는 적정선을 만들고 지켜내야 한다. 보다 나은 결과를 만들 책임이 있으니까 말이다.

1995년 노벨 화학상을 수상한 대기학자인 파울 크뤼첸 ^{Paul Jozef Crutzen, 1933~} 은 2000년에 새로운 지질 시대 개념을 세상에 내놓았다. 신생대 4기 홍적세와 현세인 충적세를 이은 시기로 그 이름을 '인류세'라고 했다. 지각에 방사능 물질과 각종 화학물질이 축적되고 해수의 이상 기온 현상, 지구온난화, 이산화탄소와 메탄과 같은 온실가스의 급격한 증가를 증거로 삼았다. 특히 플라스틱 같은 인공 물질의 엄청난 증가를 경고했다. 인류의 자연환경 파괴로 지구 환경과 생태계의 급격한 변화가 일어나기 시작했다. 이 변화 전에 아무도 말해주지 않고 자연도 침묵했다. 그렇게 조용한 역습이 시작된 것이다.

단순히 일회용품 플라스틱이 바다에 떠다니고 잘게 부서져 해양이 오염되고 해양 생태계가 변화하는 일차원 현상만을 두고 인류세라고 말하는 것이 아니다. 일회용품이 전체 화석에너지 사용에서 차지하는 부분은 빙산의 일각일지 모른다. 지질학적 시대사에 인류가 등장했다는 의미는 인류로 인한 특이점이 생겼다는 것이다. 폭발적으로 늘어나는 현 인류의 라이프 스타일을 채우고 있는 식품과 의류도 화석에너지를 사용한다. 쇠고기가 식탁에 오르기까지 보이지 않는 에너지가 소모된다. 고기를 얻는 데 화석에너지가 소비되느냐고 반문할 수도 있지만 결과적으로 옥수수 16킬로그램으로 쇠고기 1킬로그램을 만드는 셈이다. 경작지를 위해 땅을 파헤치고 화학물질인 비료와 살충제를 투하하며 막대한 물을 사용한다. 농작물을 재배해야 사료로 사용할 수 있다. 농기계를 비롯해 저장과 운송에 모두 화석에너지를 사용한다. 축산 농업은 전 세계 아산화질소 배출량의 65퍼센트를 차지하고 아산화질소는 이산화탄소 지구온난화 지수의 296배이다. 촘촘하게 얽혀 있는 물질의 관계를 입체적으로 들여다봐야 할 시기가 되었다. 이 입체적으로 얽힌 구조에서 우리는 어디에 서 있을까. 우리는 특별한 행동을 하지 않으면서 너무 쉽게 '지속 가능한' 이라는 문구를 사용한다. 한 번이라도 지속 가능하기 위해 처절한 고민과 질문조차 해본 적도 없으면서 말이다.

그리고 당부하고픈 말은 이 모든 문제의 발단과 해결을 마치 개인의 책임인 양 떠넘기면 안 된다는 것이다. 이렇게 나빠진 상황을 분리수거를 잘하고 자동차를 덜 타고 전기를 아끼면 해결될 것처럼 사람들을 계몽하면 안 된다. 소비자가 할 수 있는 일은 극히 제한적이라는 것을 잊지 말아야 한다. 설령 그런 행동이 지켜진다 해도 그 효과는 기업이나 정부, 사회 인프라의 변화에 비해 미미할 수밖에 없다. 실행에 따른 영향력이 크고 파급력이 있는 기업과 정부, 그리고 언론이 책임과 의무를 다해야 한다. 그런데도 일반 소비자가 화학물질의 본질을 알아야 하는 이유는 단순하다. 철저하게 자본의 잉여로 작동하는 기업과 정부를 움직이게 하는 것은 결국 소비자이고 국민이기 때문이다. 물질을 제대로 알고 있어야 그들에게 정당한 권리를 요구하고 물질 세상을 바꿀 수 있는 근력이 생긴다.

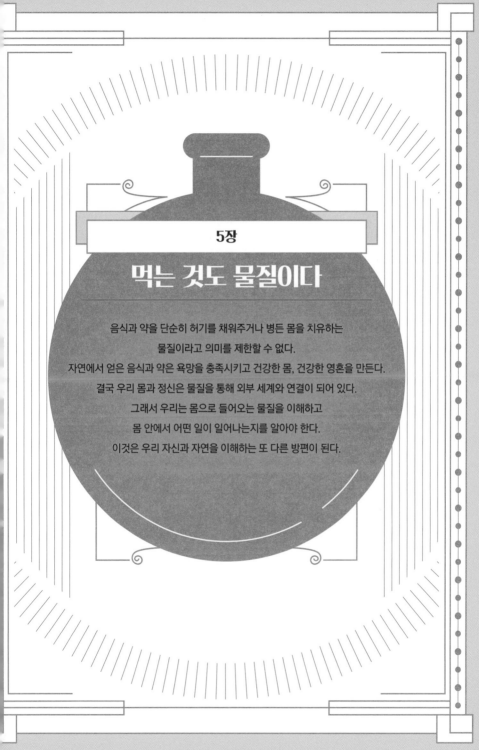

5장

먹는 것도 물질이다

음식과 약을 단순히 허기를 채워주거나 병든 몸을 치유하는
물질이라고 의미를 제한할 수 없다.
자연에서 얻은 음식과 약은 욕망을 충족시키고 건강한 몸, 건강한 영혼을 만든다.
결국 우리 몸과 정신은 물질을 통해 외부 세계와 연결이 되어 있다.
그래서 우리는 몸으로 들어오는 물질을 이해하고
몸 안에서 어떤 일이 일어나는지를 알아야 한다.
이것은 우리 자신과 자연을 이해하는 또 다른 방편이 된다.

1
식품에 대한 분자생물학적 고찰

"고기와 찬물을 같이 섭취하면 장에서 지방이 굳고 쌓여 숙변 등이 발생하고 암으로 변하기 쉽다."

이런 종류의 건강 정보는 인터넷에 접속만 하면 눈앞에 쏟아진다. 어느 유투버가 만든 동영상에서는 불판에서 바로 녹아내린 돼지기름을 차가운 물에 떨어뜨리고는 하얗게 굳어 물 위를 둥둥 떠다니는 지방 덩어리를 보여준다. 이것이 혈관을 막고, 병에 걸리게 할지도 모른다며 지방과 찬물 섭취의 위해성을 말한다. 실험으로 증거를 만들고 음식 문화와 의학 정보까지 보태어 자신의 주장을 단단하게 만든다. 가령 돼지고기를 많이 먹는 중국인들은 절대 찬물을 먹지 않는다는 음식 문화를 들이대며 인류의 누적된 지혜인 양 포장하기도 한다. 증거와 증명으로 견고해진 정보는 사람들을 포획한다. 누군가에게는 이런 정보가 일종의 신앙이 된다.

우리는 물질이 몸으로 들어오는 경로에 대해 잘 알고 있다. 바로 호흡기와 소화기, 그리고 피부 조직이다. 그중에 사람들이 가장 민감하게 여기는 경로가 소화기일 것이다. 호흡기와 피부를 통해 들어오는 외부 물질이 극히 제한적일 것이라는 사실은 우리가 따로 배우지 않아도 직관적으로 알고 있다. 가령 뉴스에서나 나올 법한 화학 사고처럼 유독한 가스나 액체에 노출되지 않는 한 일상에서 두 기관을 통해 드나드는 물질에는 무감각한 편이다. 반면 잠자는 시간을 제외하고 계속 다양한 영양분을 공급하는 소화기는 다르다. 먹을거리의 영양을 따지고 칼로리로 열량까지 계산한다. 심지어 영양이 부족하지 않은 상황에서도 뇌를 즐겁게 하기 위해 맛있는 음식을 찾는다. 입을 통해 헤아릴 수 없이 다양한 물질이 몸으로 들어온다. 끊임없이 다양한 음식물을 섭취해야 거기에 들어 있는 영양소로 생명을 유지한다는 사실을 본능적으로 알기 때문이다.

과거 인류 사회는 결핍의 시대였다. 영양소를 따지기 이전에 공급 면에서 에너지를 만들 물질의 절대 총량이 적었다. 하지만 현대사회는 다르다. 물론 지금도 제3국이나 소외된 지역에서는 결핍이 여전하고 심지어 기아가 존재하고 있지만 일정 경제 수준 이상인 국가의 도시 사회에는 먹을거리가 넘쳐난다. 결핍의 시대에서는 음식의 양이 중요했다. 음식물이라는 물질의 영양소와 질을 따질 상황이 아니었다. 하지만 잉여와 풍요의 시대를 사는 사람들은 음식의 질적 수준을 따지고 영양소의 비율을 따진다. 먹을거리를 과학적으로 보기 시작하는 것이다. 사람들은 질 좋은 먹을거리로 건강해지고 있다는 것을 확인하고 싶어 한다. 건강이라는 기준에서 음식을 구성하는 영양소는 중요해진다. 이제 사람들은 음식을 물질로 다룬다. 실제로 식품은 모두 화학물질이다. 식품뿐만 아니라 몸에 들어온 음식을 소화시키는 것도 화학물질이다. 섭취된 물질은 인체에서 효소 물질에 의해 분해되고 분자나 원자 수준에서 조직과 세포로 흡수되기 때문이다. 물질은 에너지를 저장하고 있으며, 화학반응을 통해 에너지가 방출된다. 물질에 갇힌 에너지를 다른 형태의 에너지로 꺼내 인체에 필요한 일을 하는 데 쓰거나 몸에 필요한 새로운 물질을 만든다. 에너지와 물질이 교환되는 모든 과정이 화학반응이다. 화학물질의 관점에서 식품이 유익한 물질과 유해한 물질로 구별되기 시작하고 그것에 대한 진실과 거짓 정보가 과학이란 이름으로 비빔밥처럼 섞여 인터넷을 떠돈다. 특히 인터넷 사회관계망에 얹어진 정보는 진위 여부와 상관없이 걷잡을 수 없게 복제되며 세상에 퍼져나간다.

우리 몸 세포 안팎의 화학반응

사실 앞에서 언급한 지방과 물 이야기는 물질이 가진 성질만으로 진위를 설명하기 어렵다. 몸 밖에서 했던 실험은 맞다. 녹았던 지방이 낮은 온도의 물과 만나 물리적으로 굳은 것이다. 하지만 몸속으로 섭취한 지방 물질은 다를 수 있다. 몸에 들어온 이상 생물학적 환경과 반응, 그리고 변화로 이해해야 하기 때문이다. 나는 생물학자는 아니지만 생물학 관점에서 얕게나마 살펴볼 수는 있다. 인간의 체온은 나이에 따라 차이가 있지만 섭씨 약 36~37도 사이에서 유지된다. 왜 이 온도를 유지할까? 우리 몸의 모든 기관은 효소 작용에 의해 활동하는데 효소 작용과 같은 생체 시스템은 섭씨 37도 근방에서 잘 작동하기 때문이다. 대부분 효소는 단백질이고 이 온도에서 신체의 조직이나 물질과 가장 잘 반응한다는 의미다. 우리가 감기와 같은 질병으로 체온이 이 온도 구간을 벗어나면 고통을 체감하게 된다. 인체 내 화학반응이 정상적이지 않기 때문이다. 우리는 특별한 활동이 없어도 음식을 먹어야 한다. 우리가 음식을 많이 섭취하는 이유는 음식을 통해 얻는 에너지 절반을 체온 유지에 사용하고 있기 때문이다. 사람뿐만 아닌 포유류

동물이 대부분 그렇다. 가을철에 다람쥐는 끊임없이 도토리를 먹는다. 심지어 도토리에 정신이 팔려 로드킬을 당하는 것조차도 모른다. 이는 다람쥐가 식탐이 많아서가 아니다. 다람쥐는 몸이 길어서 체온 손실이 많다. 어쩌면 다람쥐는 자신의 체온을 유지하는 것이 지상 최대의 목표이고 이 행위로 일생을 보내고 있는 것일지 모른다. 그래서 항온동물은 대부분 같은 크기의 변온동물보다 많은 음식을 섭취한다. 아무런 일을 하지 않아도 배고픈 것은 당연한 일이다.

체온을 유지하는 센서는 뇌의 시상하부에 있는 체온조절중추에 있다. 피부와 뇌에서 정밀하게 감지하고 있다가 체온이 내려가면 발열량을 늘려 체온을 올리는 구조다. 우리가 찬물보다 더운물을 마셨을 때 갈증을 덜 느끼게 되는 것은 이런 원리이다. 찬물을 마시면 오히려 체온이 오르고 머리에 열이 올라가며 갈증을 더 느끼게 된다. 중국인들이 따뜻한 차를 마시는 이유는 중국 남부 더운 지방의 식문화 때문이기도 하다. 고기를 먹는 식습관과 바로 연결하기 어렵다. 설사 육류 섭취 중 찬물을 마셨다 치자. 마신 냉수는 식도를 타고 위장으로 간다. 하지만 체온으로 인해 냉수가 낮은 온도를 계속 유지하기 어렵다. 이른바 육각수나 자화수라는 물을 섭취한다 해도 체내 온도 때문에 그 물 분자 결합 구조를 유지 못하는 이유와 같다. 동시에 위장에는 강산인 염산의 산도와 맞먹는 위액이 있다. 소장으로 내려가는 길목에서는 담즙이 흘러나온다. 담즙은 지방 분해를 전담하는 물질이다. 설사 지방이 물에 의해 일시적으로 굳는다 해도 위장과 장에서 산과 담즙에 의해 온전할 리가 없다. 오히려 많은 물을 섭취하는 경우, 위산이 물에 의해 희석되니 산도가 떨어져 소화를 방해할 수 있을지 모르겠다. 그리고 매끈한 소장 내부를 볼 때 숙변도 속설일 뿐이고 지방 자체가 암이 되지는 않는다. 암은 세포의 한 종류이다. 지방은 우리 몸에서 가장 안정한 물질이며 에너지를 얻는 연료이자 세포막을 구성하는 물질일 뿐이다. 단지 몸을 구성하고 남는 지방은 온몸 구석구석에 저장되었다가 다시 에너지로 사용될 뿐이다. 식품을 제대로 이해하려면 분자생물학적으로 고찰해야 한다.

식품이 무척 다양하지만, 물질로 분류하면 생각보다 많지 않은 종류로 이뤄져 있다는 것을 알게 된다. 다양한 맛과 풍미를 자랑하는 음식도 화학이라는 안경을 쓰고 보면 크게는 탄수화물과 단백질, 지방만 보일 것이다. 식품영양학에서 괜히 3대 영양소라고 하는 것이 아니다. 인류는 지구에서 가장 흔한 물질을 몸의 재료와 에너지 원료로 이용했고 세 가지 물질이 음식의 대부분을 차지한다. 식물은 이산화탄소와 물, 그리고 빛만 있으면 당을 만들어 몸을 불려간다. 하지만 사람을 포함한 동물은 음식을 섭취해 몸 안으로 이런 물질을 연료의 형태로 넣어야 생명 현상이 유지된다. 어린아이가 그냥 성장하는 것이 아니다. 끊임없이 먹고 그 재료로 몸을 불리는 것이다. 생물학을 조금이라도 공부해본 사람이라면 그 중심에는 DNA가 있다는 것을 안다. DNA를 중심으로 생명 활동을 설명하는 것이 바로 생명학 혹은 생명공학이다. 마치 DNA가 모든 일을 하는 것처럼 보이지만, DNA는 단백질의 설계도 청사진일 뿐이다. 세포 차원에서 설계도를 보고 단백질로 온몸 구석구석을 만든다. 그리고 단백질은 몸에서 일어나는 모든 화학반응에 관여한다. 그러니까 생명체가 살아 있다는 건 바로 세포 안 혹은 세포 밖에서 단백질이 화학반응을 하고 있다는 뜻이다. 이런 화학반응을 하기 위해서는 에너지가 필요하다. 이런 에너지는 탄수화물과 지방을 재료로 한다. 단, 지방의 우선 임무는 세포를 구성하는 역할이다. 부수적 임무가 에너지 생성이다.

이제 이 세 가지 물질이 얼마나 중요한지 알았다. 이 책은 생물학 책이 아니니 물질의 생체적 역할은 이 정도로 간략하게 짚고 넘어간다. 물론 인체에는 세 가지 물질 외에도 대사에 필수적인 영양소 물질이 있으나 에너지의 원료라기보다 호르몬이나 효소의 활성화 등 간접적으로 에너지 생성 활동이나 생명체 작동에 사용되는 재료이다. 화학 실험에서 촉매라고 부르는 것과 같다. 이제 각 물질을 분자의 관점에서 살펴보자.

지방, 오메가3의 정체

가장 간단한 지방부터 살펴보자. 이미 앞에서 탄화수소를 다루며 지방 구조에 대해 간략히 언급했다. 바로 불포화 지방산과 포화 지방산에 관련한 이야기다. 핵심 내용만 복기해보자. 글리세롤 분자에 지방산이 2개 혹은 3개가 연결된 모습이 대부분의 지방 구조이다. 지방은 식품에만 있는 것이 아니고 우리 몸에도 존재한다. 3개의 지방산으로 구성된 지방이 우리 몸에 저장되는 것이고, 2개의 지방산으로 구성된 인지질은 세포를 구성한다. 탄소 사슬로 이어진 지방산이 중간에 이중결합이 있느냐에 따라 포화와 불포화를 구분하는데, 식품의 지방산은 대부분 20여 개의 탄소로 결합된 사슬 구조를 가진다. 사실 지방 분자의 구조는 이것으로 모두 설명된다.

이제 분자구조에 따른 특성과 실제 물질의 성질을 연결해보자. 이럴 때 친근한 사례를 들어보면 쉽게 이해할 수 있다. 오메가3가 함유된 건강 보조제가 없는 집이 드물다. 사람들은 대부분 이 물질이 혈관 건강에 좋은 불포화 지방산으로 만든 물질로 알고 있다. 그런데 흥미로운 것은 오메가3 말고도 오메가6와 오메가9도 있다는 것이다. 앞서 대표적인 몇 개의 불포화 지방산을 언급했었다. 바로 올레산$^{C_{18}H_{34}O_2}$, 리놀레산$^{C_{18}H_{32}O_2}$, 리놀렌산$^{C_{18}H_{30}O_2}$이다. 통상 세 가지 물질 모두 보조제라는 제품에서는 오메가3 제품군으로 취급된다. 그렇다면 오메가$^\omega$는 무엇이고 함께 붙어 있는 숫자는 무엇을 의미할까? 지방산 물질이 4~28개의 탄소 원자로 이뤄진 긴 사슬로 양쪽 끝에 카복실기$^{-COOH}$와 메틸기$^{-CH_3}$가 결합한 화학구조의 탄화수소 물질임을 기억할 것이다. 지방산 사슬이 글리세롤 분자와 결합하는 쪽은 카복실기이다. 그렇다면 글리세롤에 결합한 지방산의 다른 끝은 메틸기가 있는 방향이 된다. 이제 지방산의 각 탄소에 순서를 붙일 수 있다. 이 순서에는 숫자를 사용하지 않고 마치 군대에서 사용하는 암호처럼 그리스 알파벳을 붙였다. 카복실기 방향에서부터 첫 번째 탄소는 α(알파)로 표시한다. 그다음은 β(베타), γ(감마), δ(델타)…… 등으로 지방산 사슬의 탄소를 구분한다. 하지만 지방산의 길이는 각각 다르다. 그래서 지방산 사슬의 마지막 탄소 위치는 그리스 알파벳에서 마지막을 의미하는 문자인 ω(오메가)로 표시한다. 결국 메틸기의 탄소가 오메가를 차지하는 것이다. 그렇다면 숫자는 무엇일까. 불포화 지방산은 탄소 간 이중결합을 가진 물질이다. 지방산 끝의 메틸기부터 세 번째 탄소 사슬에 이중결합이 있으면 이 지방산을 오메가3 지방산이라고 부르는 것이다. 흥미로운 것은 오메가3 지방산은 사슬 끝에서 여섯 번째와 아홉 번째에도 이미 이중결합이 존재한다. 그러니까 총 3개의 이중결합이 있는 것이다. 그리고 오메가6는 여섯 번째와 아홉 번째에 이중결합 2개를 가지고 있는 지방산이다. 그렇다면 오메가9은 하나의 이중결합을 아홉 번째 사슬에 두고 있다는 것을 알 수 있을 것이다. 자연은 긴 지방산을 만들 때 가장 처음 아홉 번째에 이중결합을 만든다. 그리고 여섯 번째, 마지막으로 세 번째에 이중결합을 만들어 분자 모양을 구부린다.

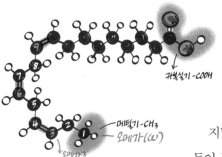

카복실기 -COOH

메틸기 -CH₃
오메가(ω)

오메가3

지방산 분자를 구성하며 아홉 번째, 여섯 번째, 세 번째에 이중결합을 만든 이유는 무엇일까? 인류는 아직 정확하게 모른다. 이런 데에 자연의 신비함이 존재한다. 게다가 지방산에서 불포화 결합은 신기하게도 3개 이상은 별로 없다. 이중결합도 탄소 수가 18개 이상에서만 존재한다. 탄소 수가 적은 사슬은 대부분 이중결합이 없는 포화 지방산이다. 분명 이중결합의 존재는 지방산 사슬 길이와 관련이 있고, 물론 이 부분은 계산화학Computational chemistry에서 양자화학적 해석으로 밝히는 중이다. 정리를 해보면 오메가3라는 용어를 쓸 수 있는 물질은 리놀렌산만을 말한다. 그리고 오메가6는 리놀레산, 오메가9이 올레산이다. 이중결합이 존재할수록 지방산의 분자 모양은 많이 꺾인다. 이 꺾인 구조가 지방의 기능과 특징을 만드는 것이다.

탄수화물, 에너지 원료

탄수화물炭水化物, Carbohydrate의 화학식을 보면 마치 물이 들어 있는 것처럼 보인다. 물론 물과 친한 특성이 있다. 포도당Glucose, $C_6H_{12}O_6$ 발견 당시 화학식을 탄소가 물 분자와 결합한 형태인 $C_6(H_2O)_6$로 표기했기 때문에 '탄수화물'이라는 이름이 붙여졌다. 원자로만 보면 6개의 탄소와 6개의 물 분자가 결합한 6탄당 분자를 단당류 물질인 포도당으로 부른다. 탄수화물은 그 자체로 당 물질이다. 수많은 탄수화물은 당을 기본으로 만들어진다. 포도당의 이성질체 물질이자 단당류의 한 종류인 과당과 포도당이 결합한 것이 이당류 물질인 설탕Sucrose이다. 단당류 포도당이 길게 늘어서며 다당류인 엿당으로 시작해 올리고당이나 물엿과 같은 다당류 물질이 된다. 탄수화물은 이런 당류의 유도체를 총칭하는 용어로, 고분자를 이룬 화합물이다. 그런데 다당류 고분자에는 전분Starch, 글리코겐Glycogen, 셀룰로오스 등도 있다. 이런 다당

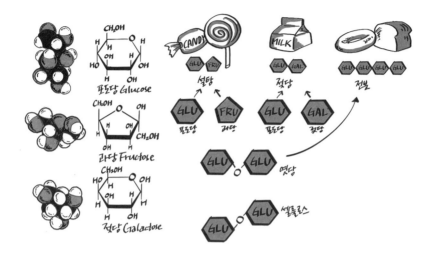

류 탄수화물은 생명체가 에너지를 저장하는 형태로 유용하게 사용된다. 식물은 에너지를 녹말 형태로 저장하고, 동물은 글리코겐 형태로 저장한다. 셀룰로오스는 식물이 세포의 단단한 벽을 구성하는 성분이다. 지방과 마찬가지로 탄수화물 분자는 길이 방향으로 길어지면 결합력이 커지고 단단해진다.

결국 식물과 동물의 음식에 포함된 탄수화물은 우리 몸에 들어와 가수분해[加水分解](화학반응 중에 물 분자가 작용하여 일어나는 분해 반응)되어 포도당으로 바뀌고 최종적으로 우리 몸의 에너지 원료인 아데노신삼인산[ATP, Adenosine triphosphate] 물질을 만든다. 아데노신삼인산 분자 모형을 보면 당이 들어 있는 것을 알수 있다. 우리 몸의 세포는 아데노신삼인산에 있는 3개의 인산을 하나씩 떼어내며 방출되는 열에너지를 사용한다. 아데노신삼인산은 아데닌[Adenine]이라는 염기성 물질과 리보스[Ribose]라는 당으로 이뤄진 '아데노신[Adenosine]'과 '인산[Phosphoric acid]' 3개가 결합된 화학물질이다. 아데닌은 핵산인 DNA와

RNA에서 발견되는 주요 핵 염기들 중 하나다. DNA나 RNA를 구성하는 염기 서열로 알파벳 4개를 사용하는데, A, T, C, G이다. 이 염기 물질이 바로 아데닌, 티민^{Thymine}, 사이토신^{Cytosine}, 구아닌^{Guanine}이다. 인체 설계도의 한 부품인 셈이다. 이 자체로 아데닌이 무척 중요한 물질임을 알 수 있다. 리보스는 5개의 탄소 원자가 포함된 단당류이다. 우리가 음식을 섭취하면 각종 재료를 분해하고 조립한 후 아데노신삼인산이라는 연료를 만든다. 인체에 65~70퍼센트를 차지하는 물은 세포 안에서 아데노신삼인산을 분해한다. 물은 아데노신삼인산의 인산 하나를 분리해 아데노신이인산^{ADP, Adenosine diphosphate}과 무기인산을 만들고 약 7.3킬로칼로리/몰^{kcal/mol}의 에너지를 방출한다. 가수분해를 한 번 더 하면 아데노신일인산^{AMP, Adenosine monophosphate}을 만

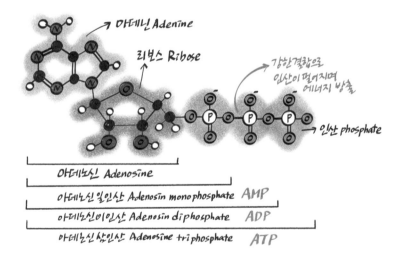

들고 같은 에너지를 방출한다. 인체는 이 에너지로 움직인다. 결국 우리가 탄수화물을 섭취하는 이유는 에너지를 얻기 위한 재료인 포도당 때문이다.

우리 몸은 포도당이라는 연료가 고갈되는 사태를 대비해 연료가 풍부할 때 몸 안에 저장한다. 다만 포도당을 직접 저장하지 않고 글리코겐이라는 분자 모습으로 바꾼다. 글리코겐은 일종의 전분 형태의 다당류로 포도당 집합체이다. 이 글리코겐을 몸의 근육에 저장하고 필요할 때 꺼내 포도당으로 바꿔 사용한다. 그런데 질문이 하나 생긴다. 생명체에게 포도당이 중요한 에너지원이라면서 단당류의 형태로 저장하지 않고 마치 통장에 돈을 넣어놓고 사용하는 것처럼 굳이 어렵게 다당류로 변환하여 저장해놓는 이유는 무엇일까? 인체가 단당류인 포도당의 형태로 저장하면 세포 안의 밀도가 높아진다. 결국 삼투압 현상으로 세포 내로 수분이 유입되며 세포가 파괴되기 때문이다.

전분과 셀룰로오스는 어떤 차이가 있을까? 형태적으로만 보면 포도당 수천 개가 길게 늘어선 것이 전분이고 마치 조직처럼 아주 조밀하게 촘촘하게 얽힌 탄수화물이 셀룰로오스이다. 동물은 뼈대에 조직을 붙여 형체를 유지한다. 이와 달리 식물은 뼈대가 없다. 결국 식물이 뼈를 포기하고 선택한 것은 세포벽이다. 단단한 세포벽을 만드는 셀룰로오스는 분해가 어렵다. 식물을 먹이로 하는 초식동물 중 반추동물은 반추위反芻胃를 가지고 있어 한번 삼킨 먹이를 다시 게워내어 씹는 특성이 있다. 소나 염소가 하루 종일 우물거리는 것을 본 독자도 있을 것이다. 물론 되새김하는 반추위를 가지지 않은 초식동물도 있다. 코끼리는 초식동물인데 반추위가 없다. 결국 하루 종일 음식을 먹어야만 먹는 양의 일부에서라도 당을 섭취할 수 있다. 코끼리의 변에서는 분해되지 않은 셀룰로오스를 그대로 채취할 수 있다. 그래서 코끼리 똥 종이가 등장한 것이다. 물론 사람도 반추위가 없다. 반추위 없이 식물을 섭취하는 동물은 셀룰로오스를 이용하지 않고 당즙과 전분만 이용한다. 소화되지 않고 그대로 배출된 식물의 사체를 보고 놀랄 것 없다는 얘기다. 그렇다면 반추위가 없는 사람이 굳이 식물을 섭취하는 이유는 무엇일까? 사람이 채식을 하는 이유는 전분이나 당즙을 섭취하려는 것도 있겠지만, 대부분 섬유소를 섭취하기 위한 것이다. 섬유소가 장의 소화 활동에 도움을 주기 때문이다. 바로 이 섬유소의 주성분이 셀룰로오스다. 반추위의 임무는 섬유소인 셀룰로오스를 장내 박테리아로 잘라내 당 조각으로 분해한 다음 위에서 흡수할 수 있게 전달하는 것이다. 지구 위 생명체 중 체내에서 셀룰로오스를 끊어낼 수 있는 생명체는 얼마 되지 않는다. 박테리아도 그중 하나이고 그런 박테리아의 창고가 반추위인 셈이다. 어쩌면 박테리아가 인간보다 물질의 분자구조를 더 잘 알고 있는 셈이다.

셀룰로오스는 왜 분해가 잘 되지 않을까? 이유는 단단함이다. 앞서 다루었듯이, 셀룰로오스가 최초의 천연 플라스틱이 된 이유는 단단함 때문이다. 전분과 달리 셀룰로오스는 결합 모양이 다르다. 같은 포도당으로 만들어진 고분자가 왜 다르게 결합할까? 엄밀하게 보면 두 물질에 있는 포도당은 같은 구조가 아니다. 앞서 포도당이 6탄당이라 했다. 탄소가 안정적인 육각형

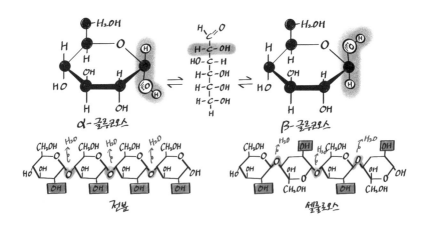

을 이루고 있는데, 여기에 또 다른 이성질체가 존재한다. 한 종류는 1번 탄소의 OH가 아래에 붙어 있는 반면, 다른 종류는 1번 탄소의 OH가 위에 붙어 있다. 이 둘을 알파 글루코오스$^{\alpha-glucose}$와 베타 글루코오스$^{\beta-glucose}$라고 한다. 알파 글루코오스끼리 결합하면 '나선 구조'를 형성하는 전분이 되고, 베타 글루코오스끼리 결합하면 직선 구조를 형성하는 셀룰로오스가 된다. 고분자를 구성하는 기본 단량체에 존재하는 사소한 결합 구조 차이가 고분자를 형성하며 완전히 다른 성질의 물질이 되는 셈이다. 하나는 단맛이 나고다른 하나는 소화조차도 안 된다.

단백질과 아미노산

3대 영양소의 마지막인 단백질은 탄소와 질소를 중심으로 20여 종의 아미노산으로 구성된다. 20여 종의 아미노산 수백 개가 화학결합을 한 큰 덩어리 분자가 단백질의 기본 구조인 걸 보면 단백질의 종류가 많을 수밖에 없다는 사실을 알 수 있다. 게다가 그 양도 많다. 단백질은 인체에서 16퍼센트를 차지할 정도로 많다. 왜냐하면 그만큼 많은 기능을 하기 때문이고 그 기능의 대부분은 인체를 구성하고 생명 현상을 유지하기 위한 것이다. 생명현상은 대부분 화학반응이고 이 반응에 참여하는 대부분 물질이 단백질인셈이다. 그리고 탄수화물의 섭취로 포도당을 통해 만들어진 아데노신삼인산의 대부분은 단백질 합성에 에너지로 사용된다. 우리가 섭취하는 단백질식품은 몸에 들어와 소화기관을 거치며 아미노산으로 분해된다. 그리고 다시 필요에 따라 재조합되어 몸의 일부를 만드는 것이다. 사실 단백질 여행만으로도 책 한 권이 되니 단백질의 분자생물학적 고찰은 여기까지 언급하고 화학적 분자구조를 다뤄보자.

아미노산 분자의 기본 골격은 다른 영양소와 마찬가지로 탄소를 중심에 둔다. 아미노산은 화학적으로 아미노기[Amino group, -NH₂]와 카복실기[-COOH]가 탄소 원자에 결합한 분자를 지칭한다. 이름도 아미노 물질과 카복실산 물질이 있다고 해서 아미노산이라 부른다. 아직 탄소는 다른 물질을 더 받아들일 자리가 남아 있다. 탄소는 전자를 이용해 최대 4개의 원자나 분자와 결합할 수 있다. 수소가 한 자리를 차지하면 결국 나머지 자리에 무엇이 붙느냐에 따라 아미노산의 종류가 결정된다. 아미노산의 종류를 결정하는 분자를 곁사슬[Remainder]이라 한다. 이것이 아미노산 분자구조를 설명하는 전부다. 따라서 아미노산의 화학식은 의외로 간단하다. NH_2CHR_nCOOH이다. 아미노산의 이런 기본 골격은 변하지 않고 곁사슬에 다른 분자가 결합하게 된다. 탄수화물이나 지방보다 간단한 구조지만 곁사슬 종류로 인해 다양해지고 수많은 종류의 단백질을 만들 수 있는 기초 재료가 된다. 곁사슬 자리로 인해 존재할 수 있는 20가지(아미노산 종류에 따라 화학식의 n에 1~20을 대입할 수 있다)의 아미노산은 서로 다른 아미노산끼리 펩타이드 결합[Peptide bond]에 의해 단백질이 형성되며 화학반응에 따라 약 5만 가지의 단백질이 만들어진다.

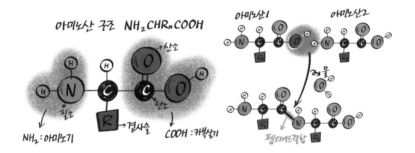

아미노산의 기본 구조에는 아미노기와 카복실기가 있으나 아미노산이 산성도인 수소이온농도에 따라 다른 형태인 NH_{3+}와 $COO-$를 띤다. 즉, 수소 양성자$^{H+}$를 내놓는 산 물질이 된다. 그리고 2개의 아미노산이 서로 다른 두 작용기끼리 연결된다. 이 과정은 수소 양성자의 이동으로 볼 수 있는데, 결국 산과 염기의 반응으로 정의되며 아미노산이 결합할 때 각 작용기에서 산소와 수소 2개가 물 분자^{H_2O}를 만들며 두 아미노산은 결합한다. 이런 결합을 펩타이드 결합이라 한다. 이렇게 아미노산들이 펩타이드 결합을 이루면서 확장하며 접히고 뭉치면 우리가 아는 단백질이 된다. 이것을 '단백질 접힘 Protein folding'이라고 한다. 접히는 방향이 각 아미노산 결합의 관절마다 다르고 결국 생체 단백질은 수많은 모양이 된다. 이 모양이 결국 단백질 종류를 증가시키고 기능을 만든다. 세포에서 DNA가 단백질 정보를 가지고 있지만, DNA라는 설계도로 모든 단백질을 합성할 수 있는 것은 아니다. 20종의 아미노산 중에 체내에서 합성이 가능한 분자는 11종에 불과하다. 합성이 불가능한 나머지 9개의 아미노산(류신, 이소류신, 리신, 트립토판, 페닐알라닌, 메티오닌, 발린, 트레오닌, 히스티딘)은 결국 음식 섭취를 통해 공급받아야 수많은 단백질 조합이 가능해진다. 이런 9개의 아미노산을 우리는 필수 아미노산이라 부른다. 바로 단백질을 골고루 섭취해야 하는 이유다.

결국 식품은 몇 가지 원소와 다양한 분자의 조합이다. 몸으로 들어오면 소화기관을 통해 더 작은 분자와 원자로 쪼개지고 에너지원으로 사용되거나 대사에 사용되며 몸의 일부를 구성한다. 이 지점에서 몸에 좋은 식품이란 것이 과연 따로 존재하는지를 생각해봐야 한다.

이제 주변에서 화학물질을 언급하며 먹을거리에 대한 긴장감을 증폭시키고 있는 몇 가지 사례를 들고 질병과 독성물질에 대항하는 인체의 해독 시스템을 살펴볼 것이다. 결론부터 꺼내자면, 우리가 섭취하는 대부분의 음식은 우리가 두려움을 느끼는 것과 달리 무척 안전한 편이다. 그리고 우리 몸도 독과 질병에 견딜 수 있을 만큼 강하다. 자연의 생명체는 환경에 적응하며 점점 안전한 상태로 진화하기 때문이다. 계속 반복하지만, 항상 양이 문제이다. 많은 양이 많은 일을 한다. 좋은 음식과 약도 과하면 해독의 범위를 넘어 치명적인 독이 된다.

2
세상을 움직이는 발효의 화학

봄을 지나 여름으로 달려가는 시기가 되면 식물들은 뽐내던 꽃을 떨구고 열매를 맺는 자연의 임무를 수행한다. 씨를 옮겨줄 상대를 유인하기 위해 과육을 달게 만든다. 과육이 떫거나 신 경우는 씨를 옮기기 이르다는 식물의 언어이기도 하다. 하지만 사람들은 식물의 기대와 다르게 열매를 성급하게 빼앗아버린다. 매년 5월이 되면 시장에는 푸른 매실이 한가득 매대에 쌓인다. 푸른 매실은 각 가정으로 흩어져 달고도 신 매실청으로 만들어진다.

　사람들은 매실뿐만 아니라 각종 열매로 청(발효즙)을 만든다. 청은 오래 두고 먹을 수 있다. 그런데 매실청이 효소액으로 둔갑을 한다. 사람들은 재료에서 추출된 효소가 몸에 좋다고만 알고 있다. 물론 효소는 생명체에게 중요하다. 효소 없이는 생명체가 활동할 수 없기 때문이다. 그런데 효소가 정말 건강에 좋은 식품일까? 효소는 그 자체가 생명체가 아니다. 화학의 창으로 보면 특정 기능을 가진 거대한 단백질 분자다. 그런데 사람의 소화기관은 커다란 단백질을 직접 흡수할 수 없다. 결국 장은 단백질을 분해하고 아미노산 단위의 작은 분자를 흡수한다. 돼지껍데기를 먹는다고 바로 피부에 좋다는 콜라겐으로 흡수되지 않는 것과 같다. 물론 아미노산을 흡수했으니 우리 몸은 이 재료로 다른 효소를 만들 수 있고 세포와 근육도 만든다. 그러니까 매실에 있던 효소가 분해되어 그대로 다시 조립된다는 보장이 거의 없다. 그런데 이런 질문이 떠오른다. 매실액에 효소가 있기는 했던 걸까?

매실청이 만들어지는 원리

매실은 탄소, 산소, 수소와 수많은 질소화합물로 이루어진 탄수화물이나 단백질이 대부분이다. 그리고 미네랄이라 불리는 금속산화물이 있는데 주로 산화나트륨과 산화칼륨이다. 그리고 비타민 등 여러 가지 영양 성분이 들어 있다. 천연 물질은 복잡한 분자 재료로 뒤범벅되어 있다. 여기에 설탕을 붓는다. 그렇게 설탕을 많이 먹어도 괜찮을까 싶을 정도로 많이 넣어야 청이 만들어진다. 그렇지 않으면 균에 의해 부패한다. 천연 재료들이 당에 섞이며 일종의 염기성 식품이 된다. 청이 만들어지는 원리는 삼투압 현상이다. 설탕의 고농도로 인해 재료의 여러 성분이 물질 밖으로 빠져나오는 원리다. 당의 이런 삼투압 능력이 대단하기에 우리 인체는 당을 고분자로 만들어 근육에 저장한다. 이렇게 재료의 성분은 당 분자와 버무려진다. 재료가 가진 유효 성분은 있겠지만 효소만 고스란히 빠져나올 리가 없다. 그럼 재료가 설탕과 만나 효소를 생성한다는 것도 설명하기 힘들어 보인다. 효소 생성은 단백질의 생성을 맡은 세포가 하는 일인데, 효소 생성이 설탕을 가지고 쉽게 할 수 있는 일이었다면 온 세상은 단백질로 뒤덮였을 것이다. 이제 청이 효소액이라는 주장이 애매해지자 발효액이라는 옷을 갈아입고 새로 등장한다.

발효 식품에는 균이 있어야 한다. 발효 식품은 발효균이 재료를 분해해 나온 대사 물질이다. 하지만 고농도의 설탕에 균이 살아남을 수 없다. 적당한 양의 당을 균이 발효시킨 것이 술이다. 높은 농도의 설탕은 균의 세포막 안의 내용물도 사정없이 뽑아낸다. 인류는 소금과 설탕이라는 물질로 삼투압 현상을 이용해 음식을 상하지 않게 오래 보관하면서 유효한 영양 성분을 오랫동안 섭취하는 식품 저장 방법을 알고 있었다. 물론 적당한 양의 소금과 설탕은 식품의 저장은 물론 발효에 도움이 된다. 이런 저장 방법에서 건강에 도움이 되지 않는 것은 나트륨과 당 성분이다. 청이 재료에 들어 있던 고유 성분들로 인해 영양에는 도움이 될지 모르겠지만 당뇨나 고혈압 환자에게는 좋다고 하기 어렵다. 인류가 그저 오랜 시간 시행착오를 거쳐 만든 식품 저장 방법 중 하나이다. 시행착오란 실패도 감수한다는 의미다. 시간에 시행착오가 더해지다 보면 지혜가 생긴다.

매실 씨에는 아미그달린Amygdalin이 들어 있고 이 물질은 청산이라는 독이다. 아마도 청이 지금까지 우리 곁에 남아 있는 식품 형태로 완성될 때까지 독으로 인해 많은 희생이 있었으리라. 이 독은 매실 씨에만 있는 것은 아니고 대부분 씨앗에 존재한다. 식물의 씨앗이 먹이가 되면 그 식물이 번식을 하지 못한다. 아미그달린은 식물이 천적에 대해 할 수 있는 최소한의 방어책이다. 선조들은 거의 완성된 청에서 매실 열매를 꺼내 씨를 제거하는 지혜가 있었다.

매실청은 그래도 많은 실험과 검증을 거친 식품이다. 간혹 자연에서 채취한 약재와 열매로 청이나 술을 담가 섭취하는 경우가 있다. 천연 재료에는 잘 알 수 없는 수많은 물질이 들어 있다. 비록 그 양이 미미하더라도 이 물질에 독성이 있는 경우 장기간 섭취하게 되면 간에 부담을 줄 수밖에 없다. 그렇다고 이런 저장 식품을 무조건 꺼릴 이유도 없다. 에너지원으로 사용할 당과 유효한 성분들이 있으니 말이다. 전통이라 해서 모두 옳은 것은 아니다. 음식에도 과학적 접근이 필요하고 어떤 음식이든 과하면 독이 된다. 독과 약은 같은 모습이다.

발효의 비밀

그렇다면 발효란 무엇일까? 발효는 균을 이용한다고 했는데 균에 의한 부패와는 어떤 차이가 있을까? 발효와 부패는 생물학적 현상에서 보면 거의 동일하고 화학적으로는 약간의 차이가 있다. 두 현상은 물질에 균이 활동하고 유기물을 먹이로 한 대사의 부산물을 생성한다는 생물학적 관점에서는 큰 차이가 없다. 차이는 발효균과 부패균이 다른 종류라는 것이다. 결국 다른 균은 다른 부산물을 만든다. 부패균의 부산물로 나오는 아민이나 황화수소 등은 인간이 섭취할 수 없는 물질이다. 하지만 발효균이 만들어낸 부산물은 섭취가 가능하다. 소금에 절인 배추에는 부패균이 살지 못한다. 소금에 절이지 않으면 부패한다. 유산균인 발효균이 김치라는 식품을 만든다. 우유가 발효하면 치즈가 되고 부패하면 상한다. 그런데 생화학적으로 보면 발효는 완벽에 가까운 화학 공정이다. 앞서 알코올의 제조 공정에서 언급한 과정은 발효 과정에도 동일하게 나타난다.

　화학이 과학의 범위로 들어오기 한참 전에도 인류는 이런 화학 공정을 잘 알고 있었다. 발효의 역사는 인류의 기록이 남아 있는 오래전 시간까지 깊숙이 들어간다. 특히 술의 역사가 그렇다. 남아메리카 원주민은 식물의 뿌리를 캐내어 독성을 제거하기 위해 끓였다. 그런 다음 뿌리를 입으로 씹어 뱉은 다음, 토기에 담아 땅에 묻고 한참을 기다려 특별한 음식을 얻었다. 토기 안에서 뿌리는 발효해 맥주로 만들어졌다.

기원전의 수많은 자료와 고대 신화에도 발효에 대한 기록이 있다. 발효는 화학 중에서도 가장 오래되었기도 하고 지금도 연구되는 분야다. 선사시대에 과일을 발효시켜 식초를 만들었던 일부터 인체의 대사 활동 연구까지 긴 역사의 중심에 발효가 있다. 발효 과정은 당연히 수많은 과학자의 관심 대상이다. 발효라는 용어를 떠올리면 제일 먼저 생각나는 과학자가 저온살균법을 개발한 루이 파스퇴르^{Louis Pasteur, 1822~1895}이다. 그의 업적은 발효가 물질의 화학적 변화 이전에 미생물에 의해 시작된 현상임을 보여준 전환점이었다. 하지만 발효 과정의 기본적인 흐름을 설명하지는 못했다. 우리는 파스퇴르를 떠올리면 발효 요구르트가 생각나지만 사실 그의 연구는 당시 프랑스 양조 산업에 기여했다. 이렇게 발효와 술은 떼려야 뗄 수가 없다. 파스퇴르가 찾아낸 발효에 기여하는 미생물을 효모^{酵母}라고 하는데 한자에서 보듯 밑술을 뜻한다. 효모를 뜻하는 영어 이스트^{Yeast}도 '끓는다'는 의미가 있다. 술을 만들 때 미생물의 발효로 인해 올라오는 거품이 마치 끓는 모습과 비슷해 붙여진 것이다. 과학자들은 효모균에 의해 어떤 일이 벌어지는지, 그리고 그 과정에 참여하는 특정 효소의 정체를 알고 싶어 했다. 효소 물질만 찾아낼 수 있다면 당시 발효에 생명력이 반드시 필요하다고 여기던 생기론^{生氣論}을 종식할 수 있었기 때문이다.

이런 발효 효소에 흥미를 가진 인물과 사건이 있었다. 독일의 화학자 에두아르트 부흐너^{Eduard Buchner, 1860~1917}가 알코올 발효와 생명 현상과의 관계를 연구한 것이다. 그는 효모 세포에 모래를 섞어 넣고 마찰시켰다. 효모균을 죽이기 위해서였다. 물론 염산과 같은 산 물질에 반응시키면 되었겠지만 그러면 세균 내부 물질마저 망가진다고 여긴 그는 모래를 이용하면 세포는 죽어도 세포 내부 성분을 물리화학적으로 보존할 수 있다고 생각했다. 효모를 강제로 죽이고도 당에서 알코올이 만들어지는지를 보면 미생물의 생명력과 발효는 관계가 없다는 증거가 될 터였다. 당시 과학자들은 아리스토텔레스부터 전해져 온 생기Vital force에서 벗어나고 싶었던 것이다. 그는 죽은 효모 세포로부터 효모액을 추출했다. 물론 이 효모액이 또 다른 세균에 오염되지 않도록 보존하는 연구가 선행됐다. 그러고는 마지막 일만 남겨두고 있었다. 추출한 효모액을 설탕물에 섞는 일이었다. 바로 발효의 첫 단계였다. 그런데 놀라운 일이 벌어졌다. 설탕물에서 바로 이산화탄소 기체가 나오기 시작하는 것이 아닌가. 효모의 사체로 만든 물질이 살아 있는 효모를 사용했을 때와 동일하게 당을 발효시켜 알코올과 이산화탄소를 만든 것이다. 결국 발효는 살아 있는 효모에서만 일어나는 것이 아니라 효모가 가진 특정 단백질 촉매인 효소에 의해 유발된다는 사실을 알게 된다. 그리고 이 업적으로 그는 1907년 노벨 화학상을 받는다. 나는 만약 멘델레예프Dmitry Ivanovich Mendeleev, 1834~1907가 살아 있었다면 부흐너와 멘델레예프 중 누가 그 상을 받았을지가 궁금하다. 그 전해인 1906년 멘델레예프는 무아상Henri Moissan, 1852~1907에게 한 표 차이로 노벨상을 양보하게 되며 1907년 후보에 올라 있었기 때문이다. 노벨상은 살아 있는 사람에게만 수여되는 원칙이 있다. 발효의 흐름이 밝혀졌고 생화학Biochemistry이라는 분야의 시작이 부흐너의 발효 과정 연구로 시작되었다고 할 정도로 발효는 생물체의 동작을 물질의 화학반응에 기반해 연구하는 분야로 확대됐다. 모든 발효 과정에 효소라는 용어를 적용한 것도 이때부터이다. 효소를 뜻하는 '엔자임Enzyme'은 '효모의 안'이라는 의미로, 효모에 있는 요소factor로 정의되기 시작했다.

술과 발효

이제 발효를 통해 술이 만들어지는 과정을 보자. 단지 술을 만드는 과정을 알기 위해서가 아니다. 발효 과정은 생명체에게 중요한 과정이기 때문이다. 우리가 탄수화물이 없으면 살 수 없다는 것이 여기에서 설명된다. 알코올을 얻으려면 당분이 꼭 필요하다. 포도주는 과당으로 만든다. 포도주처럼 과일을 이용하지 않는 막걸리나 약주를 만드는 경우는 곡물을 사용한다. 이런 곡물은 전분만 함유하기 때문에 곧장 술을 만들 수 없다. 전분은 탄수화물 고분자로 구성된 다당류이다. 그래서 특별한 효소를 이용해 탄수화물 분자를 분해해야 한다. 곡물의 싹을 틔우는 방법이다. 싹이 나면 특정 효소에 의해 전분이 당분으로 변하기 때문이다.

또 다른 방법은 미생물을 직접 투입하는 방법이다. 쌀을 익히고 누룩을 섞는다. 바로 누룩이 효모인 셈인데 누룩에는 곰팡이도 들어 있다. 고분자인 전분을 효모가 이용할 수 있는 저분자인 단당류나 이당류로 분해해야 한다. 누룩 속 곰팡이는 알파 아밀라아제 효소로 전분을 잘게 잘라 포도당을 만든다. 포도주의 경우에는 바로 단당류인 과당을 사용할 수 있어 이 과정을 건너뛸 수 있다.

남아메리카 원주민의 다소 불결한 맥주 제조법도 원리는 과학적이다. 사람의 침 속에는 아밀라아제라는 다당류 가수분해 효소가 들어 있다. 아밀라아제는 뿌리의 전분을 분해해 당분으로 변화시킨다. 그 효과는 우리가 매일 식사를 하며 입속에서도 이미 경험한 사실이다. 으깨어진 곡물을 오래 씹으면 맛의 변화를 알 수 있다. 잘게 쪼개진 탄수화물 분자를 우리는 단맛으로 느낀다. 남아메리카 원주민들이 물질을 변형하는 데 있어 천재적인 부분이 침을 활용했다는 것뿐만이 아니다. 이 열대우림의 화학자들은 화학 반응이 최대로 활성화하는 최적의 온도를 세심하게 고려했다. 그들은 뿌리를 씹어 뱉은 죽을 다시 한번 데울 때 끓는점보다 현저하게 낮은 온도로 데웠다고 한다. 실제로 아밀라아제의 작용은 섭씨 46도에서 최대치에 이르고 섭씨 60도 이하에서만 유효하다고 알려졌다.

증류주는 발효주와 다르다고 생각할 수 있으나, 증류주도 이 과정을 피하지 못한다. 코냑은 포도주를 증류한 것이고 위스키는 보리를 발효 후 증류한 물질이다. 결국 발효의 출발은 당糖인 셈이다. 이제 미생물인 효모가 어떤 일을 하는지 보자. 생명체는 단세포 생물이든 인간처럼 복잡한 다세포 생물이든 연료를 태워 움직인다. 그 연료가 아데노신삼인산이다. 미생물은 아데노신삼인산 2개에서 떼어낸 인산기를 포도당에 붙여 다른 물질을 만든다. 이 과정은 당을 분해한다고 해서 해당解糖 과정이라고 한다. 그리고 일련의 화학반응을 거쳐 당은 피루브산Pyruvic acid이 된다. 이 과정에서 수소 양성자 2개를 잃고 인산 4개가 남게 된다. 그 인산으로 아데노신삼인산을 다시 만든다. 결국, 아데노신삼인산 2개를 사용해 당을 변화시키고 아데노신삼인산 4개를 만들게 되는 것이다. 세포에게는 투자 대비 100퍼센트 이익이다. 자연은 이익이 되는 방향을 선택한다. 결국 미생물은 이 투자 과정을 지속한다. 포도주 제조 과정을 보면 껍질째 으깨어 넣는데, 그 이유는 술의 색깔 때문만이 아니라 껍질에 효모가 있기 때문이다. 그래서 막걸리와 달리 포도주를 만들 때는 효모를 따로 넣지 않아도 된다.

이제 발효가 본격적으로 시작된다. 우리가 요리를 하려면 재료를 세척하고 다듬는 손질 과정이 있다. 해당이 바로 그 과정인 셈이다. 해당 과정 중에 떨어져 나간 수소 양성자가 여기에 다시 사용된다. 자연은 버리는 게 없다. 알뜰하게 모든 자원을 동원해 생명력을 이어간다. 효모는 피루브산 분자를 이산화탄소와 아세트알데히드C_2H_4O로 분해하고 여기에 수소 양성자H^+ 2개를 붙여 에탄올C_2H_5OH을 만든다. 이산화탄소는 공기 중으로 날아가고 결국 술이 남는다. 막힌 병 안에서 발효가 일어나면 이산화탄소가 술에 녹아들어 가고 병을 열면 압력이 낮아져 뺑 하고 튀어나온다. 이게 바로 샴페인이고, 막걸

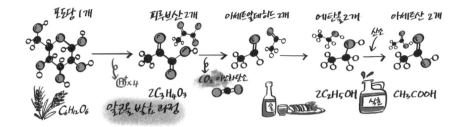

리에서도 흔히 볼 수 있는 현상이다. 효모는 빵을 만들 때도 사용된다. 빵을 구울 때 부풀어 오르는 건 발효에 의해 생성된 이산화탄소 때문이고 알코올은 열에 의해 날아가 버린다. 적지 않은 역사가들이 빵은 양조 기술의 부산물이라고 하는 이유다.

그렇다면 술의 재료인 모든 당분이 전부 알코올로 바뀔 때까지 발효가 진행될까? 발효주의 도수는 대략 12~14도가 한계점이다. 발효는 자연이 만든 화학반응 과정이다. 과정이 과학이니 그 한계도 분명 과학적인 이유가 있을 것이다. 답은 의외로 간단하다. 우리는 상처를 소독하기 위해 알코올을 이용한다. 알코올은 미생물을 죽이는 효과가 있기 때문이다. 알코올 농도가 12퍼센트가 넘어가는 바로 이 지점의 농도에서 거꾸로 효모가 죽고 발효가 멈추게 된다. 하지만 여기가 발효의 끝은 아니다. 발효는 알코올을 아세트산으로 만든다. 바로 초산醋酸이다. 초산의 두 한자에 술독을 뜻하는 '유酉' 자가 있고 식초를 의미하는 '초醋' 자에 있는 '석昔' 자에는 '날日이 지난다'는 의미가 있다. 마치 문자가 화학반응식을 표현한 것 같다. 향기가 좋다는 의미의 이탈리아어 발사믹Balsamic은 모데나 지방 포도 품종으로 만들어진 포도주를 목질이 다른 여러 나무통을 옮겨가며 시간을 들여 만든 식초에 붙여진 이름이다. 이렇게 발효는 재료뿐만 아니라 시간을 포함하고 있다. 우리 몸에서도 같은 화학반응이 일어난다. 앞서 술을 마신 몸은 알코올을 산화시켜 아세트알데히드를 거쳐 초산을 만들고 이산화탄소와 물로 산화시킨다는 사실을 배웠다. 식물이 물과 이산화탄소와 빛으로 포도당과 탄수화물을 만들어내고 자연은 발효를 통해 식물이 필요로 하는 재료로 환원시킨다. 이것이 대자연의 순환이다. 인간은 이 과정에서 에너지를 얻고 즐거움과 행복을 느끼며 그것을 다시 원래 물질로 자연에 돌려놓는 거대한 화학 순환에 참여한다. 이쯤 되면 우리 삶의 모든 것을 화학이 지배한다고 해도 과언이 아니다.

발효의 과학

이렇게 발효는 과학이고 자연만이 할 수 있는 위대한 일이다. 그런데 위대한 자연이 단지 발효 식품만 만들려고 이 반응 과정을 만들지는 않았을 것이다. 부흐너와 동시대 인물인 영국의 생화학자 아서 하든Arthur Harden, 1865~1940 은 부흐너의 발효 과정에서 흥미로운 현상을 발견한다. 모래로 효모를 죽이고 세포 안에서 추출한 효모 추출물을 설탕물에 넣었을때, 처음에는 급속히 포도당을 분해하여 이산화탄소를 발생시켰지만, 점차 시간이 지나며 반응이 줄었다. 부흐너는 생성된 알코올로 효소가 분해됐기 때문에 활성을 잃고 더 이상 발효를 하지 않는다고 생각했다. 하지만 1905년 하든은 이 현상에 의심을 품고 여러 가지 실험을 했다. 하든이 거기에 무기 인산염을 넣었더니 발효를 다시 시작한 것이다. 사실 인산염은 당을 발효시키는 물질이 아니었다. 그러니까 이 물질로 당이 이산화탄소와 알코올로 바로 변하는 것이 아니라 무기 인산염이 어떤 물질과 반응해 발효 기제를 다시 작동시켰다고 생각했다. 결국 발효 중간에 어떤 물질이 생성된다는 것을 알게 된다. 이로써 생체 내에서 일어나는 화학반응 중 발효 과정에 거쳐가는 '중간 생성물'

의 연구가 시작된 것이다. 물리학에서 전자와 양성자의 존재가 밝혀지고 지금까지 유기화학자들이 실험한 방법대로 화학반응이 일어날 수밖에 없는 기제를 알아낸 이후, 이 분야는 생화학에서 주요 연구 분야가 됐고 이후 생명과학 분야로 확장된다.

사실 해당 과정을 자세히 보면 아데노신삼인산이 개입하며 물질에 인산을 붙여가는 과정과, 다시 분할되며 산화하고 피루브산까지 가는 과정에서 수소 양성자와 전자를 잃게 된다. 그리고 이 물질도 버리지 않고 다시 사용한다. 기실 이 수소 양성자를 어떻게 처리하느냐로 생물을 구분하게 된다. 이 수소를 잡아 유기 분자에 넘기면 발효가 된다. 이때 산소는 필요 없다. 산소의 개입 없이도 다시 아데노신삼인산을 생성해낸다. 이것이 세균이나 효모와 같은 단세포 생명체의 특징이다. 그런데 이 수소를 산소에 넘겨 물을 만드는 생명체가 있다. 바로 이것이 산소 호흡을 하는 동물의 특징이다. 동물이 움직이는 것은 결국 근육에 의해서다. 동물의 근육은 피루브산을 수소 양성자와 반응시켜 락트산Lactic acid으로 만든다. 무기 호흡을 하는 세균이 에탄올을 만드는 것과 유사한 과정이다. 일종의 근육 발효인 셈이다. 락트산은 에탄올처럼 독성이 있다. 그래서 독성을 제거하기 위해 산소를 공급한다. 결국 최종적으로 물과 이산화탄소를 방출한다. 그러기 위해서는 많은 산소가 필요하게 된다. 우리가 운동을 하면 근육이 피로해지고 숨이 가빠진다. 이유는 호흡을 가쁘게 해 최대한 산소를 받아들여 근육의 독을 제거하려는 것이다. 결국 산소 호흡을 하는 생명체도 대사 과정에서 발효 과정을 지나칠 수 없다. 발효 과정은 단지 술만 만드는 것이 아니다. 생명체는 엄청난 화학반응이 이뤄지는 정밀한 화학 공장인 셈이다. 똑똑한 인류는 발효 과정 부분만을 떼어내 풍미 가득한 음식을 만든 것뿐이다.

3

천연 물질과 인공 화합물의 이유 없는 대결

식품에 들어 있는 많은 성분이 대부분 3대 영양소 물질에 속하지만, 그렇다고 이 영양소로만 이루어진 것은 아니다. 그 외에도 비타민과 미네랄 등 인체 대사에 필요한 다양한 물질이 존재한다. 자연이 만든 농수산 천연 식품은 각종 영양소와 다양한 물질이 포함돼 있다. 물론 농수산물의 저장과 유통을 위해 가공한 식품도 있지만, 2차 생산물로 여러 물질을 첨가해 소비자 기호에 맞춘 각종 공산품도 넘쳐난다. 당연히 소비자는 영양소 외에도 가공식품과 공산품에 포함된 각종 첨가물에 예민해질 수밖에 없다. 왜냐하면 자연에 없던 물질을 공장에서 만들어 넣었다고 생각하기 때문이다. 가령 바나나 맛 우유에는 실제 바나나가 들어 있지 않다. 그런데도 바나나 맛이 난다. 제품에 적혀 있는 성분을 봐도 알 수 없는 화학명을 가진 물질들에 의심과 불안감이 들 수밖에 없다. 소비자의 질문은 간단하다. 과연 이런 첨가물은 안전할까 하는 것이다. 결론부터 말하면 나는 '대체로 그렇다'고 말하고 싶다. 예상을 빗나간 대답에 의외라고 생각할지도 모르겠다. 각종 매체나 책에서는 식품 첨가물의 위해성을 다룬 정보가 넘쳐나니 말이다. 하지만 사실은 사실일 뿐이다. 화학물질의 관점에서 볼 때 우리나라 식품의 유해성과 위해성 관리는 철저한 편이고 오히려 점점 강화되고 있다. 하지만 먹을거리가 점점 안전해지는 것과 달리 사람들의 불안감은 증가하고 있는 것도 사실이다. 진짜 문제는 물질 자체에 대한 문제보다 식품의 유통이나 관리 부실에 따른 병원균 오염, 그리고 원가 절감을 위해 넣지 말아야 할 첨가물을 악의적으로 속이고 넣는 경우이다. 또한 식품에 남아 있으면 안 되는 중금속이나 항생제와 농약의 잔류 문제도 있다. 특히 후자는 수입품에서 왕왕 발견된다.

불안감은 근거 없이 확산되는 괴담과 각종 식품 사고에서 등장하는 전문가들의 편파적 지식이 검증되지 않은 채 소셜 미디어나 언론을 통해 과잉 유통된 데서 비롯한다. 정보는 쏟아지는데, 누구도 명쾌한 답을 주지 않는다. 하지만 이것 하나만 기억하자. 시중에 판매되는 공산품의 성분표에 공개된 각종 첨가물의 유해성은 우리가 추측하고 걱정하는 것보다 훨씬 낮다. 그럼에도 이렇게 한 꼭지의 지면을 빌려 첨가물을 다루는 이유는 첨가물을 바라보는 소비자의 시선을 바꾸고 싶기 때문이고 특히 천연과 인공의 갈림길에서 유해한 인공 화학물질로만 취급되는 첨가물의 오명을 벗기고 싶기 때문이다.

식품첨가물에 대한 오해

식품 첨가물이 무엇일까? 사전적 정의는 식품을 조리, 가공 또는 제조하는 과정에서 식품의 상품적 가치의 향상, 식욕 증진, 보존, 영양 강화, 위생적 가치를 향상할 목적으로 식품에 첨가하는 화학적 합성 물질이다. 긴 문장을 읽어보면 영양소와는 직접적 관련이 없지만 그 자체로 뭔가 기능에 도움이 될 것 같다. 하지만 이 문장의 마지막 용어가 마음에 걸린다. '화학적 합성'이라는 문구는 첨가물을 무조건 악역으로 만든다. '화학'과 '합성'이라는 용어의 등장으로 아무리 좋은 첨가물도 모두 죽은 물질이 된다. 실험을 하나 해보자. 화학 실험이 아닌 언어 실험이다. 이제 이 문장에서 '화학적 합성'이란 용어를 '천연'으로 바꾸면 어떨까? 만약 천연이란 용어로 바뀐 첨가물 설명이 거부감 없이 읽히고 안심된다면, 그만큼 당신은 천연과 인공이라는 데서 공정하지 못한 기준을 가지고 있는 셈이다. 거꾸로 질문을 해보자. 그렇다면 천연 물질은 무조건 몸에 좋을까? 사실 이 질문은 적절하지 않다. 천연 물질과 인공 합성 물질은 화학적 시선에서 보면 같은 물질이기 때문이다. 다른 대답으로 이 질문에 대한 답을 대신하겠다. 아이러니한 것은 우리가 인공 화합물을 천연 화합물보다 질과 효능이 떨어지거나 혹은 유해한 물질로 취급하지만, 지금까지 대부분의 식품 관련 사고는 천연 물질이 더 많았다는 사실이다. 이유는 단순하다. 인공 화학물질은 성분을 잘 알기 때문에 이를 피하거나 해독하는 방법을 안다. 하지만 천연 물질은 그 정체를 정확히 모른다. 정체를 모르니 원인은 물론 해독 방법을 모를 수밖에 없다.

세계보건기구나 세계식량기구[FAO], 혹은 우리나라의 식품의약품안전처 관할인 식품의약품안전평가원에서 식품첨가물을 관리하는 까다로운 조건을 알면 안전하다는 이해에 도움이 될지 모르겠다. 식품첨가물은 인체에 무해해야 하고, 체내에 축적이 되지 않고, 미량으로도 효과가 있어야 하며, 물리화학적 변화에 안정하고, 식품의 영양가를 해치면 안 된다는 기준이 있다. 대부분 첨가물은 이런 까다로운 기준에 따라 만들어진다. 간혹 원가 절감을 이유로 천연 재료 대신에 합성 첨가물을 넣는 것이라는 의견도 있지만 합성 첨가물보다 천연 첨가물이 대부분 더 저렴하기 때문에 비용 절감이라는 논리도 성립되지 않는다. 그만큼 우리는 첨가물에 대해 잘 모르고 있다. 하지만 첨가물은 잘 알려져 있는 물질이다.

음식에 첨가하는 가장 대표적인 물질인 소금을 예로 들어보자. 소금은 식품일까 첨가물일까? 엄밀하게 말해 소금은 그 자체로 식품이지만 방부 효과가 큰 첨가 물질이기도 하다. 소금은 식품에 맛을 내기도 하지만 미생물 증식을 막고 식품을 보존하기 위해 사용하는 첨가물이다. 만약 식품에 수분이 없으면 방부제가 필요 없다. 수분이 없는 곳에서 미생물은 살지 못한다. 그래서 농수산물이나 축산물을 태양과 바람에 말려 보관하는 방법은 지금도 유용하게 사용한다. 우리가 차*를 뜨거운 물에 우려내 마시는 이유는 건조 과정에서 열이나 태양의 자외선에 의해 몸에 좋은 성분이 더 많이 증가하는 것도 이유가 되지만, 수분을 없앤 식물을 오래 보존하며 영양소를 지속적으로 섭취할 수 있기 때문이다. 김치나 수산물처럼 상대적으로 수분이 많은 식품이 부패하지 않고 발효되어 오래 보존되는 이유는 바로 소금 때문이다. 동서양을 막론하고 이 방법을 터득했다. 심지어 축산물인 육류의 저장에도 소금을 사용한다. 소금에 함유된 나트륨은 인체에는 필수적 영양성분이다. 소금은 분명 영양소가 있으니 식품으로 분류된다. 하지만 첨가물로도 큰 몫을 하고 있다.

방부제의 정체

공산품에서 우리가 예민하게 반응하는 첨가 물질이 방부제다. 방부제는 미생물 생식과 증식을 억제하는 역할을 한다. 그런데도 마치 미생물을 직접 파괴하는 항생제나 살균제로 혼동한다. 방부제가 들어 있는 식품은 살균제와 같은 화학물질로 뒤범벅됐다 해서 사람들이 꺼린다. 그래서 최근에는 방부제라는 명칭을 사용하지 않고 보존제 혹은 보존료라고 부른다. 사람들은 대부분 무방부제 식품을 선호한다. 마트에서 구매한 빵이 며칠이 지나도 곰팡이가 생기지 않으면 의심하고, 얼마 지나지 않아 곰팡이가 생기면 방부제가 들어 있지 않은 좋은 빵이라고 생각한다.

미생물 번식은 음식 보관 온도와 습도 등 환경과 조건에 따라서도 확연한 차이가 있다. 과연 공부를 한다고 무방부제 제품을 고를 수 있는 능력이 생길까? 그리고 그럴 능력이 있다 해도 그게 의미가 있을까? 아이에게 무방부제 음료만 마시게 하려고 인터넷의 여러 정보를 보고 비싼 제품을 구입하지만 사실 그런 제품에 들어 있는 구연산과 비타민C도 식품을 보존하는 방부제인 셈이다. 사실 법적으로 식품에는 항생제와 살균제를 허용하지 않는다. 실제로 살균과 멸균을 위해 저온 혹은 고온에서 일정 기간 처리하는 공정만 있을 뿐이다. 그리고 이런 보존료로는 미생물을 죽일 수 없다. 설사 세균을 죽일 정도로 강력한 보존료가 있다 하더라도 식품 첨가물로 허용되지 않는다. 보존료 사용도 제한적이어서 세균 증식이 억제될 정도의 양만 허용되며 보존료 사용 자체가 허용되지 않는 식품도 많다.

그렇다면 보존료가 허용된 식품에 사용하는 양은 어느 정도일까? 그 전에 우리는 '허용 기준'이란 용어에 대해 알아야 한다. 앞서 ADI라는 용어를 언급했다. ADI는 1일 허용 섭취량^{Acceptable daily intake}이다. 이 기준은 물질을 매일 섭취했을 때 아무런 영향을 받지 않는다고 정한 양에서 다시 그 100분의 1에 해당되는 양이다. 그러니까 ADI에 적힌 양의 100배를 넘게 섭취해야 영향이 생기기 시작한다는 것이다. 첨가물의 경우 ADI가 정해진 것도 있고 제한 없이 사용할 수 있는 경우도 있다. 하지만 첨가물 사용량 기준은 대부분 통상 ADI의 100분의 1 수준이다. 이 정도 양으로도 식품 보존 효과는 충분하다. 더 넣고 싶어도 식품용 첨가물 자체가 비싸고 과잉 첨가는 맛을 떨어뜨리기 때문에 제조업체에게는 부담스러운 일이다. 결국 첨가물이 인체에 위해하거나 물질 자체가 독성으로 받아들여지는 양의 1만 분의 1 정도가 사용된다. 계속 반복되는 얘기지만 결국 위해성은 양의 문제다.

자연을 복제한 물질

이제 보존제 몇 가지를 살펴보자. 사실 종류도 그리 많지 않다. 가장 많이 사용되는 보존제는 소르빈산Sorbic acid, 안식향산Benzoic acid이다. 젖산이나 사과산과 비슷한 소르빈산은 신맛 때문에 식품에 많이 넣을 수도 없다. 보존 원리는 간단하다. 미생물이 소르빈산을 산 물질로 착각하고 결합한다. 가짜 산을 붙들고 있는 미생물이 그다음 대사 과정으로 넘어가지 못하는 원리다. 소르빈산이 인체에는 무해하지만 장내 유익균에 영향을 준다는 의견도 있다. 하지만 양에 의한 독성으로 보면 소금보다 훨씬 낮다. 소르빈산은 나무 열매에서 채취한 천연 유기산이다. 그리고 안식향산은 사람에게 편히 쉬게 하는 향이라고 해서 붙여진 이름인데 쪽동백나무 수액에서 채취한 벤조산이라는 물질이다. 이 벤조산이 중간 대사물이 되어 결국 살리실산이 된다. 바로 아스피린의 원료이다. 그런데 아이러니한 부분은 이런 소르빈산이나 안식향산은 자연에서도 인간의 통제와 무관하게 생성된다는 사실이다. 인공 합성 보존료가 없는 제품이라고 안심하고 구매했으나 그 제품 안에는 이미 자연이 보존료를 만들어 넣어놓은 상황이 연출되기도 한다. 예를 들면 가공 치즈는 관리 당국에서 보존료 사용이 허가된 식품이다. 하지만 생산자는 여기에 보존료를 넣지 않는다. 자체적으로 소르빈산이나 안식향산이 만들어지기 때문이다. 그래서 '무보존료 치즈'라고 광고하면 불법이 된다. 이쯤 되면 우리가 첨가물에게 무척 미안하게 느껴야 한다. 원래 출신은 자연인데 화학 공장에서 만들어진 인공 물질이라고 오해했기 때문이다. 인공 합성 첨가물은 자연에서 만들어진 것을 인류가 화학 기술로 복제한 물질일 뿐이다. 첨가물은 태생이 자연이기 때문에 자연에서 했던 역할과 기능만큼만 할 수 있다. 만약 더한 독성을 가졌다면 그것을 섭취한 동물이 죽었을 터이고 결국 긴 진화 과정에서 지금까지 남아 있지 않았을 것이다.

물론 천연 물질은 아직도 현대인의 사랑을 받고 있고 중요한 물질이다. 독일의 에르켈퉁차Erkältungs Tee는 초기 감기로 컨디션이 좋지 않을 때 마시는 천연 식물로 만든 차인데 감기와 해열에 도움을 준다. 차의 주요 성분은 버드나무 껍질과 라임 꽃이다. 실제로 19세기에는 어린 버드나무 껍질을 물에 우려 마셨다. 약하게 쓴맛이 나는 액체에는 아스피린의 아세틸살리실산과 유사한 효과를 내는 성분이 있다. 이 성분은 버드나무 껍질의 다른 물질과 반응하며 일종의 해열 진통 기능이 있었다. 진통에는 분명 효과가 있지만 간혹 구토를 유발하는 위장 장애를 일으키는 부작용이 생겼다. 화학자들은 이런 문제를 보완해 아세트산에만 반응하는 순수 물질인 아세틸살리실산을 제조했다. 아스피린은 이렇게 탄생했다. 그러니까 인공 합성 화합물이 버드나무 껍질 추출물보다 소화 흡수에 더 유리하다. 인공 합성물은 천연 물질이 가진 성분 중에 불필요한 성분을 걸러내고 효능이 있는 순수한 물질만 뽑아 만든 것이기 때문에 안정성이 확인된 물질이다. 화학 합성 첨가물의 유해성이 사실이면 천연 물질도 절대 섭취하면 안 된다는 이상한 결과를 낳게 된다. 화학은 보편적인 학문이자 물질 세계를 지배하는 학문이기도 하다. 인류가 만든 대부분 화학물질은 자연에서 출발했다는 것을 기억하자.

'석유화학 산업' 하면 운송 수단의 연료나 플라스틱과 섬유처럼 고분자 산업만 떠올리기 쉽지만, 실제로는 정밀화학 산업이라고 불리는 의약품이나 화장품 혹은 각종 식품 첨가물이나 산업용 첨가제도 석유화학의 기반 없이 성립되기 어렵다. 앞서 석유를 채굴 후 증류하고 크래킹해 에틸렌을 제조하고 이를 통해 아세트산을 만들었다는 사실을 다뤘다. 결국 석유 물질 조각을 기반으로 아스피린이나 타이레놀과 같은 약을 만든다. 이 방법은 식품 첨가물에서도 별반 다르지 않다. 석유화학을 통해 수많은 물질의 레고 조각을 얻고 이를 조립해 자연에 있던 물질을 만든 것이다. 자연을 해치지 않을 수 있고 인류에게 물질 사용의 평등함을 제공한 것이 바로 화학 산업이다. 아직도 여전히 식품 첨가물이 두렵고 천연 물질은 안심이 되는가. 이제 몇 가지 또 다른 첨가물의 실체와 그것과 관련한 오해를 살펴보자.

4

필요 이상의 공포, 필요 이상의 안심

보톡스 시술을 흔히 '쁘띠 Petit' 성형이라고 한다. 시술이 간단하고 빠른 회복으로 일상으로 복귀가 쉬워서 '쁘띠' 시술 시장은 날로 커지고 있다. 보톡스 시술에 사용하는 물질은 운동신경 말단에 작용해 근육의 움직임을 차단한다. 결국 주름 완화 혹은 턱이나 종아리 근육 등의 축소 효과를 볼 수 있다. '쁘띠'는 불어로 작거나 사소해서 가치 없다는 의미를 가진다. 그런데 보톡스 물질의 정체는 의미와 달리 그리 사소한 물질이 아니다.

클로스트리디움 보툴리눔 Clostridium botulinum 이라는 혐기성 嫌氣性 세균이 있다. 그러니까 호기성 好氣性 세균과 달리 산소가 없는 환경에서도 생존한다. 이 세균은 인간에게 무척 유해한 세균 중에 하나로 알려져 있다. 지구에서 가장 강한 독성을 내는 세균이라 해도 좋을 만큼 유해한 세균이다. 라틴어로 '소시지'를 의미하는 보툴루스 Botulus 에서 이름을 따왔다. 이 박테리아의 모양이 소시지를 닮은 타원형인 이유도 있지만 18세기경 독일에서 상한 소시지를 먹은 사람들이 사망했기 때문이다. 이 균이 내는 독이 식중독을 일으켰다. 보툴리눔독Botulinum toxin으로 불리는 물질은 화학적 구성에 따라 A형부터 H 형까지 분류된다. 이 가운데 H형은 강력한 독성을 지닌다. 우리가 알고 있는 청산가리와 폴로늄Polonium보다 훨씬 독성이 강하다. 그래서 보톡스 시술에는 맹독성에서 가장 멀리 떨어진 A형 독을 희석해 사용한다.

과거 미국 남부 해안가에서 해마다 많은 사람들이 식중독으로 목숨을 잃었다. 원인은 보툴리눔균에 오염된 해산물 통조림이었다. 통조림은 산소가 적고 수분이 충분했기 때문에 혐기성 세균에게는 그야말로 최적의 번식 조건이었다. 이후 FDA에서 통조림 제조 시에 이 균을 직접 파괴하는 아질산염을 사용하도록 조치했다. 이후 진행된 아질산염의 동물시험 연구에서 아질산염으로 염지鹽潰한 고기를 동물에게 먹였더니 암이 발생했다는 논문이 나왔다. 이 결과는 사회에 큰 파장을 불러일으켰다. 하지만 발암물질인 니트로소아민Nitrosoamine을 만드는 원인이 아질산염이라는 것은 규명되지 않았고 아질산염으로 암에 걸렸다는 보고도 나오지 않았다. 그럼에도 아질산염은 지금까지도 유해성 논란의 중심에 놓여 있다.

몇 가지 사실로 사건의 인과관계를 연결하는 것은 상당히 위험하다. 더 위험한 것은 진실이 밝혀지지 않아 공방이 벌어지는 중에 관련 정보가 다른 옷을 갈아입고 일파만파 번져간다는 것이다. 그래서 하루아침에 지구 반대편에서는 이미 진실이 되어 있는 경우가 많다. 앞서 질소 순환을 공부하며 생명체에게 중요한 질소의 존재를 강조하는 과정에서 아질산염이 등장했다. 아질산염은 자연의 섭리와 관련한 유용한 중간물질이다. 대체 아질산염은 어떤 기능을 하기에 식품 첨가물로 사용할까?

아질산염의 정체

아질산염이 식품, 특히 가공 육류에 첨가물로 사용되는 이유는 두 가지다. 헤모글로빈 Hemoglobin이 산화되는 것을 방지하고 특정 식중독 균을 억제하기 때문이다. 사실 아질산염의 첨가로 육류의 맛과 향을 더해주는 것은 부수적 기능이다. 기실 우리가 지금 만나는 모든 물질 가운데 어느 날 갑자기 등장한 것은 많지 않다. 대부분 과거 인류의 경험에서 시작됐다. 유럽에서는 소시지와 햄 등 육류 가공 시에 암염^{岩鹽}을 사용했다. 소금으로 식품을 저장하는 방법은 이미 오래된 방법이다. 특히 암염은 짠맛이 나지만 부수적으로 육류 식품의 색과 보존을 도왔다. 그렇게 되는 것은 암염 안의 아질산 때문이다. 육류의 선홍빛은 헤모글로빈 분자의 중심에 있는 철^{Fe} 원소 때문이다. 헤모글로빈이 산소를 포획하는 과정에서 철이 산화하면 검붉게 보이게 된다. 그런데 아질산염이 산소 대신 철과 강하게 결합하면서 산패되는 것을 막아준다. 그래서 육가공 제품의 고기 색을 또렷하게 해주는 물질인 아질산염을 발색제라고 부르기도 한다. 하지만 원래 고기 색을 보존하는 산화 억제제라고 하는 것이 더 적절한 표현이다.

현재 판매되는 공산 식품에서 육류를 신선하게 보이려고 붉은색으로 염색하는 기능을 하는 첨가물은 없다. 설사 있다고 해도 사용이 허가되지 않는다. 예를 들어 연어는 지방이 많고 산화하면 육류와는 반대로 색이 옅어진다. 익힌 연어의 색이 옅어지는 것도 비슷한 이유다. 연어의 산화를 막기 위해 아질산염을 사용한다. 그래서 한동안 옅은 색의 연어가 첨가물 없는 신선한 식품으로 취급됐다. 오히려 산패가 덜 된 식품이 외면당한 것이다. 하지만 아질산염의 이런 산패 방지는 부수적 효과다. 무엇보다 중요한 아질산염의 기능은 혐기성 세균인 보툴리눔의 대사를 억제해 식중독을 방지하는 살균 혹은 항균 역할이다. 미량의 아질산염만 있어도 이 균은 증식하지 못한다.

　아질산염이 포함된 식품을 가열할 경우 육류에 포함된 알킬아민류와 결합하며 니트로소아민을 만드는데, 논란의 시작은 바로 이 물질 때문이다. 이 물질이 발암물질인 것은 맞지만 아질산이 이런 물질로 생성되는 비율은 무척 낮다. 설사 생성된다고 해도 이 물질의 식품 사용량 기준은 관리 당국에 의해 엄격하게 제한되고 있다. 어느 순간 소비자는 아질산염이 들어간 육가공 제품을 꺼리기 시작했고 이런 끊이지 않는 논란 속에 식품 회사는 울며 겨자 먹기 식으로 다른 대안을 찾을 수밖에 없다. 산화 방지를 위한 대체 물질이 있기는 있다. 바로 비타민 C인 아스코르브산^{Ascorbic acid}이다. 하지만 아질산염을 육류 식품에 사용하지 않으면 맹독성 식중독 세균에 무방비로 노출된다. 아질산염 자체를 금지하면 소시지와 햄과 같은 육류는 제조 후 며칠 내에 먹어야 한다.

향과 색을 내는 첨가물

아질산염을 써서 식품의 산화를 방지해 원래의 색을 유지하는 기능은 부수적이지만 그 자체로도 중요하다. 보기 좋은 떡이 맛도 좋다고 하지 않던가. 그래서 특정 색과 향을 식품에 첨가해서 마치 그 원재료가 함유된 것처럼 만들기도 한다. 과일 맛과 색을 나타냈다고 해서 실제 과일이 들어 있다고 착각을 하게 하는 것이다. 물론 이러한 착각은 심리를 이용하는 선한 행위다. 바나나 맛 우유에는 실제로 바나나는 없다. 바나나 과육의 색은 노란색도 아니다. 소비자는 알면서도 식품을 즐기는 것이다. 식품은 섭취하는 물질의 내용도 중요하지만 맛과 향, 그리고 시각적 만족도 중요하다. 그래서 향과 색을 내기 위해 첨가물을 넣는 것이다. 색과 향을 내는 첨가물의 정체는 무엇일까?

음식에서 색과 향은 중요하다. 그래서 음식 재료의 고유한 색과 향을 유지하려고 한다. 식품에서 원래의 색과 향이 변하면 우리는 음식에 무언가 좋지 않은 일이 일어났다고 직관적으로 인식하게 된다. 이와 마찬가지로 원재료가 들어 있지 않는데도 그 맛과 색이 있다면 역시 식품에 인공적으로 무시무시한 짓을 했다고 생각한다. 여기에도 천연과 인공이 첨예하게 대립된다. 천연 색소는 안심되고 인공 색소나 향은 꺼려진다. 하지만 우리가 알아야 할 것이 있다. 결론을 먼저 말하면, 색과 향은 서로 깊은 관계가 있고 천연이든 인공이든 결국 화학물질이라는 것이다.

인류는 천연 물질에도 화학명이라는 관용적 이름표를 붙였다. 건강에 좋다는 토마토에는 라이코펜Lycopene, 베타카로틴Beta-carotene과 같은 항산화 물질이 많다. 토마토가 붉은빛을 띠는 것은 주성분이 라이코펜인 카로티노이드Carotenoid라는 물질 때문이다. 베타카로틴은 식물과 과일에 풍부하게 존재하는 유기 적황색 안료이고 야맹증과 피부 재생에 효과가 있다고 알려졌다. 그리고 식물의 보라색과 푸른색, 붉은색을 더 진하게 하는 안토시아닌Anthocyanin은 블루베리나 가지, 자색 고구마 등과 같은 퍼플 푸드Purple foods에 많다. 이런 경우에는 어려운 화학명이 지상파 방송이나 기사에 나와도 거부감 없다. 화학명이라 해서 그리 낯설지 않고 거부감 없이 느껴지는 이유는 자주 들었기 때문이기도 하지만 자연 출신이라는 점이 크다. 이렇게 '천연'은 어려운 이름에도 환대를 받는다.

이제 화학물질 공부답게 조금 더 깊게 물질을 들여다보자. 이소프렌Isoprene이라는 이름의 물질이 있다. 정식 명칭은 '2-메틸-1,3-부타디엔2-Methyl-1,3-butadiene'이다. 화학식은 $CH_2=C(CH_3)CH=CH_2$이고 분자식은 C_5H_8인 탄화수소 물질이다. 화학명과 화학식에 벌써 골치가 아플 것이다. 하지만 걱정할 필요 없다. 골치 아픈 화학식을 다루지는 않을 것이다. 이소프렌은 석유화학 산업에서 중요하게 다루는 물질이지만, 한편 이미 자연에 존재하는 물질이다. 고무나무에서 나오는 끈적한 천연고무는 이 분자가 단량체로 결합한 고분자인 폴리이소프렌Polyisoprene이다. 그리고 대부분의 식물에는 많든 적든 이소프렌을 포함하고 있다. 물론 이 물질은 식물뿐만 아니라 대부분 생명체에서도 흔하게 발견된다. 이소프렌은 열에 민감한 유기화합물이다. '민감'이라는 용어는 화학적으로 반응을 잘하고 다른 물질로 변할 수 있는 자질을 갖췄다는 의미다. 이 분자가 열에 의해 서로 반응한 후 테르펜Terpene이라는 새로운 화합물이 된다. 테르펜의 기본 단위는 이소프렌 2개가 결합한 $C_{10}H_{16}$이다. 이 기본 단위체 혹은 단량체를 모노테르펜Mono-terpene이라고 한다.

지금까지 음식을 만들기 위해 재료를 손질했다고 생각하자. 이제 본격적으로 요리를 시작해보자. 이제 우리 삶에서 익숙한 영역으로 이 분자를 옮겨보겠다. 모노테르펜은 식물이 곤충과 소통하는 식물의 언어다. 말을 하지 못하는 식물에게 화학물질은 외부 세계와 소통하는 언어인 셈이다. 모노테르펜은 구성하는 원자를 유지한 채 결합 구조를 변형하며 수십 가지 유사한 물질로 존재한다. 그 물질들은 종류는 달라도 휘발성이 강해 대기 중에 잘 퍼지고 톡 쏘는 듯한 향기를 가진다는 공통점이 있다. 울창한 소나무 산림에 가면 싱그럽고 독특한 솔향이 코를 자극한다. 이 성분이 바로 변형된 모노테르펜 분자다. 장미꽃 정원에서 풍기는 달콤한 향의 주성분은 게라니올Geraniol이고 이 물질도 모노테르펜의 변형이다. 쌀국수에 넣는 고수의 강한 향도 모노테르펜이고, 레몬의 리모넨Limonene, 허브향이나 라벤더향도 마찬가지다. 특히 모노테르펜의 변형이나 이성질체는 분자의 작은 차이에도 다른 향으로 느끼게 한다. 가령 리모넨의 거울상 이성질체는 두 리모넨 분자가 거울에 마주 비친 모습과 같은 형상을 띤다. 그런데 두 분자 중 하나는 레몬향이고 다른 하나는

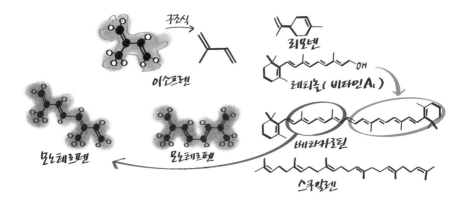

오렌지향을 낸다. 모든 테르펜 물질은 식물이 곤충이나 동물을 퇴치하거나 끌어들이기 위해 향이라는 언어로 표현한 것이다. 이 모노테르펜은 음식뿐만 아니라 화장품에도 많이 사용한다. 인공 합성 물질로 취급해 알레르기나 피부 질환을 일으킨다고 하며 언론에서 이슈화되지만, 태생은 자연이고 분자 물질일 뿐이다.

조금 더 깊이 들어가 보자. 2개의 단량체가 결합한 다이테르펜Di-terpene은 탄소 10개짜리 분자인 테르펜 2개가 결합해 탄소 20개로 구성된 분자이다. 가장 대표적인 다이테르펜 물질이 비타민A인 레티놀Retinol이다. 그리고 3개의 테르펜으로 구성된 탄소 30개짜리 물질인 트라이테르펜Tri-terpene 중 대표적인 물질이 스쿠알렌Squalene이다. 이 스쿠알렌은 세포막의 구성 성분으로 바뀐다. 이소프렌 결합은 사슬만 만들지 않는다. 네트워크처럼 얽히며 고리와 곁가지를 만들고 라노스탄Lanostane으로 변한다. 이 구조에 하이드록시기가 존재하며 바로 효소가 이 물질과 반응에 관여하게 된다. 라노스테롤은 동물에서 발견되는 스테로이드계 화합물의 시작점이다. 세포막의 구성 성분인 콜레스테롤이나 에스트로겐 등 대부분의 스테로이드계 화합물은 라노스테롤의 유도체이다. 확실하게 이해하긴 어렵겠지만, 이소프렌이란 분자 하나가 이 세상의 식물과 동물을 아우르며 만들어가고 있는 느낌이 들 것이다.

4개의 테르펜을 가진 분자도 있을 것이다. 테트라테르펜$^{Tetra-terpene}$이 바로 토마토에 있는 라이코펜과 카로틴이다. 결국 두 물질도 그리 다르지 않다. 베타카로틴은 라이코펜이 변형된 물질이다. 테트라테르펜은 이소프렌 분자 8개가 뭉치게 돼 분자가 무거워지고 빛의 파장 일부를 흡수하기 시작하며 다양한 색을 연출한다. 무수히 많은 이소프렌이 연결되면 결국 끈적한 고무가 된다. 이것이 천연 색소 중 하나인 카로티노이드계의 간단한 족보인데, 이것으로 우리는 자연의 일부를 엿본 정도이다. 이 물질은 식물에만 머물지 않는다. 식물을 먹고 자라는 동물에게 옮겨지게 된다.

그런데 식물이 내는 색은 너무나 다양하다. 잘 알려져 있다시피 식물이 내는 색은 인간을 위한 색이 아니다. 철저하게 식물의 번식 활동에 유리한 선택을 한 결과를 인간의 눈으로 보고 아름답다 느끼는 것이다. 그래서 우리 인간이 볼 수 없는 색도 존재한다. 물론 식물의 언어는 테르펜 외에도 많다. 마치 우리가 모국어 말고도 외국어 한두 개쯤 더 하는 것과 같다. 가령 안토시아닌이라는 물질을 예로 들면 이 물질은 식물에 널리 분포하는 노란색 계열의 색소인 플라보노이드계^{Flavonoid}로 냄새와 맛이 없다. 향을 이용한 언어가 아니라 색을 통한 언어이다. 테르펜이 향수였다면 안토시아닌은 화장품인 셈이다. 안토시아닌은 수소이온농도^{pH}에 따라 색이 변한다. 이 실험은 이미 우리가 어릴 적 학교에서 대부분 했던 실험이다. 붉은색은 산성이 많고 푸른 계열은 알칼리성이라는 것을 기억 어딘가에 깊숙이 저장하고 있다. 꽃의 색은 산도 조절로 안토시아닌을 통해 내는 것이다. 식물의 색소는 크게 카로티노이드계와 플라보노이드계, 그리고 다음 장에서 설명할 엽록소로 구성된다.

공포와 안심 사이

사실 천연 색소는 대부분 항산화제다. 이유는 이런 색소 물질이 산화되기 쉽기 때문이다. 자신이 먼저 산화되어야 산소와 같은 자유 라디칼의 공격으로부터 생명체 조직을 보호하기 때문이다. 물질이 산화되며 다양한 색을 낸다. 이제 이것을 식품에 가져가 보자. 식품에 들어가는 다양한 색은 항산화를 위한 목적도 크다. 물론 식품의 색은 중요하다. 푸른색 고기를 누가 좋아하겠는가. 음식마다 적합한 색이 있고, 사람의 식욕을 돋우는 색이 있다. 색은 첨단 디스플레이 장치에 있는 화소처럼 세 가지 색만 있으면 다양하게 만들 수 있다. 다만 빛의 경우와 달리 적색, 청색, 황색이다. 그래서 대부분의 인공 합성 색소는 세 가지 색으로 만들어진다. 간혹 제품의 성분표에서 적색 ○호, 황색 ○호, 청색 ○호라는 첨가물을 본 경험이 있을 것이다. 18세기 초 합성 색소가 개발되고 판별을 쉽게 하기 위해 어려운 화학 용어가 아니라 색깔명과 숫자를 사용했다. 그런데 우리는 인공 합성 색소가 들어 있으면 의심하고 불안해한다. 아주 미미한 소량의 합성 색소 함유량에도 색상이 충분히 발현되니 오히려 더 위험한 물질이라고 의심한다. 하지만 천연이라 몸에 좋은 성분으로 알고 있는 라이코펜은 인공 색소 양의 절반만 들어 있는데도 토마토가 진한 붉은색을 띤다. 인공 색소가 화려한 색을 연출할 것 같지만 천연 색소가 더 진하다. 같은 양이면 인공 합성 색소의 색이 더 연하다.

그렇다면 천연 색소는 안전할까? 딸기 우유의 붉은색을 띠는 코치닐^{Cochineal}은 연지벌레에서 얻는다. 코치닐 1킬로그램은 연지벌레 10만 마리에서 얻는다. 오히려 알레르기를 일으킬 수도 있다. 노란색의 치자 색소는 독성이 있다. 합성 색소의 독성으로 유해성을 논하지만 독성은 오히려 천연에 더 많고 합성 색소는 인위적으로 순도를 높게 만들어 안전하다. 타르 색소가 마치 도로 위 검은 아스팔트에서 뜯어낸 물질을 변형해 음식에 넣는 것처럼 보도하고 소비자는 공포에 사로잡힌다.

석탄과 석유는 천연 물질이고 여기에서 추출한 타르 물질도 마찬가지로 천연 물질이다. 식용 타르 색소도 일일 섭취 허용량[ADI] 기준 내로 섭취하면 아무런 지장이 없다. 성분만을 가지고 논할 것이 아니라 양을 가지고 논해야 한다. 사실 우리나라의 경우 섭취량 기준에도 큰 문제가 없다. 허가된 색소의 개수가 다른 나라보다 적고 적용 가능한 식품도 적기 때문이다. 식품에 색소 물질을 첨가하는 것은 분명 적절하게 통제되고 있다. 이런 통제에서 벗어나 과도하게 사용될 수도 있겠다는 의심이 들지만, 이런 첨가물은 과다하게 넣을 수도 없다. 보존과 색상, 향을 유지하기 위해 적정량이 사용된다. 색소는 소량으로도 효과가 충분하다. 이런 첨가물은 대체적으로 쓴맛을 내기 때문에 과도하게 넣으면 오히려 식품의 맛과 시각적 품질을 떨어뜨린다. 그리고 합성 색소가 천연보다 더 비싼 경우가 많다. 더 넣고 싶어도 비용 문제로 넣을 수가 없다. 정상적인 유통 경로로 구매한 식품의 경우 대체적으로 첨가 물질에 대해 크게 걱정할 이유가 없다. 정말 문제는 성분표를 무시하고 식품에 넣어서는 안 될 첨가 물질을 넣는 비도덕적인 기업이다. 간혹 수입 업체가 들여오는 식품에 이런 경우가 있다. 이 부분도 철저한 관리 시스템의 통제하에 점점 안전해지고 있다. 어쩌면 우리가 필요 이상으로 화학물질에 공포를 느끼고 필요 이상으로 천연 물질에 안심하는 것이 문제일지 모른다.

5

단백질 접힘과 풀림

프랑스의 대표적인 디저트로 마카롱이 있다. 마카롱의 두 겹을 이루는 과자는 머랭의 한 종류이다. 머랭은 만들기가 까다로운 식품이다. 일명 '먹방' 프로그램에서 셰프들이 머랭을 만들기 위해 거품기로 달걀 흰자를 빠른 속도로 섞는 작업을 본 적이 있을 것이다. 이 과정에서 생긴 거품은 그릇을 뒤집어도 떨어지지 않고 달라 붙어 있다. 왜 그렇게 될까? 계란의 단백질은 둘둘 말려 뭉친 구조(단백질 접힘^{Folding}이다)인데 여기에 열을 가하면 단백질 구조가 풀리게 된다. 거품기로 휘저으며 물리적인 힘을 가해 섞어도 같은 효과를 나타낸다. 길게 풀린 단백질이 공기나 기름을 감싸게 된다. 이런 휘핑 현상은 단백질이 풀리면서 표면적이 커지고, 공기를 감싸고 엉키면서 점도가 증가하는 것이다. 최근 크림 맥주가 유행인데 크림 맥주의 거품이 계속 유지되는 것도 바로 맥주에 미량으로 포함된 단백질 때문이다. 이런 단백질의 풀림^{Unfolding} 현상은 식품의 물성에 영향을 준다. 풀린 단백질이 기름과 결합하면 유화가 되고, 물과 결합하면 크림이 되며 공기와 결합하면 거품이 되는 것이다.

단백질 구조의 비밀

여기에서 단백질의 접힘 현상을 완벽하게 설명하기는 불가능에 가깝다. 단백질 접힘 현상은 현재의 과학적 지식으로도 정확하게 풀어내지 못하는 복잡한 현상이다. 그래서 단백질을 다루는 생물학뿐만 아니라 대부분 과학 분야의 여러 과학자들이 단백질 접힘 현상을 규명하려 연구 중이다. 물론 계산화학이 발달했지만 단백질 구조를 예측하는 것은 쉽지 않다.

단백질은 아미노산 몇 개가 얽히며 기본 구조를 만든다. 그리고 이런 기본 구조체들끼리 결합하며 전체 단백질을 이루고 꼬임을 만드는 것이다. DNA를 보면 괜히 나선형을 만들고 있는 게 아니다. 단백질 분자를 만드는데 작용하는 화학 결합의 특성을 생각하면, 주어진 1차원적 아미노산 사슬로부터 만들어질 수 있는 3차 구조의 가짓수는 (작은 크기의 단백질의 경우에도 아미노산의 종류와 결합 방식을 고려해보면) 일반적인 계산으로는 불가능에 가깝고 현대의 슈퍼 컴퓨팅 기술로 처리할 수 없을 정도로 천문학적이다(보통 평균적으로 아미노산이 모인 단위 골격은 약 600개 정도이고 각 골격은 수소결합 각도에 따라 전체 구조가 달라진다. 한 종류의 단백질이 가질 수 있는 이론적 구조는 3,600개로 예측된다. 하지만 실제 단백질의 구조는 이보다 훨씬 적다). 그래서일까, 노벨 화학상을 가장 많이 받은 분야가 바로 구조생물학 분야이다. 그 내용도 대부분 단백질 구조 분석이다. 심지어 이런 구조를 밝히는 분석 장치의 개발에도 노벨상이 수여됐다. 그만큼 중요하고 어려운 분야라는 방증이다. 그런데 최근 구글 인공지능이 단백질 구조를 분석해 화제가 되기도 했다.

단백질이 20여 종의 아미노산이 연결되어 만들어지는 물질이라고 하면 간단해 보이지만, 그건 1차 구조만 보았기 때문이다. 유전 정보를 담고 있는 DNA에는 아미노산의 결합 순서 정보가 실려 있다. 이 순서는 게놈 연구를 통해 풀렸다. 하지만 1차 구조와 3차 구조의 관계를 아직 이해하지 못하고 있다. 이런 이유로 생명 현상의 기본이 되는 단백질의 기능을 이해하고 제어할 수 있는 단계까지 가기에는 아직 갈 길이 멀다. 우리는 왜 이런 구조를 알려고 하는 걸까? 늘 이야기하지만, 구조는 중요하다. 구조가, 그러니까 분자 모양이 결국 기능을 만들기 때문이다. 가령 어떤 물질이 독이 되는지 약이 되는지는 결국 단백질 분자의 모양이 그 성질을 결정하는 경우가 많다. 특정 모양의 분자가 생체 내 단백질과 결합하기 때문이다. 최근 바이러스의 세계적 대유행으로 각종 매체에서 다룬 바이러스의 모습을 보았을 것이다. 둥근 바이러스에 나뭇가지처럼 표면을 덮고 있는 게 수용체 단백질^{Cellular receptor} 모습이다. 바이러스가 세포와 결합하는 비밀은 바로 이 수용체 모양에 있다.

단백질은 건축에서 벽돌처럼 모든 세포의 주요 구성 물질이다. 세포의 모양과 구조적인 요소를 제공하고 효소라는 이름으로 인체 내에서 생리 현상들이 원활히 일어나도록 하는 촉매 역할을 한다. 효소는 작은 단백질 분자이고 다양한 분자 모양을 만들어 세포 내 화학반응을 촉진하고, 특정 분자를 잡거나 걸러낼 수 있는 특정 모양으로 분자의 윤곽을 잡는다. 이런 효소 단백질 분자는 3차원적 구조를 가져야만 본질적 기능인 생리 활성 현상이 가능하다. 아미노산의 연결 순서를 단백질의 1차 구조라 한다면 1차원의 아미노산 사슬이 생리 활성을 갖는 3차원적 구조를 만들어가는 과정을 단백질 접힘 현상이라고 하는 것이다.

단백질 접힘 현상이 화학물질 공부에서 왜 중요할까? 여기에도 우리가 오해하고 있는 사실이 자리잡고 있고, 그 오해를 푸는 실마리가 바로 이 현상이다. 최근 다이어트가 유행하며 밀가루 음식에 대한 저항을 가진 사람이 많다. 한국인의 주식은 쌀이지만 지금은 국수와 같은 면류나 빵도 주식 못지않으며 동서양을 막론하고 가장 보편적인 식품이다. 밀은 여러 곡식 가운데에서도 인류에 의해 가장 먼저 작물이 된 종이다. 우리가 섭취하는 곡식은 대부분 녹말이다. 그런데 유독 밀가루가 성인 건강의 주적인 금기 식품으로 등장하는 이유는 무엇일까?

쌀이든 밀이든 녹말은 포도당이 사슬처럼 연결되고 단단하게 뭉쳐 있는 다당류의 한 종류이다. 일종의 고분자인 셈이다. 그런데 쌀이나 밀과 같은 곡식 차제를 그냥 섭취하는 사람은 드물다. 무척 단단하기 때문이다. 그대로 씹어 섭취하기 어려울 뿐만 아니라 분해도 어려워 소화가 잘되지 않는다. 하지만 인류는 이 식량을 그대로 포기하지 않았다. 단단한 물질을 가공하고 화학이라는 과학적 행위를 부여했다. 녹말은 물 분자와 함께 열이 가해지면 단단히 묶인 분자구조가 느슨하게 풀린다. 그래서 쌀로 밥을 짓고 쌀보다 더 단단한 밀은 가루로 만들어 빵이나 면으로 만든 것이다. 그런데 빵이나 면은 소화가 잘 안되고 쌀로 만든 밥이나 죽은 소화가 잘된다고 한다. 그래서 밀가루 음식이 나쁘다고 말한다. 정확히 말하면 밀가루 자체의 문제는 아니다. 쌀로 만든 떡은 밀가루 음식만큼 소화가 어렵다고 느끼는 사람이 많기 때문이다. 우리가 놓치고 있었던 것은 수분, 바로 물 분자다. 밀가루로 만든 국수는 소화가 잘되는 느낌이 든다. 반면 수분을 날린 빵이나 과자는 소화가 잘 안된다고 느낀다. 이렇게 녹말의 고분자 구조가 느슨해진 것을 호화糊化 상태라고 한다. 결국 이 호화 상태와 수분 함량은 깊은 관계가 있는 것이다.

밀가루에 관한 오해

밀가루와 함께 글루텐^{Gluten}이라는 낯선 용어가 등장한다. 전문가들이 밀가루의 글루텐을 이야기하며 섭취를 권하지 않는다. 글루텐이 장내 염증을 비롯해 여러 가지 건강 문제를 야기하며 심지어 유전 질환을 유발한다고 말한다. 소화가 안되는 더부룩함을 글루텐 섭취에 따른 증상이라고 한다. 소비자는 글루텐을 유해물질로 여기고 기피하게 된다. 유전 질환이 글루텐과 전혀 관련이 없는 것은 아니다. 그런데 결론부터 말하면 글루텐은 무죄이다. 사람들이 말하는 유전 질환은 셀리악병으로 글루텐에 민감한 반응을 보이는 질환이고 일반적으로 발병 사례가 거의 드문 희귀병이다. 밀가루에 관한 오해는 마치 탄산음료의 그것과 유사하다. 탄산음료에서 인산이 악역인 것처럼 밀가루에서 글루텐이 악역인 셈이다. 탄산음료의 경우에 과다하게 섭취했을 때 문제가 되는 당처럼 녹말류는 탄수화물이 많아 문제가 되는 것이다. 앞서 공부했듯이 탄수화물은 결국 당이나 중성지방으로 바뀌기 때문이다. 그렇다면 글루텐의 정체는 무엇일까?

대부분 곡식은 녹말류이고 이런 녹말류 식품은 많다. 쌀과 보리, 옥수수, 그리고 호밀이나 각종 곡물류뿐만 아니라 요즘 슈퍼 푸드로 등장한 퀴노아 같은 곡물도 주성분은 녹말이다. 나도 여러 곡식을 먹어봤으나 가장 맛있는 곡식은 밀가루다. 밀가루 음식을 좋아하는 사람들이 스스로 탄수화물 중독이라는 표현을 하지만 정확하게 중독 대상은 밀이다. 밀가루가 맛있기 때문이다. 쌀가루나 다른 곡식을 가루로 만들어 빵이나 면을 만들어도 밀가루처럼 맛있지 않다. 이유가 무엇일까? 바로 다른 곡식에는 존재하지 않는 글루텐 때문이다.

밀에는 글리아딘^{Gliadin}과 글루테닌^{Glutenin}이라는 두 종류의 단백질이 있

다. 반죽이라는 과정을 통해 물 분자
가 들어가며 두 단백질의 접힘이
풀리면서 섞이고 마치 그물처
럼 얽히게 되는데 이렇게 형성
된 혼합 물질을 글루텐이라고
한다. 밀가루 반죽이 덩어리
가 되게 하는 주역인 셈이다.
글루텐은 밀가루 반죽의 모양을
만드는 역할뿐만 아니라 다른 중
요한 일을 한다. 밀가루 반죽에 효모
가 들어가면 당에 의해 발효가 된다(발

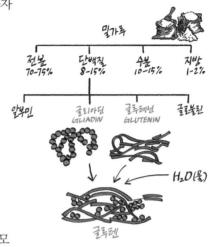

효 과정도 물질의 중요한 과정이어서 앞 장에 따로 설명했다). 발효의 거의 마지막 과정
에 이르면 이산화탄소와 에탄올이 만들어지며 기체가 반죽을 부풀게 만든
다. 앞서 말했듯 역사가들이 빵은 사실 양조 기술의 부산물이라고 한 이유
가 이것이다. 부푼다는 뜻은 기체가 밖으로 빠져나오지 못한다는 의미다.
기체가 빠져나가지 못하게 잡아주는 것이 글루텐 그물망이다. 이제 적당하
게 발효된 반죽을 오븐에 넣고 온도를 올리면 반죽 안의 기체는 샤를의 법
칙(압력이 일정할 때 기체의 부피는 종류에 관계없이 온도가 섭씨 1도 올라갈 때마다 섭씨 0도
일 때 부피의 273분의 1씩 증가한다는 법칙이다)에 의해 팽창한다. 기체가 글루텐 때
문에 빠져나오지 못하니 반죽은 더 부풀어 오른다. 오븐 안에서 원래의 반
죽 크기보다 크게 부풀어 오르며 갈색으로 잘 구워지는 모습을 본 적이 있
을 것이다. 바로 이것이 빵이다. 오븐의 높은 온도에 기체와 물 분자는 대부
분 날아가고 거대하게 커진 글루텐 사슬과 그 사슬에 잘 섞인 탄수화물 고
분자가 남은 것이다. 수분은 거의 남아 있지 않은, 호화 정도가 낮은 식품이

만들어졌다. 단백질의 접힘이 풀렸기 때문에 부드러운 빵을 먹을 수 있는 것이다. 접힘이 풀리지 않으면 단단한 육류의 식감일지도 모른다.

그런데 글루텐을 마치 유당불내증^{乳糖不耐症}과 유사하게 취급한다. 성인이 우유를 마셨을 때 소화가 안되고 설사를 하는 불내증을 밀가루 섭취 시 불편함을 느낀 것에 가져다 붙여놓은 것이다. 그리고 유전적 요소가 있는 유당불내증이 글루텐으로 옮겨 오며 유전 질환으로 둔갑한다. 실제로 둘은 완전히 다르다.

유당 분해와 글루텐, 그리고 면역계

우유에는 젖당^{Lactose}이라고 부르는 물질이 있다. 젖당은 포도당^{Glucose}과 갈락토오스^{Galactose}가 결합된 이당류 물질이다. 결국 젖당 분해 효소^{Lactase}가 있어야 포도당을 얻을 수 있다. 이 효소가 부족하면 유당불내증 현상을 일으키는 것이다. 신기하게도 갓난아이 혹은 포유류는 이런 우유 속 탄수화물인 유당을 분해하는 능력이 있다. 완전 식품에 가까운 어미의 젖은 아이나 새끼의 전용 식품이 되어야 한다. 그런데 다른 동물이나 성인이 이 완전 식품을 가만히 둘 리가 없다. 그래서 포유류는 일정 시간이 지나면 유당을 분해하는 능력을 잃어버리게 설계됐다. 이때 자연스럽게 젖을 떼는 것이다. 인류도 마찬가지고 대부분의 포유류는 이 방식으로 진화했다. 사실 인류가 성인이 되어서도 우유를 찾아 먹을 수 있게 된 것은 그리 오래되지 않았다. 그 시작은 인류가 가축을 키우기 시작하면서부터다. 물론 가축으로부터 우유를 얻을 수 있었지만 처음부터 우유를 바로 먹을 수 없었다. 유당 분해 기능이 없었으니 고통스럽게 배출해야 하는 그 음식을 먹지 않았을 것이다. 그래서 인류는 미생물에 의해 당을 발효시킨 액체를 먹었고 지방을 따로 모아 굳혀 먹었으며 단백질과 지방을 뭉쳐 발효된 고체 덩어리 식품을 먹게 됐다. 이 방식으로 나온 결과물이 요구르트와 버터, 치즈 같은 유가공 식품이다. 이런 능력은 인류 전체가 동시에 가진 게 아니다. 분명 환경에 의해 영향을 받은 것이니 지역과 시기적으로 차이를 보였다. 가축을 몰고 다니며 유목생활을 한 동양의 몽골 지방이나 낙농업이 발달한 서구 유럽의 사람들은 점점 우유의 탄수화물인 유당까지도 소화해내는 능력이 생존에 필수적이게 됐다. 오랜 시간에 걸쳐 소화 효소를 만드는 쪽으로 유전적 진화를 했고 주변과 후손으로 유전자가 퍼졌다. 결론적으로 유당불내증은 유전적 변이에 기인해서 일반적으로 이런 물질을 경험하지 못하는 집단에서 나오거나 종족 보존을 위해 성인이 되면 소화를 담당하는 효소를 더 이상 만들지 않기 때문에 생긴다. 이와 유사하게 밀가루 음식의 소화력이 떨어지는 원인을 식품의 호화 상태가 아니라 글루텐 그 자체에 두려 한다. 글루텐 민감증 Gluten sensitivity 이 있는 사람이 밀가루 음식을 먹으면 소화가 안 되고, 소화가 되지 않은 글루텐이 소장에 남아 염증을 일으킨다는 것이다. 글루텐 민감증은 일종의 단백질 불내증과도 유사하다고 주장하며 결국 소화 효소 부족을 이유로 꺼낸다.

외국의 상점에 가면 심심찮게 '글루텐 프리' 제품을 볼 수 있는데, 단백질 불내증인 셀리악병이 있는 사람을 위한 식품이다. 이 병은 밀가루에 함유된 글리아딘을 병원균 Antigen 으로 착각해 면역계가 작동하는 것이다. 림프구로부터 정보를 전달받은 T세포가 사이토카인 Cytokine 이라는 면역체 분자를 쏟아내고 이를 받은 B세포가 항체를 만드는 것이다. 그런데 이 사이토카인이라는 물질이 작은 창자인 소장의 융모에 피해를 입힌다. 이는 일종의 질병이다. 그러니 단지 소화나 다이어트를 위해 밀가루 음식을 먹지 말아야 한다는 말과 함께 글루텐을 언급하는 것은 인과관계가 맞지 않는다. 아직도 글루텐이 논란의 중심에 있지만 나는 글루텐보다는 '과민한 면역계' 쪽에 원인이 있다는 생각이다. 최근 이런 단백질 불내증 혹은 민감증 환자가 증가하고 있다는 통계가 나왔다. 특히 비셀리악성 민감증은 원인도 모르고 증상도 여러가지다. 인체 시스템은 글루텐을 무해한 단백질로 취급하도록 프로그램 되어 있었다. 그럼에도 이런 단백질 불내증이 증가하는 이유는 우리 몸이 다른 외부 환경에 의해 면역계가 교란되었을 가능성이 있기 때문이다. 항생제와 위생적인 생활로 장내 미생물이 변화했고 식단의 서구화로 당과 지방이 증가하며 몸이 변한 것이다. 꼭 셀리악병뿐만 아니라 비염이나 알레르기, 그리고 아토피 등이 우리를 둘러싼 외부 물질에 의해 면역계에 이상이 와서 생긴 것이듯 인류가 사는 환경이 변하며 우리의 몸도 변하는 것이다.

질병이 특정 물질 때문에 생겼다고 직결시키는 식으로는 여전히 그 설명에 부족함이 있다. 어쩌면 우리가 무심코 버렸던 플라스틱 때문은 아닐까? 유당불내증에서 해방된 인류는 긴 진화의 시간 동안 환경에 적응한 것이다. 그런데 최근 인류의 산업 활동으로 인한 환경의 변화가 과거 어느 때보다 빠르다. 생명체에게는 이 변화하는 환경에 적응할 시간이 충분하게 주어지지 않았다. 몸은 버거울 수밖에 없다. 미세먼지와 각종 오염 물질을 호흡하고 일주일에 신용카드 한 장 분량의 플라스틱을 섭취하는 인류의 면역계가 정상인 것이 오히려 이상한 일 아닌가? 지금은 차라리 특정 물질 때문에 질병이 생기는 게 아니라 나빠진 환경과 면역계 이상일지도 모른다는 가능성을 열어두는 게 낫다. 그래야 진짜 악역을 찾을 수 있을지 모른다.

6

건전한 정신에 건강한 몸이 깃든다

산과 염기 또한 먹을거리 괴담에 자주 등장하는 단골 재료이다. 산성 식품을 많이 먹으면 산성 체질이 된다는 이야기를 한 번쯤은 들었을 것이다. 맞는 말일까? 산과 염기라는 산도는 수소이온농도$_{pH}$를 기준으로 나뉜다. 우리는 일반적으로 맛으로 식품의 산도를 구별할 수 있다고 생각한다. 물론 산성은 신맛이 나는 경우가 있어서 틀린 말은 아니다. 하지만 모든 식품의 산도가 맛으로 구별되지는 않는다. 이 기준은 음식물의 원재료가 내는 맛이나 상태에서 결정되는 것이 아니라 음식물이 분해되고 소화되며 발생하는 생성물이 물과 만나 어떤 상태로 되느냐에 따라 결정된다. 결론부터 말하면 살면서 이런 산도를 중심으로 음식물 섭취를 조절할 이유가 전혀 없다. 아니, 그러기도 쉽지 않다. 음식으로 체질이 산성이 된다는 건 그리 쉽게 벌어지는 일이 아니기 때문이다. 이제 산과 염기라는 특성을 이해하기 위해 식품을 구별해보자.

산성 음식과 산성 체질

주기율표를 보면 배치된 원소들이 크게 금속과 비금속으로 나뉜 것을 볼 수 있다. 음식에는 우리가 미네랄이라고 부르는 물질이 있는데, 대부분이 금속산화물이다. 미네랄은 각종 채소나 열매에 풍부하게 들어 있다. 금속 원소들은 보통 주기율표의 왼쪽에 있는 원소들로 나트륨과 칼륨 같은 것들이다. 이런 원소들은 대부분은 자연에서 원자 혼자 있지 않고 다른 원자들과 결합해 있다. 보통 산소와 결합한 상태로 존재하기 때문에 이런 화합물을 금속산화물이라고 한다. 설사 산화물이 아닌 금속이온 형태로 존재하더라도 몸 안으로 들어오면 산소와 결합해 금속산화물을 생성하게 된다. 바로 산화나트륨^{Na_2O}이나 산화칼륨^{K_2O}으로 존재한다. 이 물질은 물과 결합하면서 수산화나트륨^{NaOH}과 수산화칼륨^{KOH}이라는 강염기를 띤다. 대부분 식물성 재료가 이런 물질을 많이 함유하고 있어 염기성(알칼리성) 식품이라 부른다. 산성 식품은 무엇일까? 동물성 식품의 주 구성원은 단백질이다. 단백질은 탄소와 수소, 그리고 산소로 이뤄져 있지만 그 중심에 질소와 황을 포함하고 있다. 마찬가지로 질소산화물^{NO_x}과 황산화물^{SO_x}(결합하는 산소 수가 달라 x로 표현한다)을 거쳐 물과 결합하며 질산이나 황산과 같은 강산으로 바뀐다. 대부분의 동물성 식품은 산성 식품이다. 가령 신맛이 나지 않는 우유도 산성 식품인 셈이다.

그렇다면 산성 식품을 많이 먹으면 혈액이 산성화되고 산성 체질로 바뀔까? 산성 체질과 만성피로를 한 프레임에 넣고 이를 극복하기 위한 처방 전쟁이 벌어진다. 각종 건강 보조제와 체질 개선제가 등장한다. 특히 서구화된 식단에 동물성 식품이 많다고 주장하며 식물성 식품을 주로 섭취했던 동양인의 체질이 산성으로 변한다는 것이다. 우리 몸은 약알칼리성을 유지해야 하는데 균형이 무너지고 이상 증상과 함께 각종 질환이 발생한다는 것이다. 만약 그 말대로 몸이 산성 체질로 바뀌면 어떻게 될까?

사람이 살다 보면 예기치 못한 갑작스러운 사고나 급속하게 진행되는 질병으로 병원 응급실을 찾게 되기도 한다. 의사는 초기 문진을 토대로 정확한 병소와 원인을 알기 위해 적정한 검사를 하고 진단 결과에 따라 적합한 치료를 한다. 진단 검사에는 많은 종류가 있지만 대부분 응급 환자에게 필수적으로 하는 검사가 있다. 바로 혈액 검사인데, 거기서 얻은 여러 가지 정보 중에 의사가 가장 먼저 알고자 하는 것은 혈액의 수소이온농도, 즉 혈액의 산도이다. 대체 얼마나 중요한 요인인 걸까?

정상적인 우리 몸을 구성하는 각종 장기와 조직, 세포, 체액까지도 적정한 수소이온농도를 유지한다. 예를 들어 입안은 약산성인 pH 6.8이고 위액은 pH 2에 달하는 강산이다. 소장과 대장 환경은 pH 7.6과 8.4의 약염기성을 유지한다. 피부는 외부 감염을 막기 위해 pH 5.5의 약산성, 몸 밖으로 배출되는 땀과 소변은 각각 pH 4.0~6.0과 5.5~7.5를 유지한다. 그중 사람의 혈액은 약 7.3~7.4 정도의 약염기성으로 0.1이라는 작은 편차로 산도를 유지한다. 산도의 유지는 생명체에게 중요한 요소다. 생명 활동은 단백질인 효소의 활성화로 이뤄지는데, 효소 단백질은 수소이온농도의 변화에 구조가 바뀔 정도로 민감하게 반응하며, 효소의 활성이 변하면 여러 가지 질병을 일으킬 수도 있고 급격한 변화는 쇼크와 심장마비를 유발해 사망에 이르게까지 할 수 있기 때문이다. 갈증이 나면 물을 마시고 에너지가 떨어지면 당을 섭취하면 된다. 그런데 혈액의 수소이온농도가 0.1 이상 변화하면 그 변화를 쉽게 느끼기 어렵다. 그래서 우리 몸은 스스로 항상성을 유지하기 위해 별도의 장치를 갖추고 있다. 그 장치가 어떻게 작동하는지를 알기 전에 두 가지 화학반응을 알아야 한다. 바로 산과 염기, 그리고 산화와 환원 반응이다. 이 화학반응에 대해서는 다음 장에서 자세히 설명하겠다. 여기서 알아야 할 것은 이 두 반응은 반응물들이 자신이 가진 수소 양성자와 전자를 주고받는 과정이라는 것만 기억하자. 그리고 하나 더, 수소이온농도인 pH는 산-염기 반응에서 수용액인 물의 수소 양성자의 농도를 정한 수치이다. 생명체에서 일어나는 대부분의 반응과 생체 활동의 생화학반응 중에 효소에 의한 촉매 조절은 산-염기 반응이 큰 부분을 차지한다. 여기에서 양성자의 주고받는 과정 외에도 전자의 존재 역시 무시할 수 없다. 전자와 양성자는 바늘과 실처럼 같이 다니기 때문이다.

우리 몸의 완충 조절 장치

인체는 생명을 유지하기 위해 호흡과 섭취로 얻은 산소와 음식물로 대사를 한다. 이 과정에서 산화와 환원이 일어나고 산과 염기 반응도 일어나며 수소 양성자가 생성된다. 이 수소 양성자가 혈액의 산도를 결정한다. 인체의 대사 균형이 틀어지면 혈액의 환경이 바뀌게 된다. 수소이온농도가 증가하거나 상대적으로 줄어들 수 있다. 그래서 인체는 혈액의 항상성을 유지하기 위해 산과 염기 반응으로 완충할 수 있는 물질을 준비해놓고 있다. 심지어 동맥과 정맥은 수소이온농도 차이가 0.02 이상 나지 않을 정도로 정밀한 완충제를 품고 있다. 그 완충제의 정체는 다름아닌 혈액에 존재하는 약산인 탄산^{H_2CO_3}과 그 짝염기인 중탄산이온, 혹은 중탄산염으로 부르는 탄산수소 이온$^{HCO_3^-}$이다. 그러니까 산과 염기 물질을 가지고 화학반응으로 산도를 조절하고 있는 셈이다. 완충제의 역할은 혈액에 산이 많아지면 염기와 짝을 이뤄 산성도를 줄이는 것이고 염기성이 많아지면 그 반대의 기능을 한다. 산이 많아진다는 의미는 혈액의 수소이온농도가 높아진다는 의미다. 이때 수소 이온은 염기인 탄산수소 이온과 결합해 탄산을 만들어 혈액 내 수소 양성자를 줄인다. 거꾸로 혈액에 염기가 많아지면 탄산이 분해되며 수소 이온농도를 높인다. 완충제인 탄산은 단백질과 탄수화물의 이화작용異化作用과 대사 작용으로 발생한 이산화탄소에 의해 생성된다. 이산화탄소와 물이 반응하면 탄산이 만들어지기 때문이다. 결국 혈액의 수소이온농도를 조절하는 완충제는 몸에서 생성된 이산화탄소로 시작하는 셈이다.

순환계로 보면 호흡을 통해 산소를 이산화탄소로 바꾼다. 그리고 이산화탄소를 다시 폐를 통해 배출한다. 사실 세포의 생화학반응에서 생성된 이산화탄소가 기체 상태로 바로 배출되는 것은 아니다. 이산화탄소는 혈액에 녹아 탄산의 모습으로 폐까지 운반된다. 당연히 탄산은 혈액의 수소이온농도 조절로 탄산수소 이온과 수소 양성자로 바뀌기도 한다. 지나치게 많은 양의 탄산수소 이온은 콩팥(신장)을 통해 배출되기도 한다. 콩팥은 체액에 과농도의 전해질이나 물질을 걸러내는 필터 역할을 하는 장기이다. 이렇게 혈액의 수소이온농도 조절에 사용하는 화학물질의 양 조절은 폐와 콩팥이 담당하는 셈이다. 혈액의 항상성과 완충 작용을 설명하며 탄산과 탄산수소 이온, 그리고 수소 이온의 산-염기 반응식으로 간단히 설명하는 경우가 많지만, 이런 화학반응식을 단순하게 완충 작용의 전부라고 하기 어렵다. 왜냐하면 폐와 콩팥의 기능이 수소이온농도 조절에 영향을 미치기 때문이다. 콩팥의 기능이 약해지면 당연히 혈액이 산성화된다. 그리고 산소와 이산화탄소의 기체 교환을 담당하는 폐 기능이 약화되면 체내에 이산화탄소 농도가 높아지고 탄산의 이온화로 역시 산성화된다. 그래서 우리 몸에는 두 장기 말고도 몇 겹의 방어벽이 있다.

체액에 존재하는 수소이온농도의 완충 조절은 세포 밖의 탄산뿐만 아니라 세포 안에서 비탄산 완충액에 의해서도 일어난다. 이런 종류의 산성 물질은 황산이나 인산을 포함한 음식이나 단백질의 대사로 나오고 적혈구 안의 헤모글로빈도 완충 작용을 한다. 다양한 단백질은 그 구조에 극성을 가지고 수소이온농도 조절을 할 수 있다. 예를 들면 헤모글로빈은 산소와 결합하지 않을 때 수소 이온 몇 개를 붙일 수 있다. 운반한 산소를 헤모글로빈에서 떼어낼 때 수소 이온이 사용되는 원리이다. 세포 내 단백질의 완충 작용은 콩팥 기능이 저하한 경우 그 능력을 발휘한다. 세포 안은 소듐과 포타슘 이온의 농도 조절로 물질을 세포 밖과 교류한다. 이 농도의 균형에 수소 이온이 관여한다. 세포 안의 인산$^{H_3PO_{43^-}}$은 세포 밖의 탄산수소 이온과 동일한 기능을 한다고 볼 수 있다.

이렇게 인체는 다양한 화학물질과 폐와 신장을 통해 대사활동으로 발생하는 수소 이온을 조절한다. 장기인 폐와 콩팥의 기능 이상으로 인체의 완충 작용에 문제가 생기면 세포 내 단백질까지 동원하고 그래도 수소이온농도가 조절되지 않으면 뼈에 저장된 탄산수소나트륨^{NaHCO_3}, 탄산수소칼슘^{CaHCO_3}까지도 동원한다. 뼈에 저장된 무기질마저 손실을 감수하고 항상성을 유지하려고 한다. 그래도 안 되면 효소 단백질이 수소 이온과 결합하기 시작한다. 최대한 항상성을 유지하다가 한계에 다다르면 기능에 이상이 생기고 생명 활동에 지장을 주거나 질병이 발생하는 것이다. 이렇게 중요한 항상성 유지를 위해 각종 기관과 조직, 그리고 체내 다양한 화학물질은 산과 염기, 산화와 환원이라는 생화학반응을 바탕으로 유기적으로 작동한다.

유사 과학을 빙자해 또 다른 오해가 생겨난다. 혈액 안의 중탄산 이온이 혈액의 항상성을 유지한다는 중요한 과학적 사실에 기인해 중탄산 이온이 부족할 수 있다는 가정으로 알칼리 이온 보충제라는 이름의 건강 보조 제품이 등장한다. 원료는 탄산수소나트륨, 즉 베이킹소다로 알려진 제품이다. 하지만 이런 물질 섭취는 큰 의미가 없다. 우리가 탄산수소나트륨을 섭취하면 위 안에 있는 강산에 의해 중화되며 소금이 되고 만다. 산-염기 반응을 조금이라도 알고 있다면 쉬운 문제이다. 결과적으로 중탄산 이온은 식품에서 만들어지는 것이 아니라 몸 안의 제조 공장이 따로 있다는 것이다. 바로 폐와 신장이다. 우리는 호흡을 통해 산소를 받아들이고 에너지를 얻기 위해 물질을 산화시키며 생성된 부산물인 이산화탄소를 배출한다. 배출되는 이산화탄소 일부를 폐와 신장을 통해 가져다 탄산과 중탄산 이온을 만들어 혈액의 수소이온농도를 맞추는 것이기 때문에 따로 공급할 필요가 없는 것이다. 건강한 체력에 건전한 정신이 깃든다는 말이 있다. 간혹 건전한 정신에 건강한 몸이 깃든다는 말도 통할 것 같은 세상이다.

우리 몸은 우리가 생각하는 것보다 체계적이고 강하다. 내부는 물론 외부로부터 들어오는 물질에 대한 적절한 방어 체계를 가지고 있기 때문이다. 설사 그것이 독을 가진 물질이라 하더라도 어느 정도 처리할 수 있는 기능을 갖추고 있다.

7

약과 독은 형제 사이

줄리엣은 그들의 지지자인 로렌스 신부의 계획에 따라 독약으로 보이는 비약을 마셨지만, 이 계획을 전달받지 못한 로미오는 그녀의 죽음 앞에서 독약을 마시게 되고 뒤늦게 깨어난 줄리엣도 로미오의 칼로 자살한다. 셰익스피어의 비극 〈로미오와 줄리엣〉의 비극적 결말이다. 줄리엣이 마신 독약은 무엇이기에 죽은 것처럼 만들어 로미오가 그녀를 따라가게 만들었을까? 그녀가 마신 비약은 벨라도나^{Belladonna}라는 식물로 추정하고 있다. 이 식물은 고대부터 약으로 사용됐다. 마치 죽은 사람처럼 동공을 확대하는 기능이 있어서 오늘날 안과에서도 동공 확장을 위해 사용한다. 이처럼 약과 독에는 양면성이 있다.

약과 독은 지금까지 이 책에서 주장하고 있는 화학물질과 맥을 같이한다고 볼 수 있다. 모든 약 물질은 유용하게 사용하면 도움이 되고 적정한 선에서 벗어나면 결국 위해를 가하는 독의 모습이 된다. 약제에는 용법과 용량이 정해져 있고 그 작용인 효능과 함께 부작용이 있다. 약은 적정 섭취량을 준수해도 건강 상태에 따라 다른 작용을 할 수도 있다. 약제에서의 이러한 부작용은 잘 알려진 사례가 많다. 가령 의사의 처방전 없이 살 수 있는 대표적인 진통제 중에 대표적인 약제인 아세트아미노펜을 예로 들어보자. 아세트아미노펜은 아스피린 계열의 약제에 비해 해열 진통 효과가 뛰어나 널리 복용돼 왔다. 하지만 허용 용량을 초과하거나 같은 성분이 포함된 다른 약제와 동시에 복용할 경우 간에 치명적 손상을 줄 수 있다. 특히 음주 후 간의 해독 기간에 복용하는 경우에는 손상 위험성이 더 커지는 것으로 보고됐다. 아세트아미노펜이 간 손상을 유발한다는 문제가 일반화된 지는 이미 오래되었다. 1960년대부터 꾸준히 문제가 제기됐고 1980~1990년대에는 임상 사례가 나왔으며, 최근에는 신장의 손상까지도 보고되고 있다. 미국 연방질병통제예방국[CDC]에 따르면 지난 10년간 미국에서만 아세트아미노펜 복용과 관련해 1,567명이 사망한 것으로 조사됐다. 우리나라에서도 어린이용 해열진통제 현탁액에서 기준치 이상의 아세트아미노펜이 검출되어 판매가 중지된 적이 있다.

아세트아미노펜이 간의 효소인 시토크롬 P450이라는 효소에 의해 N-아세틸-p-벤조퀴논이민[NAPQI]으로 바뀌는데, 이것이 독성물질이다. 물론 체내의 글루타티온과 결합하며 멜캅톨산으로 바뀌어 소변으로 배출된다. 글루타티온은 해독 기능을 가진 항산화 물질로 자연적으로 인체에서 만들어진다. 글루타티온은 별도의 처방 없이 보조제로 약국에서 구입할 수 있다. 하지만 과도한 양의 아세트아미노펜을 복용할 경우 미처 해독되기 전에 간을 망가뜨릴 수 있다. 그럼에도 우리는 약에 대해서는 관대하고 독에 대해서는 마치 화학물질처럼 예민한 태도를 취한다.

화학사를 공부하다 보면 대부분의 약제가 식물에서 추출된 사실을 알 수 있다. 독성물질도 마찬가지로 식물에 많이 존재한다. 식물이 독성을 가진 이유는 단순하다. 식물의 번식을 위해서 다른 생명체에게 먹이가 되지 않기 위해서다. 흥미로운 사실은 독성을 지닌 식물이 자라는 곳 주변에는 대부분 해독 작용을 하는 약초가 공생한다는 것이다. 자연은 이미 독과 약이 가까운 물질이라는 것을 알려주고 있었다.

독성과 약효의 경계

그렇다면 독의 정체는 무엇일까? 사실 독의 정도를 정의하기란 어렵다. 독은 공평하지 않기 때문이다. 독을 받아들이는 대상의 조건에 따라 독은 다르게 반응하기도 한다. 같은 독성물질도 누군가에게는 마치 약처럼 반응하기도 한다. 그리고 전혀 독성이 없을 거라 생각한 물질도 독으로 작용하기도 한다. 차라리 모든 물질은 독성이 있다고 말한 연금술사 파라셀수스의 말이 맞는지도 모른다. 그는 인체에 필요한 영양분이 완벽하게 섭취된다면 굳이 배출시킬 필요가 없다고 했다. 독성물질을 무조건 경멸하면 독의 정체를 알 수 없다고 한 그의 말도 재해석해야 한다. 결국 화학적으로 생성되는 물질을 독성으로 경멸하면 그 정체를 알 수 없는 것과 마찬가지다. 모든 물질은 자연에서 출발했고 인류는 단지 그 과정을 이해하고 개입했을 뿐이다.

식물은 동물처럼 이동할 수가 없다. 대지에 박혀 열매를 맺고 씨를 뿌려 종족을 번식한다. 결국 자신의 천적에 대해 보호 기전이 필요했다. 분명 진화의 메커니즘에서 만들어진 특정 물질이 이런 보호 수단으로 탁월했고 이 물질이 선택돼 유전자를 통해 전달됐을 것이다. 이런 물질은 대개 질소를 포함한 알칼리성 유기물이 많아 알칼로이드 ^{Alkaloid} 물질이라고 부른다. 수많은 식물에 존재하는 다양한 알칼로이드 물질에는 일일이 나열할 수 없을 만큼 다양한 성분이 있다. 거기에는 약초로 사용되는 유익한 알칼로이드도 있을 것이다. 인간은 진화하면서 자신에게 유해한 성분을 피하도록 뇌에 프로그래밍을 해놨다. 달면 삼키고 쓰면 뱉는 행동은 그 프로그램의 실행 코드이며 본능이라고 표현된다. 실제로 쓴맛을 내는 식물에 독성이 존재한다. 하지만 그 독성을 적절히 사용해 후천적으로 맛의 풍미를 재프로그래밍하고 인간에게 유익하게 사용했다. 대부분의 약초가 그러하다. 이제 독과 약의 경계가 모호해지는 것이 이해가 되지 않는가. 독이라고 특별하지도 않고 약이라고 해서 더 특별하지도 않다. 그리고 독과 약은 형제나 마찬가지다.

독일의 자연 탐험가 알렉산더 폰 훔볼트 Alexander von Humboldt, 1769~1859 가 남아메리카를 탐험하며 아마존 인디언을 만나 접하게 된 쿠라레 독즙의 맛을 본 일화는 그의 자서전을 통해 널리 알려졌다. 쿠라레 독은 열대지방의 덩굴식물인 리아나 Liane 껍질을 달이고 증류해 만든다. 이 알칼로이드 물질은 앞서 말라리아 치료제인 기나나무 껍질에 있던 퀴닌 성분과 유사한 물질이다. 물론 그는 자서전에서 쓴맛이 난다고 했다. 이 독은 사냥할 때 사용한다. 화살촉에 독즙을 묻혀 사냥을 했다. 그리고 물에 떨어뜨리면 '잠이 오는 물'이 만들어져 독이 퍼진 그 물에서 물고기가 마취되어 떠오른다. 그런데 훔볼트는 그 독즙의 맛을 봤다. 실제로 잇몸이나 위에 출혈이 없다면 소량을 섭취하는 정도로는 중독되지 않는다. 아마존 인디언은 실제로 위를 보호하는 약으로 사용했다. 이 쿠라레 독은 유럽으로 건너가 파상풍 치료제로 사용됐다. 파상풍이 근육 경직을 일으키는데 쿠라레가 근육을 이완하는 효과가 있어서 의학적 약제로 사용된 것이다. 근육 이완 효과는 근육을 최대한 이완시켜야 하는 외과 수술에서도 탁월한 효과를 보였다. 물론 현재는 이런 쿠라레 독을 사용하지 않는다. 이미 인류는 화학을 발전시키며 쿠라레와 비슷한 자연을 닮은 물질을 쉽게 만들었기 때문이다.

마약도 별반 다르지 않다. 대부분 마약은 환각 작용을 일으키는 알칼로이드 물질이다. 대표적 마약인 헤로인은 모르핀에 초산을 섞어 끓인 물질이다. 모르핀은 연금술 시대에도 제조법이 있었던 물질이다. 모르핀은 아편의 주요 성분인 알칼로이드이다. 아편은 양귀비 즙을 건조한 물질이다. 모르핀은 아편을 끓이고 수산화나트륨을 첨가한 후 산성 물질로 중성화시키는 과정에서 얻는 흰색 물질이다. 헤로인과 모르핀 두 물질이 처음 등장했을 때에는 약제로 사용했다. 수면 효과와 진통 효과 때문이었다. 하지만 부작용은 중독성이 있다는 것이다. 많은 사람들이 약에 중독되어 더 많은 양의 마약을 필요로 하는 부작용이 생겼고 이 약은 권력과 전쟁, 그리고 지하경제 유통 수단의 중심에 있게 됐다.

모르핀 중독의 효과를 줄이려고 화학적으로 순화시키는 시도가 있었다. 당시 무수초산(물이 거의 없는 농도가 짙은 초산으로 빙초산이라고도 한다)으로 모르핀을 제조하던 실험실에서 공정 중에 다른 물질이 반응물로 사용되며 아세틸화^{Acetylation}됐다(유기화합물 중의 수소 원자, 특히 아미노기$^{-NH}$ 또는 하이드록시기$^{-OH}$의 수소를 아세틸기$^{-COCH}$로 치환하는 반응). 초산 대신 사용된 산성 물질이 살리실산이었고 그 결과, 아세틸살리실산이 만들어졌다. 바로 오늘날 아스피린으로 알려진 물질이다. 같은 실험실이라니, 그렇다면 모르핀이나 헤로인을 제조 판매하던 제약 회사를 짐작할 수 있다. 바로 독일 기업 바이엘 제약 회사다. 마약과 가정 상비약이라는 전혀 다른 운명을 걷게 되는 두 약은 형제나 마찬가지다. 아스피린은 만병통치약처럼 판매됐다. 두통이나 감기, 혹은 해열에도 효과가 크고 심혈관계 질환인 고지혈이나 고혈압을 앓는 환자에게는 혈전 생성을 억제하기 때문에 뇌졸중 예방약으로 사용된다. 약국에서 처방전 없이 구매할 수 있는 약제이지만 부작용은 존재한다. 효과가 좋으면 그만큼 부작용도 크다는 사실을 알아야 한다. 독은 언제나 약이라는 가면을 벗을 수 있다. 우리가 알아야 할 것은 모든 약들의 생리화학적 역할이 아니다. 약학을 공부한 전문 의료인이 아닌 이상 소비자가 그 많은 정보를 일일이 알수도 없기 때문이다. 우리가 정말 알아야 할 것은 물질의 독성과 약효의 경계선에 대한 정확한 인식이다.

치사량과 유효량

대부분의 제약 회사가 하는 일은 신약을 개발하고 동물시험부터 임상시험까지 독성이 최소화되는 과정을 관찰하는데, 우리가 생각하는 것보다 훨씬 많은 시간을 부작용 관찰에 보낸다. 이런 시험을 통해 위해성을 평가하고 효과를 보기 위한 용량을 결정하는 것이다. 효과가 있는 최소량을 '약의 역치閾'라고 한다. 하지만 이 과정의 결과가 모든 사람에게 적합한 것은 아니다. 사람들 각각의 건강 상태와 환경이 다르기 때문이다. 반대로 부작용이 나타나는 최소량을 '부작용의 역치'라 하는데, 이 두 역치가 멀리 떨어져 있으면 큰 문제가 없지만 근접해 있다면 복용 정도에 따라 문제가 있게 된다. 약의 역치나 부작용의 역치라는 말보다 치사량$^{LD, Lethal\ dose}$과 유효량$^{ED, Effective\ dose}$을 더 많이 들었을 것이다. LD는 독의 강도를, ED는 약의 효과를 나타낸다. 하지만 일반적으로 쓰이는 것은 반수 치사량$^{LD_{50}}$, 반수 유효량$^{ED_{50}}$이다. 그러니까 어떤 물질을 대상으로 검체의 50퍼센트가 사망에 이르는 지점이나 효과를 보는 반 수치에 해당하는 기준이다. 이 기준으로 약의 효과와 부작용을 효과적으로 찾게 된다. 여기에서 같은 양의 약이라도 누군가에게는 부작용 쪽에서 불운을 맞이할 수 있고 누군가는 행운의 다른 반쪽에 있을 수도 있다. 그것은 검체마다 조건이 다르기 때문이다. 검체마다 해독 시스템의 작동 조건이 다르기 때문이다.

그런데 우리가 물질에 반수 치사량을 설정할 경우, 대상 물질은 반드시 약제나 독극물에만 해당하는 것이 아니다. 2007년 미국 캘리포니아의 물 마시기 대회에서 한 여성이 목숨을 잃은 사건은 유명하다. 세 아이의 엄마인 그녀는 닌텐도 오락기가 경품으로 걸린 대회에서 무리하게 많은 물을 마셨다. 2리터 생수 세 병이면 치사량에 도달한다. 체내 전해질 균형이 무너지기 때문이다. 물은 약도 아니고 독도 아닌 화합물이자 화학물질이다. 화학물질을 약과 독의 이분법적 시선으로만 보지 말아야 한다는 것이다. 늘 말했듯 양이 중요하다. 세상의 모든 화학물질은 양에 따라 약이 될 수도 독이 될 수도 있다.

기실 화학물질의 독성을 LD라는 수치로만 정의하기 어려운 것이 현실이다. 독성을 나타내는 화학물질의 양과 종류는 너무 다양하다. 게다가 같은 화학물질의 독성 정도도 사람마다 해독 능력에 따라 차이가 난다. 결국 LD만 무조건 믿어서도 안 된다는 것이다. 앞선 사례의 여성은 물을 7리터 넘게 마셨다. 물의 LD_{50}값은 킬로그램당 약 86~90밀리리터$^{ml/kg}$이다. 이 말은 물을 한꺼번에 약 6리터 이상 마신 성인의 절반은 죽는다는 말이다. 그렇다고 5리터는 괜찮다는 말이 아니다. LD값은 실제 인간을 검체 대상으로 해서 나타낸 수치가 아니다. 일반적으로 동물시험 자료를 인간에게 적용할 때 포유동물이 생리화학적 반응에서 인간과 매우 유사하다는 조건을 전제로 한다. 그리고 동물의 조건과 인체의 조건을 비교해 노출량을 예측한 값이다. 그러니 신체 조건에 따라 LD값은 달라질 수 있다.

우리 몸의 해독과 방어 기능

아직까지도 논란이 되는 살충제 성분인 폴리헥사메틸렌 구아니딘^{PHMG}이나 메틸이소티아졸리논^{MIT}은 지용성 화학물질이다. 인체는 수용성 화학물질보다 기름에 잘 녹는 지용성 화학물질을 잘 흡수한다. 약제가 대부분 지용성 물질인 이유이기도 하다. 몸에 투입된 약이 전부 사용되는 것은 아니다. 대부분은 간에 의해 해독이 되고 몸 밖으로 배출되며 몸에 남은 일부가 약효를 발휘한다. 그리고 일부는 아세트아미노펜처럼 효소를 변하게 하는 중간 대사 물질을 만드는데 단백질이나 핵산 혹은 지방 등의 물질과 결합하며 독성을 갖게 되는 것이다. 약은 처음부터 독성을 가진 것이 아니라 이런 중간 대사 작용에 의해 독으로 변하는 경우가 많다. 하지만 우리 몸은 내인성^{內因性} 물질이든 외인성^{外因性} 물질이든 해독이라는 과정으로 몸 밖으로 배출하는 방어 시스템을 가지고 있다. 호흡기와 소화기, 그리고 피부 등 다양한 경로로 들어온 독성물질은 인체 내의 여러 해독과 배출 시스템을 통해 처리되고 있다. 인체에는 대표적으로 5개의 해독·배출 기관이 있다. 간과 장, 신장, 그리고 폐와 피부가 그 역할을 한다. 우리 몸은 1차적으로 장과 피부에서 대소변과 땀으로 노폐물을 배출한다. 그리고 나머지 기관에서 해독하고 제거해 배출을 시도한다. 이후에도 남아 있다면 인체 내 점막을 통해 배출을 시도한다. 기침이나 콧물, 구토, 설사 등이 이런 과정이다. 이런 1차적인 해독과 배출 과정에서 실패할 경우에 몸에 저장되고 누적된 독성물질이 질병을 일으키는 것이다.

체내로 유입된 독성물질은 혈액을 타고 온몸으로 퍼져나간다. 신장은 노폐물과 독성물질이 대부분 경유하는 곳이다. 신장의 기능은 림프계에서 세포로부터 수집한 노폐물이나 유해물질을 소변으로 제거하는 역할을 한다. 림프는 음을 빌린 한자어 '임파'라고 부르기도 한다. 가령 한약이나 산에서 나는 천연 작물 섭취로 신부전증을 일으키고 생명을 위협당하는 경우가 있다. 신장이 림프 혈류에 포함된 독성물질을 여과하는 것이 부담되어 신장 기능이 망가지게 되는 것이다. 모든 해독 과정은 정상적으로 건강한 상태를 전제로 한다. 물론 체질에 따라 다를 수 있지만 같은 환경적 조건에서도 해독과 배출 능력은 다를 수 있다. 평소 건강을 유지해야 하는 이유이기도 하다. 혈액은 심장 펌프를 통해 흐르지만 신장을 지나는 림프 혈류는 펌프가 없다. 림프 혈류를 강제로 흐르도록 몸을 움직여줘야 하는데 바로 운동이 유일한 방법이다.

우리 몸은 신장뿐 아니라 간이라는 두 번째 방어 시스템이 있다. 하지만 간이 독성물질을 바로 제거하는 것은 아니다. 대부분의 독성물질은 지방에 잘 흡착된다. 간은 이런 지용성 물질을 수용성으로 바꾸는 역할을 한다. 독성물질이 지방에 쌓이지 않고 수용성으로 변해 몸에서 소변이나 담즙을 통해 배출되도록 도와준다. 하지만 간의 기능만 믿고 있을 수 없다. 간에서 생성된 담즙이 독성물질을 포함해 섭취한 지방을 분해하며 대부분 소장과 대장을 통해 배출된다. 만약 독성물질이 장을 지나는 동안 장 기능이 저하된 상태이거나 장에 머무는 시간이 길어지면 독성물질이 수용성이라 해도 몸에 재흡수된다. 실제로 이런 일은 끊임없이 일어나고 있다. 간이 다양한 독성물질을 무력화하기도 하지만 엄밀한 해독 과정에서는 다른 장기의 상태도 중요하고, 빈번하게 독성물질에 노출되면 간을 피로하게 만든다. 간이 수행하는 해독 능력을 떨어뜨릴 수 있다는 것이다. 그 밖에도 피부와 폐를 통해 땀과 호흡으로 독성물질을 배출한다. 그러니 역시 운동이 최고일 수밖에 없다. 건강한 신체는 면역 시스템도 강화되기 때문이다. 세균이나 바이러스와 같은 질병원은 엄밀하게 말해 독은 아니다. 하지만 인체를 무력화하는 외인성 물질이다. 인체는 이런 물질에 대해서도 방어 기제를 만들었다. 바로 면역 시스템이다.

면역 시스템

우리 몸은 마치 중세시대의 성처럼 겹겹으로 외부 물질인 타자에 대한 방어 장치를 설치해놨다. 성곽 주변으로 물을 채워 외부로부터 침입하는 통로를 제한하듯 우리 몸은 면역계가 작동하기 이전, 최전선에 1차 방어 시스템을 구축하고 있다. 왜냐하면 세균이든 바이러스든 인체로 들어오는 입구가 있기 때문이다. 피부는 사망한 피부 세포인 각질과 죽어가는 과립 세포층에서 유출된 지방으로 세균의 침입을 막는다. 사실 때를 미는 목욕법은 결코 보건에 유리하다고 볼 수가 없다. 그리고 우리가 한 번 호흡으로 약 1만 마리의 세균을 흡입할 수도 있지만, 기도 통로에서 점액은 먼지와 세균을 포획하고 섬모에 의해 몸 밖으로 배출된다. 코딱지와 가래, 그리고 기침이 승리의 전리품이다. 그래서 마스크 착용은 자신을 물론 타인을 보호하기 위한 기본이다. 그 외에도 몸에 있는 여러 구멍으로 배출되는 점액은 단순한 분비물이 아니라 항균 단백질이 포함되어 있다. 심지어 막힌 귀도 지방질과 항균 단백질이 버무려진 귀지로 스스로 청소한다. 귀지는 더러운 존재가 아니다.

1차 방어선인 성문 입구가 뚫리면 면역계가 작동한다. 킬러세포들이 2차 방어선을 구축하고 있다. 킬러세포는 피아를 식별할 수 있다. 세균과 바이러스와 같은 타자의 표면에는 인체의 세포와 다른 특정한 분자 패턴이 있기 때문이다. 바이러스는 복제해야 하고 박테리아는 이분법으로 증식하기 때문에 이 특징을 상실할 수 없다는 게 우리에게는 행운이다. 대표적 킬러세포인 호중구는 매일 골수로부터 약 2억 개가량이 혈관으로 쏟아지고 온몸을 순찰하다가 감염 발생 신호를 포착하면 전투 지역으로 이동해 병원균을 살해한다. 또 인체의 대부분 조직에 존재하는 대식세포^{大食細胞}는 낡은 적혈구나 세균들을 그 이름에 걸맞게 포식한다. 우리는 그 잔해물을 고름이라는 물질로 확인하게 된다. 그런데 킬러라는 이름에 어울리지 않게 작전 수행이 세련되지 못하다. 호중구는 자신의 DNA로 만든 그물을 전투 지역에 살포하고 그물에 걸려든 병원균을 효소와 독성 화학물질을 쏟아내어 분해한다. 결국 주변 조직에도 막대한 손상을 가하게 된다. 1918년 스페인 독감으로 5,000만 명 가까운 사망자가 발생한 이유는 호중구의 과잉 반응 때문이었다. 1차 면역계 조직원에는 이런 거친 순찰대도 있지만, 인체의 세포 안으로 잠입해 활동하는 미생물을 목표로 하는 특수 요원인 자연 살해 세포, NK^Natural killer 세포도 있다. 세포들을 심문해 수상하면 바로 살해하는 세련된 방법이다. 사실 인체의 세포에 이상이 생기는 경우는 세포 안으로 들어간 바이러스가 주원인이다. 이때 감염된 세포 표면에는 NK세포만 알 수 있는 수용체로 감염 여부가 표시되고 이를 감지한 NK세포는 감염된 세포에 구멍을 뚫고 효소를 분비해 세포가 스스로 자폭하게 만든다.

1차 선천적 면역계인 킬러세포들은 타자인 병원균 대부분을 제거하지만, 사실 목표물을 정확하게 조준하는 것은 아니다. 자기가 아니라는 이유로 타자가 누군지도 모르고 무조건 제거하는 게 목적이기 때문이다. 이 방어선마저 뚫리면 정예 특공대 요원이 등장한다. 보통 T세포, B세포라고 불리는 후천성 면역세포들이다. 마치 암살 요원이 제거할 대상의 사진을 확인해 작전을 수행하는 것처럼 B세포는 맞춤형 항체를 주문 생산해 침입자들을 제거한다. T세포는 더 광범위한 역할을 수행한다. 타자뿐만 아니라 자기 몸을 배신하는 암세포까지 색출하는 역할을 한다. 후천적 면역계인 이 두 세포는 우리 몸을 공격하는 어떠한 위험스러운 요인들도 정확히 겨냥할 수 있는 능력이 있다. 우리 몸은 1조 개의 다른 형태를 가진 항체를 만들 수 있는 능력을 갖추고 있으니 어떠한 항원도 살해 대상이 된다. 이 기능을 이용한 것이 바로 백신Vaccine이다.

하지만 이러한 면역과 해독이라는 방어 시스템만으로 모든 질병과 독에 대항할 수 없다. 이 지점에서 화학은 분명 인류의 질병 역사에 유효한 역할을 했다. 연금술의 시대부터 질병은 인류가 극복하기를 욕망한 대상이었다.

다시 약으로 돌아와 보자. 기적의 신약은 존재할까? 누구나 인류를 구원할 기적의 약을 바라겠지만, 자연이 아닌 인류가 만든 세상과 약에는 기적이란 없어 보인다. 약의 다른 얼굴은 독이고 인류도 늘 두 모습을 가지고 있으니까. 결국 약은 필요악이자 차선책인 셈이다. 약은 늘 부작용을 가지고 있다. 약을 복용하게 되면 용법과 용량에만 신경 쓸 것이 아니라 부작용을 알고 복용 후 증상에 대해 관찰하는 것이 중요하다. 그런데 약에서 부작용의 정체는 무엇일까?

8

기적의 신약은 없다

약국에 가서 보면 수많은 이름의 약을 만나게 된다. 그중에는 이미 익숙한 이름도 있고, 처음 듣는 이름도 있다. 누가 들어도 약 이름은 화학을 배경으로 하고 있다는 것을 안다. 화학을 공부한 나조차도 모르는 이름이 많은데, 사람들 대부분은 무척 생소하고 어렵게 느낄 것이다. 동시에 제약사들도 약의 명명에 애를 먹을 것이다. 소비자의 인식과 판매, 그리고 약제에 대한 신뢰를 동시에 생각해야 하기 때문이다. 그래서인지 '베나치오' 같은 약은 이름만 들어도 어떤 증상에 필요한 약인지 연상되고 그 작명 의도에 미소를 자아내기도 한다.

제약사는 약의 성분을 암호처럼 숨기거나 성분이 바로 연상되도록 이름을 짓는다. 예를 들면 아스피린 Aspirin의 A는 '아세틸'의 앞 자이고 spir는 '살리실산'과 같은 조팝나무산 Spiraeic acid을 의미하는데, 아스피린의 주성분을 짐작할 수 있다. 바로 '아세틸살리실산'이다. 이와 달리 해열과 진통, 소염 효과로 잘 알려진 '이부프로펜'은 노골적으로 약물 성분인 화학명을 노출한 경우이다. 약 물질인 이부프로펜 Ibuprofen은 실제로 유기화합물의 화학명이다. 그런데 약국 진열대 앞을 채운 건강 보조제에 이렇게 노골적인 작명을 한 다소 생소한 이름의 약물이 있다. 분명 우리 몸의 단백질을 구성하는 아미노산 이름인데, 그 이름 앞에 로마자 알파벳인 'L'이 접두어처럼 붙어 있다. 그러니까 'L-아르기닌 Arginine'이라는 화학명을 그대로 상표로 사용한 것이다. 그런데 이름 앞에 붙은 'L'이라는 용어는 다소 불편하다. 소비자에게 너무 불친절한 건 아닐까? 사실 화학에서는 이 용어를 아르기닌에만 사용하는 것은 아니다. 이 용어는 이부프로펜에도 적용되며 대부분 유기화합물에도 적용된다. 그리고 이 용어는 단순한 화학물질을 구분하는 그 이상의 의미를 담고 있다. 예를 들어 이부프로펜에는 L-이부프로펜과 D-이부프로펜이라는 두 성분이 같은 양으로 들어 있다. 그런데 해열과 진통 효과를 내는 물질은 D-이부프로펜뿐이다. 그렇다면 다른 하나는 무엇일까?

거울상 이성질체, 작용과 부작용의 공존

두 물질의 화학적 구성 원소는 같다. 원소의 종류와 개수는 같지만 결합 방식이 달라서 다른 성질을 갖는 물질이 있다. 화학에서 이런 물질을 이성질체라고 부른다는 것을 이미 앞서 다뤘다. 대부분 원자 간 결합이 달라 모양이 다르다. 그런데 이런 이성질체 중에는 원자 간 결합 방식마저 같은 '입체이성질체'가 있다. 얼핏 보면 마치 일란성 쌍둥이처럼 비슷하다. 하지만 자세히 보면 배열이 다른 물질이다. 쉽게 말하면 마치 거울에 비친 모습처럼 입체상에서 좌우가 바뀐 모습이다. 이 분자는 서로 겹쳐지지 않는다. 왼손 장갑에 오른손이 들어가지 않는 것과 같은 원리이다. 이를 화학에서는 거울상 이성질체 혹은 카이랄성 Chirality 분자라고 부른다. '카이랄'은 손을 의미하는 그리스어에서 유래됐는데, 마치 우리의 양손이 좌우가 바뀌어 서로 겹쳐지지 않는다는 의미에서 따온 말이다. 여기서 L과 D는 라틴어인 '레보 Levo'와 '덱스트로 Dextro'의 약자로 '왼쪽'과 '오른쪽'이라는 뜻이다.

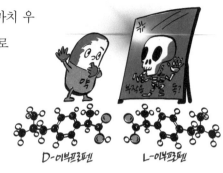

D-이부프로펜   L-이부프로펜

그런데 이게 왜 중요할까? 두 이성질체 물질은 물리화학적인 성질이 아주 비슷하다. 그래서 구분도 잘 안 되고 물질별로 따로 분리하기 어렵다. 그런데 이런 물질이 약제가 되어 우리 몸에 들어오면 상황이 달라진다. L-이부프로펜의 경우, 속이 쓰리거나 간에 부담을 주는 부작용을 유발한다. 인류가 인공적으로 만든 대부분 유기화합물은 여지없이 이런 거울상 이성질체가 둘 다 만들어진다. 그러니까 약제도 예외는 없다. 약물은 대부분 우리 몸의 효소와 물려 그 반응으로 약효가 나타난다. 구조가 기능을 만든다고 누차 이야기했다. 모양이 맞아야 일을 시작할 수 있다. 마치 열쇠와 자물쇠처럼 서로 잘 결합되는 구조여야 효과가 나타나는 것이다. 이부프로펜의 경우 오른쪽 거울상 이성질체가 효소 모양과 맞물려 약효가 있는 것이다. 그래서 불필요한 왼쪽 거울상 이성질체인 L-이부프로펜를 걸러내고 약효가 있는 D-이부프로펜만 추출해 약을 만들기도 한다. 덱시부프로펜 Dexibuprofen은 이부프로펜 절반의 양으로 같은 효과를 낼 수 있고 부작용도 없게 된다. 이제 이 책을 읽은 독자라면 약국에서 진통제를 살 경우 부작용 없는 덱시부프로펜 성분이 들어 있는 약제를 달라고 한다면 약사의 손님 대접이 달라질지 모르겠다.

신기한 것은 인공적인 물질이 아닌 자연이 만든 물질은 하나의 카이랄성 물질만 만든다는 것이다. 그러니까 반대의 거울 이성질체를 잘 만들지 않는다. 정리를 해보면, 약효가 없는 이성질체 물질은 효소와 반응하지 않아 약효가 없거나 몸의 엉뚱한 곳에서 독으로 반응할 수밖에 없다. DNA를 보면 나선 모양으로 한쪽으로만 꼬여 있는 것을 볼 수 있는데, 그 이유가 DNA를 이루는 당 물질도 한쪽 카이랄 물질이기 때문이다. 신비하고 감동적이지만 인류는 아직도 자연이 왜 한쪽만 만드는지 정확한 이유를 모른다.

탈리도마이드 사건의 교훈

이 사실을 몰랐던 인류는 현대의학 역사상 최악의 사건을 일으킨다. 앞서 언급한 사건이다. 1957년 독일의 제약 회사인 그뤼넨탈은 진정제의 한 종류인 '탈리도마이드'가 함유된 콘테르간이라는 약을 만든다. 동물시험과 임상시험에서 부작용이 전혀 나오지 않아 기적의 약물로 불렸고 독일을 중심으로 유럽에 급속도로 퍼졌다. 당연히 그뤼넨탈은 거대한 미국의 제약 시장 문을 두드렸고 미국 FDA에 판매 허가 승인을 신청했다. 당시 심사관은 미국 약리학자인 프랜시스 올덤 켈시 Frances Kathleen Oldham Kelsey였다. 그녀는 15세에 대학에 입학한 수재로 연구직을 거쳐 FDA에 입사했다. 그녀가 맡은 첫 승인 심사 업무 대상은 독일 기업이 신청한 콘테르간의 진정제 성분인 탈리도마이드였다. 하지만 그녀는 제약사의 시험 자료 미비와 임산부가 복용할 경우 태아에 미치는 영향에 대한 검토가 충분하지 않다는 이유로 승인 신청을 기각했다. 당시 가장 유명한 약의 승인 신청을 기각한 그녀는 제약사의 손해배상 청구는 물론 각종 협박과 비난을 견뎌내야 했다. 기관 안에서의 질타도 만만치 않았다. 당시는 동서양을 막론하고 젠더 감성이 성숙하지 못한 시기였다. 연구소 취업 당시 여성 연구원을 잘 뽑지 않는 풍토였는데, 그녀의 이름을 미스터 올덤으로 착각한 상사의 실수로 입사했기 때문에 그녀가 겪었을 고통은 가히 짐작할 만하다.

그녀가 1년여를 끌면서 여섯 번의 승인을 거절하는 동안 이 약의 실체가 드러난다. 단 한 알만 먹어도 기형아가 태어나는 약이었다. 결국 독일에서만 한 해 동안 약 1만 2,000명의 기형아를 출산하는 비극이 벌어진다. 이 진정제는 당시 임산부의 입덧에 탁월한 효능이 알려지며 임산부들의 입소문으로 급속도로 퍼졌던 것이다. 문제는 탈리도마이드 분자구조에 있었다. 한쪽 카이랄 분자는 입덧 완화 효과가 있었지만, 다른 쪽 분자는 혈관 생성을 억제했던 것이다. 결국 태아의 인체 말단 조직인 팔다리가 자라지 않았던 것이다. 미국이 독일에서와 같은 비극을 비껴간 것은 과학적 원칙을 따른 그녀의 행동 때문이었다.

이후에 약 물질에 대한 화학에서 다루겠지만 결국 인류가 개발한 약제 화학물질은 질병인 세균에 대항하기 위한 항생물질부터 출발했다. 항생제의 남용과 내성에 따른 반론이 있지만, 지금 인류는 항생제의 도움을 받아야 한다. 기본적인 면역계만으로는 지금과 같은 삶을 영위하기 어렵기 때문이다. 항생제로 치료될 대수롭지 않은 상처가 과거에는 괴사와 죽음에 이르게 했다. 결국 항생제의 남용을 막으면서 내성균의 출현을 최대한 늦춰야 한다. 그리고 항생제 내성균 등장에 맞춰 차세대 항생제를 개발해야 한다. 하지만 이런 신약 개발에는 많은 시간이 소모된다. 생명과학기술이 발전했지만, 여전히 과거에 플레밍^{Alexander Fleming, 1881~1955}이 했던 것처럼 무엇이든 넣어보고 세균 증식을 막는 물질을 운 좋게 찾아 임상까지 가는 방법이 최선이다. 물론 시간 외에 막대한 비용도 든다. 바로 부작용 때문이다. 백신 개발도 마찬가지다. 새로 출현한 거대 바이러스나 변이를 반복하는 바이러스에 대항하는 항체를 개발하는 데는 비용이 든다. 시간을 들여 개발해도 병원균이나 바이러스가 다양해지거나 집단 면역으로 무용지물이 되기 때문이다. 그래서 제약 회사는 새로운 항생제와 백신 개발을 외면하며 손을 떼고 있다. 자본의 논리로는 타산이 맞지 않는 일이기 때문이다. 그렇기에 우리는 세균과의 사투가 머지않은 미래에 피할 수 없는 현실이 될 것을 알면서도 외면하고 있었다. 그러다가 현재 생존하는 인류 어느 누구도 겪어보지 않았던 팬데믹을 맞았다.

알면서도 외면하고 있는 중요한 사실

팬데믹으로 한때 미국에서만 코로나19 하루 확진자가 20만 명에 가까웠다. 당시 미국 보건복지부는 거대 제약사가 개발한 백신을 빨리 승인해야 했다. 팬데믹의 시작과 동시에 백악관은 백신 개발 프로젝트를 가동했다. 프로젝트 명이 '워프 스피드 작전Operation Warp Speed'이었던 것을 보면 신약에 대한 유례없는 승인이 전혀 이상해 보이지 않는다. 두 제약사는 허가 후 24시간 이내에 백신을 보급할 수 있는 준비까지 마쳤다. 일반적으로 신약 개발은 오래 걸리는 게 상식이다. 물론 백신은 치료제와 다르지만, 신약의 승인까지 오랜 시간을 소모했던 이유가 부작용에 대한 충분한 검증과 시험을 거쳐야 했기 때문이라면 지금 거대 제약사의 발 빠른 행보는 우려스러운 게 사실이다.

신약 분야는 어떤 부작용이 있을지 모르기 때문에 미지의 영역에 발을 딛는 것처럼 두려운 게 사실이다. 나조차도 백신이든 치료제든 효과와 함께 부작용이 없길 바란다. 모든 것이 멈춘 이 시기가 빨리 지나가길 바라기 때문이다. 동시에 이런 생각이 든다. 대유행이 잠잠해지려면 집단 면역을 위해 충분한 인구가 백신을 접종해야 한다. 그리고 백신을 몇 차례 맞아야 그 효과가 있을지도 아직 확신할 수 없다. 우리에겐 아직 어떤 경험도 없기 때문이다. 게다가 사회 정의와 공공선의 시선에서 본다면 수혜는 공평해야 한다는 것이다. 선진국에서 시작되는 백신 접종이 또 다른 사회적 차별을 만들 수 있기 때문이다. 특히 자본에 의해 취약해진 계층은 당연히 가져야 할 권리마저 무시되며 타자화되고 의료 차별로 다가올 것이다. 이런 근시안적 태도가 사회적 생태계 전체를 흔들지 모르겠다. 보이지 않는 적은 바이러스만은 아니다. 혜택을 받지 못하는 가난한 국가에서는 풍토병이 될 수도 있다. 이 풍토병은 언제 다시 변이된 모습으로 우리에게 찾아올지 모른다. 신약의 등장은 분명 희망이지만 그 이면에 감춰진 모습 등을 사회적 정의와 함께 입체적으로 들여다봐야 할 시점이 아닌가 싶다.

세상에는 만병통치약도 없고 슈퍼 푸드도 없다. 우리의 입으로 들어오는 모든 음식은 아주 잘게 분해되고 몸에 필요한 에너지원으로 사용되거나 몸을 구성하는 조직으로 재조립된다. 애초에 재료가 부족하면 조직을 만들 수 없는 것이고 생명체가 작동하기 어렵다. 몸에 필요한 물질이 남게 되어 불필요하면 배출된다. 배출돼야 할 물질이 남게 되면 문제를 일으킨다. 인류는 약이라는 물질을 만들어 이런 문제들을 해결하려 한다. 하지만 한두 가지의 슈퍼 푸드와 약으로 짧아지는 텔로미어^{Telomere} (염색체 양 끝단에 있는 부분. 이것의 길이가 짧아지는 것을 세포 노화 원인의 하나로 추정한다)를 길게 늘려 노화를 방지하고 지친 몸에 활력을 불어넣고 손상된 신체 기관을 말끔히 복구하는 기적 같은 일은 쉽게 일어나지 않는다.

음식과 약을 화학물질로 본다는 의미는 단순히 허기를 채워주거나 병든 몸을 치유하는 물질적인 것으로만 국한하기 어렵다. 음식과 약에는 더 숭고한 무엇이 함의돼 있다. 자연에서 얻은 음식과 약은 욕망의 충족과 함께 건강한 몸을 유지하고 건강한 영혼을 만들기 때문이다. 결국 우리 몸과 정신은 물질을 통해 외부 세계와 연결되어 있다. 그래서 우리는 몸으로 들어오는 물질을 이해하고 몸 안에서 어떤 일이 일어나는지를 알아야 한다. 이것은 우리 자신과 자연을 이해하는 또 다른 방편이 된다.

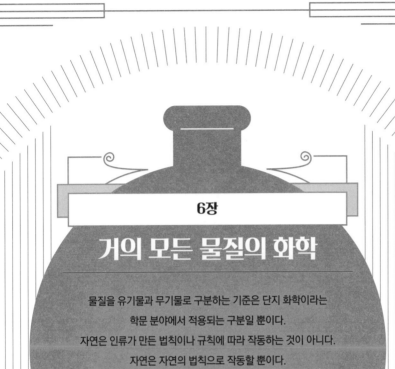

6장

거의 모든 물질의 화학

물질을 유기물과 무기물로 구분하는 기준은 단지 화학이라는
학문 분야에서 적용되는 구분일 뿐이다.
자연은 인류가 만든 법칙이나 규칙에 따라 작동하는 것이 아니다.
자연은 자연의 법칙으로 작동할 뿐이다.
자연에게 유기물과 무기물의 경계는 애초부터 의미가 없었다.
그 경계는 거대한 자연을 이해하려는 영악한 인류가
허공에 그어놓은 선일 뿐이다.

1

화학은 친화력이다

청춘이란 시기에 친구는 중요한 사회적 관계의 대상이다. 그 대상이 이성이
든 동성이든 정서적·신체적으로도 불안정한 시기에 결핍을 메워줄 수 있
는 유일한 존재이기 때문이다. 그 시작은 호감이다. 분명 어떤 결핍이 호감
으로 나타나고 상대에게 다가가게 한다. 그 호감에 마침 상대가 반응하면
관계는 시작된다. 결핍이 메워지고 서로 안정한 상태로 관계를 맺어간다.
하지만 관계는 상황에 따라 변한다. 또 다른 관계에 의해 관계가 다양해지
거나 복잡해지기도 하고 기존 관계가 끊어지기도 한다. 유난히 친구가 많은
사람에게 '친화력'이 좋다는 표현을 사용한다. 이 속성을 화학물질로 옮겨
와도 꽤 근사하게 맞아떨어진다.

화학은 반응의 학문이다. 물질을 이루는 단위가 원자 혹은 분자이므로
반응은 여기에서부터 일어난다. 그런데 반응하지 않는 원자와 분자도 있다.
주기율표의 가장 오른쪽 줄에 있는 원소들이 비활성 기체라 불리는 이유가

있다. 반응을 하지 않기 때문이다. 반응을 하지 않으니 다른 원소와 결합하지 않고 대부분 홑원소로 존재하기에 가벼운 기체 상태의 물질이 된다. 우리는 이런 물질의 위해성에 대해서는 크게 걱정하지 않는다. 가령 기체를 흡입해 우스꽝스런 목소리를 낸다거나 음성을 변조하는 데에는 헬륨^{He}이나 크립톤^{Kr} 같은 비활성 기체를 사용한다. 이런 기체가 위해하지 않은 이유는 반응성이 없기 때문이다. 반응을 잘 하지 않는 물질은 비활성 기체 원소들뿐만 아니다. 공기의 78퍼센트를 차지하는 질소에 대해서도 아무런 걱정을 안 한다. 아니, 질소 분자가 몸에 들어온다고 해도 의식조차 못한다. 한 번의 호흡으로 그 많은 질소 분자를 흡입해도 몸에서는 아무런 반응이 없기 때문이다. 하지만 이런 물질들도 과학기술자들에게는 관심 대상이다. 이런 물질에 에너지를 가하고 원자 안의 전자를 들뜨게 해 강한 빛을 만들거나 분자를 깨부수고 새로운 물질의 재료로 사용하기 때문이다. 그런데 이런 비활성 기체나 질소 분자와 같은 물질은 왜 반응을 잘 하지 않을까?

진화론에서 '이기적 유전자'라고 표현하는 것처럼 원자나 분자도 반응에서는 이기적으로 행동하는 것처럼 보인다. 사실 이런 입자들이 생각을 가지고 이기적으로 행동하는 것은 아니다. 결과적으로 그렇게 보일 뿐이어서 의인화한 것이다. 입자들은 자신의 이익을 위해 다른 짝과 반응한다. 심지어 짝을 갈아치우기도 한다. 짝을 교환하는 이득이 더 크기 때문이다. 이런 이유로 마치 입자가 생각을 하고 작동하는 것처럼 보인다. 물론 지금은 그 이유가 원자와 분자가 지니고 있는 '전자' 때문이라는 사실을 우리는 안다. 원자나 분자는 자신의 핵 주변에 적당한 수의 전자를 적절한 공간에 배치해 안정적 상태, 그러니까 에너지가 낮은 상태로 있으려 한다. 이것이 자연의 법칙이기 때문이다. 반응을 잘 하지 않는 원소와 분자는 이런 조건이 충분하게 성립했기 때문에 그 자체로 안정했던 것이다. 부족한 전자를 채우기 위해 혹은 과잉된 전자를 처리하기 위해 어떠한 행동도 할 필요가 없었던 것이다. 반대로 결핍이나 과잉 상태인 입자는 다른 태도를 보인다. 격렬하게 다른 물질로부터 전자를 뺏어 오거나 전자를 내던진다. 물질이 서로 만나며 보이는 이러한 태도가 바로 반응의 실체다.

사랑과 미움, 혹은 친화력

과거에는 이런 사실을 몰랐다. 분명 물질을 이루는 가장 작은 원소가 어떤 이유에서건 서로 가까이하거나 멀리한다고 생각만 했을 뿐이다. 고대 철학자 엠페도클레스 Empedocles, 기원전 490?~기원전 430? 는 이 현상을 의인화해 사랑과 미움이라는 낭만적 사고로 해석했다. '사랑과 미움'은 화학의 개혁이 막 시작되었던 18세기에 '친화력'이라는 과학적인 용어로 바뀌었다. 당시 '플로지스톤 Phlogiston 이론'이 등장했는데 이 이론은 물질이 불에 타면 원래 물질에 들어 있던 플로지스톤이 빠지고 재만 남는다는 것이었다. 가설이 이론으로 자리를 잡았다면 증명된 무언가가 있다는 것이다. 나무처럼 잘 타는 물질은 대부분 플로지스톤으로 이루어져 있다고 생각했다. 물질을 태운 후 남은 재의 모습을 보면 그럴 법도 하다. 플로지스톤이란 그리스어로 '불꽃'이라는 뜻이다. 플로지스톤 이론의 전성기에도 물질을 이루는 원소는 여전히 아리스토텔레스의 사상에서 벗어나지 못했다. 세상은 물과 불, 그리고 흙과 공기로 이뤄져 있다는 4원소설이 지배적이었다. 이들 원소의 사랑과 미움으로 물질이 만들어진다고 생각했다. 13세기에 와서도 파라셀수스의 사상인 황과 수은, 소금을 기본으로 하는 삼위일체론이 중심이었다. 마찬가지로 이들 원소의 친화력으로 새로운 물질이 만들어진다는 것이었다. 가령 아리스토텔레스는 연소가 물질로부터 불이라는 원소의 방출 현상이라 했다. 파라셀수스는 황이 포함된 물질이 불을 일으킨다고 했다. 황이 물질과 친화력이 떨어지면 불이 난다고 설명했다. 그런데 이론을 떠나 실험을 통한 화학이 중시되며 당시의 이론에 의심이 들기 시작했다. 이상한 현상이 목격됐기 때문이다. 금속을 공기 중에서 가열했더니 오히려 질량이 늘어난 것이다. 기존 이론대로라면 금속이 연소되면 당연히 빠져나오는 무엇이 있어야 했고 가벼워져야 했다. 이때 독일의 화학자 게오르크 에른스트 슈탈^{Georg Ernst Stahl, 1659~1734}이 등장해 플로지스톤 이론을 실험적이고 논리적으로 만든다. 광석에서 추출한 금속산화물을 숯과 가열하면 이산화탄소가 생성되고 순수한 금속을 얻을 수 있다. 이때 생성물인 금속은 질량이 작아진다. 금속과 결합한 산소가 탄소와 함께 빠져나갔기 때문이다. 거꾸로 금속을 가열하면 산소와 결합해 금속산화물이 되고 질량이 늘어난다. 하지만 당시에 산소라는 기체의 존재를 몰랐다. 결국 이런 현상 또한 플로지스톤으로 설명했다. 슈탈은 플로지스톤이 미지의 물질이며 질량이 없을 수도 있고 심지어 음의 질량, 즉 질량이 줄어드는 물질일 수도 있다고 주장했다. 여기에서도 여전히 '친화력'은 유지됐다.

이후 공기, 그러니까 기체에 대한 연구가 시작되고 플로지스톤 이론은 막을 내리게 된다. 이 과정에서 이른바 화학의 아버지라 불리는 세 명의 인물이 등장한다. 어느 학문이나 아버지는 존재한다. 그런데 유독 화학에는 아버지가 세 명이나 있다. 『회의적 화학자』(1661)를 집필한 영국의 보일, 『화학 원론^{Traité Élémentaire de Chimie}』(1789)으로 알려진 프랑스의 앙투안 라부아지에,

마지막이 스웨덴의 옌스 야코브 베르셀리우스Jöns Jakob Berzelius, 1779~1848이다.

이들이 모두 화학의 아버지다. 기체의 법칙을 발견하고 원소 개념을 확립한 보일로 시작해 질소, 이산화탄소, 산소와 수소가 발견된다. 그리고 화학 혁명과 다름없는 일이 라부아지에에 의해 벌어지고 화학자들의 물질에 대한 혼돈은 정리된다. 물이 산소와 수소라는 두 종류의 기체가 모여 만들어진 사실을 알게 된다. 이 사실이 왜 중요했을까? 바로 물질은 원소로만 존재하기보다 대부분 화합물이라는 사실을 알게 됐기 때문이다. 결국 금속이 금속산화물이 되고 금속산화물이 숯과 함께 연소되며 금속으로 바뀌면서 질량 차이가 나는 것은 산소 때문이라는 것이 증명된 것이다. 산소가 플로지스톤 이론을 깬 유일한 단서였다. 분명 물은 수소와 산소로 결합돼 있고, 금속이나 대부분 물질은 작은 원소가 결합된 것이라는 사실을 알게 됐다. 하지만 입자들이 왜 서로 결합하고 있는지는 여전히 숙제였다.

수학자와 물리학자로 알려진 아이작 뉴턴은 많은 시간을 연금술 연구로 보내기도 했다. 그래서 화학계에서도 꽤 알려진 인물이었다. 뉴턴은 『자연철학의 수학적 원리Philosophiae Naturalis Principia Mathematica』라는 저서를 집필하고 세상이 작동하는 중력 법칙과 운동 법칙을 증명했다. 그의 물리학적 업적이 화학자들에게도 알려졌고 화학자들은 뉴턴의 이론으로 그들의 관심인 '친화력'을 설명하려고 도전했다. 지금이야 미시세계에서는 입자들이 양자역학에 지배를 받기 때문에 뉴턴의 중력 법칙이 원자의 세계에서 통하지 않는다는 것을 알지만 당시에는 모든 물질 입자 또한 질량을 가진 물체이므로 각각의 고유한 인력에 의해 화학적 반응을 설명할 수 있다고 믿었다. 결국 화학자들은 여러 원소 사이의 반응성을 비교하고 그 정도를 정리해 친화력표라는 것을 만들기 시작했다. 하지만 이 표는 우리가 알고 있는 원소의 주기성을 나타내지는 않았다. 그렇다고 물리학의 법칙도 아니었다. 그저 반응 현상의 정도를 기록한 표에 불과했다.

친화력은 조금 더 과학적 사고로 옮겨 간다. 화학의 마지막 아버지인 베르셀리우스가 이원론을 꺼냈다. 친화력에 관한 뉴턴의 법칙이 화학의 개별 반응에 적용되기 쉽지 않자 전기력을 꺼내 든 것이다. 당시 전기학이 과학에 등장했고 쿨롱Charles Augustin de Coulomb, 1736~1806은 특별한 자연법칙을 세상에 꺼낸다. 전하를 가진 두 입자 사이에 작용하는 정전기적 인력을 수학적으로 정의했다. 이 힘은 두 전하의 곱에 비례하고, 거리의 제곱에 반비례한다는 것이다. 쉽게 말해 극성을 가진 입자 사이의 전기적 힘은 가까우면 커지고 멀수록 급격하게 작아진다는 것이다. 베르셀리우스는 뉴턴의 중력 이론과 유사한 이 법칙을 화학의 친화력을 설명하는 데 응용했다. 그의 주장은 모든 원자는 양극과 음극이라는 전하를 지니고 있다는 것이었다. 당시는 물질을 전기로 분해해 개별 원소를 발견하던 시절이라 원자에 극성이 있다는 가정은 원소의 결합 현상을 근사하게 설명할 수 있었다. 하지만 전기적 이원론은 중대한 결함이 있었다. 물과 같은 물질은 음극의 산소와 양극의 수소라는 가설로 분자의 결합을 증명할 수 있지만 같은 원소로 이루어진 분자는 설명할 수 없었다. 그럼에도 불구하고 아보가드로는 수소나 산소, 질소 같은 기체 물질은 같은 원소의 두 원자가 결합하고 있다고 주장했다. 전기력이라는 주장을 뒷받침하기에는 척력만 존재하는 같은 원소의 결합을 설명하기 쉽지 않았을 것이다. 하지만 화학자들이 산성과 염기성 물질의 반응이나 소금과 같은 염을 연구하는 경우에서는 베르셀리우스의 이론이 충분히 작동했다. 비록 다른 형태지만, 지금도 그의 이원론은 이온결합에서 일치하기도 한다. 염화나트륨이 나트륨 양이온과 염소 음이온의 결합이니 그의 이론에서는 맞았던 것이다. 어쩌면 그의 이원론이 물리학에서 뉴턴의 법칙만큼은 아니어도 화학의 발전에 긍정적 영향을 끼친 건 분명해 보인다.

반응의 원인을 '사랑과 미움'에서 시작해 '친화력'을 거쳐 전기적 인력과 척력으로 옮겨 갔던 흐름은 화학을 보다 과학적 진보로 이끈 게 분명했다. 아직 원자의 정체는 알 수 없었지만, 이로 인해 반응에 의존적인 화학적 연구활동이 활발하게 나타났기 때문이다. 물질을 바라보는 물리학은 원자라는 입자 그 본질을 탐구하기 위해 원자 내부로 파고들어 갔고, 화학은 반응과 변화를 중시하면서 지금의 응용화학이나 화학공학처럼 물질 자체의 생성이나 발견, 그리고 실용적 학문으로 진보했다.

원소를 정리하다

제국주의의 확장에 무기가 필수적으로 요구되면서 양질의 화약이 만들어지고 염색과 표백, 도금 기술이 발달했다. 이 과정에서 각종 산성과 염기성 무기물질이 등장했다. 실제로 대규모 무기화학공업은 이 시기에 시작되었다. 그러면서도 무기화학 분야는 무언가 정리되지 않은 채 늘 혼란스러웠다. 이론에 그쳤던 화학이 실험으로 발전되며 공업화로 넘어가기 시작하는 시기에 혼란스러움을 정리해야겠다고 마음먹은 것도 라부아지에부터다. 이때부터 화학은 제도적으로도 진보하기 시작한다. 주변에 널린 물질들에 이름과 규칙을 붙이기 시작한 것이다. 우리가 사용하는 화학물질 이름은 그냥 붙여진 것이 아니다. 이름에는 물질의 구조와 성분을 알아볼 수 있는 규칙이 존재한다. 그 첫 시도가 라부아지에와 그의 후배인 세 명의 화학자(베르톨레 Berthollet, 드모르보 de Morveau, 푸르크루아 Fourcroy)에 의해 행해진 명명법이다. 그리고 당시까지 발견된 원소들을 표로 정리한다. 하지만 이것이 주기율이라는 규칙을 고려한 것은 아니었다. 그저 잘 정리된 자료였을 뿐이다. 라부아지에가 그의 저서 『화학 원론』에서 원소의 개념을 다시 정리하며 밝힌 원소의 수는 열과 빛을 포함해 33종이었다. 그중 일부는 순수한 원소가 아닌 산화물이었다(분리가 어려웠던 산화물은 생석회, 마그네시아, 바라이터, 알루미나, 실리카, 5종이며 열과 빛도 원소라 여겨 각각 칼로릭과 뤼미에르라 이름을 붙였다). 라부아지에의 저서가 출간된 1789년 이후 새로운 원소의 발견이 봇물 터지듯 증가했다. 원자의 정체는 몰랐지만 원소의 개념이 확립됐고, 각종 산과 염기 물질을 기반으로 하는 공업이 등장하며 광물을 분리하는 능력과 물리화학적으로 분석하는 기술이 발전했기 때문이다.

오늘날의 의미로 무기화학이라는 용어가 정립된 것은 19세기 초이다. 20세기가 시작될 때까지도 유기화학이 화학의 주도권을 잡고 있었고, 생화학과 물리화학이 20세기 초에 학문의 반열에 오를 때에도 무기화학은 자리를 잡지 못했다. 하지만 이 또한 큰 의미는 없다. 연금술이 시작된 고대부터 무기화학은 저변에 깔려 있었고 늘 화학이라는 학문을 지탱하고 있었다. 무기화학의 체계화 혹은 제도화가 유의미하게 정리된 지점은 멘델레예프에 의해서였다. 천재는 아니었으나 화학에 대한 열정을 가진 이 젊은 화학자는 서른 살에 페테르부르크 대학교의 일반화학 교수가 된 후 1867년 『화학의 원리Osnovy Kimii』라는 책을 집필한다. 그리고 2년 후인 1869년에 러시아 화학 학회지에 당시에 알려진 63개 원소를 원자량순으로 배열해 주기율표를 발표한다. 이전까지 무기물은 유기물처럼 생기가 있던 물질도 아니었고 주기성 규칙도 존재하지 않는다고 여겼다. 하지만 그는 원자량의 증가에 따라서 원자가原子價, Valence(원자가 다른 원자와 이루는 화학결합의 수)가 주기적으로 증감한다는 사실을 발견했다. 그리고 화학적 성질이 유사한 원소별로 배열하고 당시 발견되지 않은 원소를 예측했다. 주기율표에서 멘델레예프가 심어놓은 규칙과 예측의 가능성이 화학사에서 중요한 의미를 갖는 이유는 바로 이 지점이다. 이 원자가와 성질로 친화력의 정도를 예상할 수 있었기 때문이다.

물론 원자의 정체는 물리학의 도움을 받았다. 결국 이 친화력의 주역은 전자들이었다. 하지만 물질이 만들어지는 이유가 전자 때문이라는 것이 밝혀지기도 전에 화학에서는 그 친화력의 정도를 원소별로 알고 있었다. 물질 생성 이유는 화학의 친화력이었다.

2

무기화학공업의 발전

노벨 물리학상 수상자의 메달을 독일군으로부터 지키기 위해 닐스 보어 연구소에서 근무하던 헝가리 화학자 게오르크 헤베시가 금을 일시적으로 다른 물질로 변하게 한 일화를 기억할 것이다. 전쟁이 끝나고 사라졌던 금은 무사히 메달로 다시 만들어져 주인에게 돌아갔다. 금을 사라지게 한 것은 주술이나 마술이 아닌 바로 화학반응이었다. 금이 어떤 물질에도 녹지 않지만 무기물인 염산과 질산의 혼합물로 강한 산성 용액인 왕수에는 녹는다. 그리고 다시 금으로 환원시켰던 것도 화학반응이다. 그리고 이 반응의 대상은 무기물이다. 이런 무기물의 변화를 다루는 학문이 무기화학이다. 무기화학의 범위를 말해야 한다면 유기화학 못지않게 화학의 큰 부분일 것이다. 아니 오히려 유기화학은 무기화학의 부분 집합이라고 표현하는 것이 옳다. 가령 주기율표에서 1번 수소부터 인공 원소인 118번이 모두 무기화학의 범위에 들어갈 수도 있다. 이산화탄소를 발생시키는 물질을 다루는 학문이 유기화학이라면 어쩌면 무기화학이 화학의 모든 것이라고 말해도 틀린 말은 아니다. 하지만 유기화학이 그 중요성 때문에 화학 전체를 대신할 수 있을 정도로 커져버린 것이다. 하지만 무기화학은 화학의 시작점부터 지금까지도 화학의 저변을 떠받치고 있는 학문 분야다.

19세기 초 독일 화학자 유스투스 폰 리비히$^{Justus\ von\ Liebig,\ 1803~1873}$와 그의 친구 프리드리히 뵐러$^{Friedrich\ Wöhler,\ 1800~1882}$가 등장하기 전까지 무기화학이라는 용어는 없었지만 예로부터 무기물은 주로 광물이었고 광물은 끊임없이 화학자의 실험 대상이었다. 연금술에서 사용된 실험 방법은 주로 불에 태우거나 열로 녹여 끓이는 방법이었다. 이후 광석에서 금속을 추출하는 야금술이 등장했다. 끓는점이 서로 다른 물질이 섞인 광석을 증류하거나 산화제를 사용해 환원시켜 순수한 금속을 꺼내기 시작했다. 물론 이 방법은 지금도 사용하고 있기에 그 자체로도 큰 의미를 갖지만 당시는 플로지스톤 이론에 가려진 구시대의 화학이었다. 화학이 전환점을 맞이한 건 기체 연구에서였다. 조지프 프리스틀리$^{Joseph\ Priestley,\ 1733~1804}$가 발견한 탈플로지스톤 공기와 칼 빌헬름 셸레$^{Carl\ Wilhelm\ Scheele,\ 1742~1786}$가 발견한 불타는 기체 때문이었다. 그것은 당시까지 정체가 알려져 있지 않은 산소였다. 그런데 기체 원소의 발견으로만 머물지 않았다. 라부아지에는 이 기체가 다른 물질과 반응해 생성된 물질의 질량이 증가된다는 사실을 알았다. 생성물은 대부분 산$^{酸,\ Acid}$ 물질, 혹은 산화물이었다. 산 물질은 우리가 알고 있는 질산이나 황산 같은 물질이다. 우리가 산소를 옥시젠^{Oxygen}이라고 부르는데 이 이름에는 산을 의미하는 '옥시^{Oxy}'가 들어 있다. '젠'은 '만든다^{Generate}'는 뜻이다. 산소를 발견하지 않았지만 산을 만드는 성질을 가진 원소임을 밝혀낸 라부아지에가 이 기체에 이름을 붙였다. 이를 기점으로 산과 알칼리 공업이 발전해 19세기 초기 무기화학의 주류를 이루게 된다. 광물을 산에 녹여 새로운 원소를 찾거나 산을 이용해 새로운 물질을 만들어내기 시작한 것이다. 이후 대부분의 원소 발견 역사에서는 실험에 산을 이용하는 사례를 빈번하게 확인할 수 있다. 동시에 산업적으로는 무기화학공업이 본격적으로 시작됐다. 플로지스톤 이론이 무너지고 구시대 화학이 끝나게 된 지점, 그 어딘가에 마디를 만들려면 이에 합당한 사건과 인물이 있어야 한다. 그 지점에 산소의 재발견과 라부아지에가 있었던 것이다. 새로운 화학의 시대가 열렸다. 이를 기점으로 새롭게 조명된 산과 알칼리 물질 몇 가지를 살펴보자.

인류 문명을 급격하게 발전시킨 황산

황 Sulfur 은 화학이 정립되기 전은 물론이고 선사시대부터 인류가 수은과 함께 그 존재를 알고 있던 물질이다. 아랍 연금술사들은 세상의 모든 물질이 황과 수은으로 이루어져 있다고 믿었다. 수은은 금속임에도 액체라는 독특한 물성을 가졌다. 노란색 고체인 황은 열에 의해 녹으면 붉은색 액체가 된다. 그리고 불을 붙이면 푸른빛이 난다. 황이 수은과 결합하면 붉은색 광물인 진사辰砂가 된다. 진사를 태우면 붉은색이 사라지며 아름다운 액체인 수은이 흘러나온다. 불에 의해 모습과 색을 바꿔가는 물질, 신기한 수은과 황의 변화가 세상의 근원일지 모른다는 생각이 들기 충분했다. 두 물질은 꽤 흥미롭게 인류사를 관통한다.

고대 유럽 연금술은 인도와 중국으로 흘러간다. 이 정보를 가지고 이동해 간 주체는 방랑생활을 하던 집시와 유대인들이었다. 유목 생활 중 자연에서 얻은 재료는 의학과 약에 대한 정보를 축적시켰다. 이른바 질병을 자연 물질로 치료하는 민간요법이 발전한 것이다. 축적된 모든 정보를 최종 도착지인 중국에 쏟아놓게 된다. 아마도 연금술의 기초 정보에 이주 기간 동안 현장에서 습득한 정보가 시행착오를 거쳐 더해지며 견고해졌을 것이다. 물질이 어떤 성분인지, 연유가 무엇인지 몰랐지만 치료제가 됐고 약이 됐다. 중국에서 한의학이 발달한 것도 결코 이와 무관하지 않을 것이다. 이 경로를 통해 고대 유럽의 정보도 중국으로 스며들었다.

기원전 중국은 유교와 함께 도교 사상이 자리 잡고 있었다. 도교의 궁극적 정체는 자연주의 철학이다. 결국 건강한 신체와 장수가 목적이었다. 음양오행은 자연의 균형으로 설명된다. 인체도 자연의 일부이니 도교 철학과 결맞음으로 건강을 설명했다. 서양의 연금술이 금을 좇는 학문으로 변질된 것처럼 도교 또한 변질됐다. 권력과 부를 유지하기 위해 불사不死, 즉 불로장생이 목적이 된다. 결국 의학과 약학은 불로장생 약을 찾는 수단으로 발달한다. 마침 등장한 진시황의 불로장생 욕망과 도교가 맞물렸다. 이때 다시 등장한 것이 황과 수은이다. 황과 수은의 신비는 풀리지 않은 채 진시황 앞에 놓였고 이후 권력 유지에 이용됐다. 세상을 구성하는 근원의 물질이라 여겨 이를 몸에 받아들이고 회춘의 도구로 삼았다. 중세 유럽에서도 황의 정체는 여전히 신비에 싸여 있었다. 13세기 의학자이자 화학자인 파라셀수스도 자신의 삼위일체론에 황과 수은을 포함시켜 세상을 이룬 근본 원소라 믿었다. 하지만 이들 원소가 세상을 이룬 물질이라 믿었던 이들이 모두 틀린 것은 아니다. 분명 주기율표 한복판에 두 원소가 자리잡고 있으니 말이다. 다만, 세상을 구성하는 원소가 황과 수은만이 아니라는 사실을 몰랐던 것뿐이다. 황과 수은이 결합한 진사는 황화수은^{HgS} 물질이다. 진사는 보통 붉은색 안료로 사용했다. 누런색 종이 부적에 그려진 글씨와 문양이 붉은 것은 진사로 그려졌기 때문이다.

그저 노란색 광석에 불과했던 황을 산소, 수소와 결합해 만든 황산의 존재와 쓰임새는 인류 문명을 급격하게 발전시킨다. 황을 연소해 이산화황^{SO_2}을 얻고 다시 산소로 산화^{SO_3}시킨 후 물에 녹인 물질이 황산^{H_2SO_4}이다. 황산의 사용처는 다양하다. 가령 명반$^{明礬, Alum}$이라 불리는 물질은 지혈 효과가 있어 작은 상처의 출혈을 멎게 할 목적으로 고대 이발사들도 이용한 광물이다. 그리고 천연 염색 과정에서 염료가 물질에 잘 착색되게 돕는 재료로도 사용한다. 그 외에 밀과 면류와 같은 식재료에도 들어간다. 이 명반이 황산염의 일종이다. 황산은 19세기 초부터 소다와 표백제, 질산, 황산구리의 제조에 사용됐고 이후 염료 산업에서 합성 반응의 필수 첨가물이 됐다. 당시까지 의류는 식물에서 얻은 염료를 써 채도가 떨어지는 칙칙한 색이었다. 황산의 도움으로 표백과 염색으로 채도를 높이고 무채색의 세상에 선명하게 색을 입혔다. 귀족들만 누렸던 삶의 질이 좀 더 공평해졌고 세상은 조금 더 화려하고 깨끗해졌다.

황산은 급속도로 공급됐다. 18세기 초까지 황산은 그저 장인의 경험적 기술로 만들어졌지만, 라부아지에의 방법이 알려진 후 과학을 토대로 대량 생산되기 시작했다. 여기에서 화학의 철학을 읽을 수 있다. 화학은 물질 사용의 평등과 민주화에 기여한 학문이다. 1764년 최초의 황산 공장이 영국의 버밍엄에 설립되었다. 이 무렵부터 황산의 수요가 늘어나 영국은 최대 황산 생산국이 됐다. 황산 제조에는 황이 필요하다. 1838년까지는 황의 주생산지는 시칠리아섬이었다. 시칠리아의 황은 경쟁 공급국인 미국이 나타날 때까지 공급을 독점하다시피 한다. 시칠리섬에는 황이 지각 위에 그대로 노출된 상태였으니 얼마나 풍부했을지 상상이 간다.

질산의 공업화

황산과 함께 대표적 강산 물질인 질산의 공업화 역시 발달한다. 앞서 육류가공식품 보존에서 클로스트리디움 보툴리눔 세균의 번식을 막기 위해 아질산염을 사용한 사례를 다뤘다. 이 시기에는 아질산염 대신 '초석'을 사용했다. 초석은 질산칼륨^{KNO_3}의 광물 형태를 말한다. 아랍의 연금술사들도 이 물질을 만들 수 있었다. 물론 그 방식은 지금의 제조법과 달랐다. 구시대의 화학은 연금술사의 경험에 의존했다. 식물을 태운 재를 물에 녹이면 잿물이 만들어진다. 동물의 배설물인 오줌을 모아 발효하면 고약한 냄새가 난다. 이 두 생성물을 반응시켜 초석을 만들었다. 이제 현대 화학으로 이 과정을 해석해보자. 재는 탄산칼륨을 포함하고 있고 물에 녹이면 수산화칼륨 용액이 된다. 소변은 질화박테리아가 번식하며 요소 성분이 산화돼 암모니아로 변화된다. 두 물질이 반응해 질산칼륨이 만들어지는 것이다.

　질산은 어떻게 만들었을까? 아랍의 연금술사는 황산구리와 명반을 초석과 반응시켜 질산^{HNO_3}을 얻어냈다. 지금이야 간단한 과정이지만 당시에는 엄청나게 복잡한 과정을 거쳤다. 생성물로 가는 길은 꼭 한 가지 길만 있는 것이 아니다. 화학자들의 노력으로 제조법은 점점 더 단순해졌다. 화학의 매력은 이런 데에 있다.

17세기 중반 독일 화학자 요한 루돌프 글라우버^{Johann Rudolf Glauber, 1604~1670}는 산 물질 연구에 기여가 큰 인물이다. 오늘날에도 사용하는 질산의 제조법을 발견했다. 황산을 만들 수 있게 된 후 황산과 초석과 섞어 가열해 나오는 증기를 모으면 질산이 만들어진다. 그는 황산과 질산뿐만 아니라 염산, 그리고 산 물질을 서로 섞어 왕수도 만들었다. 그의 연구를『새로운 철학적 난로^{Furni Novi Philosophici}』라는 저서에 자세히 기술해 세상에 알렸다. 이때까지만 해도 특별한 물질의 제조 방법은 비밀주의에 가려져 있었다. 제조법이 부와 직결된다는 것을 감지하고 있었기 때문이다. 글라우버를 화학자 말고도 화학공업가, 즉 사업가로 부르는 데에는 이유가 있다. 그가 실험에 그치지 않고 공장을 만들어 이러한 산류 물질을 다양한 농도로 대량생산해 판매하기 시작했기 때문이다. 하지만 지금의 화학 공장의 모습이라기보다 여전히 실험실 수준의 가내수공업 정도였다. 그는 여전히 연금술을 믿었으며 파라셀수스의 영향을 받고 있었지만 독일 산업의 부흥을 위해 산 물질이 중요하다는 것을 알고 있었다.

초석은 광물이다. 하지만 유럽에서는 희귀한 광물이다. 자연산 초석은 주로 중국이나 인도, 그리고 칠레에서 채취됐다. 그래서 광산이 없던 유럽은 연금술로 질산칼륨을 직접 만들었다. 질산의 정체가 프리스틀리와 라부아지에에 의해 밝혀지며 제조법이 세련되는 데에 기여한다. 1830년부터는 생성물을 만들어내기 위해 먼 길을 돌아갈 필요가 없어졌다. 그 전까지는 칠레에서 유럽으로 초석이 수입됐고 여기에 황산을 사용해 질산을 만들었다. 자원도 희박한데 수입까지 해서 굳이 질산을 계속 만들 필요가 있었을까? 수요가 있으니 공급이 있는 법이다. 19세기 중·후반부터 전쟁 무기의 필요성이 대두되며 화약의 중요성이 부각됐다. 초석의 주성분인 질산칼륨이 화약의 주재료였기 때문이다. 이제 실험실 수준에서 공업화로 조금씩 이동하고 있었다. 오스트발트법(암모니아를 백금 촉매로 산화시킨 후 물과 반응시키는 방법)으로 산화질소를 효율적으로 얻게 되었고 20세기 초에 본격적인 공장 생산을 하기 시작했다. 화약 무기 생산에 충분한 양의 질산염이 공급됐고 이로써 제1차 세계대전에서는 그 이전의 전쟁과 비교할 수 없는 막대한 희생이 따랐다.

염산의 명암

염산 역시 탄생의 연원이 깊다. 9세기경 연금술사가 소금과 황산을 반응시키는 과정에서 발견되었다. 질산 제조법을 알아냈던 요한 루돌프 글라우버는 이 과정에서 황산염을 추출하고 염화수소 가스를 부산물로 얻었다. 이 공정을 '만하임 공정'이라 부른다. 이 공정을 응용해 탄산염과 황산염을 추출하는 소다 제조법을 19세기 초에 프랑스 화학자 니콜라 르블랑Nicolas Leblanc, 1742~1806 이 만들어낸다. 이 공정은 탄소와 탄산칼슘, 그리고 황산과 소금이 사용됐다. 르블랑의 공정에서도 역시 대량의 염화수소 가스가 방출되었다. 소다 제조가 목적이었기 때문에 염화수소 가스에는 관심이 없었다. 하지만 대기 중으로 방출되는 유해한 염화수소 가스를 어떻게든 처리해야 했다. 결국 물에 녹이는 방식으로 가스를 포집한 것이 염산 공업화의 시작이다. 이 시기가 19세기 초다. 약 한 세기가량 염산은 르블랑의 공정으로 얻었다. 20세기 초 전기로는 화학자에게 혁신적인 실험 도구였다. 탄소를 태우는 연소로는 불가능한 강하고 균일한 에너지를 물질에 가할 수 있었기 때문이다. 1914년 독일에서 소금물을 전기분해하며 수산화나트륨과 함께 고순도의 염산을 얻게 됐다. 전기로의 등장으로 질소와 염소, 그리고 질산과 염산을 다루게 된 독일은 산업화로 문명을 획기적으로 성장시키기도 했지만 이를 무기로 이용하며 문명을 파괴해 유럽 전체를 지옥으로 끌어들였다.

염기 물질

산 물질이 중요하게 부각된다는 것은 여기에 대응하는 염기성 물질도 동시에 중요해진다는 것을 의미한다. 사실 산과 염기 어느 것이 더 중요하다고 보기 어렵다. 특히 물에 녹는 염기 물질을 뜻하는 알칼리 물질은 오래전부터 인류와 함께했다. 기원전부터 식물의 재를 사용한 기록이 있는데, 알칼리 물질은 세제 역할을 했다. 미역과 같은 해초는 훌륭한 알칼리 물질의 재료였다. 해초를 태운 재를 소다 재$^{Soda ash}$라고 부른다. 화학명은 탄산나트륨^{Na_2CO_3}이다.

　탄산나트륨이나 탄산칼륨과 같은 탄산염은 주로 자연에서 얻었다. 주로 식물의 재를 이용하거나 암염을 이용했다. 염기 공업 역시 섬유와 세제 산업과 맞물려 들어갔다. 18세기 후반에 들어서며 섬유공업이 발달하면서 소다의 수요가 급증했다. 강알칼리의 가성소다는 원단의 표백에 주로 사용됐다. 가성소다로 섬유를 처리하면 염료가 잘 흡수되며, 섬유가 부드러워지고 광택이 난다. 수요가 증가하자 자연에서 얻는 양으로는 감당하지 못해 이를 직접 제조하는 방법을 찾게 됐다. 이때 등장한 사람이 앞서 염산 공업에서 언급한 니콜라 르블랑이다. 18세기 후반 프랑스는 혁명의 시기가 지나고 있었다. 결국 그의 제조법은 조국에서 쓰이지 못하고 19세기 초 영국의 섬유공업에 흡수된다. 앞서 언급했듯 이 공정에서 발생한 맹독성 염화수소 가스의 처리 과정에서 염산이 등장했다. 사실 염산의 본격적 등장 전에 염화수소는 다른 방법으로 해결할 수 있었다. 1868년 헨리 디콘$^{Henry W. Deacon, 1827~1876}$이 촉매를 이용해 염화수소를 산화시켜 염소를 추출하고 생성된 염소를 석회에 흡수시켜 처리했다. 여기서 흥미로운 사실은 염소를 흡수한 석회 물질을 표백제로 사용할 수 있었다는 것이다. 산업혁명 이후 급속도로 발전한 섬유 산업에서 표백제는 중요한 기능을 했던 화학물질이다. 당시 식물에서 얻은 섬유를 탈색하는 방법은 태양의 자외선이었는데 표백제의 등장으로 시간을 잡아먹는 그 지루한 과정을 없앴다. 르블랑법은 섬유 산업의 발전과 맞물리며 한 세기가량 사용된다. 이후 벨기에 화학자 솔베이 Ernest Solvay, 1838~1922가 개발한 암모니아 소다법과 전기분해 소다법이 독일에서 등장하며 20세기 초 르블랑법은 자취를 감추게 된다.

염소를 표백제로 이용한 최초의 인물은 라부아지에의 후배 동료인 프랑스의 화학자 베르톨레 Claude Louis Comte Berthollet, 1748~1822였다. 라부아지에가 지금의 화학 명명법을 같이 만든 세 명 중 한 명이 바로 베르톨레이다. 그는 심지어 표백제 공장을 만들기도 했다. 당시 그가 만든 표백제에는 차아염소산칼슘 Ca(ClO)$_2$이 들어 있었다. 물론 당시에는 차아염소산칼륨의 조성을 알지 못했다. 표백제의 정체는 한 세기가 지나 밝혀진다.

세제의 기본 원리는 계면활성제를 사용해서 기름때를 제거하는 것이다. 계면활성제는 하나의 분자 안에 물을 좋아하는 부분(친수성)Hydrophilic과 물을 싫어하는 부분(소수성)Hydrophobic을 모두 가진 분자다. 계면활성제의 소수성 부분은 무극성이고, 친수성 부분은 극성을 띤다. 다른 의미로 친수성은 기름을 싫어하고 소수성은 기름을 좋아한다. 대부분 기름 성분인 오염된 때는 계면활성제 분자의 소수성 부근에 붙고 친수성 부분이 물 분자에 붙어 물에 씻겨 나가면서 때가 같이 떨어진다. 하지만 계면활성제가 완벽하게 때를 제거하기는 힘들다. 유기화합물이 옷감에 강력하게 붙어 누렇게 된 옷은 표백제를 사용한다. 표백제는 원래의 색으로 돌아올 수 있도록 유기화합물인 때를 화학반응으로 분해하는 방법이다. 화학 분해에 가장 많이 사용하는 방법이 산화 반응이다. 산화를 위해서 필요한 것은 산소다. 표백제가 산소를 발생시키는데 그 방법에 따라 두 가지 종류의 제품이 있다. 바로 산소계 표백제와 염소계 표백제다. 산소계 표백제 중 한 종류인 퍼옥소탄산나트륨^{Na_2C_2O_6}은 물에 녹으면서 탄산나트륨과 활성 산소가 발생한다. 이 산소가 찌든 때인 유기화합물을 분해한다. 염소계 표백제는 주성분이 차아염소산나트륨^{NaClO}이다. 마찬가지로 물에 분해되면 염화나트륨, 즉 소금과 산소가 발생한다. 표백제로만 사용한다면 소금과 산소가 발생하니 큰 문제가 없겠지만, 가정 내 욕실 세정제 중에 염산 성분이 들어 있는 경우가 있는데 만약 염소계 표백제와 산 성분이 만나 반응하면 염소 가스^{Cl_2}가 발생할 수 있다. 염소는 살충제에도 들어 있던 것처럼 반응성이 강한 원소다. 특히 염소 가스는 전쟁에서 독가스로 사용되기도 했다. 잠깐만 들이마셔도 피부와 호흡기에 손상을 주고 최악의 경우 사망에 이르는 맹독성 가스다.

산 공업과 알칼리 공업이 무기화학과 화학 전체를 이끌며 물질과 문명에 긍정적 영향을 끼쳤지만 또 다른 얼굴을 가지기도 한다. 앞서 탄화수소 여행의 시작을 복기해보면, 포스겐^{COCl_2}이라는 물질이 있었다. 클로로포름을 산소와 광화학반응을 시키면 포스겐이 만들어진다. 이 물질이 폴리카보네이트라는 고분자 물질의 재료로 사용되며 인류는 문명의 이기를 누렸으나 환경호르몬이라는 비용을 지불해야 했다. 화학물질이 문명의 재료로 사용되고 있기는 하지만 때론 문명에 큰 상처를 내는 수단이 되기도 한다. 질산칼륨, 염화수소 가스와 포스겐을 관통하는 역사적 인물과 사건이 이 시기를 지난다. 물질이 문명의 발전과 파괴의 수단이 되면서 세상은 천국과 지옥을 경험하게 된다.

3

천국과 지옥을 경험하다

식물을 키워본 사람이라면 누구나 중요한 과학적 사실을 알게 된다. 물론 그 중요한 사실이 광합성이라고 할 수도 있다. 하지만 그렇게 너무 뻔한 대답을 듣고자 질문을 꺼낸 것은 아니다. 식물의 순환계에서 이산화탄소와 물을 재료로 빛을 이용해 탄수화물을 만들고 부산물로 산소를 방출하는 광합성은 매우 중요하다. 거꾸로 인간을 포함한 동물은 그 부산물인 산소로 호흡하고 식물이 만들어낸 탄수화물을 섭취하고 분해해 에너지로 사용하며 이산화탄소를 부산물로 방출한다. 이를 다시 식물이 이용한다. 이런 대순환에 포함된 여러 물질은 동식물 생명체의 '에너지 흐름'에서 중요한 매개 물질이다. 그런데 생명체의 몸을 만드는 데는 다른 물질도 중요하다. 사람에게 단백질과 지방이라는 영양소가 개체를 유지하는 데 필수인 것처럼 식물에게는 질소가 필수적 요소이다. 식물을 키우다 보면 잎이 누렇게 변해 시들어가는 현상을 경험했을 것이다. 이럴 때 물과 이산화탄소만으로 해결이 안 된다. 이 현상은 질소 결핍에 의한 것으로 반드시 비료가 필요하다. 사람도 아플 때 병원에서 링거 주사를 맞듯 화초나 나무에 영양제를 줬던 경험이 있을 터이다. 화학사에서 질소 비료를 이야기할 때면 프리츠 하버라는 인물이 늘 등장한다. 그가 질소 비료를 공업화한 장본인이고 그의 업적은 곧바로 식량의 대량생산과 연결된다. 앞으로 증가할 인구에 대한 예측이 식량 공급의 증가와 함께 비료의 태동을 추동했다는 것이 일반적 평가이다. 하지만 이 인물의 등장과 벌어진 사건은 그리 단순하지 않다. 과학은 물론이고 인류의 정치·경제·문화사적 배경을 두고 입체적으로 관찰할 필요가 있는 인물이기 때문이다.

천국과 지옥을 만든 프리츠 하버

19세기 말부터 20세기 초 유럽의 풍경은 그야말로 황금시대였다. 미국도 당시 유럽을 도금시대 Gilded Age 라 부를 정도였다. 프랑스는 대혁명을 거치고 민주주의라는 어깨 위에 인문학과 예술이 올라 탔다. 마치 전 지구적 문명의 중심지인 양 문화가 꽃피었다. 독일의 베를린과 오스트리아 빈도 문화와 지성의 위엄이 있는 공간이었다. 문화는 미술과 문학, 음악, 연극을 비롯해 모든 분야에서 창조적이었고 도전적이었다. 우리가 알고 있는 많은 문화 예술가가 이때 등장한다. 영국은 문화보다 경제가 우선시되며 교역이 확대되고 통화까지 안정됐다. 실질적으로도 투자 자본의 최대 수출국이었다. 비록 그것이 지구 전체를 대상으로 한 경제 수탈일지라도 자본주의의 안정성을 추구하려던 영국의 움직임은 분명 유럽 전체는 물론 국제적으로 긍정적 영향을 끼쳤다. 이렇게 유럽의 풍경이 바뀐 배경에는 커다란 사건이 있었다. 그러니까 인류가 대지의 비밀을 품은 물질을 알아낸 사건, 바로 산업혁명이다. 물질로 인해 산업화가 시작되며 인류는 좀 더 위생적이고 나은 삶이 시작된다. 하지만 늘 어두운 다른 면도 공존한다. 당연히 인구는 증가할 수밖에 없었다. 실제로 영국의 경제학자 토머스 맬서스^{Thomas Malthus, 1766~1834}는 1798년에 출간한 『인구론』에서 '인구는 기하급수적으로 증가하는데 식량은 산술급수적으로 늘어나므로 인류가 공멸할 수도 있다. 따라서 다수의 이익과 행복을 위해 적극적으로 인구 조절에 나서야 한다'고 주장했다.

한편 공업화가 빠르게 진전되는 동시에 사회 구조가 매우 불균등해졌다. 당시 유럽의 황금시기에도 가난하고 기회가 부족해 정든 땅을 떠난 이가 많았다. 1907년에 대서양을 건너 미국 이민을 선택한 인구가 100만 명을 넘었다. 사회가 빠르게 변하면 정치적 변동이 생기고 기존 이념과 충돌이 일어나기 마련이다. 이런 격변의 시기에 유럽은 경제적·문화적 풍요에 도취된 채 전쟁이라는 지옥으로 빠져들어 갔다.

20세기 초에 비료와 폭약의 필수 원료인 질소를 어떤 형태로든 대규모로 이용해야 했고 모든 숙제가 과학자들에게 주어졌다. 하나는 농경 확대를 위한 식량 생산에, 다른 하나는 전쟁에 사용할 목적이었다. 자연산 초석은 주로 칠레의 질산염 광산에서 공급받았다. 물론 인도 갠지스강의 진흙이나 페루의 섬에 서식하는 조류의 배설물이 굳어진 바위에서도 얻을 수 있었다. 하지만 칠레 사막에서 대량으로 채취할 수 있는 광산에 비할 바가 아니었다. 남미 페루는 유럽과는 지리적으로도 먼 곳이기도 했지만, 특히 1차 세계대전의 장발자인 독일은 들여올 통로조차 막혔다. 어떤 방법으로든 대기의 78퍼센트를 차지하고 있는 풍부한 질소를 대지에 고정해 식물이 이용할 방법을 찾아야 했다. 이때 등장한 인물이 독일의 화학자 프리츠 하버이다.

하버의 등장 직전 리비히는 식물이 공기로부터 얻은 이산화탄소와 함께 뿌리로부터 얻은 질소 고정 화합물과 미네랄로 몸을 불린다는 것을 알아냈다. 그러니까 비료를 만들 수 있는 비밀을 알게 된 것이다. 리비히는 식물 성장에서 질소의 중요성을 밝혔지만 대규모로 질소 비료를 생산하지는 못했다. 실제 대기 중 질소를 고정할 방법이 없었다. 대신 그는 인산 비료의 등장에 공헌한다. 1907년 하버는 공기 중의 질소를 고정시키기 위해 강한 압력하에서 질소와 수소를 결합해 암모니아를 제조했다. 암모니아의 공업화 가능성을 확인한 것이다. 암모니아를 만들기 위한 고온 전기로와 고압이라는 조건, 그리고 재료는 정해졌으니 하버의 레시피를 공업화하면 모든 것이 해결될 수 있었다. 그러나 실험실과 양산 설비는 조건 자체가 달랐고 하버의 실험으로는 대량생산을 할 수 없었다. 이때 독일 바스프[BASF]사의 카를 보슈가 하버의 질소고정법으로 대량생산하는 데 성공한다.

이 책 3장에서 촉매를 설명하며 반응이 얼마나 잘 일어나느냐는 것은 활성화 에너지 언덕을 낮추는 데 있다고 했다. 결국 이것을 낮추는 역할은 촉매가 했다. 보슈가 1931년 노벨 화학상 수상 강연에서 촉매에 관한 실험을 2만 회 정도 했다고 회고할 정도로 암모니아 제조에서 촉매는 중요했다. 결국 철을 중심으로 하는 알루미늄과 산화칼륨의 혼합물이 촉매로서 가장 우수하다는 것을 발견한다. 암모니아를 대량생산하는 하버-보슈 공법이 완성됐고 인류는 천연 비료의 한계와 식량 부족에서 벗어날 수 있었다. 이 방법을 지금도 사용한다. 전 세계의 농경지에 사용되는 질소 비료의 약 40퍼센트가 하버-보슈법으로 만들어진다. 작물은 가축의 사료로도 이용된다. 결국 인류가 섭취하는 단백질도 질소 비료에서 나오는 셈이다. 이후 보슈는 1913년에 이산화탄소와 암모니아로 요소의 공업적 합성까지 성공한다. 1918년 스웨덴 왕립과학원은 그해 노벨 화학상 수상자로 하버를 선정했다. 하지만 그의 노벨상 수상은 엄청난 반발을 불러왔다.

1914년 제1차 세계대전이 유럽의 한복판에서 일어났다. 화약 냄새만 피어오르던 1915년 벨기에 이프르 전선에서 프랑스군 진영으로 노란색 안개가 접근한다. 연막탄일 줄 알았던 연기에 화약 냄새는 없었다. 과일처럼 달고 매캐한 향이 났다. 곧이어 폐가 타들어 가는 고통으로 몸부림쳤던 프랑스 병사는 대부분 질식사했다. 이날만 최소 약 5,000명의 프랑스 병사들이 희생됐다. 바로 염소 가스였다. 앞서 무기화학공업의 발전을 다루면서 소다의 제조에 르블랑법이 사용되며 염소 가스가 산업 폐기물로 대량 방출됐다고 했다. 전쟁이 시작되자 버려지는 염소 가스를 무기로 사용하자는 의견을 내놓은 것이 바로 프리츠 하버이다.

유대인이었지만 독일 민족주의자였던 그는 기이한 애국심이 발동해 자발적으로 독일 국방부 가스 무기 개발에 협조한다. 독가스를 개발하는 것이 그의 임무였다. 당시 무기화학공업의 산업 폐기물이 훌륭한 재료가 된 셈이다. 그는 염소 가스를 고압으로 액화시켜 전선으로 보냈다. 수천 개의 화학무기가 전선에 배치됐고 1915년 1월 6일 염소 가스는 바람을 타고 프랑스군 진지로 흘러간 것이다. 화학전의 성공은 프리츠 하버를 독일 영웅으로 만들었고 황제 빌헬름 2세는 그를 장교로 임명했다. 하버는 더욱 효과적인 독가스를 개발한다. 포스젠과 겨자 가스가 등장했다. 포스젠은 앞서 탄화수소화합물에서 다뤘던 물질이다. 클로로포름을 산소와 광화학반응을 시켜 포스젠을 만들 수 있다. 포스젠도 클로로포름 같은 매캐한 성질이 있는데, 포스젠은 이 성질도 포함할 뿐만 아니라 더 극악한 물질이다. 포스젠은 클로로포름처럼 눈과 기관지에 가벼운 자극을 준다. 하지만 인체에 들어가 시간이 지나면 조직의 수분과 결합해 염산으로 변한다. 결국 시간차 공격을 하듯 폐 조직을 녹여 죽음에 이르게 한다. 겨자 가스도 만만찮은 독성을 지녔다. 가스에 중독된 후 반나절이 지나면 노출된 부위에 수포가 생기며 피부 세포부터 괴사한다. 눈이 멀며 결국 호흡기 점막마저 벗겨지고 정도가 심할 경우 사망한다. 사실 독가스는 독일에 의해 시작했지만 바로 상대국들도 사용했다. 독가스로 목숨을 잃은 병사만 양측 통틀어 10만 명에 이른다. 제1차 세계대전 동안 독일은 6만 8,000톤, 프랑스는 3만 6,000톤, 영국은 2만 5,000톤의 독가스를 사용했다. 생존자도 있었지만, 거의 100만 명에 가까운 이들은 전쟁이 끝난 후에도 후유증으로 끔찍한 고통 속에 살아야 했다. 하버의 노벨상 수상에 대한 반발은 당연했다.

화학적 비극

유럽에서 화약 제조는 질산염, 그러니까 초석을 수입해야 가능했다. 영국 해군은 독일의 질산염 수입을 통제했다. 만약 독일이 원료를 남미 페루로부터 수입에만 의존했다면 전쟁 발발 후 채 2년도 지나지 않아 화약류가 바닥났을 것이다. 하지만 하버의 덕택으로 2년 이상 버틸 수 있었다. 그는 분명 전범이었다. 그런데도 1918년 전쟁이 끝나고 하버는 연구의 가치를 인정받아 노벨 화학상을 받았다. 그는 분명 공기를 자원으로 인류를 위해 공헌한 과학자이다. 하지만 결과적으로 독일을 위해서 일했다. 그의 이해할 수 없는 애국심은 수많은 희생자를 낳게 했다. 하버 덕분에 인류는 천국과 지옥을 동시에 경험하게 됐다. 부인인 클라라 하버 Clara Haber, 1870~1915 역시 유능한 화학자였다. 하버의 과학적 산물로 프랑스군의 막대한 희생을 확인한 해인 1915년, 그녀는 자살로 생을 마감한다. 남편의 반인륜적 행동은 과학자인 그녀에게도 견디기 힘든 고통이었다. 그럼에도 불구하고 하버는 멈추지 않았다. 그는 1920년대에 악명 높은 시안화물을 바탕으로 한 살충제를 개발했다. 일명 청산靑酸, Prussic acid으로 부르는 시안화수소 HCN, Hydrogen cyanide 가스를 만드는 화학물질을 개발하고 그 제품명을 치클론B ZyklonB라고 불렀다. 이 물질은 제2차 세계대전에서 또 한 번 독일에 의해 사용됐다. 이번에는 전쟁터의 군인이 아닌 수백만 명의 유대인이 수용소에서 학살됐다. 치클론B는 홀로코스트의 상징이 됐다.

만약 프리츠 하버가 당시 암모니아의 대량 합성법을 발견하지 않았다면 세상은 어떻게 바뀌었을까? 물론 인류가 이 과제를 가만히 둘 리가 없다. 하지만 부족한 화약으로 전쟁은 조금 더 일찍 끝났을 것이고 그만큼 희생자도 줄었을 것이다. 또한 과도한 전쟁 배상금과 인플레이션은 없었을지 모른다. 전후 유럽의 회복기에서 민주주의가 약해질 틈이 생기지 않고 나치도 등장하지 않았을 터이고 또 다른 전쟁이 시작되지 않았을지 모르겠다. 물론 식량은 부족했을 것이다. 하지만 그 결핍의 시대에 인류는 조금 더 겸허하게 살아가지 않았을까 싶다.

4

화학은 반응의 학문

프리츠 하버가 중점을 둔 연구는 물질 반응의 화학적 평형^{Equilibrium}에 관한 것이었다. 앞서 화학반응에서 평형의 의미는 활성화 에너지와 함께 몇 차례 설명했다. 암모니아의 화학식은 NH_3이다. 화학식에서 볼 수 있듯이 질소 원소 1개와 수소 원소 3개만 있으면 만들어질 것처럼 보인다. 물론 실험은 원자 하나를 다루며 반응시킬 수 없다. 질소와 수소 기체를 반응시켜야 원하는 물질을 얻을 수 있다. 그런데 하버를 괴롭혔던 현상은 갑작스런 반응의 '평형'이었다. 두 기체가 모두 반응하는 것이 아니라 일부만 반응해 암모니아를 생산하고 갑작스럽게 평형 상태에 도달해 고요해졌다. 아무리 애를 써도 암모니아는 더 이상 만들어지지 않았던 것이다. 사실 평형 상태는 반응 밖에서 보이는 거시적 현상이다. 물질세계 안으로 들어가 보면 또 다른 현상을 볼 수 있다. 모든 것이 끝난 것처럼 보이지만 실제로 반응은 멈추지 않는다. 원자 수준에서는 여전히 반응이 일어난다. 반응은 있는데 반응이 끝난 것처럼 보인다는 게 무슨 말일까? 평형 상태에서는 생성물질이 끊임없이 반응물질로 다시 분해되고 반응물질도 생성물질을 계속 만든다. 생성물질의 농도를 측정하면 일정하지만 그것은 생성물질에서 분해된 만큼의 부족분을 반응물질이 반응해 계속 채우고 있었던 것이다. 마치 반응이 끝난 상태처럼 보이는 지점, 하버에게 주어진 숙제가 바로 이 부분이었다. 더 이상 암모니아의 농도가 증가하지 않는 것은 어느 순간 생성된 만큼 분해되고 있었던 화학적 평형이었다.

화학적 평형과 촉매

화학물질은 결국 원자들의 조합이 다른 조합으로 바뀌며 만들어진다. 암모니아를 만들기 위한 재료는 질소 분자다(공기 중의 질소는 대부분 질소 원자 2개가 삼중결합을 한 분자 N_2이다. 이 결합은 강한 결합으로 분자의 분리가 어려운 편이다). 그리고 수소 역시 분자 형태 H_2로 존재한다. 기체 상태의 분자들은 운동성이 크다. 분명 일정한 공간에 가두면 서로 부딪치며 에너지를 주고받을 것이다. 하지만 실제로 분자의 결합이 깨지고 반응이 일어나 새로운 물질을 만들 가능성은 높지 않다. 반응에는 일종의 장애물인 에너지 언덕이 있기 때문이다. 애초에 재료들이 에너지가 넘쳐 있다면 이런 언덕쯤은 무시하고 반응해 생성물질로 이동했을 것이다. 이런 반응이 우리 일상생활 조건인 상온과 대기압에서는 거의 일어나지 않는다. 실제로 일어나도 문제가 심각해진다. 대기의 78퍼센트를 차지하는 질소가 일상에서 반응하면 온 세상은 질소화합물로 가득 차고 생명체는 살 수가 없었을 것이다. 결국 화학자가 하는 일은 조금 더 단순해진다. 원자들의 운동 조건을 조절해 반응이 잘 일어날 수 있는 상태를 만드는 일이다. 이 장애물을 넘기 위해 인간이 할 수 있는 일은 두

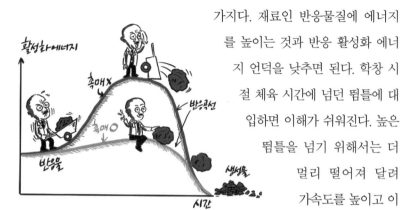

가지다. 재료인 반응물질에 에너지를 높이는 것과 반응 활성화 에너지 언덕을 낮추면 된다. 학창 시절 체육 시간에 넘던 뜀틀에 대입하면 이해가 쉬워진다. 높은 뜀틀을 넘기 위해서는 더 멀리 떨어져 달려 가속도를 높이고 이 속력을 도움닫기 발판에서 위치에너지로 바꿔 높이 올라 넘는 방법이 있다. 다른 하나는 쉽게 넘을 수 있도록 뜀틀의 단을 낮추는 것이다. 그러면 적정한 힘으로도 수월하게 넘을 수 있다. 이러한 반응 조건의 변화 없이 질소와 수소를 가두고 적당한 에너지를 주는 것만으로는 원자 간 조합이 교환되는 데에 한계가 있다. 반응은 더 이상 일어나지 않고 바로 평형 상태로 간다. 반응은 평형 상태지만 반응물은 사라진 것이 아니며 여전히 반응할 수 있는 여력이 남아 있게 된다. 따라서 조건을 변화하면 남은 반응물질은 다시 반응해 생성물질을 만들 수 있는 것이다.

첫 번째 방법은 두 기체를 가둔 반응로의 온도를 올려주면 된다. 열에너지가 기체 분자들의 운동량을 증가시켜 분자 간 충돌을 더 발생시키기 때문이다. 분명 하버는 실험에서 전기로를 사용했다. 그러니까 첫 번째 조건은 충족시켰을 것이다. 그럼에도 반응이 신통치 않았다면, 남은 것은 언덕을 낮추는 일이다. 이때 등장하는 것이 촉매다. 이 촉매라는 말은 꼭 과학에서만 사용되지는 않는다. 인문학이나 사회학적으로도 인용된다. 어떤 일이 추동되게 하거나 촉발시키는 경우, 혹은 더딘 일의 과정을 빠르게 추진하는 사건이나 인물을 '촉매제'라는 용어로 표현하기도 한다. 실제로 화학에서 반응에 적절한 촉매는 반응 속도를 훨씬 빠르게 한다. 물론 반응 과정이 만족한 결과를 가져온다면 굳이 촉매를 사용할 이유가 없다. 하지만 대부분 화학반응 공정에서 촉매의 존재 여부에 따라 반응 효율성이 크게 달라진다. 그래서 대부분 화학(공학)자들이 화학반응 공정에서 하는 중요한 일 중의 하나가 최적의 촉매를 개발하는 것이다. 촉매라고 특별한 것이 아니다. 촉매도 물질일 뿐이다. 단, 촉매 물질은 반응에 참여하지만 생성물의 원자 조합에는 참여하지 않는다. 촉매 물질이 생성물의 변화에 간섭하면 불순물이 되기 때문에 적절한 촉매라고 하기 힘들다. 결과적으로 촉매는 반응에 도움만 주는 물질이다. 안타깝게도 모든 화학반응에 동일하게 사용할 수 있는 촉매 물질은 거의 없다. 또 각 반응에 쓰이는 촉매 물질은 한 가지만이 아니다. 결국 화학반응마다 최적화된 촉매의 발견 혹은 개발이 필요하다. 하버와 보슈 또한 대부분의 연구 과정을 이 촉매를 찾는 일에 소모했을 것이다.

지금까지 화학반응에 대한 설명은 반응을 에너지의 개입 관점에서 바라본 설명이었다. 한 번도 질소와 수소가 어떻게 결합하는지 설명하지 않고 그저 반응물질과 생성물질의 에너지 관점에서만 반응의 메커니즘을 본 것이다. 사실 화학의 핵심이자 꽃은 반응이다. 반응에 의해 원자들의 조합이 다른 조합으로 변화되는 과정이다. 이 변화가 세상을 만들고 작동하게 한다. 얼마나 경이로운 일인가. 그런데 너무도 복잡할 것 같은 반응은 몇 가지 반응 형태로 정리할 수 있다. 자연의 경이로운 현상을 간결하고 아름답게 정리할 수 있는 학문이 화학인 셈이다. 이제 그 대표적인 반응 몇 가지만 살펴보고 가자.

산과 염기 물질, 그리고 반응

그 첫 번째가 바로 산과 염기 반응이다. 산 물질과 염기 물질이 만나 중화되는 과정을 말한다. 이 반응과 관련해 학창 시절의 기억을 소환하면 떠오르는 장면이 있다. 리트머스 시험지의 색 변화로 산성 물질과 염기성 물질을 구분하거나 비커에 담긴 산성 용액의 색깔을 염기성 물질로 바꾸는 실험을 했던 기억이 있을 것이다. 조금 더 분명한 기억의 소유자라면 벌레에 물렸을 때, 염기성 물질을 바르면 낫는다는 사실도 알고 있을 것이다. 사실 이 부분은 이미 언급했다. 벌레에 물려 피부가 부풀어 오르는 이유는 바로 벌레의 체액에 들어 있는 개미산, 일명 포름산$^{Formic acid}$ 때문이다. 그래서 이때 사용되는 대부분 치료약에는 염기성 물질이 들어 있다. 그런데 산-염기 반응$^{Acid-base reaction}$은 이런 몇 가지 반응에 그치지 않고 화학반응의 대부분을 차지하고 있다. 특히 생화학 분야에서 다루는 것은 거의 산-염기 반응이라고 해도 무리가 아니다. 앞서 언급한 생화학적 촉매인 효소가 일으키는 반응은 대부분 산-염기 반응이다. 식물의 광합성부터 시작해 호기성 생명체의 호흡, 그리고 영양소를 섭취하고 분해해 에너지를 얻는 일련의 대사 과정이 대부분 산-염기 반응이다. 심지어 세포 안의 유전자도 산-염기 반응에 의해 만들어진다. 그리고 대부분 화학 산업의 생성물을 만드는 과정에서도 산-염기 반응은 중요하다. 앞서 다룬 산성과 염기성 무기물질들이 무기화학공업으로 화학 저변을 메우고 있지 않은가.

산$^{酸, Acid}$ 물질은 산업에 왜 중요할까? 현재 우리의 삶에서 중요하게 사용되는 산성 물질 한 종류를 보자. 독자는 불산 혹은 플루오르화수소산$^{Hydrofluoric acid}$이라는 물질을 들어본 적이 있을 것이다. 불소와 수소의 결합으로 만든 간단한 화합물이고 화학식은 HF이다. 앞서 언급한 황산이나 염산 등은 강산이다.

이에 비해 불산은 약한 산으로 알려져 있다. 격렬하게 반응하지 않는 약산이지만 일상에서 이 물질을 맞닥뜨린다면 끔찍한 일이 난다. 일상에서 불산의 용도는 거의 존재하지 않지만, 현대 산업에서는 없어서는 안 될 물질이다. 주기율표 17족에 위치한 불소 원소는 늘 전자 1개가 모자란 상태이기 때문에 불안정하다. 불소는 대부분 물질에 결합해 있다. 그래서 이 원소는 분리하기가 쉽지 않다. 프랑스 화학자 무아상이 불소를 분리해 노벨 화학상을 받을 정도였으니 불소의 분리가 얼마나 까다로운 일인지 알 수 있다.

인류는 불소의 특별한 성질을 이용하기 위해 수소와 결합해 불산이라는 산류 물질로 만들고 필요에 따라 불소를 꺼내 사용한다. 앞서 인류 문명에 영향을 준 원소로 규소를 언급했다. 반도체 문명에서 규소는 문명을 건설할 수 있는 바탕이 되었다. 불소는 규소 화합물에 대해서 꽤 특별한 작동을 한다. 가령 불산이 산화규소^{SiO_2}를 만나는 경우에 원자단의 변화를 보면 산류 물질의 특성을 조금 더 알 수 있다. 불산은 물에서 수소를 간수하지 못하고 수소 이온과 불소 이온으로 분리된다. 떨어진 불소 원소 4개가 규소 원소^{Si} 1개를 감싸며 산화규소에서 떼어낸다. 쉽게 말해 불산에 노출된 산화규소가 깎여 떨어져 나간다. 반도체 공정에서 각종 제품을 세정하거나 깎아내는 일을 바로 불산이 맡아 한다. 대부분 첨단 정밀기기는 불산이 어루만져 다듬은 후 우리 손에 쥐어진 것이다. 하지만 약한 산이라고 방심하면 안 된다. 오히려 다른 강산에 비해 조심스럽게 다뤄야 한다. 불산은 끓는점이 낮다. 결국 쉽게 기화해 공기 중으로 잘 퍼진다. 불산은 강산처럼 피부를 타들어 가게 하지 않지만 쉽게 인체 안으로 침투해 혈액을 타고 서서히 뼈의 칼슘과 결합해 뼈를 녹인다.

여기에서 유심히 살펴야 할 부분이 있다. 바로 산류 물질을 정의하는 특성을 볼 수 있기 때문이다. 불산^{HF}이나 염산^{HCl}, 황산^{H_2SO_4}, 그리고 질산^{HNO_3}의 화학식에 공통점이 있다. 수소 원자가 공통적으로 들어 있는 것이다. 산도에서 기준이 되는 것이 바로 수소 원자다. 특히 수소의 동위원소 중에 한 종류인 경수소輕水素, Protium, ¹H는 핵에 중성자도 없이 양성자 하나로만 이루어진 원소를 말한다. 사실 수소는 대부분 경수소라고 볼 수 있다. 과학에서 양성자라고 표현하는 것은 경수소에서 전자가 떨어져 나간 양이온 원자라고 생각해도 좋다. 양성자는 작은 전하량으로 다른 물질에 쉽게 붙들리기도 하고 떨어져 나오기도 한다. 산류 물질은 대부분 수소를 가지고 있고 이 수소를 제대로 관리하지 못하는 물질이 산인 셈이다. 산류 분자는 환경만 맞으면 수소를 지니지 못하고 떼어버린다. 특히 수용액을 만나면 이런 일이 잘 벌어진다. 수소를 떼어내는 정도에 따라 강산과 약산이라는 신분이 정해진다. 산 물질이 후각을 자극하는 냄새를 가진 것도 수소 양성자 때문이다. 물리학에서 양성자의 존재를 밝혔지만 이미 화학자들은 이 양성자가 쉽게 떨어져 나가는 어떤 물질이 존재한다는 것을 찾아냈으며 이 물질을 산Acid이라고 불렀다. 산류 물질이 신맛을 내기 때문에 이를 의미하는 라틴어 'acidus'에서 따와 'acid(산)'로 표현한다. 하지만 모든 산 물질이 신맛을 내지는 않는다. 산 물질이 수소와 관련 있다는 사실은 몇몇 과학자들에 의해 연구되며 정체를 드러내기 시작했고 1923년이 돼서야 수소 양성자의 존재와 방출 정도가 산 물질을 결정한다는 사실을 알게 되었다.

정리해보면 어떤 물질이 수소를 잘 간수하지 못하게 되면 산성 물질이라는 관용적 이름표가 붙는다. 물론 수소 원자가 있어도 잘 떼어내지 않으면 산 물질이라 할 수 없다. 반대로 물질에서 떨어진 수소 양성자를 잘 받아서 자신의 전자구름에 가둘 수 있는 물질을 염기鹽基, Base라고 한다. 앞서 다룬 알칼리Alkali는 염기성 물질이다. 염기 물질 중에 물에 녹아 있는 물질 자체에 '알칼리'라는 이름을 붙인 것뿐이다. 이제 산-염기 반응 중에 대표적인 사례를 하나 들어볼 것이다. 가정에서 쉽게 하고 있는 일인데 나는 왜 이 방법이 꾸준하게 세척에 사용되는지 이해되지 않는다.

탄산수소나트륨^{NaHCO_3}은 일명 '베이킹소다'로 알려진 물질이다. 이 물질은 물에 잘 녹는다. 수용액 상태에서 쉽게 소듐 이온$^{Na+}$과 중탄산 이온$^{HCO_3^-}$으로 분리된다. 중탄산 이온은 물 분자와 반응해 탄산^{H_2CO_3}과 수산화 이온$^{OH-}$을 만든다. 이 수용액에서 수소 양성자를 받아들일 수 있는 물질인 수산화 이온이 염기이고, 이 물질이 녹아 있는 수용액을 알칼리라고 부른다. 식초에는 대부분 아세트산^{CH_3COOH}이 들어 있다.

그럼 베이킹소다와 식초가 반응하면 어떤 생성물이 만들어질까? 사람들은 이 생성물이 세척에 탁월하다고 가정에서 직접 만들어 사용하기도 한다. 자신도 모르게 화학 실험을 하는 셈이다. 두 물질이 섞이며 원자 세상에서는 많은 일이 벌어진다. 산-염기 반응을 통해 수소 양성자가 교환되고 아세트산이 수소 양성자를 버리고 수산화 이온이 수소 양성자를 받아들여 물을 만든다. 나머지 분자들도 반응하며 아세트산나트륨^{NaCH_3COO}과 이산화탄소^{CO_2}를 방출한다. 아세트산나트륨은 일종의 염^{Salt} 물질이다. 요약하면 이 반응으로 소금물과 이산화탄소 기체가 만들어지는 것이다. 생성물로 세척에 탁월함을 보일 만한 물질은 소금밖에 없다. 이 반응도 정량으로 반응했을 경우에 해당된다. 반응 정량을 알기 어려운 환경에서 반응하지 않는 물질이 남겨질 수밖에 없다. 하얀 가루와 시큼한 향의 식초가 남겨져 있을지 모른다. 일반적으로 산과 염기를 반응시키면 원래 두 물질이 가진 성질은 사라진다. 이유는 물과 염이 생성되기 때문이다. 물질 본연의 성질을 무력화시키는 이 현상을 '중화'라 부른다. 이렇게 어렵게 만들지 않고 처음부터 그냥 소금물로 세척하는 것과 무엇이 다를까?

산-염기 반응은 양성자의 교환을 기초로 하고 중화를 통해 다양한 생성물을 만들게 된다. 산성 물질의 양성자가 전하의 끌림으로 염기의 전자구름에 갇히며 염기 분자의 전자구름 형태를 바꾸고 이때 기존의 분자 결합이 바뀌면서 다른 분자와 새로운 결합을 할 수 있는 상태가 된다. 이런 연쇄 반응이 복잡하게 일어나는 과정이다.

산화와 환원 반응

산-염기 반응에서는 산에서 염기로 이동하는 수소 양성자가 핵심이었다면 두 번째 반응은 전자의 이동과 관계가 있다. 19세기 후반에 물리학자인 조지프 톰슨^{Sir Joseph John Thomson, 1856~1940}에 의해 전자의 정체가 밝혀졌다. 전자기학은 그 이전부터 연구됐고 전자가 입자라는 사실은 몰랐지만 전자기학에서도 전자는 다뤄졌다. 화학자들도 톰슨의 발견 이전부터 전하를 가진 입자가 있다는 사실을 알았다. 그러니까 음전하를 띠는 어떤 힘을 가진 대상이 있었다는 것을 과학자들은 알고 있었던 것이다. 결국 20세기 초 물리학의 수고로 전자의 정체가 드러났고 화학은 모호했던 반응 개념에 증거를 보탤 수 있었다.

산 물질이 수소 양성자를 잘 간수하지 못해 생겨난 것처럼 전자도 마찬가지다. 전자를 잘 내놓는 물질이 있고 전자를 잘 받는 물질이 있다. 이런 전자의 이동으로 일어나는 반응을 산화^{Oxidation}와 환원^{Reduction} 반응이라고 한다. 철에 녹이 스는 현상을 우리는 '철의 산화'라고 표현하곤 한다. 산화라는 단어에서 산소^{Oxygen}를 연상할 수 있다. 물론 산화가 산소와 무관한 것은 아니다. 철이 녹스는 현상에 산소가 필요한 것은 맞다. 하지만 엄밀하게 보면 철이 가진 전자가 산소로 이동하는 것일 뿐이다. 초기에는 산소가 꼭 있어야 산화라는 작용을 설명할 수 있었다. 지금은 산소와 무관하게 전자를 내주는 과정이 있다면 '산화'라고 한다. 거꾸로 전자를 받아내는 물질 혹은 과정이 있다. 이 물질 혹은 과정에 '환원'이라는 용어를 사용한다. 잃었던 전자를 다시 돌려받아 원래로 돌아간다는 의미이다.

광석에서 순수한 금속을 찾아내기 위한 수많은 과정 중에 대표적인 것이 숯을 이용해 태우는 것이다. 자연 상태의 광석에서 금속은 대부분 금속산화물 형태로 존재한다. 금속에 산소가 결합해 있는 산화물 상태가 일반적이다. 그런데 탄소로 이루어진 숯을 넣고 연소시키면 금속에 있던 산소와 숯의 탄소가 결합해 이산화탄소가 만들어지고 순수한 금속만 남는다. 금속이 원래의 모습으로 돌아왔다는 의미로 환원됐다고 표현한다. 원자단에서 이 변화를 보면 흥미로운 현상이 있다. 순수한 금속 원자가 산소에 전자를 뺏기고 금속산화물이 됐다가 탄소에 산소를 뺏기며 다시 금속이온이 되며 전자를 받아 원래의 금속 원자로 돌아간 것이다. 산화와 환원은 전자가 이동하는 과정에서 설명된다. 철저하게 전자의 이동 방향으로 산화와 환원이 결정된다.

간혹 전지 Battery의 개념을 설명한 뉴스 기사에 환원 물질과 산화 물질이라는 용어를 다루기도 한다. 전지는 양극 Anode과 음극 Cathode이 있다. 산화가 일어나는 전극이 양극이고 환원이 일어나는 전극이 음극이다. 화학반응에서 보면 전자를 내주는 물질이 산화제이고 전자를 받아들이는 물질이 환원제다. 결국 물질 사이에 전자가 이동하는 흐름을 이용한 것이 전지의 원리다. 그래서 과학자들은 전지의 성능을 개선하기 위해 효율이 좋은 산화제와 환원제를 연구한다. 산-염기 반응 못지않게 산화-환원 반응도 화학반응의 많은 부분을 차지한다.

산-염기, 산화-환원 반응에서 중요한 매개가 바로 수소 양성자와 전자이다(수소는 양성자가 1개이므로 수소 양성자는 그냥 양성자로 부르기도 한다). 그러니까 물질에서 두 입자가 이동하는 것은 결국 반응물질의 분자 결합에 변화를 추동한다는 의미다. 구성 입자의 변화로 인해 이전에 없던 새로운 생성물이 만들어지는 것이다. 결국 반응은 원자단에서 보면 분자 내 원자를 재조합하는 과정을 말한다. 세상의 화학반응 과정은 두 반응이 대부분을 차지한다. 물론 이 외에도 몇 가지 중요한 반응이 더 있다. 그중 하나인 '라디칼 반응'은 이미 폴리머 중합 반응에서 다뤘다. 우리가 사용하는 대부분의 플라스틱 물질은 라디칼 반응으로 만들어진다. 나머지 중요한 화학반응이 하나 더 있지만 다음 장에서 설명할 것이다.

화학자들은 우리의 일상을 채우는 물질을 만들려고 할 때, 이런 여러 종류의 반응을 모두 고려한다. 왜냐하면 목표 물질인 분자를 설계하려면 한 가지 반응만으로는 만들 수 없기 때문이다. 목표와 재료가 주어지면 제조하는 순서가 정해지는데 이 순서도 목적물에 영향을 끼친다. 가령 고기를 먼저 굽고 삶는 것과 삶은 후 굽는 것이 다른 맛을 내는 것과 같은 이치다.

작은 입자를 다루는 일은 무척 복잡하고 어려운 것이 사실이다. 적어도 20세기 후반까지는 그랬다. 하지만 컴퓨터가 도입되며 계산화학이라는 분야가 등장했다. 실제로 실험하지 않고도 계산으로 생성물질을 확인할 수 있는 것이다. 하지만 이렇게 탄생한 물질이 전혀 예상하지 못한 장소와 환경에서 다르게 행동하는 경우가 있다. 계산은 오로지 목표 물질의 생성을 위해 설계되었을 뿐이다. 화학자는 자신이 만든 물질이 다른 물질과 어떤 행동을 할지 미처 생각하지 못하는 경우가 많다. 그러니까 세상을 상대로 목표 물질이 어떤 반응을 보일지 완벽하게 통제하기 어렵다는 것이다. 그래서 물질이 합성되면 기준에 부합한 충분한 시험을 하게 된다. 우리 주변의 의약품이나 염료, 세제 등 모든 화합물이 이런 과정을 거쳐 만들어진다. 그렇다 해도 인간이 자연을 대상으로 하는 일이라 통제의 범위를 벗어나는 물질이 나타나곤 한다.

5

화학, 생물학을 설명하다

19세기까지의 유기화학은 지금의 탄소 중심의 학문이라기보다 생명체의 근원에 무게중심이 있었다. 초창기 연금술사를 포함한 대부분 화학자들은 자연이 물질을 만든다고 믿었다. 특히 생명체와 같은 물질은 인간이 만들 수 없는 복잡하고 다루기 어려운 경외의 대상이었다. 그래서 과거에는 유기 Organic라는 표현을 생명체를 구성하는 물질이나 생명체가 만든 물질에 연결 지었다. 유기물은 인간이 만들 수 있는 대상이 아니었다. 그래서 인간이 할 수 있었던 유일한 일은 각종 유기물로부터 관심 대상을 분리해내는 것이었다. 그중에 석유나 석탄의 타르는 미지의 유기물로 여겼다. 그 안에 오랜 과거 시간을 통과해온 생명의 사체가 있다고 믿었다. 그러던 중 19세기 초 독일의 화학자 프리드리히 뷜러가 당시 무기화합물로 여겼던 시안산암모늄^{NH_4OCN}이라는 물질에 열을 가해 소변의 구성 물질 중 하나인 요소$^{CO(NH_2)_2}$를 만들어냈다. 당시까지 오줌은 생명체가 만든 물질이라 생각했다(17세기 헤닝 브란트가 그의 오줌을 모아 인을 발견했던 동기와 같다). 뵐러가 이 실험으로 무기물이 유기물로 변할 수 있다는 것을 알게 된 후 유기물은 자연의 영역이라는 한계를 허물며 인간의 세계로 옮겨 왔다. 하지만 이미 유기화학은 '오가닉'이라는 관용적인 용어로 표현됐기 때문에 분류 기준을 단순히 '탄소의 존재'라는 것으로 옮겨 오기 쉽지 않았다. 물론 생물학은 별개로 다른 길을 걷고 있었다. 하지만 생물학자도 결국 생명체 역시 물질이며 그 작동 원리를 규명하는 데 화학과 물리학의 도움 없이는 한계가 있다고 느꼈다. 결국 여러 학문을 가르는 경계는 흐릿해졌다. 학문 간 경계에서 연구가 섞이며 새로운 분야가 탄생하기 시작했다. 바로 생화학이다.

광합성, 무생물이 생물이 되는 경이로운 과정

생화학의 출발선은 식물이었다. 어떻게 물과 대기의 기체만으로 식물의 몸을 만들 수 있는 것인지, 산소라는 기체는 왜 생겨난 것인지를 알아내야 했다. 왜냐하면 식물이 몸에 당을 축적하고 동물이 식물의 당을 섭취해 분해하고 에너지를 얻으며 식물의 성장에 필요한 재료를 다시 공급하는 거대한 순환계의 출발점이기 때문이다. 당시 이 거대한 순환이 생명계의 중심에 존재한다는 것은 알고 있었으나 그 마디를 들여다보면 도무지 설명할 길이 없었다. 결국 화학의 도움을 받을 수밖에 없었다. 생화학이 등장하고 분자생물학이 탄생하며 유기체와 그 작동을 원자 혹은 분자단과 같은 물질의 움직임으로 이해하려 한 것이다. 결국 전자와 양성자의 이동이 그 근원에 있다는 것을 생물학에서도 알아챈다. 바로 산-염기, 산화-환원 반응이 생태계 대순환의 엔진이었다.

광합성 Photosynthesis의 정체를 알아낸 것은 거대한 순환 과정 전체의 일부분이었지만 부분만으로도 전체를 알 수 있는 근원을 마련했다. 광합성이란 용어는 독자들도 잘 알고 있을 것이다. 식물의 잎에 있는 엽록소가 광합성의 주역임을 잘 안다. 빛이 물질을 합성하는 의미의 '광합성'이라는 이름만으로도 반응이 어떨지 알 수 있지 않은가. 이산화탄소와 물이 있고 빛이 존재하면 식물은 자란다. 이산화탄소와 물은 무생물이다. 광합성은 무생물이 생물이 되는 경이로운 과정이다. 이 과정을 원자단에서 들여다보면 더 흥미로운 일이 일어나고 있다는 것을 알게 된다. 그 주역은 전자와 수소 양성자이다. 엽록체Chloroplast 세포 안에는 엽록소Chlorophyll가 있다. 이 특이한 분자가 녹색을 제외한 가시광선 빛을 잘 흡수한다. 에너지를 흡수하는 주역은 물질에 있는 전자다. 결국 엽록소 내부에 있는 전자들이 들뜨기 시작한다. 들뜬다는 표현은 물리학에서 흥분한다Excited는 표현으로도 쓰는데 에너지를 얻은 전자가 물질 바깥으로 나가려고 에너지를 머금은 상태를 말한다. 들뜬 전자는 결국 엽록소를 탈출해 근처에 있는 퀴논 단백질로 이동한다. 엽록소에서 전자가 빠져나간 자리는 전자로 다시 채워야 한다. 채워야 할 전자를 뿌리에서 빨아들인 물에서 얻는다. 전자를 뺏긴 물은 산소와 수소 양성자로 분리된다. 전자와 양성자는 바늘과 실 같은 존재이다. 전자를 받은 퀴논은 수소 양성자가 필요해진다. 이때 물에서 분리된 수소 양성자를 끌어들인다. 동시에 물에서 분리된 산소는 사용처가 딱히 없다. 식물이 산소를 발생시키는 것은 광합성의 목적이 아니라 부산물인 셈이다. 일련의 과정을 통해 전자는 계속 전달되고 동시에 식물 내부에는 양성자 농도가 높아진다. 결국 이 양성자는 에너지를 만드는 데 사용된다. 이 에너지로 공기 중의 이산화탄소를 포획해 탄소를 꺼내고 탄소화합물인 탄수화물을 만들어 자신의 몸을 불리는 것이다.

결국 광합성의 중심에는 전자와 양성자의 주고받음이 있는 것이다. 식물은 엽록소의 산화를 시작으로 이산화탄소의 환원으로 에너지를 탄수화물이라는 이름의 물질에 가둔 것이다. 이렇게 생성된 탄수화물은 음식을 통해 우리 몸 안으로 들어온다. 식물이 버린 산소로 호흡하는 동물은 섭취한 탄수화물을 물과 산소로 분해한다. 인간의 입속에 있는 침에는 아밀라아제라는 효소가 있다. 일종의 단백질 촉매다. 탄수화물이 분해되어 글루코오스(포도당)가 생성되고 이를 에너지 원료로 사용한다. 호흡을 통해 공급된 산소는 포도당을 에너지로 만드는 데 사용한 후 탄소와 결합해 이산화탄소를 만든다. 그러니까 식물이 지녔던 에너지를 여러 물질과의 반응을 거쳐 전달받은 것이다. 이 모든 과정은 전자와 양성자의 이동으로 설명되며, 일련의 산-염기 반응과 산화-환원 반응을 통해 식물과 동물은 얽혀 살아간다. 생명 현상은 이렇게 정밀한 화학적 반응 과정을 바탕으로 유지된다.

미국의 화학자 멜빈 캘빈$^{Melvin\ Calvin,\ 1911\sim1997}$은 녹색식물들의 엽록소가 물과 공기 중의 이산화탄소를 재료로 태양에너지를 통해 유기물인 탄수화물을 합성하는 광합성에 관한 일련의 생합성 과정을 완전히 밝혀냈다. 그는 이 업적으로 1961년 노벨 화학상을 수상한다. 독일 화학자 리하르트 빌슈테터$^{Richard\ Willstätter,\ 1872\sim1942}$에 의해 태양에너지를 영양분으로 바꾸는 엽록소에 관한 연구가 시작된 지 반세기 조금 지나 자연의 거대한 순환 흐름을 알게 된 것이다. 20세기 전반기는 생물학과 화학 분야에서 동물과 식물의 화학적 연구가 주를 이뤘다. 생물을 그저 신비의 영역으로 간주한 것이 아니라 물질과 반응의 시각으로 재해석한 것이다. 노벨상이 처음 나왔던 1901년부터 1965년까지 노벨 화학상을 받은 사람은 모두 71명이다. 이 중에 유기화학자와 유기생물화학자가 36명이니 이 분야가 절반을 넘는다. 주로 광합성, 동물의 소화와 에너지 축적, 당의 분해와 효소에 의한 발효, 영양소 등이 연구됐다. 이 연구에 주로 화학자들이 개입했다. 이 연구 분야의 시작은 식물의 광합성이었지만, 호흡으로 시작되는 동물의 대사 과정도 동시에 연구됐다. 광합성, 호흡과 관련해 식물의 엽록소인 클로로필과 대응되는 동물의 조직은 헤모글로빈이다. 헤모글로빈 분자 안에 철이 존재하고 철이 산소와 결합해 혈액을 타고 온몸에 산소를 운반한다. 혈액이 붉은 것은 철 때문이라는 사실이 1929년 독일의 유기화학자 한스 피셔^{Hans Fischer, 1881~1945}에 의해 밝혀지고, 식물의 잎이 녹색인 이유도 엽록소 안에 있는 마그네슘 때문이라는 사실을 알게 된다.

생명 탐구의 목적은 질병의 치료

인류는 동물이 식물의 탄수화물에 축적된 에너지를 분해해 그 에너지를 간과 근육에 글리코겐 형태로 저장하는 방법을 알았으며, 남아도는 에너지가 지방으로 변한다는 사실까지 밝혀낸다. 이 모든 과정에 화학반응이 존재하는데, 대부분은 산-염기 혹은 산화-환원 반응이다. 하지만 이 화학반응 과정은 한두 번의 반응으로 이루어지지 않고 무척 복잡한 단계를 거친다. 앞에서 탄화수소화합물을 이야기하며 콜레스테롤을 다뤘는데, 출발 재료와 최종 생성물질만 언급하니 화학이 무척 간단한 반응으로 이루어진 것처럼 보이지만 아세트산이 콜레스테롤이나 지방산으로 원자 조합이 바뀌는 데는 서른 번 이상의 화학반응과 중간물질을 거친다. 이런 과정은 생명체가 진화라는 긴 시간을 소모하며 수많은 화학반응을 통해 가장 적합한 경로를 찾은 것이다.

　화학을 동원해서 생명의 정체를 탐구하려 했던 목적은 사실 호기심을 해소하려는 것보다 더 위대한 곳에 있었다. 인류는 원인 모를 고질적인 질병에 늘 시달려왔다. 원인을 안다고 해도 치료제가 없거나 있다 해도 자연으로부터 얻을 수 있는 양이 한정됐다. 그렇다고 처음부터 치료제를 알지도 못했다. 인류는 여러 가지 방법을 시도했고 수많은 시행착오를 거쳤다. 하지만 언제까지 실험적 통계로 치료제를 찾을 수는 없는 일이었다. 그래서 생명체의 작동 원리를 안다면 분명 적합한 질병 치료제를 알 수 있을 것이라 생각했다. 그렇게 조금씩 생명체의 베일이 벗겨지며 인류는 질병 치료에 보다 합리적으로 접근하기 시작했다.

비타민 합성

말라리아의 치료제로 퀴닌 합성을 시도했던 시절, 사람들을 괴롭힌 또 다른 대표적인 질병이 괴혈병이었다. 대항해 시대, 유럽 제국주의의 가장 무서운 적은 정복하려는 상대국의 원주민이 아닌 이런 질병이었다. 당시 영국 해군 함대는 선원 2,000명을 태우고 세계일주를 했고 선원 중 절반 이상이 괴혈병으로 사망하는 사건이 생긴다. 영토 확장을 거듭하던 해군 강국에게 괴혈병 치료나 예방법을 찾는 일은 무척 중요했다. 여러 실험을 통해 레몬이나 라임 주스가 효과가 있다는 걸 알았지만 효력을 발생시키는 원인은 밝혀지지 않았다. 당시 근대 통계 의학의 시초라 할 정도로 많은 실험이 있었지만, 인류는 괴혈병에 효력이 있는 자연 물질의 존재 외에는 질병의 근본 원인은 물론 치료의 기작조차 알지 못했다.

20세기 초 3대 영양소인 단백질, 지방, 탄수화물만으로는 동물의 성장에 한계가 있다는 것을 알게 된다. 폴란드 태생 미국 생화학자 캐시미어 풍크 Casimir Funk, 1884~1967 는 질소가 주성분인 이런 물질을 '아민'의 한 종류로 판단하고 '생명에 필수적인 아민'이라는 의미로 비타민 Vitamine 으로 지었다. 비타민은 성장과 건강 유지에 없어서는 안 되는 영양소다. 요즘이야 별도로 챙겨 섭취하지 않아도 각종 식품에서 충분히 섭취할 수 있으나 과거에는 그러하지 못했다. 비타민 부족은 여느 질병처럼 생명에 직접적으로 타격을 입혔다. 이후 이런 인자들이 계속 발견된다. 독일의 유기화학자 리하르트 쿤Richard Kuhn, 1900~1967에 의해 비타민 A와 B가 합성됐다. 이후 비타민 연구는 확대됐고 이런 물질들이 모두 아민 계열이 아닌 것으로 판명되자 비타민Vitamine의 마지막 알파벳 e를 떼어버리고 오늘날 사용하는 단어인 비타민 'Vitamin'이 됐다.

앞서 보존제와 관련한 설명에서 테르펜 2개가 결합해 탄소 20개로 구성된 분자인 다이테르펜 물질이 비타민A인 레티놀이라고 했다. 스위스의 유기화학자 파울 카러Paul Karrer, 1889~1971는 비타민과 식물성 색소의 관계를 연구하며 많은 비타민의 구조식을 발견하고 인공 합성에 성공했다. 그가 연구한 대상은 비타민A와 카로틴에 관한 연구였다. 카로틴 역시 테르펜 분자로 이뤄졌고 비타민A가 식물의 적색 색소인 카로티노이드와 관계가 있다는 사실을 밝혔다. 이후 여러 화학자들에 의해 생식 수정 능력이나 근육 활동에 영향을 주는 비타민E인 토코페롤Tocopherol과 탄수화물 대사에 필수적인 비타민B$_1$인 티아민Thiamine이 합성됐다. 한편 비타민B$_{12}$인 코발아민Cobalamin은 악성 빈혈을 방지하는 필수 비타민으로 밝혀진다. 그런데 비타민의 일부는 체내 합성이 되지 않는다. 물론 걱정할 것 없다. 대부분은 식품을 통해 공급받을 수 있기 때문이다.

콜라겐과 비타민C

비타민은 생명체의 구성이나 대사에 직접적으로 관여하지 않지만 생명체의 작동이나 조직을 구성하는 데에 필수적으로 관여한다. 대표적 사례를 비타민 C에서 찾을 수 있다. 콜라겐은 사람의 피부는 물론 인체 조직을 구성하는 필수적인 단백질이다. 일반적으로 우리의 피부에 탄력을 준다는 사실 정도만 알려진 콜라겐에는 더 큰 기능과 역할이 있다. 실제로 피부의 진피는 70퍼센트가 콜라겐이고 그 외에도 눈의 수정체와 혈관 대부분이 콜라겐이며 관절을 연결하는 연골의 50퍼센트도 콜라겐이다. 사람의 뼈는 칼슘과 인이 주성분이라고 알려져 있지만 사실 단단한 뼈는 중량 기준으로 20퍼센트가 콜라겐이다. 뼈는 빼곡하게 들어찬 콜라겐 틀에 칼슘과 인산이 채워져 있는 셈이다. 인체는 단단한 경골 뼈에 칼슘과 인을 보관하고 수시로 꺼내 생명 활동에 사용한다. 만약 칼슘이나 인 대신에 콜라겐 틀에 물이 들어 있으면 뼈는 연골이 된다. 세포는 단백질 섬유 덩어리라고 해도 무방할 정도이고 결국 우리의 인체를 구성하는 모든 단백질 중 30퍼센트가량이 콜라겐이다. 이렇게 다양한 종류의 콜라겐이 인체 내 근육이나 인대, 피부 조직에 존재하고 대부분 인체 기관을 구성하는 세포와 조직을 만든다. 그리고 세포의 형태는 물론 세포를 구성하는 단백질과 세포가 활동하는 모든 메커니즘에 관여한다.

콜라겐을 화학적으로 조금 더 깊게 들어다보자. 콜라겐 단백질은 상당히 많은 종류가 있는데, 현재 29가지 정도만 확인됐다. 단백질은 20가지

콜라겐 섬유질
콜라겐 원섬유
콜라겐 분자
하이드록시프롤린
글리신
GLY HYP GLY HYP GLY
HYP PRO PRO HYP PRO
프롤린
아미노산 사슬

종류의 아미노산으로 구성된다. 그런데 콜라겐 분자를 이루는 아미노산은 흔치 않은 서열로 구성되어 모양이 독특하다. 우선 몇 가지 아미노산 1,000개 정도가 펩타이드 결합을 하며 긴 사슬을 만든다. 이런 사슬을 프로콜라

겐 Procollagen이라고 한다. 프로콜라겐은 독특한 결합을 하는데 잘 풀어지지 않는 거대한 3차원 구조이다. 이것이 콜라겐 기본 분자다. 우리 인체를 구성하는 콜라겐 섬유는 마치 실 같은 콜라겐 기본 분자가 뭉치며 만들어진다. 이런 콜라겐 분자 형성 과정에서 긴 사슬인 프로콜라겐은 주로 세 가지 아미노산이 나선 형태로 새끼줄처럼 꼬이며 규칙적으로 배열되어 만들어지는데, 이 배열에는 글루탐산과 알라닌 같은 단백질도 포함되지만 주로 글리신, 프롤린, 하이드록시프롤린이 참여한다. 이들 세 가지 아미노산은 몸에 섭취된 단백질을 통해 공급받을 수 있고 탄수화물을 섭취해도 몸 안에서 만들어진다. 이렇게 아미노산을 재료로 만들어진 29종의 서로 다른 콜라겐이 섬유 형태를 이루면서 세포부터 우리 인체 대부분의 기관과 조직을 단단하게 형성한다.

결국 콜라겐은 아미노산으로 이뤄진 거대한 단백질 분자임에도 콜라겐 분자를 구성하는 세 가지 아미노산 중 하이드록시프롤린은 기본 아미노산에 포함되지 않는다. 하이드록시프롤린은 아미노산 중 하나인 프롤린의 분자 일부가 하이드록시기 $^{-OH}$로 변형된 아미노산이다. 그러니까 처음부터 이 재료가 만들어진 것은 아니다. 대사 과정 중에 분명 무엇인가 개입하며 아미노산 단백질을 변형시킨 것이다. 앞서 보았듯 콜라겐이 사슬과 새끼줄처럼 서로 꼬이며 단단한 구조체를 가지려면 결합이 강해야 하는데 그 결합은 수소가 담당하고 이런 수소결합을 위해 아미노산 분자의 일부를 하이드록시기로 치환해야 한다. 그 치환 과정에 비타민C가 깊숙하게 관여한다. 결국 비타민C가 부족하면 아무리 재료가 많아도 콜라겐 생성이 어렵다는 말이다.

이제 정리를 해보자. 비타민C가 부족했을 때 우리에게 가장 잘 알려진 증상은 입에서 피가 나고 손톱 부근 피부가 벗겨지거나 면역력 저하로 감기에 잘 걸린다는 것이다. 그리고 비타민C는 다른 항산화제에 비해 뛰어난 항산화 효과를 낸다고 알려져 있다. 우리의 안구나 백혈구 세포 등 활성 산소에 의해 공격을 받기 쉬운 조직에 비타민C의 함유량이 많다. 콜라겐이 제대로 만들어지지 못하면 세포와 혈관 조직이 약해져서 가장 약한 부분인 잇몸에서 피가 나오는 것이다. 안구는 대부분이 콜라겐 덩어리이고 백혈구나 면역세포도 세포의 한 종류이니 약화되면 바이러스의 침투가 쉬워지는 것이다. 이 증상이 콜라겐 부족이라고 하니 쉽게 이해가 되고 비타민C는 핵심 원인 제공자인 셈이다. 이제 다른 질문이 있을 수도 있겠다. 콜라겐을 만드는 다른 재료의 부족이 이유가 될 수 있지 않으냐는 것이다. 하지만 21세기를 사는 현대인들에게 콜라겐을 구성하는 재료를 공급하는 단백질이나 탄수화물은 충분함을 넘어 과잉으로까지 치닫고 있다. 그리고 이런 아미노산과 같은 재료는 몸 안에서 합성하므로 크게 문제가 되지 않는다. 다만 비타민C는 몸 안에서 합성할 수가 없으므로 따로 섭취해 공급해야 한다.

합성 비타민C에 대한 오해

인간은 반드시 비타민C를 음식으로 섭취해야 한다. 물론 모든 동물이 그런 것은 아니다. 인간을 포함한 몇 종류의 포유동물을 제외하고 다른 척추동물들은 간에서 포도당이 반응하며 아스코르브산 Ascorbic acid 이라는 화학물질을 합성할 수 있다. 이 비밀이 20세기 초에 풀린다. 1920년 말 헝가리 생화학자 얼베르트 센트죄르지 Albert Szent-Györgyi, 1893~1986 가 식물의 즙에서 헥수론산 Hexuronic acid 이라는 화합물을 분리했고 괴혈병에 효과가 있다는 것을 알아낸다. 물질의 정체를 몰랐던 그는 탄수화물 구조를 연구하던 영국의 화학자 월터 노먼 하워스 Walter Norman Haworth, 1883~1950 를 찾아가 구조를 분석한 결과 헥수론산이 당에서 추출한 산과 화학적으로 성질이 유사하다는 것을 발견한다. 하워스는 비타민C의 구조를 밝혔고 핵수론산의 이름을 아스코르브산으로 바꿨다. 아스코르브산이 바로 비타민C의 화학명이다. 그는 1933년에 탄수화물로 비타민C를 합성해낸다. 그후 핵심 합성 기술을 개발한 폴란드 태생 스위스 화학자 타데우시 라이히슈타인 Tadeus Reichstein, 1897~1996의 공정 특허를 사들인 호프만 라로슈 Hoffman-La Roche라는 기업이 합성 비타민C를 판매하기 시작한다. 인류에게 손쉽게 비타민C를 공급한 기여로 1937년에 센트죄르지는 노벨 생리학상을 받고 노먼 하워스는 노벨 화학상을 받게 된다. 영국이 비타민C의 대표적인 공급 국가로 자리 잡은 이유다.

그럼 왜 인체에서는 이토록 중요한 비타민C를 합성하지 못할까? 진화학자와 생물학자들은 과일을 섭취하기 시작한 영장류가 진화의 어느 단계에서 아스코르브산을 합성하는 능력을 잃었다고 말한다. 상실의 또 다른 원인으로 뇌가 커지면서 뇌 활동 에너지 원천인 포도당의 소비를 줄이기 위해 비타민C 합성 능력이 망가졌다고도 한다. 비타민C 생성에 포도당이 필요했는데 뇌를 위해 양보한 것이라는 가설이다. 이 두 가지가 현재까지 인체가 비타민C 합성 능력을 상실한 원인으로 알려진 과학적 가설이다. 상실의 원인이 무엇이든 결과적으로 인간은 비타민C를 강제적으로 섭취해야 한다.

아스코르브산은 인류가 합성에 성공한 화학물질이다. 그런데 이제 천연과 합성에 대한 오해가 여기에도 적용된다. 청정 지역 국가의 식물에서 추출한 천연 비타민C와 영국산이나 중국산 합성 비타민C가 충돌한다. 옥수수와 같은 탄수화물을 화학 처리해서 만든 합성 비타민이 질 낮은 화학물질 취급을 받는다. 사실 비타민C의 구조는 무척 간단하고 생성 공정도 간단하다. 시중에 판매되는 천연 비타민C가 대부분 열매에서 추출하는 데 반해 합성 비타민C는 타피오카나 옥수수에서 추출한 포도당을 발효해 얻기 때문에 원료와 추출 방식에서 차이가 날 뿐이다. 결국 결과물인 아스코르브산은 천연과 합성에 차이가 없다는 이야기다. 게다가 인체는 천연과 합성 비타민C를 구별하지 못한다.

우리 주변은 과학을 앞세워 변장한 지식이 파편처럼 널렸다. 건강에 관심이 커진 현대인에게 유혹은 깊게 파고든다. 어느덧 집안에는 콜라겐 같은 각종 건강 보조제와 미용품이 쌓여간다. 먹을거리가 넘쳐 좀처럼 영양 부족이기 어려운 현대인에게 그것이 꼭 필요할까, 아니면 다른 형태의 잉여일까? 결론적으로 말하자면, 건강에 불안을 느끼거나 더 나아지기 위해 선택한 제품이 모든 것을 해결해주지 않는다는 것이다. 콜라겐이 효과가 없다는 것이 아니라 제품이 광고하는 것처럼 극적인 효과를 기대하기 어렵다는 말이다. 판매되는 콜라겐 제품을 보면 돌턴Da, Dalton이라는 단위가 나온다. 제품에 표기된 돌턴은 콜라겐 분자량을 표현하는 질량 단위를 말한다. 원래 돌턴은 원자나 분자, 소립자와 같은 작은 입자 영역에 사용되는 질량 단위이지만 분자가 커지면 그 질량도 늘어나니 분자의 크기를 가늠하는 데는 무리가 없다.

예를 들어 아미노산 분자 하나는 100돌턴가량 된다. 그런데 콜라겐 기본 분자 하나는 대략 30만 돌턴쯤이다. 심지어 저분자 콜라겐이라는 제품도 콜라겐이 수천 돌턴이나 된다. 그런데 우리 몸의 세포는 아미노산 3개 정도인 300돌턴 이하가 되어야 흡수할 수 있다. 그러니까 거대한 콜라겐 분자는 분해 효소에 의해 아미노산 크기로 작게 분해돼야 흡수가 가능하다는 말이다. 인체는 이렇게 콜라겐에서 분해된 아미노산과 다른 물질로 만들어진 아미노산을 재료로 몸에 필요한 콜라겐을 다시 만드는 것뿐이다. 세상이 과학적으로 유혹한다면 우리도 과학적으로 대응해야 한다. 과학적 사고는 과학으로 설명된 사실을 무작정 공부하고 흡수하는 게 아니라 끊임없이 의심하고 밝히며 세상을 이해하는 과정이다.

6

자연을 흉내 내다

미국 식품의약국은 2020년 3월 코로나19가 확산되자 '하이드록시 클로로퀸 Hydroxy chloroquine을 치료약으로 승인했다. 이 약은 말라리아 치료제로 이미 오래전부터 알려져 있었다. 특정 약이 효능을 이유로 여러 가지 질병에 사용되는 경우가 있다. 클로로퀸 역시 말라리라 외에도 류머티즘 관절염에도 사용됐다. 말라리아 약은 클로로퀸뿐만 아니라 프리마퀸 Primaquine 등 다수가 있다. 이들 약 이름 끝에 '퀸 Quine'이라는 용어가 공통적으로 붙어 있는 것을 보면 '퀴닌 Quinine' 물질이 말라리아 치료의 핵심 물질인 것을 알 수 있다.

퀴닌은 기나나무(18세기에 스페인에서 신코나 Cinchona라는 학명이 붙여졌다)의 껍질에서 얻을 수 있었다. 남아메리카 원주민들은 이 나무를 '키나 Quina'라고 불렀는데 '최고의 나무껍질'이라는 의미였다. 당시는 주로 식물의 뿌리나 잎, 껍질에서 약재를 찾던 시절이다. 원주민이 지은 이름의 의미에서 보면 기나나무 껍질이 만병통치약으로 이용됐을 가능성이 높다. 1820년 프랑스 약리학자

피에르 펠레티에^{Pierre Joseph Pelletier}와 조제프 카방투^{Joseph Bienaimé Caventou}가 기나나무에서 약효 성분을 추출한다. 기나나무의 성분이라는 의미로 이 약효 물질을 퀴닌^{Quinine}이라 명명했다. 유럽에서 기나나무를 주로 수입했고 영국과 네덜란드는 자국 식민지인 동인도에서 재배에 성공한다. 그래도 늘 공급은 부족했고 영국은 이 성분을 대량으로 추출할 방법을 찾게 되었다(2장 참조).

한 세기가 넘어가고 20세기에 들어서도 인류는 여전히 자연으로부터 퀴닌 물질을 얻었다. 그때까지 적당한 말라리아 치료제를 합성해 만들 수 없었기 때문이다. 그러다 독일은 1914년 제1차 세계대전을 맞으며 말라리아로 혹독한 고생을 하게 된다. 영국이나 네덜란드와 달리 독일은 기나나무를 자국의 식민지에서 얻지 못해 수입에 의존한 터였고 전쟁과 연합국의 방해로 수입이 더 어려웠기 때문이다. 독일은 1908년에 퀴닌의 분자구조를 알아냈고 이를 토대로 전쟁이 끝난 1918년 이후 항말라리아제를 합성하기 시작했다. 20세기 초 독일의 화학은 무기화학공업의 발전과 함께 엄청난 진보를 하고 있었다. 1927년 독일 바이엘사는 플라스모퀸^{Plasmoquine}이라는 이름의 항말라리아제를 합성했다. 이를 시작으로 말라리아 치료제는 개선되었고 제2차 세계대전을 거치며 영국과 미국이 치료제 개발에 합류하며(일본군이 자연산 퀴닌 물량의 95퍼센트를 공급하던 인도네시아를 점령했기 때문에 영국도 자체적으로 개발할 수밖에 없었다) 미국에서 클로로퀸이 등장하게 된다. 이후 항말라리아 치료제는 유사 모방품과 더불어 효능이 향상되기 시작한다. 그리고 인류에게 되돌릴 수 없는 큰 사건이 벌어진다. 이 이야기는 이후 장에서 이어가는 것으로 하고 이 지점에서 한 가지 질문을 던져보겠다.

알칼로이드 물질의 특별함

말라리아 질병으로 고통받을 때 인류는 어떻게 기나나무 껍질을 달여 복용하면 효능이 있다는 것을 알았을까? 사실 동서양을 막론하고 약재는 대부분 식물에서 채취했다. 동양권에는 아직도 이 흔적이 남아 민간요법과 공인된 의학 분야에서 식물을 약재로 사용하고 있다. 한의학이라는 분야가 의학의 한 부분을 차지하고 있지 않은가. 식물은 동물과 달리 스스로 이동할 수 없다. 따라서 식물은 번식을 위해 화려한 꽃을 피우기도 하고 천적에 대해 자신을 보호하는 몇 가지 방어 기제를 탑재한 경우가 많다. 이 성분이 독이 되기도 하지만, 독과 약은 같은 물질이라고 하지 않았는가. 아주 우연한 기회로 인류가 접촉한 이런 식물이 인간의 질병에 의약적 효과를 나타냈고 인류 질병과 의학의 역사로 자연스럽게 끌려 들어온 것이다. 이 방법은 과거 연금술의 시대부터 행해져 온 것이어서 그리 생소한 방법도 아닐 터였다.

봄과 여름이 오면 산과 들에 이름을 알 수 없을 정도로 많은 들풀과 약초, 그리고 나무가 자란다. 비슷해 보이지만 모든 개체가 다른 성질을 지닌다. 이렇게 식물에 존재하며 식물 자체를 규정하게 한 특별한 물질을 알칼로이드라고 했다. 화학적으로 알칼로이드는 식물에 있는 복잡한 화합물이다. 게다가 알칼로이드 종류는 한두 가지가 아니다. 약초꾼들은 독버섯을 잘 구별하고 절대 먹지 않는다. 독버섯에 있는 특정 알칼로이드는 동물에 강한 생리 작용을 일으켜 소량으로도 맹독으로 작용하기도 한다. 대부분 알칼로이드 물질은 중추신경계를 자극하고 독성이 있다. 하지만 적당한 양은 흥분제나 진정제로 이용되기도 한다. 하지만 섭취 용량에 따라 효능은 다르다. 물론 진정한 약초는 인체나 동물체에 유익한 알칼로이드를 가지고 있다. 가끔 이런 성질을 잘 아는 약초꾼들을 볼 때마다 감탄을 자아내게 된다. 그들은 그 알칼로이드가 학문적으로 어떤 의미인지는 모르지만 효능과 용법만은 잘 알고 있다. 그들이 따로 실험실에서 분석한 것이 아니라 시행착오를 거친 통계적인 의학 지식이 대를 이어 복제되며 전달된 것이다. 천연 물질에는 몸에 좋은 성분이 있지만 아직도 밝혀지지 않은 수많은 알칼로이드 화합물이 존재한다.

알칼로이드 물질에는 몇 가지 공통적 특징이 있다. 이 물질은 대부분 쓴맛이 난다. 동물들이 열매나 잎을 무조건 먹게 놔두지 않으려는 보호 장치이다. 그런데 인간은 이런 쓴맛을 즐기는 경우가 있다. 다른 맛과 조화롭게 만들어 별미를 만드는 것이다. 이것도 일종의 진화의 과정인 셈이다. 이런 물질은 주로 가지과 식물에 많다. 토마토나 고추, 가지, 감자 등에 풍부하게 함유돼 있다. 어른들은 좋아하는 맛이지만 쓴맛에 민감한 아이들이 채소를 싫어하는 이유도 이런 알칼로이드 성분 때문이다. 그리고 마약의 환각 작용도 대부분 알칼로이드 물질 때문에 일어난다. 니코틴과 카페인, 코카인, 모르핀 등도 알칼로이드 물질이다. 여기에 하나 더, 퀴닌 물질도 역시 알칼로이드이다.

화학이 생물학을 만나면서 식물의 대사를 과학적으로 밝혀냈고 여기에 더해 알칼로이드 물질의 특별함이 알려졌다. 알칼로이드 합성 연구에 의미 있는 진보를 가능케 한 인물은 영국 태생의 유기화학자 로버트 로빈슨^{Robert Robinson, 1886~1975}이다. 그는 간단한 화합물로 복잡한 알칼로이드 물질을 만들었다. 그 바통을 이어받아 복잡한 천연 물질의 결정 구조를 분석하고 합성을 가능케 한 인물이 등장한다. 미국 하버드 대학교 교수 로버트 번스 우드워드^{Robert Burns Woodward, 1917~1979}였다. 그는 16세에 MIT 공대에 입학하고 20세에 박사학위를 취득한 천재로 20세기 최고의 유기화학자이자 유기화학을 완성한 인물로 꼽힌다. 당시 물리학은 이미 원자의 정체와 구조를 알아냈고 심지어 이 시기에 원자핵이 분열하는 단계를 실험적으로 완성했으며 이를 이용해 무기를 만들게 되었다. 동시에 원자와 분자의 구조를 양자역학적 시선으로 밝혀냈으며 이 토양은 물질의 화학적 합성을 가능케 했다. 어쩌면 우드워드 교수는 화학자이자 물리학자이기도 했다. 그가 물질을 바라본 도구는 우리가 지금까지 알고 있던 화학자의 전유물인 실험 도구에만 그치지 않았다. 빛을 이용한 흡수나 핵자기 공명核磁氣共鳴 등으로 분자의 결정 구조와 특성을 파악했고 이를 근거로 원자 간 결합각이나 길이를 이론적으로 분석했다. 결국 1944년에 우드워드는 인류의 숙원인 퀴닌 합성에 관한 논문을 발표했다. 하지만 그가 합성한 것은 퀴닌의 합성 단계에서 마지막 반응 중간체였다. 비록 그가 완벽한 퀴닌을 합성하지는 못했다 해도 유기화학의 발전에 막대한 기여를 한 사실은 부인할 수 없다. 사실 우드워드의 업적은 또 다른 데에서 빛이 난다. 이를 토대로 식물 광합성 물질인 엽록소, 즉 클로로필을 합성한 것이다. 클로로필의 합성은 무생물인 이산화탄소와 물을 가지고 생명체를 만드는 출발이었다. 인류는 거대한 자연을 흉내 내기 시작한 것이다.

호흡의 시작, 루이스 산-염기 반응

1818년 식물의 잎에 있는 녹색 색소에 엽록소라는 이름이 붙여지고 이 조직이 광합성을 하고 있다는 사실을 알게 된 후 한 세기가 넘어 인간에 의해 합성이 가능해졌다. 클로로필a의 화학식은 $C_{55}H_{72}MgN_4O_5$이다(엽록소는 여러 종류가 있다. 그중 엽록소a가 빛에너지로 전자를 방출해 화학반응계로 전달하는 물질이고 이 밖에도 엽록소b, 엽록소c 등 약 200여 개가 있다). 엽록소 분자식은 복잡하지만 분자 모양은 경이롭기만 하다. 마그네슘 이온을 트랩처럼 중심에 가둔 채 다른 원자들이 둘러싼 입체적 링 구조를 형성한 모습이다. 이 링을 포피린 링 Porphyrin ring 이라 한다.

그런데 여기서 흥미로운 사실이 하나 있다. 식물의 클로로필과 비슷하게 생긴 분자가 있다. 바로 포피린 링 구조를 가진, 혈액에 있는 헤모글로빈이다. 헤모글로빈의 임무는 마치 광합성의 위대한 시작과도 같다. 식물의 광합성과 대응되는 동물의 생체 활동이 호흡이다. 바로 식물이 몸을 만들고 버린 산소를 포획하는 일이 호흡의 시작이다. 폐로 들어온 산소를 헤모글로빈의 아름다운 링 구조 분자 안에 가두는 것이 헤모글로빈의 역할이다. 헤모글로빈에 대한 이야기를 본격적으로 하기 전에 앞 장에서 언급한 화학 반응 중 미뤄두었던 나머지 한 가지를 다루고 가자. 지금까지 설명한 화학 반응은 산-염기 반응, 산화와 환원 반응, 그리고 중합체를 만들었던 라디칼 반응이다. 이런 반응을 추동하는 조건 혹은 매개가 있었다. 양성자와 전자, 그리고 오비탈을 채우지 못한 전자였다. 마지막으로 설명할 반응은 루이스 산-염기 반응 Lewis acid-base reaction 이다. 이 반응에도 매개가 있다. 바로 전자쌍 Electron pair 이다. 기실 전자쌍은 오비탈 1개를 이미 채우고 있기 때문에 원자 입장에서는 부족함이 없는 환경이다. 오비탈을 미처 채우지 못한 물질이 라디칼임을 잊지말자. 지금까지 반응은 결핍이라는 조건에서 매개를 주고받으면서 서로 반응을 이룬다고 알고 있었다. 그런데 루이스 산-염기 반응은 분자가 가지고 있는 전자쌍을 다른 분자에게 넘기는 형태로 반응이 일어난다. 이 반응이 꽤 중요했기에 이 반응을 정의한 미국의 물리화학자 길버트 루이스 Gilbert Newton Lewis, 1875~1946 의 이름을 따서 이 반응의 공식 명칭을 지었다. 전자쌍을 제공하는 물질을 루이스 염기 Lewis base 라고 하고, 전자쌍을 받는 물질을 루이스 산 Lewis acid 이라 부른다.

클로로필과 헤모글로빈 안에는 공통적으로 금속이온이 있다. 금속 원자들은 자신이 가진 전자를 잘 떼어놓는다. 보통 가장 바깥 전자껍질에 1개부터 여러 개까지의 전자를 가지고 있는데, 전자가 위치한 곳이 핵에서 멀리 떨어진 바깥쪽이어서 관리가 잘 안 된다. 그래서 보통 전자를 떼어내고 금속 양이온으로 있길 좋아한다. 떨어져 나간 자유전자들이 이들 금속이온들 뭉치를 단단하게 고정시켜 고체 금속을 만든다. 하지만 양이온 혼자 있는 경우는 전하를 가지고 있기 때문에 다른 물질과 반응한다. 금속 양이온은 아주 작은 분자들과 함께하실 좋아하는데 보통 작은 분자 6개와 셸합을 이루어 안정적인 분자구조를 이룬다. 이렇게 전이 금속과 결합을 이루는 작은 분자단을 리간드^{Ligand}라고 하며 이렇게 결합한 물질 전체를 착물$_{錯物}$이라고 한다(리간드는 2개에서 8개까지 결합하나 6개를 가장 안정적인 구조로 본다). 리간드는 주로 물^{H_2O}이나 암모니아^{NH_3} 혹은 시안화물$^{CN-}$ 같은 간단한 분자들이다. 전이 금속은 리간드들과 결합해 착물을 형성한다. 착물은 대부분 색깔이 선명하다. 이쯤 되면 독자는 눈치챘을 것이다. 바로 전이 금속과 리간드 사이의 결합이 루이스 산-염기 반응이다. 전이 금속의 바깥 오비탈은 늘 비어 있다. 그러니 전이 금속은 리간드로부터 전자쌍을 받으며 바깥을 채우면 채울수록 안정화된다. 여기에서 리간드는 전자쌍을 넘기는 루이스 염기가 되고, 전이 금속은 루이스 산이 된다. 그러면 이 루이스산-염기 반응이 왜 중요할까?

우리의 호흡이 바로 루이스 산-염기 반응으로 시작하기 때문이다. 호흡에 필요한 물질은 산소다. 산소는 혈액을 타고 몸을 구성하는 모든 세포까지 전달된다. 혈액 안에는 적혈구가 있고 그 내부에 헤모글로빈$_{C_{3032}H_{4816}O_{872}N_{780}S_8Fe_4}$이 있다. 헤모글로빈은 크게 두 부분으로 나뉜다. 헤모글로빈 분자에는 중심부에 2가의 철 양이온$^{Fe_2+}$을 중심으로 질소가 포함된 링 구조

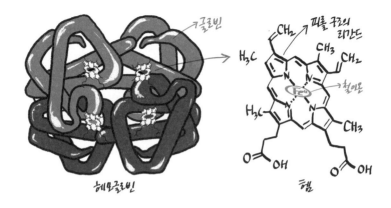

헤모글로빈

헴

물(피롤Pyrrole 구조라 한다. 비대칭적 환 구조를 가진 방향족 유기화합물이다. C_4H_5N의 분자식을 가진 오각형 모양이다) 4개와 루이스 산-염기 반응으로 결합해 있다. 이 구조를 헴Heme 구조라 한다. 그리고 헴은 리간드 주변으로 단백질 일종인 글로빈Globin과 결합해 있는데, 전체적으로 매우 대칭적인 구조를 가진다. 금속이온을 가진 착물은 일반적으로 리간드 6개를 선호한다고 했다. 기실 헤모글로빈은 리간드를 더 받아들일 수 있는 셈이다. 이 여유 공간을 호흡으로 들어온 산소가 채운다. 동물의 폐와 아가미 호흡을 통해 들어온 산소 분자가 철이온과 루이스 산-염기 반응으로 착물 위에 안착한다.

지금이야 흔하지 않은 광경이지만, 석탄을 주로 난방에 사용하던 시절에 일산화탄소 중독 사건은 겨울철 뉴스에 자주 등장하곤 했다. 석탄의 연소 시 발생한 일산화탄소CO도 루이스 염기로 헤모글로빈과 결합한다. 만약 산소와 일산화탄소가 동시에 접근하면 일산화탄소 리간드가 더 강한 염기물질로 산소를 제치고 헤모글로빈과 결합한다. 일산화탄소 중독 환자를 고압 산소실에 들여보내는 이유는 산소를 고압으로 밀어 넣어 산소와 헤모글로빈을 강제로 결합하게 하는 응급 처방을 위해서이다. 헤모글로빈은 산소가 풍부한 폐나 아가미에서는 산소와 결합하고 산소가 희박한 말초 조직에서는 산소를 떼어낸다. 이때 관여하는 것이 혈중산성도이다. 산소 방출은 산성도를 나타내는 수소이온농도가 낮을수록 잘된다. 말초 조직은 대사 이후 농도가 커진 이산화탄소로 인해 혈액의 수소이온농도가 낮은 산성이 된다. 다시 폐로 돌아온 혈액이 이산화탄소를 방출하면 산성도가 원 상태로 돌아가며 헤모글로빈은 다시 산소와 결합한다. 앞서 다룬 인체의 항상성 유지에서도 언급했지만 이렇게 정교한 생명 유지 활동에 여러 물질과 화학반응이 관여하고 있는 것이다.

자연을 닮기 위한 도전의 명암

이런 질문을 해보자. 클로로필을 인공 합성했다는 의미는 광합성하는 장치를 인간이 만들 수도 있다는 의미가 된다. 그렇다면 헤모글로빈을 합성한다면 인류에게 이롭지 않을까? 혈액 부족으로 고통받는 이들을 대체 혈액으로 구할 수 있지 않을까? 물론 이런 연구 프로젝트는 현재 진행형이다. 헌혈에만 의존하고 있는 수혈에 새로운 해결책이 될 수 있기 때문에 과학자들이 이 물질을 가만히 둘 리가 없다. 게다가 천연 혈액은 제한이 있다. 혈액형이 맞아야 하고 공급이 부족하다. 만약 제3세대 인공 범용 혈액이 개발되면 모든 혈액형 환자들에게 공급할 수 있고, 혈액을 대량으로 비축할 수 있어 대형 재난 사고에도 대비할 수 있기 때문에 과학자들은 인공 헤모글로빈 기반 산소 전달자Artificial hemoglobin based oxygen carrier를 연구 중이다. 하지만 수많은 노력이 거대한 자연의 섭리에 의해 되돌려졌는데, 그 이유는 헤모글로빈 분자가 적혈구라는 세포의 보호 환경에서 벗어나는 경우, 헤모글로빈이 산화되며 독소로 변하기 때문이다.

물론 지금도 화학은 현재 완료형이 아닌 진행형이다. 퀴닌 물질만 해도 그러하다. 우드워드가 합성한 퀴닌은 비대칭 탄소 주위의 원자들이 결합하는 공간적 배열까지 통제할 수 없었다. 결국 여러 가지 이성질체가 함께 만들어졌던 것이다. 앞서 약의 두 얼굴인 거울 이성질체에 대해 언급한 장이 있으므로 어렴풋하게 그 개념은 이해하리라 믿는다. 결국 부작용을 유발할 수 있고 효능이 낮을 수밖에 없다. 그럼에도 퀴닌의 합성은 이후로 수많은 방법으로 시도됐다. 결국 2001년 미국의 유기화학자 길버트 스토크^{Gilbert Stork, 1921~2017}가 퀴닌을 합성하는 데 성공했다. 퍼킨의 시도 이후 150년이 지나서의 일이다. 그러나 그의 합성법도 최적의 합성법은 아니었다. 분명 더 나은 합성 공정을 찾기 위해, 자연을 닮아가기 위한 화학자들의 도전은 계속 진행 중일 것이다. 한편으로는 인류가 자연을 흉내 내기 시작했지만 여전히 한계에 부딪히고 있는 것은 거대한 자연의 위대함 앞에 넘지 말아야 할 선이 있다는 엄중한 경고일지도 모르겠다는 생각이 든다.

7
염료로 시작해 약을 합성하다

괴테의 『젊은 베르테르의 슬픔』을 잘 알고 있을 것이다. 나는 학창 시절에 필독서로 읽었으나 혹 읽지 못한 독자들을 위해 줄거리를 대략 옮겨본다. 베르테르는 상속 사건을 처리하기 위해 거처를 옮긴 마을에서 이미 약혼자가 있는 여인, 샤로테를 만나 사랑을 키워간다. 하지만 결말은 비극이다. 결국 연인은 약혼자에게 돌아가고 신변을 비관한 베르테르는 권총으로 자살한다. 이 책이 출간된 후 수십 년 동안 소설 속 주인공인 베르테르를 흉내 내 자살하는 젊은이들이 많았다. 19세기 초 독일은 '베르테르 복장'을 금지시켰다. 베르테르의 복장은 노란색 조끼에 짙은 청색 연미복이었다.

18세기 초까지만 해도 청색 염료는 대청이라는 십자학과 식물로 만들었다. 대청뿐만 아니라 천연염료는 늘 희귀했다. 그래서 안료와 염료는 종교 관련 장식이나 신분이 높은 귀족의 차지였다. 그런데 1731년 독일 프로이센 왕의 주치의이자 화학자인 게오르크 에른스트 슈탈이 합성 염료 기술로 인공적인 파란색을 만들었다. 이 염료 이름을 베를린 블루^{Berlin blue} 혹은 프러시안 블루^{Prussian blue}라고 불렀다. 독일 낭만주의자뿐만 아니라 모든 이들이 파란색을 사랑했다. 파랑은 도저히 다다를 수 없는 하늘과 바다의 색이라 생각한 것이다. 당시 독일 프로이센 군대의 군복과 베르테르의 연미복이 바로이 청색이었다. 프러시안 블루의 등장으로 안료를 인공적으로 만드는 것이 가능하고 고비용이 드는 자연 채취보다 훨씬 저비용으로 생산할 수 있다는 사실이 알려지면서 화학자들은 합성 안료와 염료 기술로 눈을 돌리기 시작했다.

고분자 합성의 근간을 이루는 배위화합물

당시는 화학에서 친화력의 일환인 '전기화학적 이원론'이 주류였던 시대이고 19세기 중반까지 화학결합 이론을 끌고 갔다. 앞서 베르셀리우스가 원소나 염들을 전기적으로 음전하와 양전하 물질로 분류했다고 언급했다. 전기적 성질이 서로 다른 두 성분이 결합하여 화합물을 이룬다는 주장이다. 프러시안 블루 물질은 배위화합물^{配位化合物, Coordination compound}의 한 종류이다. 갑자기 나타난 용어로 어려워할 것 없다. 배위화합물은 착화합물 혹은 착물이라고도 한다. 바로 앞서 다룬 리간드 반응에 의해 생성된 결과물이다. 이 청색의 등장 이후 19세기에 이르러서는 많은 배위화합물들이 새로 발견되었다. 하지만 과학자들은 속속 등장하는 배위화합물들의 정체를 완전히 밝히지 못했다. 자신들이 발견한 물질들의 정체를 알지 못하고 그저 발견자의 이름이나 나타나는 색깔 이름을 붙여 물질을 구분했다. 하지만 착물에 붙여진 이름만으로는 물질에 대한 화학적 조성이나 구조 등 어떠한 정보도 알수가 없다. 19세기 중반을 지나면서 이원론이 한계를 맞는다. 이유는 이원론을 적용해 설명할 수 없는 복잡한 무기화합물들이 등장했기 때문이다. 그 대부분 물질은 광물로부터 얻거나 합성한 이런 복잡한 착화합물들이었다.

가령 19세기 말에 등장한 인디고 블루Indigo blue를 보자. 우리말에 쪽빛에 해당하는 색이니 프러시안 블루보다는 약간 어두운 계열의 보랏빛을 띠는 청색이다. 인디고는 인도에서 자라는 인디고 식물에서 추출했다. 꽤 오래전부터 천을 염색하는 데 사용된 안료다. 인도 혹은 중국의 마디풀과 식물에서 추출되는 물질로 처음에 인디칸이라는 물질로 존재했다. 독일의 요한 폰 베이어는 실험실에서 인디고 블루를 화학적으로 합성하는 데 성공했다. 이후 독일회사 바스프BASF는 이 인디고 블루 특허를 사들여 양산하기 시작했다. 이후 청바지의 주 염료로 사용했다. 하지만 인디고 블루라는 이름으로만 그 착화합물의 화학구조와 성분을 알 수 있을까?

배위화합물은 현대 화학이 시작된 이래로 정체가 밝혀졌다. 물질을 분석하는 기술이 발전하고 결정 구조를 다양한 방법으로 확인해 알게 된 것이다. 결국 19세기 말 이원론이 무너지고 화학적 명명법이 등장하며 이런 식의 이름 붙이기는 끝나가고 있었다. 배위화합물의 명명법도 1893년에 스위스 화학자 알프레트 베르너Alfred Werner, 1866~1919가 배위설을 제안한 이후에서야 비로소 가능해졌다. 20세기 초인 1916년에 미국 물리화학자 길버트 루이스가 두 원자가 전자쌍을 공유하여 화학결합을 형성한다고 제시했다. 일반적인 공유결합과의 차이는 공유하는 전자쌍이 결합을 이루는 어느 한 원자에 의해서만 제공되는 조건이 붙은 것이다. 바로 이 공유결합을 배위공유결합Coordinate covalent bond이라고 한다. 이 배위공유결합에 의해 루이스 산-염기가 등장하고 리간드가 등장한 것이다. 리간드의 전자쌍을 루이스 산인 금속이온에게 넘기며 결합하는 것을 리간드 결합이라 정하고, 이를 배위결합이라고 부르기도 해서 그 결과물을 총칭하며 고급스러운 언어로 배위화합물이라 칭한 것이다. 사실 배위결합은 앞서 다룬 고분자 합성에서도 근간을 이룬다. 카를 치글러 교수가 에틸렌을 배위 중합해 저밀도 폴리에틸렌을 만들었고 줄리오 나타 교수는 같은 방법으로 프로필렌으로 폴리프로필렌을 만들었다. 다만 배위결합이 있다고 모두 배위화합물이 되지는 않는다. 배위화합물은 중심이 되는 원자에 몇 개의 이온 또는 분자가 배위결합을 하고 있는 화합물을 말하기 때문이다.

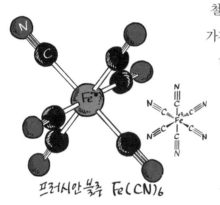

프러시안 블루 $Fe(CN)_6$

철은 다른 전이 금속 원소들과 마찬가지로 배위화합물을 만든다. 철의 배위화합물 중에서 가장 대표적인 물질이 프러시안 블루다. 이 물질의 분자식은 $Fe(CN)_6$이다. 프러시안 블루가 청색을 띠지만 헤모글로빈은 원자번호 26번인 철이 있으나 붉은색을 띤다. 사실 혈액의 붉은색은 철 원자에 붙들린 산소 때문이라고 해야 정확한 설명이 된다. 프러시안 블루는 검정색과 푸른 잉크 제조, 페인트, 청사진에도 사용되고 있다. 또 이런 물질들은 철로 인해 자성이 있어서 촉매나 의약품으로 사용되기도 한다. 자성을 이용해 세슘이나 탈륨 같은 중금속 중독의 해독제로 사용한다. 가령 세슘-137에 피폭된 경우 프러시안 블루를 투여하면 생물학적 반감기가 110일에서 한 달 내외로 줄어든다.

한편 프러시안 블루 배위화합물이 중요한 용도로 사용되는 데가 있다. 세포나 골수 내 생물 조직 염색의 색소로 이용된다. 이처럼 특정 조직을 염색할 수 있다는 것은 무척 특별한 기능이다. 왜냐하면 해당 세포만 목표로 치료할 수 있는 길이 생겼기 때문이다.

중심 금속이온 중에 원자번호 21~30번의 전이 금속 원소는 독특한 색이 있다. 루이스 산-염기 반응의 결과를 우리가 눈으로 볼 수 있는 것은 색깔이다. 이미 우리는 클로로필과 헤모글로빈에서 이 반응의 결과를 특정 색으로 보았다. 일반적으로 금속이온은 리간드 6개와 반응해 착물을 형성한다. 만약 여기에 다른 루이스 염기 물질이 첨가되면 기존의 리간드 6개 중에 일부가 교체되기도 한다. 새로운 착화합물은 이전의 착화합물과 전자구름의 분포에서 많은 차이를 보인다. 결국 전자 분포가 달라지며 입사된 전자기파의 흡수가 달라진다. 그 결과로 다른 색깔을 띠게 된다. 화학자들은 이런 원리를 이용해 색을 내는 염료와 안료를 합성한다.

질병 치료에 기여하는 염료

염료와 안료가 인류 문명을 보다 화려하게 장식했다. 그런데 이 물질의 영향은 여기에 그치지 않는다. 생물학과 화학이 결합되면서 생명 물질에 대한 비밀만 풀리는 것이 아니라 인류의 욕망이 더해진다. 합성 의약으로 인류를 괴롭히던 질병에서 벗어나고자 한 것이다. 하지만 19세기 말까지도 합성 의약은 인류의 손에 쥐어지지 않았다. 1856년에 윌리엄 헨리 퍼킨을 시작으로 퀴닌의 화학적 합성을 시도한 사실은 이미 잘 알 것이다. 하지만 퀴닌의 합성은 실패하고, 그 대신 화학은 염료 시장의 자양분이 됐다. 결국 제1차 세계대전이 끝날 무렵 합성 의약에 재도전을 하게 된다. 결국 퀴닌은 그 구조가 확인됐고 비록 완벽한 퀴닌 분자의 전 단계 합성이지만 우드워드에 의해 퀴닌이 합성된 것은 퍼킨의 도전이 시작되고 90년 후였다. 사실 합성 의약의 시도는 항말라리아제뿐만 아니었다. 비록 퀴닌의 성분이나 분자 구조는 몰랐지만 퀴닌의 합성을 시도하다가 몇 가지 다른 화합물을 합성하게 되는데 그중 해열 효능이 있는 물질을 발견하게 된다. 그래서 1890년부터 1910년까지 유사 해열제가 많이 등장한다. 이 시기에 등장한 가장 대표적 해열제가 아스피린이다. 아스피린 성분은 버드나무 껍질에서 추출한 아세틸살리실산이었다. 여전히 천연 재료에 의존하던 시절이었다. 당시 인류가 주목한 건 대부분 열대성 질환이었다. 그런데 일상에서의 감염병도 인류를 괴롭혔다. 단순한 상처에도 목숨을 잃던 시절이었기 때문이다. 결국 염증을 일으키는 균에 관심을 가지기 시작했고 박테리아와 같은 미생물에 주목했다. 질병의 근원적 존재에 대한 과학적 접근이 시작된 것이다. 그런데 흥미롭게도 여기에도 염료 물질이 기여한다.

세포를 현미경으로 촬영한 사진을 본 적이 있을 것이다. 세포 사진에서는 형형색색의 세포 소기관들이 명확하게 구분돼 있다. 하지만 실제 세포는 사진에서 보였던 색을 원래 가지고 있지 않다. 사진에서 세포 안의 특정 위치가 명확하고 선명한 색깔로 표시된 것은 염료 때문이다. 19세기 후반 합성 염료로 조직과 세포를 선택적으로 염색할 수 있음을 알게 되자 그것을 바탕으로 다시 생명공학과 의학, 그리고 제약 분야로 눈을 돌리게 된다. 당시 인간이 걸리는 질병의 대부분이 미생물 때문이란 것은 이미 알고 있었다. 인류를 구하기 위한 노력은 예방과 치료라는 두 길로 나뉘었다. 예방은 이미 18세기 후반 천연두를 필두로 한 전염병에 대한 백신 개념이 등장했다. 하지만 치료제인 항생 물질을 찾기는 쉽지 않았다. 아이러니하게도 화학의 합성 염료 등장이 치료제 개발을 돕게 된다.

20세기 초 제1차 세계대전에서 전투원들은 상처 감염으로도 많은 희생을 치렀다. 심지어 별 대수롭지 않은 상처로도 염증이 온몸에 퍼져 신체 일부를 절단하거나 목숨을 잃었다. 지금이야 많은 항생 약물이 있으니 연고나

약으로도 쉽게 치료할 수 있지만, 항생제가 없던 시절에는 상처 하나에도 목숨이 위태로웠다. 당시 위생병으로 참전했던 독일의 의대생 게르하르트 도마크 Gerhard Domagk, 1895~1964는 감염성 질환을 두고 볼 수 없었고, 전쟁이 끝난 후 독일의 화학 기업 연합체인 IG 파르벤(정식 명칭은 Interessengemeinschaft Farbenindustrie Aktiengesellschaft)에 입사해 감염병 연구의 책임을 맡게 된다. 독일군도 감염병으로 큰 희생을 치렀으니 감염병 극복은 국가적 사명이었을 것이다. 게다가 독일은 전쟁을 치르고 화약 무기와 화학전의 중요성을 인식하고 1925년에 여섯 화학 회사를 통합해 거대한 연합체인 IG 파르벤을 만든다. 도마크는 이 기업 연구소에서 실험병리학과 세균학을 담당했다. 당시 IG 파르벤에서 도마크의 동료 파울 에를리히 Paul Ehrlich, 1854~1915가 어떤 의견을 제시한다. 그는 의사이자 세균학자이며 또한 유기화학자였다. 에를리히는 서로 다른 생체 조직은 색소를 선택적으로 흡수한다는 사실에서 아이디어를 낸다. 가령 살아 있는 신경에만 흡수되는 염료가 있는 것처럼 세균 역시 염료를 선택적으로 흡수한다는 것이었다. 만약 어떤 염료가 특정 세포를 염색한다면 그 부위에 선택적으로 약물이 들어갈 수 있게 염료와 약물을 연결할 수 있다는 생각이었다. 진정 과학자다운 가설이었다. 그런데 이런 가정은 현실로 이뤄졌다.

실험병리학과 세균학을 담당했던 도마크는 아조화합물(아조기 $^{-N=N-}$를 가진 방향족 탄화수소 유기화합물 $R-N=N-R'$로 표시되며 선명한 노랑, 주황, 빨간색을 낸다)이 세균에 대해서 염색 효과가 있음을 발견한다. 세균을 염색한 염료는 항균 효과가 있었다. 이를 시작으로 그는 동물시험에서도 이 물질이 항균 효과가 있음을 밝힌다. 비록 동물시험까지만 마친 임상 전 상태였으나 이후 자녀에게 임상을 하며 사람에게도 효과가 있음을 알렸다. 사실 아무리 동물시험을 거쳤다 해도 대상이 인간으로 옮겨지면 알 수 없는 원인으로 목숨이 위태로울 수 있다. 이전에 독일에서 만든 화학적 합성 약물인 매독 치료제도 600번 이상 시험을 거쳐 만들었지만 효과에 견주어 부작용이 컸기 때문에 새로운 약물에 대한 임상이 쉽지 않았다. 설사 임상을 성공적으로 거쳤다고 해도 뒤늦게 부작용이 나타나는 경우도 많다. 그럼에도 왜 이런 위험한 시험의 대상자로 선뜻 자신의 소중한 가족을 선택했을까? 그 당시 도마크의 딸은 상처를 입고 염증이 온 팔에 퍼져 팔을 절단해야 하는 위기에 처해 있었던 것이다. 도마크는 자신이 만든 화학물질을 딸에게 복용시켰고 염증에 효과가 있다는 것을 입증했다. 결국 자신의 인생과 가족의 목숨을 담보로 한 희생이 이후 인류의 생명을 살린 계기가 됐다.

도마크가 1932년에 발견한 물질은 프론토실^{Prontosil}이라 불리는 색소 염료였다. 도마크의 임상 결과가 발표되고 그 약효의 정체가 파스퇴르 연구소에서 밝혀진다. 프론토실이 생체에 들어갔을 때 '설파닐아마이드^{Sulfanilamide}'가 생성되고 이 물질이 연쇄상구균에 우수한 항균 작용을 한다는 사실을 밝혀낸 것이다. 한편 이 물질이 폐렴이나 임질을 일으키는 세균에도 효과가 있음을 알아냈다. 이후 과학자들은 설파닐아마이드를 합성한 항균 약물 개발 경쟁에 나섰다. 당시 약 6,000종이 합성되어 전쟁에 사용됐다고 한다. 바로 이 물질이 최초의 항생제인 '설파제^{Sulfa劑}'로 알려진 약물이다. 사실 '설파제'는 특정 약물을 지칭하는 이름이 아니라 이렇게 개발된 약의 총칭이다. 설파제는 균이 성장하는 데 필요한 물질과 유사한 가짜 물질이다. 균류는 생장 물질 대신에 설파제를 섭취하게 된다. 결국 균은 자기 생명 활동에 필요한 물질이 고갈되어 번식할 수 없게 된다.

노벨위원회는 설파제를 발명한 도마크를 1939년 노벨 생리·의학상 수상자로 선정하게 된다. 하지만 그의 모국인 나치 독일은 정치적 이유로 독일인의 노벨상 수상을 금지했다. 그래서 그는 노벨상 수상 거부를 스스로

서약해야 했고, 독일 패망 후인 1947년에야 상을 받았다.

　제2차 세계대전을 배경으로 한 소설을 기반으로 제작된 전쟁 드라마인 〈밴드 오브 브라더스〉는 현존하는 전쟁 드라마 중 실제 전쟁과 가장 가깝게 묘사했다는 평을 받는다. 이 영화에는 전투에서 부상한 병사의 환부에 하얀 가루를 뿌리는 장면이 나온다. 당시 군인들은 구급약으로 이 가루를 항상 소지하고 다녔다. 심지어 설파제 약물은 영국 총리인 처칠을 폐렴에서 구해내기도 한다. 일반적으로 항생제 하면 페니실린, 그리고 그걸 만든 알렉산더 플레밍을 떠올리게 된다. 기실 설파제는 페니실린의 등장과 함께 항생제의 자리를 내주었지만, 플레밍도 도마크의 연구에 영향을 받게 된 셈이니 페니실린의 등장도 도마크라는 인물과 무관하지는 않을 것이다.

　사실 20세기 초에 유기화학이 확립되며 수많은 화학물질이 개발되고 있었다. 화석연료를 기반으로 한 합성수지나 고무, 그리고 고분자 물질은 합성섬유 산업을 이끌었다. 물리화학이 등장하며 방사성 물질도 연구됐다. 염료와 제약 산업은 물론 생명공학 분야에서는 생체고분자 물질이 연구됐다. 이 많은 물질을 이 책에서 모두 다루지는 못한다. 책의 서두에서 살균제인 PHMG, CMIT와 살충제인 피프로닐을 다룬 기억이 날 것이다. 살균제인 설파제를 다뤘으니 이 시기에 등장한 살충제 한 종류를 더 소개하려 한다.

DDT의 등장과 생태계 교란

20세기 초 인공적으로 질소를 고정하며 비료가 등장했고 농업에 막대한 긍정적 효과를 주었으나 해충은 그 효과를 갉아먹기 일쑤였다. 당시에 살충제는 몇 종류가 시판되고 있었다. 하지만 살충력이 우수하면 인간을 포함한 포유동물의 생명마저 위협할 정도였다. 심지어 식물에도 악영향을 주었다.

반면 포유동물에게 위험하지 않은 살충제는 살충 효과가 미미했다. 이런 살충제가 나오기 이전에는 국화과의 다년생 화초가 모기를 죽이는 향불이나 천연 농약으로 사용되었다. 앞서 몇 차례 천연 물질을 사용한 사례에서 공통적으로 나타나는 현상이 있다. 수요가 늘어나면 감당이 안 된다는 것이다. 자연에서 얻을 수 있는 양은 늘 적고 너무 비쌌다. 결국 일반인이 사용하기 어려웠다. 특히 1939년 제2차 세계대전으로 천연 원료의 공급은 더욱 어려워졌다. 결국 해충은 쉽게 죽이지만 식물과 동물에게 유해하지 않은 살충제에 대한 고민이 시작됐다. 스위스의 제약 회사에서 살충제를 연구하던 화학자 파울 뮐러 Paul Hermann Müller, 1899~1965는 염소 함유 화합물이 이 목적에 적합할 것이라 생각하고 집중적으로 연구했다. 그러던 중에 천연 농약과 유사한 성분의 화학물질을 발견하게 된다. 그보다 약 60년 전에 합성된 DDT라는 화학물질이 곤충의 신경을 마비시키는 효과가 있다는 사실을 발견하게 된 것이다.

DDT의 정식 명칭은 다이클로로다이페닐트라이클로로에테인 Dichloro-diphenyl-trichloroethane이다. 대개는 영문 약자로 간편하게 DDT라 부른다. DDT는 원래 자연에 있던 물질은 아니다. 뮐러가 효능을 발견하기 전인 1874년에 오스트리아의 화학자 오트마르 차이들러 Othmar Zeidler, 1850~1911가 처음으로 인공 합성한 화합물이다. 당시는 어떤 물질인 줄 모르고 합성한 것이고 딱히 사용처도 없었다. 그러니까 1939년까지 이 물질이 곤충에게 유해하다는 사실은 밝혀지지 않았던 것이다. 1942년에는 뮐러가 일했던 제약 회사에서 DDT의 상업 생산을 시작했다. 이 회사가 현재의 거대 제약 회사인 노바티스 Novartis다.

1943년 겨울에 영국군과 미군이 개입해 이탈리아 나폴리를 점령할 당시에 발진티푸스가 유행했다. 이미 발진티푸스에 대해서는 인류가 아픈 경험을 했던 터였다. 제1차 세계대전 당시에 발진티푸스로 발칸반도에서 전쟁의 형세를 크게 바꿔놓은 적이 있다. 발진티푸스는 이 Sucking louse에 의해서 매개된다. 나폴리의 전투군과 시민들에게 DDT가 살포됐다. 1944년은 발진티푸스의 겨울 유행이 역사상 처음으로 멈춘 해가 됐다. 발진티푸스뿐만 아니라 말라리아를 일으키는 모기를 근원적으로 차단해 전투 지역은 물론 민간 지역에서 일어나는 질병의 구제에도 사용되었다. DDT는 유럽에서만 사용된 것이 아니었다. 해방 전후와 한국전쟁을 배경으로 미군에 의해 촬영된 영상 중에 미군이 한국 사람들을 모아놓고 몸에 DDT를 뿌리는 모습을 본 적이 있을 것이다.

DDT는 곤충에 효과적인 살충 효과가 있었고 냄새도 독하지 않았으며 당장 포유동물이나 식물에 해를 입히지 않았다. 인류가 그토록 찾던 이상적인 살충제였던 셈이다. DDT는 전쟁이 끝난 후인 1945년 10월부터 일반 살충제와 농약으로 판매되기 시작했다. 분명 농작물의 해충 피해는 감소됐다. 그리고 여전히 말라리아의 원인인 해충에 대항하는 물질로 사용됐다. 하지만 이런 물질이 DDT만 있었던 것은 아니다. 이전부터 DDT보다 더 강력한 살충 효과를 지닌 물질들도 있었다. 벤젠 헥사크롤라이드 BHC, Benzene hexachloride 는 전쟁 발발 후 농약 수급이 어려워지자 1941년부터 영국이 개발한 강력한 유기 합성 살충제이다. 제조법이 쉬운 만큼 비용도 적게 들어 폭넓게 사용됐다. 한편 해충이 살충제에 면역이 생기자 다른 살충제를 만들기도 했다. 엄청난 종류, 엄청난 양의 살충제가 농업에 투여됐고 분명 농작물 피해는 줄었다. 그런데 녹색혁명을 몰고 온 농약과 살충제는 또 다른 모습이 있었다. 특히 이런 물질들은 분해가 잘 되지 않는다. 너무 안정한 구조이기 때문이다. 결국 잔류 기간이 긴 이 물질이 토양에 남아 생태계에 흡수되고 먹이사슬을 무너뜨렸다.

1980년을 전후로 발생한 미국 플로리다주의 생태계 교란이 환경 폐해의 대표적 사례 중 하나다. 플로리다의 어팝카^{Apopka} 호수에 서식하는 악어들의 번식률이 급감했다. 원인은 10여 년 전, 한 기업에서 유출한 폐수에 엄청난 양의 DDT가 들어 있었던 것이다. DDT는 호수의 생태계에 잔류하며 호수에 사는 악어들의 체내에 쌓였다. 긴 시간 동안 생태계는 서서히 무너졌다. 앞서 언급했듯 레이첼 카슨의 『침묵의 봄』에서 이 물질의 민낯을 볼 수 있다. DDT는 분명 살충제지만 인류에게 DDT는 특정한 살충제만을 의미하지 않는다. 이 물질은 환경을 파괴하는 일반명사처럼 상징적인 아이콘이 됐다.

화학물질은 시공간을 초월한다. 아마도 20세기 초반부터 등장한 수많은 화학물질이 세대를 넘어 후손과 자연에 피해를 줄 거라는 생각을 그 당시에는 하지 못했을 것이다. 지금 당장 내가 사용한 화학물질이 나를 떠나 긴 여정을 통해 다시 어떤 모습으로 돌아올지, 혹은 내가 아닌 다른 이에게 어떤 영향을 미칠지 예측할 수 없다. 하지만 우리는 이것을 일련의 사건으로 점철된 지난 역사 속에서 경험했다. 그러니까 현재를 사는 우리는 미래에 대한 책임과 정의를 공유하고 있는 셈이다. 역사 속에 교훈이 존재하고 경험도 했으나 거기서 배움은 전혀 없었던 것은 아닌지 모르겠다.

8

인류가 집착한 또 다른 물질, 고무

만일 고무가 없다면 세상은 어떻게 될까? 어떤 사람은 고무가 무슨 대수겠 느냐고도 하겠지만, 고무가 없는 세상은 상상할 수 없을 만큼 큰 재앙을 맞 을 것이다. 인류는 물질과 함께해온 역사에서 가늠조차 할 수 없는 많은 축 복을 받았다. 그런데 인류는 물질을 얻는 과정에서 무지로 인한 억울한 희 생도 많았으며, 물질이 주는 잉여에 취해 인류의 악한 품성을 드러낸 경우 도 있었다. 다만 축복이 더 크기에 인류의 어리석음과 과오는 세상에 잘 드 러나지 않는다. 인류는 여전히 수치스러운 익숙함 속에 물질을 이용하고 있 는지도 모르겠다. 고무도 그런 인류의 수치스러운 역사를 관통하고 있는 물 질 가운데 하나이다.

20세기 초 두 번의 커다란 전쟁으로 유럽을 비롯한 여러 곳이 황폐화하 고 세계는 공황에 빠진다. 특히 1939년에 벌인 두 번째 전쟁에서는 파괴 위 에 참상이 더했다. 독일의 극에 달한 오만과 편견, 그리고 탐욕은 인종 절멸 수용소를 가동하며 유대인을 학살했다. 앞서 등장한 프리츠 하버의 독가스도 여기에 이용됐다. 그런데 제노사이드^{Genocide}라는 지옥에는 민족적 정서외에도 고무 물질이 중심에 있었다. 당시 독일에는 합성고무 공장이 세 개나 있었지만, 두 번째 전쟁의 시작과 동시에 독일은 1941년 아우슈비츠에동유럽 최대 규모로 네 번째 화학공장을 건설한다. 그리고 거기에 노동력을공급하기 위한 수용소가 지어진다. 그 전에도 수용소는 있었지만, 노동이목적이 아닌 살육과 멸절의 장소였다. 이에 반해 아우슈비츠는 값싼 유대인노예 노동력을 부리려는 목적이었다. 노동 조건은 열악했고 생산성이 떨어진 쇠약한 수용자들은 끊임없이 교체됐다. 이른바 '단물을 모두 빼 먹힌' 수감자들이 가는 장소가 가스실이었던 것이다. 전쟁 동안 살육된 유대인 약270만 명 중 약 110만 명이 아우슈비츠에서 산화했다. 섬멸의 이면에는 당시 유럽 최대의 화학공장 가동이라는 목적이 있었고, 화학공장의 생산물은합성고무였다. 독일은 왜 그렇게 합성고무에 집착했던 걸까?

고무나무 쟁탈전과 합성고무의 출현

이유를 알기 위해서는 시계를 반세기 정도 앞으로 돌려야 한다. 인류가 화석연료의 탄소 결합을 산소로 끊어내고 막대한 에너지를 얻을 수 있는 자연의 비밀을 풀어냈다. 이 사건이 바로 산업혁명이다. 철과 화석연료에 의존해 인류 문명을 수직으로 끌어올렸다. 그런데 여기에서 고무는 없어서는안 될 물질이었다. 산업을 이끈 열기관을 중심으로 시작된 모든 기계적 운동에는 금속과 화석연료만 주인공일 것 같지만, 또 하나 없어서는 안 될 주연급 조연이 있었던 것이다. 바로 고무였다. 고무는 거의 모든 기계장치에들어가기 때문이다. 고무가 없다면 대부분의 운송 수단도 제대로 움직일 수 없다. 또한 금속으로 이뤄진 기계는 물론 대부분 산업 제품은 충격과 진동을 견디지 못하고 부서져 버릴 것이다. 당시 제국 열강들은 이런 고무의 중요성을 잘 알고 있었다. 당시 고무를 얻는 방법은 고무나무에 상처를 내고 속살에서 송송 솟아 나오는 우윳빛 점액질 수액인 라텍스Latex를 모으는 방법이 유일했다. 이 천연고무 유액을 틀에 넣고 마치 떡을 쪄내듯 수분을 날려 물건을 만들어낸 것이다.

고무나무의 학명은 헤베아 브라질리엔시스Hevea brasiliensis이다. 이름에서 알 수 있듯이 아마존 지역에서 자라고 있던 식물이다. 유럽과 미국은 자국 경제의 흥망이 걸린 원자재를 확보하기 위해 보이지 않는 전쟁을 벌이고 있었다. 이른바 '아마존 쟁탈전'이었다. 당시 남아메리카 일부를 식민지로 삼고 있던 영국과 프랑스, 그리고 벨기에가 고무나무를 찾아 밀림으로 들어갔다. 원래 대지의 주인인 브라질은 물론 미국도 이 쟁탈전에 합류했다. 원주민이 유럽에서 건너온 질병으로 희생되었고, 고무로 인한 노동력 착취는 그들에게는 또 다른 재앙이었다. 또한 밀림 환경은 침략자들에게도 막대한 희생을 가져다줬다. 원료 공급은 쉽지 않았고 결국 19세기 후반 영국은 브라질에서 고무나무 씨앗을 밀수해 영국 왕립식물원에 심게 된다. 영국은 그 이전에도 기나나무를 몰래 가져간 경험이 있었다. 여기서 성공적으로 자란 묘목들을 동남아시아의 영국 식민지들로 보냈다. 우리가 동남아 지역을 여행하며 고무나무의 고향을 동남아 국가인 줄 알고 있는 것은 지금은 거기서 가장 많은 고무가 생산되기 때문이다.

그런데 고무 쟁탈전에서 독일이 보이지 않는다. 내연기관을 최초로 발명한 독일은 자동차 산업에서 타이어와 벨트, 그리고 각종 패킹 제조에 고무가 필요했고, 전기를 이용하는 부분은 물론 의료와 화학 등 수많은 산업 분야에 고무가 사용된다는 걸 잘 알고 있었다. 독일은 지리적 기후 조건이 고무나무

재배에 맞지 않았고, 다른 유럽 국가들처럼 식민지 확보에 합류하지 못했기에 열대 식민지를 활용할 수도 없던 상황이었다. 결국 독일 정부는 화학자들을 대거 동원해 자체적으로 고무를 얻을 수 있는 방법을 찾게 된다.

사실 유럽의 고무 발견 시점은 아마존 쟁탈전으로부터 약 4세기 전인 콜럼버스 대항해 시대로 거슬러 올라간다. 1419년 스페인이 식민지의 마야인들의 놀이에서 튀어 오르는 고무공을 본 것이 시작이다. 당시 유럽에 '바운싱 Bouncing'이란 단어조차 없을 때였으니 돈을 벌 수 있는 고무에 열광한 건 당연했을 것이다. 하지만 고무는 상상의 영역에 있던 소재였다. 온도에 따라 돌처럼 굳거나 액체로 녹아 쓸모가 없는 고무는 사람들의 관심에서 멀어졌다. 그로부터 4세기 후 인류는 유황으로 고무를 경화시키는 방법을 알아냈고, 사람들을 다시 아마존으로 불러 모았던 것이다. 사람과 동물의 노동력이 기계로 바뀌며 그 관절을 연결할 고무에 다시 목매게 된 것이다.

고무에 과학을 도입한 것은 독일이다. 고무의 정체가 폴리이소프렌이라는 고분자 물질이라는 것도, 미국이 세렌디피티로 발견한 고무의 경화 원리를 알아낸 것도 독일이다. 결국 원료가 없었던 독일은 고무를 직접 만들기 시작했다. 바이엘사에서 1909년 이소프렌을 가공해 고무와 유사한 물질을 제조하는 데 성공했고, 그래서 부나 공장을 세울 수 있었다. 부나는 부타디엔과 촉매인 나트륨을 합성한 축약어이다. 부타디엔 분자를 길게 연결하면 폴리부타디엔이라는 것이 만들어지는데, 이것이 바로 아우슈비츠의 화학 공장에서 유대인들의 목숨과 바꾼 합성고무다. 지금의 플라스틱 제조법은 대부분 이때의 고무 제조 공정을 토대로 응용해서 개발한 셈이다. 어찌 보면 독일의 합성고무에 대한 연구가 이 세상을 완전히 바꿨다고 해야 한다. 고무가 추동력이 되어 석유화학공업은 지구에 갇혀 있던 탄소를 꺼내 세상을 플라스틱으로 채웠다.

합성고무의 등장에도 여전히 천연고무는 자연의 혈관에서 뽑아내고 있다. 합성고무는 거장인 자연의 능력을 따라잡을 수 없는 불완전한 대체제일 뿐이기 때문이다. 여전히 우리 문명은 천연고무만이 지닌 특성에 의존할 수밖에 없다. 지금은 고무의 주 생산지가 동남아시아로 이동한 이유가 있다. 질병이 아마존의 고무나무를 초토화했기 때문이다. 그런데 동남아시아에서 볼 수 있는 고무나무는 아마존의 그 고수확 품종에 접붙인 것들이다. 일종의 아마존 고무나무 클론인 셈이다. 그러니까 질이 좋지 않은 것은 도태시키는 생존 게임을 여기에도 적용했고, 단일 종에 가까운 동남아 지역의 고무나무는 잎마름병 바이러스에 취약한 품종만 남은 것이다. 교통의 발달은 대륙으로 떨어진 지금의 지리적 공간을 과거의 판게아^{Pangaea}로 봉합하는 실과 같다. 언젠가 잎마름병도 지리적 경계를 넘어올 것이다. 이런 일이 현실화하면 인류 문명에는 지금껏 경험하지 못한 재앙일 것이고, 그것을 극복하는 데에는 감당하기 힘들 정도로 시간이 걸릴 것이다.

우리는 최근 팬데믹과 기후변화를 이야기하며 너무 쉽게 '지속 가능한'이라는 문구를 사용한다. 대표적인 몇 가지 원인만 제거하면 지속 가능한 미래가 실현될 수 있을 것으로 이야기한다. 하지만 '이기적 문명'에 자연의 풍경을 회복시키는 건 말처럼 쉬운 일이 아니다. 지금의 인류 생존 환경이 나빠지게 된 지점까지는 수많은 요소와 원인으로 채워져 있기 때문이다. 거기에 물질은 촘촘하게 입체적으로 얽혀 있다. 우리는 '지속 가능'이라는 문구에 함의된 '성장과 생산성'에 포획되어 그 물질이 우리 눈앞에 올 때까지의 험난한 여정, 파괴와 희생을 무시하거나 잊고 있는 경우가 많다. 그리고 보이지 않는 곳에서 여전히 자연을 인류 사회의 생존 방식에 투입하고 있다. 우리는 왜 성장만 하려 드는 걸까? 잠시 쉬면 안 되는 걸까? 여전히 인류는 이유도 모르고 또 다른 바벨탑을 세우는 일에 돌을 나르고 있는 건 아닐까?

9

'지속 가능함'으로 위장한 인류의 두 얼굴

최근 기후변화와 함께 자주 등장하는 용어가 '지속 가능한^{Sustainable}'이다. 이 용어가 말하고자 하는 대상은 포괄적이고 광범위하다. 기후변화, 아니 변화는 이미 과거형이 됐고 '기후 위기'가 현재 진행형인 시대에 지속 가능의 대상은 지금까지 인류가 누린 모든 것을 의미한다. 왜냐하면 지구 환경이 나빠져 지금까지 인류가 누렸던 모든 풍요로움이 멈출 수 있다는 경고장을 받은 셈이기 때문이다. 그래서 지속 가능함을 위한 어떠한 행위도 구원의 행동이 된다. 일회용 용기 사용을 줄이는 미미한 행위조차도 숭고한 행위가 된다. 특히 기업의 변화는 개인의 노력보다 파급 효과가 훨씬 크다. 전 세계가 촘촘하게 얽힌 기업의 공급 사슬에서의 변화는 빠른 시간에 눈에 띄는 환경 변화를 가져올 수 있기 때문이다. 그런 면에서 최근 글로벌 음료 프랜차이즈 업체의 플라스틱 빨대 사용 금지 방침은 별게 아닌 움직임에 불과해 보여도 실질적 효과는 생각보다 여러 방면에서 작용한다. 작은 플라스틱 부품 하나가 종이로 바뀐 것이 지속 가능한 지구를 위한 구원 행위가 된다. 그리고 일종의 선언이 되어 사람들이 스스로 깊숙하게 숨겨져 보이지 않았던 근원적 고민을 꺼낼 수 있게 한다. 이로 인해 사라지는 플라스틱의 양도 양이지만 파급 효과는 그만큼 세상의 지속 가능성에 보탬이 되기도 한다. 하지만 인류는 지속 가능을 외치는 지점에서도 멈추지 못하는 욕망을 숨겨놓기도 한다.

기업이 세상에 선한 영향력을 드러내면 사람들에게는 그 기업이 정직하거나 혹은 정의롭다는 이미지로 새겨지게 된다. 그런데 실제로 기업은 의도적이든 그렇지 않든 물질을 대상으로 벌이는 행위와 관련한 입체적 이해관계 모두를 드러내지 않는다. 사람들에게는 선한 행위로 인한 선한 결과라는 일차함수만 보이기 때문이다. 하지만 물질을 중심으로 한 이해관계는 복잡하게 얽혀 그 물망처럼 존재한다. 그 그물 안에는 잘 알려져 있지만 우리가 알지 못하는 것들이 있다. 이제 몇 가지 물질을 통해 그 숨어 있는 이해관계를 엿보고자 한다.

아마존 열대우림의 화재

열대우림이 사라지고 있다는 뉴스를 많은 독자들이 접했을 것이다. 지난 2019년 아마존 우림에서 산불이 산발적으로 발생했다. 화재는 1년 넘게 진행됐고 결과적으로 일본 규슈 지역의 넓이와 맞먹는 약 4만 제곱킬로미터에 달하는 자연을 잿더미로 바꿨다. 간혹 아마존 지역의 화재로 인한 열대우림의 상실을 지구 허파의 상실로 비유해 대기 산소 공급원의 감소를 우려하기도 한다. 인터넷에는 허파가 마치 암에 걸린 것처럼 병든 아마존을 묘사한 사진도 떠돈다. 하지만 아마존의 광합성만으로 대기의 21퍼센트에 달하는 산소를 채우기는 어렵다. 물론 이런 열대우림의 광합성 양은 전체 육지에서 일어나는 광합성 양의 30퍼센트에 달한다. 하지만 아마존 산림의 광합성 부산물로 배출되는 산소의 절반은 그 대지에서 공생하는 미생물의 호흡에 사용된다. 그러니까 아마존이 아무리 울창해도 대기 구성 물질에 기여하는 양은 생각보다 미미하다. 실제로 아마존과 같은 열대우림은 토양의 수분을 안정화하고 생물 다양성을 유지하며 기후를 안정시키는 데 기여한다. 이 우림의 토양은 막대한 탄소를 저장하고 있는 셈인데, 아마존의 파괴는 곧 이 탄소를 대기 중으로 꺼내는 효과가 있다. 식물의 광합성에는 반드시 물이 필요하다. 우림의 상실로 물을 흡수해 대기로 보내는 수증기 양이 줄면 강수량이 줄고 결국 그 땅은 사막화된다. 아마존의 파괴는 단순하게 산소의 부족만이 문제가 아니라 여러 요인을 뒤틀리게 해 결국 기후변화의 요소가 된다. 2019년 아마존 산불의 원인은 무엇일까? 왜 해당국 정부는 산불을 적극적으로 진화하지 않았을까? 오히려 산불을 방조했던 느낌을 지울 수 없다. 정작 지구 반대편에 있는 우리는 어떤가. 우리나라 속담에 '강 건너 불구경'이라는 말이 있다. 직접적 관계가 없다고 생각하는 것이다. 강 건너편에서 난 불은 강물로 인해 자신의 마을까지 확산할 가능성이 없으니 화마는 그저 대단한 구경거리일 뿐이다. 그런데 그 화재의 원인을 파고들면 그 방향을 가리키는 화살표의 끝은 결국 우리 자신을 향한다.

알루미늄을 재활용해야 하는 이유

각 가정의 재활용 분류 대상 물질 중에서 유일하게 다뤄지는 금속 물질이 있다. 한 번쯤 분리수거에 참여했다면 쉽게 알 수 있는 물질이다. 바로 알루미늄이다. 118개의 원소를 다룬 주기율표만 봐도 70퍼센트 이상이 금속원소인데 수많은 금속 중에 왜 유독 이 금속만 따로 재활용할까? 알루미늄의 용도는 플라스틱의 철학을 닮았다. 아니 알루미늄의 탄생이 훨씬 먼저이니 플라스틱이 알루미늄의 용도를 닮았다고 하는 게 맞을지 모르겠다. 플라스틱의 등장에도 불구하고 알루미늄은 일회용 용도로 일상에 광범위하게 사용된다. 잘 알려진 음료 캔이나 포일, 혹은 일회용 용기는 알루미늄 금속 물질이다. 그만큼 알루미늄은 지구에 풍부하다. 산소와 규소에 이어 지구 지각에 세 번째로 많은 원소이다. 그럼에도 알루미늄 다음으로 많은 철보다 한참 후에 세상에 드러났다.

1787년에 라부아지에는 백반(알루미늄의 이름은 백반^{Alum}에서 딴 것이다)에 미지의 금속이 함유되어 있다는 것을 알았다. 하지만 강한 산화성 때문에 분리하기 어려웠다. 이후 약 50년이 지난 1825년에 덴마크 화학자이자 물리학자인 한스 외르스테드 $^{Hans\ Christian\ Ørsted,\ 1777\sim1851}$가 최초로 순수한 알루미늄 분리에 성공했다. 지금이야 알루미늄을 쉽게 접하지만 한때 알루미늄이 금이나 은보다 비쌌던 시절이 있었다. 유럽의 귀족들은 손님을 맞이할 때 최상급의 예우로 알루미늄 식기를 사용했다. 나폴레옹 3세도 알루미늄 애호가 중 한 명이었다. 당시에는 순수한 알루미늄을 추출하는 데 엄청난 비용이 들었기 때문이다. 물론 지금이라고 비용이 적게 들어간다는 건 아니다. 자연에 풍부하게 존재함에도 순수한 알루미늄을 추출하려면 에너지가 들어간다. 순수한 알루미늄을 효율적으로 추출하기 위해서는 전기분해를 이용해야 한다. 홀에루 공정 $^{Hall-Héroult\ process}$을 사용하면 1킬로그램의 금속 알루미늄을 생산하는 데 약 15킬로와트의 전력이 소모된다. 전체 생산 비용에서 전력 요금이 차지하는 비중이 평균 30퍼센트로 매우 높은 편이다. 알루미늄 생산에 드는 전력량은 전 세계 전기 소비량의 3퍼센트를 차지한다. 알루미늄을 재활용하는 이유는 단 한 가지다. 알루미늄을 재활용할 경우 보크사이트에서 알루미늄을 추출해 생산할 때 필요한 에너지의 5퍼센트만 필요하기 때문이다. 게다가 알루미늄 1톤을 생산하기 위해서는 평균 약 8톤의 이산화탄소를 배출해 대기로 뿜어내게 된다. 이 양은 연간 5억 톤으로 전 세계 배출량의 2퍼센트에 달한다. 그리고 수은과 카드뮴과 같은 중금속이 광산 근처의 토양과 물을 오염시키므로 알루미늄을 재활용하면 이 양도 줄일 수 있다.

인류는 두 차례에 걸친 지옥 같은 전쟁을 치르며 수많은 산업을 일으켰다. 전 세계적으로 알루미늄 산업은 폭탄과 항공기 수요에 맞춰 고도로 성장했다. 지옥에서 탈출한 인류는 소비 경제를 복구하는 과정에서도 알루미늄 산업을 놓지 않았다. 자연에 풍부한 자원이지만 많은 에너지를 소모해야 얻을 수 있는 물질은 인류가 그것을 누리는 만큼 대가를 치르게 되어 있다. 그럼에도 인류는 알루미늄을 한 번 쓰고 버리는 임시적 변통 물질로 변형시켰다. 인류의 '품격 있는' 삶을 잠시 채우고 바로 눈앞에서 사라져 버리게 했다. 플라스틱의 철학이 알루미늄에 이미 자리 잡고 있었던 것이다. 플라스틱과 함께 알루미늄은 여전히 산업에서 주요한 자리를 차지하며 숲을 집어삼킨다.

알루미늄 캔은 재활용 분리수거장에서 수거된다. 하지만 커피 캡슐은 대부분 쓰레기로 배출된다. 또한 포일이 따로 수거되는 경우를 본 적도 없다. 특정 기업의 작은 커피 캡슐은 알루미늄이고 포일도 알루미늄이다. 수많은 커피 판매 업체 중 한 기업의 소모성 제품이 알루미늄이라고 해서 그 양이 얼마 되겠느냐고 반문할지 모르겠다. 그런데 한 해 동안 버려지는 커피 캡슐 쓰레기만 최소 8,000톤에 달할 것으로 추정한다. 포일 한 장의 무게는 얼마 되지 않지만, 포일을 말아놓은 무게는 생각보다 무겁다. 포일은 대부분 생활 쓰레기로 배출된다. 이 제품들은 생산되고 판매된 만큼 대부분 쓰레기로 취급돼 다시 돌아오지 않는다. 재활용되지 않으면 결국 증가하는 수요를 충당하기 위해 금속을 광석에서 제련해 얻어야 한다. 결국 기업은 그 수요에 맞추기 위해 세계 굴지의 알루미늄 생산 업체와 협력한다. 보크사이트 광석을 채굴해야 하는데 매장량이 많은 호주와 기니, 브라질과 인도네시아의 거대한 열대림을 없애야 가능하다. 채굴에 필요한 전기는 댐을 건설해 수력발전으로 얻는다. 최근 아마존 밀림이 사라지는 이유 중 하나가 그 때문은 아닐까? 캡슐 커피는 분명 일반 매장 커피보다 저렴하다. 하지만 입체적으로 보면 가장 비싼 커피 중 하나일지 모른다. 커피의 질이 아니라 편리함 때문이다. 우리가 누리는 풍요로움은 커피라는 물질뿐만 아니라 거기에 현대인의 삶의 품격, 문명의 풍경이 포함된 모든 것을 녹여낸 전체를 말한다. 거기에 알루미늄 물질이 있었고 그 물질을 지각 위로 꺼내는 비용이 모두 포함돼 있다. 이 말은 우리가 원하는 물질을 얻는 데 들어가는, 우리가 미처 알지 못했던 물질이, 우리가 지속 가능하다는 문구로 그렇게 애쓰며 지키려고 하는 대상을 소리 없이 파괴하는 데 이용된다는 것이다.

환경 파괴의 또 다른 주범인 의류 산업

앞 장에서 몇 가지 살충제와 농약에 대해 다뤘는데 오늘날엔 더 많은 양과 종류가 사용되고 있다. 인류가 지각에 뿌리는 살충제와 농약의 많은 양이 목화 재배 농장에서 소모된다(살충제의 25퍼센트와 농약의 11퍼센트 정도가 사용된다). 종류는 일일이 언급할 수도 없다. 수천 종에 달하는 두 물질은 화학물질이고 그중에는 일부 강한 독성물질도 있다. 결국 토양과 물을 오염시킨다. 당연히 농장 지역 주민의 삶에 치명적 결과를 가져온다. 농약과 살충제 중독자 열 명 중 한 명이 사망한다. 이 물질들은 인간뿐만 아니라 자연에도 치명적 피해를 입힌다. 목화 식물이 빨아들여 먹어 치우는 물의 양은 막대하다. 전 세계 목화 농장의 절반은 지각에서 인공적으로 물을 끌어 댄다. 농장 주변의 대지에서 물을 있는 대로 끌어 쓰고 물이 사라진 빈자리를 화학물질로 채우고 있는 셈이다. 이렇게 할 수밖에 없는 이유가 무엇일까?

패스트 패션 Fast fashion은 말 그대로 유행이 지나면 그대로 버려지는 의류이다. 그 탄생의 철학은 '유행 Fashion'이었다. 유명 패션쇼에서 선보이는 디자인은 저렴한 가격으로 카피되어 매년 수십 가지 다양한 컬렉션으로 출시된다. 저렴한 가격으로 대량생산된 옷은 쉽게 소비자의 욕망을 채우고 유행이 지나면 막대한 양의 쓰레기로 버려진다. 패스트 패션은 그야말로 인류 욕망의 정점에 달한 소비 붕괴의 상징이다. 매년 전 세계에서 수백억 장의 면 의류 생산 원료 공급량을 충당하기 위해 목화를 생산해야 한다. 목화 농장의 절반은 인공적으로 물을 끌어 온다. 대표적 사례가 바로 중앙아시아의 아랄해다. 아랄해로 흘러드는 강으로부터 카자흐스탄과 우즈베키스탄의 목화 농장들이 물을 끌어 들여 지금 아랄해는 물이 10퍼센트만 남고 고갈됐다. 한때 세계에서 네 번째로 컸던 내해內海였다.

어느 쇼핑몰을 가더라도 패스트 패션 매장은 쉽게 찾아볼 수 있다. 이들은 매월 한두 가지의 다양한 컬렉션을 내놓는다. 저렴한 옷은 대량으로 팔리고 대량으로 버려진다. 저렴하니 입다 버려도 소비자는 아깝다는 생각을 하지 않는다. 과거에는 옷이 디자인되어 판매로 이어지는 데 걸리는 시간이 2~3개월이었다면 요즘은 대략 2주일이다. 이는 제조사에 강한 압박으로 작용하고, 결국 바느질을 하는 그림자 노동자들에게 고통으로 옮겨진다. 옷 한 장당 가격에서 임금 비율은 1퍼센트인 데 반해 25퍼센트가 광고비로 책정된다. 광고로 소비가 늘어나는 선순환 구조다.

지금까지 화석연료로 만든 인공섬유를 혐오했지만 천연섬유 산업도 소비 붕괴 프레임에 들어간 패스트 패션으로 인해 숨겨진 환경 파괴의 주범이 된다. 이런 기업이 선한 행위를 한다. 지속 가능한 바다를 위해 그 위를 떠다니는 플라스틱을 수거하고 재활용해 의류 제작에도 쓰는 일종의 재활용 사업이다. 사실 그 행위로 인한 제품의 양은 미미하다. 물론 플라스틱 사용에 대한 계몽으로 사람들에게 주는 선한 영향력은 있을 것이다. 하지만 그들이 얻고자 하는 것은 지구를 구원한다는 선한 이미지다. 정의로운 기업의 이미지로 소비자의 주머니를 더 열게 하고 결국 목화 수요는 더 증가하게 된다. 우리는 이 입체적 순환 구조 어디에 서 있었고, 오늘은 어떤 옷을 입고 있는가.

이렇게 우리의 무의식적 선택의 끝에서 엉뚱한 일이 벌어지고 있는 경우가 꽤 있다. 나는 간혹 비닐 봉투와 종이 봉투의 사용에서도 많은 갈등을 한다. 과연 무엇이 더 옳은 것일까? 환경이라는 키워드 아래에서 누구나 종이 봉투를 선택할 것이다. 정말 종이 봉투가 더 친환경적일까? 지금까지 몇 가지 사례에서 얻은 유통구조 지식과 경제 논리를 이 선택에 적용할 수 있다. 독자들도 이 선택에서 시간을 두고 사유했으면 좋겠다. 의외의 경로가 보일 것이고 고민되는 지점이 반드시 보일 것이다.

육류 소비의 그림자

앞서의 두 물질이 모두 자연을 삼키고 있는 것처럼 축산업도 마찬가지이다. 농업이 기계화되며 가축이 농사일에 참여하는 경우는 드물다. 축산업 대부분은 인류의 먹을거리를 공급하는 용도이다. 우리는 육식의 증가가 유발하는 질병을 걱정한다. 하지만 우리의 육식을 위한 축산업이 지구의 허파인 숲을 삼키고 있는 현실에는 인식이 미치지 못한다. 사라지는 아마존은 북극곰과 함께 기후변화의 대표적 아이콘이 됐다. 기후변화를 줄이려고 일회용품을 줄이고 자동차를 멈출 생각은 하지만, 건강 문제만 아니라면 식탁에 오르는 고기를 줄일 생각은 좀처럼 하지 않는다. 사실 플라스틱보다 더 심각할 수도 있는 것이 축산업이다. 전 세계 농경지의 4분의 3 가까운 땅이 축산에 사용된다. 그리고 순수하게 농작물 재배에 이용되는 땅의 3분의 1가량도 초식 동물인 이 가축들을 먹일 대두와 옥수수 재배에 이용된다. 육류 소비의 증가는 자연스럽게 축산과 농경에 이용하는 땅의 부족으로 이어졌다. 당연히 다른 영역을 찾게 된다. 남은 것은 바로 숲이다. 너무도 잘 알고 있지만 잘 알려지지 않은 사실이 있다. 브라질은 세계 1위의 쇠고기 수출국이고 그 규모는 전 세계 쇠고기 수출량의 약 20퍼센트를 차지한다. 이제 지금까지 말했던 모든 이야기와 열대우림의 재앙, 그 인과관계가 완성되는 것 같지 않은가.

환경 파괴 이전에 동물 윤리적인 면도 고민해야 한다. 매년 전 세계에서 740억 마리의 동물이 살육된다. 인류의 삶에 조금이라도 이익이 된다면 동물에게 고통을 가하는 것은 아무렇지 않게 여기는 현실이다. 적게는 수백에서 많게는 수만 마리가 밀집 사육되는 닭의 경우를 보자. 닭의 자연 수명은 10년 정도이고 길게는 30년까지도 산다. 그런데 우리 식탁에 오르는 닭은 생후 6개월에서 7개월 사이에 도축된다. 연간 도축되는 닭의 수는 600억 마리에 달한다. 나머지 140억 마리가 소와 돼지, 오리와 같은 식용 가축이다. 닭의 짧은 생은 더욱 비참하다. 날개를 펼 수도 없는 공간에 갇혀 있고 도축되기 보름 전부터 성장촉진제를 맞는다. 살집을 키우기 위해서다. 다리는 급격하게 불어나는 체중을 견디지 못해 무너지지만 바닥에 깔린 배설물 때문에 앉을 수도 없다. 배설물에서 나오는 산성 물질로 화상을 입기 때문이다. 화상으로 털이 빠지고 벌겋게 달아오른 피부의 고통을 겪으며 선 채로 삶을 살다가 죽음을 맞이한다. 고도의 스트레스로 인한 자해를 방지하기 위해 부리까지 뭉툭하게 잘려나간다. 이 모든 것이 인간의 생존 때문이 아니다. 생존의 선을 넘어 잉여 때문이다.

다시 열대우림으로 돌아가 보자. 모든 시작은 인류에 있다. 인류가 먹고 마시고 입기 위한 물질을 얻기 위해 행하는 모든 행위의 끝에 숲이 있다. 우리는 자연에서 물질을 얻으며 자연에게 무엇을 돌려주고 있는가. 열대우림의 상실로 인한 이산화탄소의 증가와 더불어, 늘어나는 가축과 농작물 경작으로 발생하는 온실가스의 증가도 무시할 수 있는 양이 아니다. 숲을 파괴하고 경작지를 만들기 위해 땅을 파헤치고 비료와 살충제를 투하하며 막대한 물을 빨아들이게 한다. 농경을 위한 농기계와 농작물 저장과 운송에는 화석 에너지가 사용된다. 브라질의 이산화탄소 배출 순위는 세계 4위다. 화려한 도시의 풍경을 채우는 물질을 공급하기 위해 지구의 다른 곳에서는 파괴가 공공연하게 일어나고 기후와 인류의 삶이 서서히 훼손되고 있다. 이런 일들이 플라스틱만을 악역으로 앞세우고 그 뒤에서 침묵하며 숨겨져 있다.

나 하나가 바뀌어야 세상이 바뀐다

이 침묵은 과거에도 DDT로, 혹은 에틸납과 프레온 가스로 모습을 바꿔가며 자연과 인류의 삶을 망가뜨렸다. 그런데도 뼈저린 과거가 교훈이 되지 못했고 미래의 안내자가 되지 못했다. 사람들은 아직 태어나지 않은 미래 세대나 자신과 아주 멀리 떨어져 있는 사람들을 위해서는 자발적으로 행동하지 않기 때문이다. 서글픈 말이지만 어쩌면 우리는 공생을 위해 자신의 욕망을 줄이는 존재가 아닐지 모른다.

하지만 우리 모두가 이미 알고 있다고 여기지만 알지 못하고 있다고 생각되는 진실은 매우 단순하다. 알루미늄 재활용률을 높이고 일회용 옷과 플라스틱을 덜 소비하며 육류 섭취를 줄이면 생태계에 미치는 폐해를 멈추진 못해도 많이 줄일 수는 있다는 것이다. 아무리 미래를 구원할 과학기술이 발전한다 해도 본질적으로 모든 것을 멈출 수는 없으며, 우리의 소비 형태가 지속 가능하게 변하지 않으면 이미 누적된 기후변화는 무조건 악화하는 방향으로 간다는 것이다. 그럼에도 '나 하나 바뀐다고 세상이 바뀔 것 같지 않다'고 여기며, 나빠질 미래를 인식하면서도 외면하게 된다. 당장 내가 버린 쓰레기가 날아와 내 심장을 파고들거나 내 가족의 삶을 무너뜨리는 무기로 보이지 않기 때문이다.

하지만 물질이 '위험'하거나 '유해'하다는 소리를 듣는 순간 우리의 태도는 달라진다. 당장 내 심장으로 날아오는 무기를 피해야 하기 때문이다. 어떤 물질이 우리 몸에 해로운지 알아야 한다는 지적 갈증이 솟아난다. 쉽게 접근해 쉽게 답을 얻으려 한다. 무엇이 나쁜가, 어떻게 해로운가, 악역은 누구인지 알고 싶어 한다. 이 세상을 이루고 있는 것이 모두 화학물질이라는 것은 잘 알고 있으면서도 그 물질의 본질과 탄생 이유에는 관심이 없다. 결국 알지 못하는 데서 나오는 공포는 혐오를 만들고 오해를 만들어내기도 한다. 대부분의 사람들은 위기와 위험에서 벗어나기 위해 간단히 실행할 수 있는 해결책과 무엇이 나쁜 것인지를 알고 싶어 할 뿐이다. 왜냐하면 그것만 피하면 된다고 생각하기 때문이다. 하지만 안타깝게도 피한다고 능사는 아니다. 피하는 것은 모든 것을 자식 세대에 미루는 행동이다. 지금 우리 자신이 바뀌어야 세상이 바뀐다. 우리가 물질의 정체에 관하여, 그리고 물질이 왜 탄생하게 됐는지, 그리고 그 물질을 어떻게 사용해야 하는지 정확히 알아야 하는 이유이다.

그럼에도 새로운 물질은 계속 등장한다. 우리는 새로운 물질로 또 다른 문명을 만들어가려고 하고 있다. 그 중심에는 과학기술이 있다. 물론 현재 인류가 겪고 있는 위기는 물질과 인류의 욕망이 버무려져 탄생했다. 거기에도 과학과 기술이 있었다. 과학기술이 아니었다면 모든 위기가 없었거나 더디게 왔을지도 모른다. 그래서 과학기술에 대한 부정적 시각이 존재하는 것도 당연하다. 근본적으로 인류가 물질을 바라보는 시선과 태도가 바뀌어야 세상이 변하겠지만 어쩌면 이 위기를 빠른 시간에 극복할 수 있게 하는 것도 과학기술일 것이다. 과학기술을 무조건 배척할 일이 아니라는 것이다.

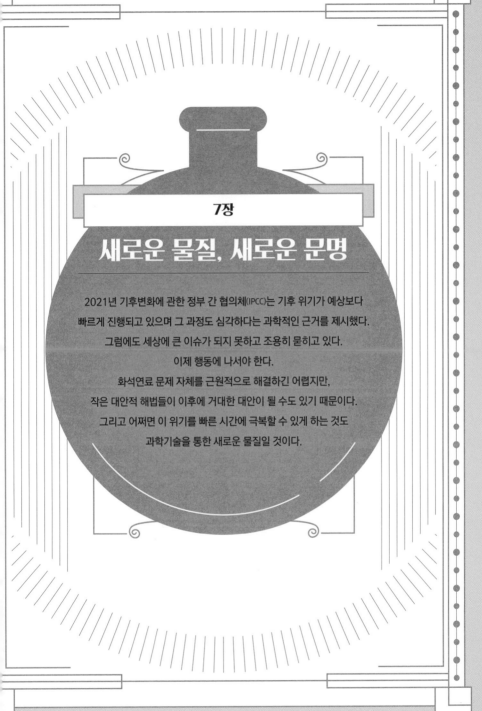

7장

새로운 물질, 새로운 문명

2021년 기후변화에 관한 정부 간 협의체(IPCC)는 기후 위기가 예상보다
빠르게 진행되고 있으며 그 과정도 심각하다는 과학적인 근거를 제시했다.
그럼에도 세상에 큰 이슈가 되지 못하고 조용히 묻히고 있다.
이제 행동에 나서야 한다.
화석연료 문제 자체를 근원적으로 해결하긴 어렵지만,
작은 대안적 해법들이 이후에 거대한 대안이 될 수도 있기 때문이다.
그리고 어쩌면 이 위기를 빠른 시간에 극복할 수 있게 하는 것도
과학기술을 통한 새로운 물질일 것이다.

1

태양으로 그리는 그림

감광지를 모르는 사람은 거의 없을 것이다. 이 종이는 빛에 반응해 종이 색이 변하는 원리로 필름이나 사물을 종이 위로 올리고 빛을 비추면 그림자 그림이 그려지는 학습 도구다. 학창 시절을 떠올려보자. 그 종이 위에 나타난 나뭇잎의 정교한 잎맥을 보고 신기해했던 기억이 있지 않은가. 화학을 몰라도 그 종이에는 빛에 예민하게 반응하는 화학물질이 있었다는 건 충분히 알 수 있다.

2018년부터 한국과 일본 사이에서 시작된 무역 갈등은 일본의 특정 부품 소재 물질의 수출 규제로 시작됐고 이후 1,000여 개가 넘는 전략물자 수입에 제동이 걸렸다. 이른바 침략에 가까운 일본의 행태에 정부와 관련 기업은 분석과 비판, 그리고 대응과 해법을 찾고 있다. 이 부품 소재 물질이 어떤 물질인지 몰라도 우리가 반도체 강국이라고 알고 있던 국민은 이런 소재 대부분을 일본에 의존하고 있던 민낯에 충격을 받았다. 초기 발화점인 수출 규제 품목은 에칭 가스인 불화수소산^{HF, Hydrogen fluoride}과 고분자인 불화폴리이미드^{FPI, Fluorine polyimide}, 포토레지스트^{Photoresist}, 3종이다. 보통 사람에게는 무척 낯선 물질일 수밖에 없다. 일본이 수많은 수출품 중에 특정 물질만 콕 집어 규제한 이유도 그만큼 국내 주력 산업에 중요한 소재라는 방증이다. 이 소재는 얼마나 중요했던 걸까? 그리고 또 하나의 질문, 반도체는 전자 산업의 대표적인 제품임에도 언급되는 물질은 모두 화학물질로 보인다. 규제 품목이 핵심 전자 부품도 아니고 이런 화학물질이 전자 회사에서 왜 사용될까?

반도체와 화학물질

우리가 어릴 적에 태양이나 전구의 빛을 이용해 감광지에 그림을 그렸던 놀이는 단순한 놀이가 아니었다. 바로 전자 회사의 반도체 제조 공정 중에는 이 놀이가 정밀하게 바뀐 과정이 핵심 공정에 들어 있기 때문이다. 반도체는 규소^{Silicon}로 만든 기판^{Wafer} 위에 반도체 물질인 갈륨아세나이드^{GaAs}나 갈륨나이트라이드^{GaN}를 설계도에 따라 3차원 형태로 증착시켜 마치 건축하듯 고집적 회로^{IC}로 만든 것이다. 그런데 이 회로의 선폭은 몇 나노미터^{nm}로 눈에 보이지 않을 만큼 미세하고 정밀해서 기계적인 방법으로는 만들지 못하고 물리화학적인 방법을 써야 한다. 커다란 필름으로 인쇄된 반도체 설계도는 빛과 렌즈를 이용해 반도체 기판 위에 작게 투영된다. 영화관에서 필름을 스크린에 확대하는 것과 반대로 설계도를 미세하고 작게 비추는 것이다. 마치 아날로그 필름을 사진으로 인화하는 과정과 유사하다. 설계도의 회로 패턴을 고스란히 담은 필름은 포토마스크^{Photomask}라고 부르는데, 사진 원판의 기능을 하게 된다. 그러니까 반도체 기판이 인화지가 되는 셈이고 마스크가 필름이 된다. 마스크 위에 빛을 쪼이는 장치를 '노광기'라 하며 한 대 가격만 해도 천억 원이 훌쩍 넘어갈 정도로 반도체 생산의 주요 공정 장비 중 하나이다. 사진 인화 때의 현상액이나 감광지 위에 도포되어 빛에 의해 색이 변했던 물질처럼 반도체 공정에서 특별한 화학물질이 반도체 기판 위에 도포되는데 이것이 바로 포토레지스트이다. 빛에 의해 반응하고 반도체 설계도가 정밀하게 그려지는 것이다. 그리고 그려진 설계도를 따라 불필요한 부분을 깎아내 제거하는 식각^{触刻} 공정이 이어진다. 이때 사용되는 화학물질이 불화수소산이다. 반도체는 정밀한 감광과 식각이 수없이 반복되며 회로가 수십 겹의 층으로 쌓이며 만들어진다. 반도체 기판 한 장을 만드는 데 몇 주가 걸릴 정도로 오랜 시간과 노력, 그리고 첨단 과학기술이 필요하다.

결국 일본이 수출을 제한한 물질은 한국의 반도체 생산에 직접적 영향을 줄 수밖에 없다. 나머지 불화폴리이미드는 우리나라 주력 제품인 디스플레이에 사용되는 필름이다. 불소를 결합한 고분자 물질로 불소 덕분에 열과 물리적 충격에 강해 디스플레이 산업에 광범위하게 사용되며 최근 폴더블 디스플레이$^{Foldable\ display}$에 필요한 견고성 때문에 부각된 고분자 물질이다. 그러고 보니 불소라는 원소가 중심에 있다.

불화수소산과 고분자 필름에 들어 있는 주요 성분인 플루오린(불소)^{F}은 다루기 까다로운 원소 중 하나이다. 플루오린은 다른 물질과 반응을 잘하기 때문에 천연에서 순수한 원소 상태로 존재하지 않는다. 이 말은 거꾸로 화합물에서 원소를 분리하기가 쉽지 않다는 말이 된다. 원소 분리가 쉽지 않은 이유는 결합력뿐만 아니라 독성도 한몫을 한다. 불소와 수소가 결합한 작고 간단한 화합물인 불화수소산에서 그 독성을 확인할 수 있다. 광석에서 쉽게 추출되는 불화수소산이 피부에 닿을 경우 분자 크기가 작기 때문에 피부에 잘 흡수된다. 불화수소산은 약산이다. 강산처럼 급격하게 수소를 방출하지는 않는다. 하지만 흡수된 불화수소산 일부가 서서히 인체의 수분과 결합하며 수소를 내놓고 불소 이온이 파고들며 칼슘, 마그네슘과 반응한다. 적은 양이어도 천천히 뼛속 골수 조직까지 침투해 뼈를 녹인다. 많은 과학자가 이 원소를 분리하려다 고통을 받았다. 불화수소산의 강한 성질은 18세기 중반에 스웨덴 화학자 칼 빌헬름 셸레에 의해 밝혀진다. 그는 형석을 황산으로 가열해 불화수소산을 만들었고 그것이 유리와 같은 규소 물질을 녹여낸다는 사실을 알게 된다. 플루오린의 존재를 알고 원소 이름을 제안한 영국 화학자 험프리 데이비도 불화수소산에서 원소를 분리하려다 고통스러운 말년을 보냈다. 1886년 프랑스 화학자 앙리 무아상이 전기분해로 원소 상태의 플루오린 분리에 최초로 성공했는데 이 실험으로 한쪽 눈을 잃고 말았다. 플루오린 분리를 위해 희생한 과학자를 '플루오린 순교자'라고 부를 정도였으니 분리 성공은 그만큼 어려웠고 값진 일이었다. 이런 이유로 1906년에 무아상은 노벨 화학상을 받는다. 공교롭게 같은 해 후보는 1869년에 주기율표를 창시한 멘델레예프였다. 멘델레예프가 화학 발전에 기여한 공이 적잖게 큰데도 노벨상위원회가 무아상의 손을 들어준 것은 그만큼 불소 분리가 화학계의 난제였음을 대변한다.

산업 생태계의 기형화와 반도체 수급 문제

반도체 공정에 언급되는 소재는 이뿐만 아니다. 그리고 언급되지 않은 소재도 대부분 화학물질이다. 일본의 기초과학 기술 수준이 높다는 건 이미 알려진 사실이지만 그렇게 수입 의존도가 높을 수밖에 없을 정도로 우리 기초과학 기술력이 열악한 것일까? 간혹 언론에서 우리가 불화수소 제조 기술은 있지만 불순물이 많아 초고순도는 커녕 5N 혹은 파이브 나인(99.999퍼센트)이라 불리는 고순도 제품도 생산하지 못한다는 기사로 양국의 기술 격차와 수입의 당위성을 설명한다. 그러나 고순도뿐만 아니라 초고순도 불화수소 제조 기술은 이미 우리 중소기업에서 특허까지 확보한 경험이 있다. 하지만 더 중요한 것은 제조의 문제가 아니라 정제의 문제다. 불화수소는 대부분 중국에서 생산된다. 일본도 중국에서 수입해 불순물을 정제하는 기술을 가진 것이다. 그리고 파이브 나인 이상의 초고순도 불화수소는 반도체 기업에도 큰 의미가 없다. 점점 정밀해지는 초미세 반도체 공정에서는 불화수소가 아닌 아르곤 플라스마를 사용하는 건식 식각을 사용한다. 불화수소 기체가 가진 등방성 식각은 정밀한 공정에 사용하기 어렵기 때문이다. 그렇다면 서둘러 고순도 불화수소 정제와 양산 시설을 갖추고 반도체 공정에 적용하면 금방 해결될 것 같다. 하지만 말처럼 쉽지 않다. 연구소 실험실과 산업의 양산 시스템은 완전히 다르고 반도체 공정에서 불량률은 곧 매출로 직결되니 새로운 소재나 부품을 공정에 적용하기 위해서는 막대한 설비 투자와 장기간의 제품 적응 시간 비용이 들기 때문이다. 중소기업 수준에서 이 모든 위험을 감수하기는 어렵다. 그러면 대기업은 이런 사실을 알면서도 왜 미리 준비하지 않았던 걸까?

대기업은 이미 품질이 증명된 제품을 저렴한 가격에 수입하면 되는데 군이 소재 설비 투자를 하고 시간까지 들여가며 비싼 국산 제품으로 바꿀 이유가 없었던 것이다. 이런 재료뿐만 아니라 노광 장비와 같은 반도체 설비에 필요한 핵심 장비 분야에서 국내 중소기업과 함께 자립 기반을 만드는 것보다 손쉽게 수입에 의존해 외적 성장을 하는 쪽을 택했다. 물론 모든 부품을 자급자족하는 것보다 글로벌 분업 체계가 성장에 더 유리한 건 사실이다. 이는 일본이 장비와 소재의 국산화로 수직 계열화한 독자 노선 때문에 경쟁력이 약화해 한때 세계를 주름잡았던 반도체 분야에서 패망했다는 사실로도 증명된 것이다. 오늘날 일본이 반도체 부품 소재에만 집중한 것도 이런 국제 분업 체계에 편승하기 위함이었다. 하지만 우리의 수입 의존도가 너무 높았다. 대기업은 원가와 품질이라는 방패로 국내 기업과 상생하지 않고 자연스럽게 산업 생태계는 기형화해 커다란 위협을 스스로 키운 셈이다. 이러한 지적은 끊임없이 제기되었지만, 성장이라는 목표만을 가지고 달려온 우리는 많은 것을 무시하고 잃어버렸다.

화학 산업에서 올레핀이 쌀로 불리는 것처럼 반도체는 현대 산업의 쌀이라고 한다. 한 국가의 문제가 아닌 세계 전체에 영향을 미친다는 의미다. 최근 반도체 수급 문제로 자동차는 물론 각종 첨단 기기의 공급망에 차질이 온 것을 보면서 그 중요성을 새삼 다시 느끼곤 한다. 하지만 이런 위기의 등장은 한편으로 기회가 아닐까 생각한다. 늦었지만 뒤틀린 것을 바로잡아야 한다는 인식은 충분히 확산되었기 때문이다. 하지만 기회도 위기를 넘겨야 찾아온다. 쉽게 바꾸고 해결할 수 있다는 성급함보다 냉정하고 비판적으로 우리 현실을 봐야 한다. 우리는 낙관론보다 비관적 현실주의자가 돼야 한다. 간혹 충분히 해낼 수 있다며 낙관하지만, 예상보다 훨씬 어렵고 고통스러운 시간을 보낼지도 모르기 때문이다.

2

그래핀 시장의 주도권

10여 년 전 동경에서 열린 나노테크놀로지 국제박람회에 참석할 기회가 있었다. 이런 박람회에는 인류가 가진 시대적 과학기술 관심사를 모두 볼 수 있기 때문에 과학기술인들에게는 꽤 흥미로운 장소다. 당시 전 세계의 과학기술계와 산업계는 하나의 물질에 열광했다. 20세기 말은 인류 문명이 마이크로미터 세계에서 벗어나 나노미터라는 더 미세한 세계로 진입했던 시기이다. 정보통신 분야는 물론 산업계도 이 미시세계에 집중하던 시절이다. 특히 나노테크놀로지라고 명명한 영역에서 특이한 물리 현상과 성질을 보이는 새로운 물질에 마치 미래를 구원할 만병통치약을 보듯 사람들은 열광했다. 그 물질은 바로 탄소 나노튜브^{CNT, Carbon nanotube}였다.

탄소 나노튜브는 흑연의 한 층이 둘둘 말려 튜브 형태로 존재하는 물질이다. 감긴 형태에 따라 다양한 구조가 있고 독특한 성질을 가진다. 이런 뛰어난 물성으로 기존의 탄소 제품이 갖는 한계를 극복할 수 있을 것이라 예상했다. 하지만 십수 년이 지난 지금 이 첨단 소재가 산업계에 응용된 사례는 그리 많지 않다. 탄소 복합 소재나 전자파 차폐 분야에서 몇 가지 사례를 남긴 것이 유일하다. 상업적인 적응에 성공하지 못한 것이다. 물론 특이한 물성 때문에 지금도 다양한 응용 분야에서 연구되고 성과를 보이고 있기는 하다. 그런데 이 물질의 상업적 성과를 내지 못한 상황에서 또 다른 탄소 물질이 과학자와 공학자, 그리고 산업계의 관심을 끌고 있다. 탄소 나노튜브와 무관하지 않은 물질이다. 바로 그래핀이다.

꿈의 신소재 그래핀의 표준화

그래핀이란 탄소 원자 1개 두께로 형성된 얇은 2차원 탄소 그물 형태를 가진 물질이다. 사실 그래핀 물질이 둘둘 말린 튜브 구조가 나노튜브이다. 그래핀은 구리보다 뛰어난 전도도와 강철의 수백 배에 달하는 강도로 '꿈의 신소재'라는 별명을 얻었다. 특히 뛰어난 탄성에도 불구하고 물성을 잃지 않아 플렉서블 디스플레이Flexible display나 웨어러블Wearable 정보통신기기 등의 핵심 부품 소재로 주목받고 있다. 그 시장성은 21세기의 시작에서 본 탄소 동소체 물질과 무척 닮았다.

하지만 탄소 나노튜브와 달리 그래핀 시장은 빠른 속도로 발전했다. 지금은 전 세계의 수백 개가 넘는 기관에서 기술 개발에 매진할 정도로 연구뿐만 아니라 시장 선점 경쟁도 치열하다. 가시적 응용 분야는 크게 세 분야이다. 반도체와 디스플레이 같은 전자 분야, 고강도 복합 소재와 2차 전지라는 에너지 분야이다. 국내 연구진과 산업계의 움직임은 빨랐다. 연구 초기에 한국은 2차원 물질 관련 학회에서 두드러진 활약을 보였다. 한국이 출원한 특허 건수가 이 사실을 증명한다. 그래핀에 관한 연구 활동에 있어서 분명 우리나라가 주도적 선두 국가였다. 그런데 최근 이 분야에서 중국의 움직임이 심상치 않다. 흑연이라는 기저에서 출발한 그래핀 분야에서 중국이 유리한 고지에 있다는 것은 예전부터 예측할 수 있었다. 흑연 중에서도 결정성 흑연 매장량 대부분을 중국이 가지고 있다. 안타깝게도 우리나라는 전량을 수입에 의존할 수밖에 없다. 또 다른 아쉬운 부분은 결정성 흑연이 북한에도 상당히 많다는 사실이다. 한반도 통일 이슈에는 이러한 천연자원에 대한 활용도 숨어 있다. 이런 불리한 환경에서도 얼마 전까지 한국은 이 분야에서 우위에 있었다. 천연 흑연이 전혀 없는 한국은 인공 합성 그래핀에 매진했다. 하지만 양산화와 응용 분야에서 기대에 미치지 않자 기업과 정부의 관심과 투자가 급감했다.

현재 중국은 그래핀 시장에서 선두 주자이다. 전 세계 그래핀 관련 특허 출원 건수는 2009년 이후 기하급수적으로 늘어났다. 현재 중국이 전체 특허 건수의 50퍼센트를 차지하며 특허 보유 1위에 올라 있다. 그 뒤로 한국과 미국 순이다. 과연 이러한 결과가 단순히 자원 보유량과 비례하는 것인지 고민해봐야 한다. 이 성적표는 중국 정부가 이 산업을 어떻게 바라보고 있는지를 말해준다. 중국은 이 분야에 전폭적인 지원을 퍼붓고 있다. 최근 흑연 매장량이 풍부한 심천 지역에 대규모의 그래핀 클러스터를 만들었다. 도시 전체가 그래핀 산업 현장인 셈이다. 중국 정부는 후진타오 전 국가 주석의 국가경제발전계획을 시진핑 체제까지 승계받아 엄청난 기금을 그래핀 산업에 투입해 지원하고 있다. 중국의 그래핀 연구와 시장 규모는 지속적으로 늘어날 것이다.

물론 한국도 기술 개발의 끈을 놓지 않았다. 국내 대기업과 대학, 연구소에서 그래핀 상용화에 노력하고 있다. 반도체와 디스플레이, 그리고 2차 전지 분야에 특화하여 소재 부품 기술 개발을 하고 있고 일부 구체적 성과도 보인다. 중견 기업도 복합 소재를 특화하여 산화 그래핀의 상용화와 응용 부문을 확대하고 있다. 최근 대학에서 기존의 그래핀 전극보다 에너지 저장 밀도가 2~3배 높고 리튬이온전지 대비 전력 밀도가 15배 우수한 고성능 하이브리드 슈퍼커패시터^{Hybrid supercapacitor} 기술을 개발했다. 초고속 충방전 기능을 잃지 않으면서 우수한 성능을 확보한 이유는 환원된 산화 그래핀을 말아서 형성한 나노미터 크기의 두루마리 구조^{Nanoscroll}에 있었다. 모양은 탄소 나노튜브를 닮았다. 그리고 디스플레이 기기에 활용하기 위해 가장 난제였던 대면적 그래핀의 생산 기술이 확보되어가고 있다. 그래핀의 결함을 자체적으로 보완하며 성능을 확보한 것이다. 탄소 나노튜브 응용 분야에서 기대한 부분을 그래핀에서 가시적으로 이룬 것이다. 특허청 통계 자료를 통해서도 역시 꾸준한 특허 출원을 볼 수 있다. 하지만 기술 개발과 상용화에는 적지 않은 간극이 존재한다. 분명 그래핀의 경제적 가치 사슬을 나타내는 모든 지표는 희망적이다. 하지만 이를 획득하기 위해서는 생산 공정의 치밀함이 수반되어야 한다.

문제는 중국이 그래핀 시장의 기술 상용화를 먼저 치고 나오는 경우이다. 이미 레드오션에 가까운 경쟁에서 초기 상용화는 파급 효과가 크다. 만약 이 가정이 현실화된다면 한국 기업은 시장 경쟁력을 잃을 가능성이 커진다. 그래핀 응용 기술 원천 특허 확보도 중요하지만 조기 상용화는 결국 그래핀의 표준화와 직결되기 때문이다. 기술 표준화는 중요한 항목이다. 미국 남북전쟁 때 소총의 표준화는 무기의 원활한 공급과 수리를 가능하게 함으로써 북군에게 승리를 가져다주었다. 다른

그래핀
Graphene

한편, 볼티모어의 한 건물에서 발생한 불이 하루 반나절 만에 1,500여 개의 건물과 수많은 인명을 앗아간 사건은 소화전의 규격이 달라 벌어진 대표적 표준 실패 사례이다.

표준화는 합리적이고 공정한 경쟁 체제를 위해 기준을 제공하는 잣대이기도 하지만 표준화 과정에는 지극히 경제적인 논리가 숨어 있다. 표준화를 주도하는 주체가 바로 시장 점유자일 가능성이 크기 때문이다. 예를 들어 이동통신 분야에서 퀄컴사의 CDMA 칩은 제품이자 표준 그 자체였다. 초기 투자 비용이 막대한 신기술이나 제품 혹은 소재인 경우 생산 이전에 세계적 기업 간 표준화 논의가 선행되고, 이해관계와 참여 지분을 확보한 기업이 결국 시장 선점으로 생존에 유리하기 때문이다. 기술 개발과 특허도 중요하지만, 그래핀 표준화에 우리의 영향력 행사가 필요하다는 게 전문가들의 지적이다.

2011년 한국은 국제표준기구[ISO]에 그래핀의 표준화를 요구하는 발제안을 제출했다. 그리고 주도권을 확보하고자 국제전기전자표준위원회[IEC] 나노기술 분과[TC113]에 그래핀에 대한 주요 표준을 한국에서 재차 제안해 주도권을 확보한 상태이다. 그러나 성과 중심적 정책으로 정부의 관심과 지원은 사라졌고 표준화 활동은 국내 전문가들의 사명감으로만 유지되고 있다. 치열한 세계 표준화 전쟁에서 중과부적일 수밖에 없다. 이렇게 소규모 연구팀에만 기대할 것이 아니다. 미래를 바라보고 산업 육성에 투자를 아끼지 않은 중국 정부처럼 한국 정부의 전폭적인 지원과 기업의 공격적인 투자가 선행돼야 한다. 이와 동시에 산학연이 동참하는 중심 기구를 통해 한국의 그래핀 응용화 기술과 생산 프로세스에 대한 원천 특허 확보, 그리고 이를 바탕으로 한 조기 상용화의 실현으로 세계 시장 선점에 박차를 가해야 한다. 현재 표준화 매트릭스 테이블[Matrix table]은 거의 완성되어가는 시점이다.

중국은 물론 영국과 독일에서도 세부 개별 표준을 주도적으로 이끌고 나가려는 움직임이 시작되고 있다. 하지만 아직 늦지 않았다. 그래핀에 대한 한국의 주도권이 아직은 남아 있기 때문이다. 지금까지 고생해서 밥상을 차리고 숟가락을 얹지도 못하는 상황이 오지 않길 바랄 뿐이다.

2차전지의 중심에 있는 리튬

1980년대 청소년들 사이에서 유행 하나가 휩쓸었다. 당시 학생이던 내게도 예외가 아니었다. 지금이야 스마트폰으로 모든 것을 할 수 있는 세상이지만, 당시에는 집에서나 듣던 음악을 휴대하며 즐길 수 있다는 변화가 혁명과도 같았다. 일본 소니SONY사의 워크맨Walkman이라는 브랜드는 휴대형 카세트 플레이어의 일반명사가 됐다. 이를 계기로 인기 학원 강사의 녹음 강의가 교재로 사용되고 워크맨은 학생들의 필수품이 되어가고 있었으니 당시 부모들은 자식들에게 꽤 시달렸을 것이다. 내 기억에도 한동안 부모님을 설득하고 성적으로 조건을 내세워 결국 워크맨을 손에 쥐었다.

워크맨을 가졌다는 흥분이 채 가시기 전에 복병이 나타났다. 휴대용 기기는 전원 공급이 제한되어 있기에 하루에도 몇 개씩 소모되는 건전지를 감당할 수가 없었던 것이다. 푼돈인 용돈은 금세 바닥을 보였고 존재하지도 않는 교재와 참고서 값은 부모님도 모르게 건전지로 변신했다. 상황이 이러하니 학생들 사이에서는 방전된 건전지를 되살리는 방법이 입소문으로 번졌다. 실제로 몇 가지 방법들로 얼마간은 건전지 생명을 연장할 수 있었다. 건전지에 외부 충격이나 열을 가하는 방법들이었다. 그런데 얼마 지나지 않아 또 다른 혁명이 다가왔다. 방전된 전지를 충전해서 재사용할 수 있는 방법이 생긴 것이다. 바로 충·방전이 가능한 2차전지였다. 2차전지의 등장은 학생들에게 멈추지 않는 영구 기관처럼 느껴졌다.

2차전지란 무엇인가? '건전지'라는 이름의 전기 저장 장치는 방전되면 외부 전원으로 충전되지 않는 일회용인 1차전지이다. 다 쓰고 나면 버려야 한다. 전기 이야기가 나오면 물리학의 맥스웰 전자기 방정식이 하나쯤은 나와줘야 하는데 전지 이론은 그렇지 않다. 엄밀하게 말해 전지는 전자기기 제품이 아니다. 전지는 화학적 방법으로 일정량의 전기를 사용할 수 있게 만든 제품이다. 전기에너지를 화학에너지로 변환해 저장했다가 다시 전기에너지로 변환하는 장치다. 그래서 대부분 화학물질로 구성되어 있다. 전지의 원리는 화학이 깊숙하게 관련한다.

화학은 전자의 학문이다. 그러니까 전지의 중심에도 전자가 있다. 전지의 양쪽 전극에서 산화와 환원 반응으로 전자가 이동하는 원리이기 때문이다. 앞서 화학반응을 설명하며 잠시 언급한 적이 있다. 바로 산화와 환원 반응이 전지의 핵심이다. 전지에서 산화가 일어나는 전극이 양극이고 전자를 내준다. 반대로 환원이 일어나는 전극이 음극이고 전자를 받아들인다. 전극의 산화재와 환원재 물질 사이에 전자가 이동하는 흐름을 이용한 것이 전지의 원리다. 그러니까 1차전지는 이런 산화-환원 반응이 한 번 일어나면 종료되는 것이다. 하지만 2차전지는 충·방전이 가능하게 설계된 화학 실험실이다. 양쪽 극성의 전위차電位差는 전자가 움직이는 원동력이다. 높은 곳에 있는 물이 높이차로 낮은 곳으로 떨어지는 것이 방전 원리다. 물이 전자인 셈이고 떨어진 물을 다시 높은 곳으로 올려놓는 것이 충전이다. 외부에서 공급받은 전압으로 전자를 다시 밀어 넣어 전위차를 높이는 것이 충전 원리다. 기실 나의 학창 시절에 2차전지가 나왔으니 원리야 새로울 것도 없다. 그럼에도 2차전지에 과학계가 달려드는 이유는 전지의 성능을 높이기 위해서다.

미래의 화두는 에너지이다. 인류의 관심은 지구를 불덩이로 만들어가는 화석에너지 사용에서 벗어날 수 있는 대체에너지에 집중돼 있다. 이런 화두를 이끄는 동력이 전기 자동차이다. 자동차 강국인 유럽은 화석에너지로 작동하는 자동차 생산을 중단할 예정이다. 중국도 전기 자동차에 미래를 걸었다. 화석연료 등장 이후 한 세기를 점령한 자동차에 혁명이 일어난 것이다. 이제 자동차에 사용할 충전지가 인류의 숙제가 됐다. 전지를 한 번 사용하고 버릴 수는 없지 않은가. 테슬라의 전기차인 모델S에는 소형 18650 충전지가 수천 개나 들어간다. 화석연료 저장 공간과 엔진이 없는 자동차 바닥에는 엄청난 양의 전지가 그 공간과 차량 가격의 대부분을 차지하고 있다. 전지에서 전위차를 늘리고 떨어진 물을 어떻게 하면 한 방울도 흘리지 않고 다시 높은 곳으로 가져다 놓느냐가 관심사가 됐다. 또한 충·방전을 하염없이 계속할 수 없는 문제도 있다. 2차전지를 구성하는 요소는 물질이고 이 물질 구조가 무너지면 전지의 생명은 끝이 난다. 쉽게 말해 전극이 생명을 다하는 것이다. 휴대전화와 노트북에 사용하는 2차전지는 대략 500회 정도의 충·방전이면 생명을 다한다. 하지만 자동차는 그 이상 작동되어야 한다. 차 가격의 절반을 차지할 정도의 비용을 지금의 휴대전화 배터리처럼 교환해야 한다면 구매 저항력이 적지 않기 때문이다. 그래서 성능을 높이기 위한 활성 물질과 이온이 이동하는 전해질 등 화학물질 개발에 집중하고 있다.

현재 2차전지 대부분은 리튬 이온$^{Lithium\ ion}$을 사용한다. 전극의 기본 재료는 구리^{Cu}나 알루미늄^{Al}과 같은 금속을 사용하지만, 양극재는 양극 활성 물질로도 불리며 리튬^{Li}과 같은 물질이다. 음극재는 리튬을 충·방전하는 역할을 한다. 수많은 양극재 중에 리튬이 그 자리를 유지하는 이유는 간단하다. 리튬 원자는 매우 낮은 전위에서 산화와 환원이 일어나기 때문에 높은 전위차를 만들기에 유리하다. 그리고 원자번호 3번인 리튬 원자는 작고 가벼워 같은 부피 안에 다른 입자보다 많이 들어간다. 더 많은 에너지를 저장할 수 있고 가장 긴 수

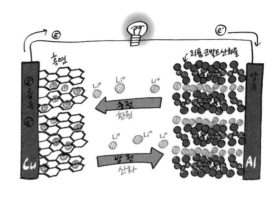

명을 자랑한다. 이러한 이유로 지금까지 양극재로 우위를 점령했고 미래의 전기 자동차 분야에서도 주목하고 있다. 음극재로는 주로 흑연을 사용한다. 흑연을 사용하는 이유도 간단하다. 환원 전위가 낮기 때문이다. 그리고 가격이 워낙 저렴하다.

하지만 아직 끝난 게 아니다. 현재 2차전지 효율로는 만족스럽지 못하기 때문이다. 전지에는 전극이 있다. 충전과 방전은 양쪽 전극의 전위차로 작동하지만 실제 구동은 이론처럼 간단하지 않다. 전지의 화학반응과 전기화학적 반응에 관여하는 모든 것이 고려되지 않으면 최종 성능에도 영향을 주기 때문이다. 그래서 양극·음극 활성 물질과 전해 물질에 관한 연구는 현재도 진행되고 있다.

한 사례를 보자. 양극 재료로 비싼 금속산화물 대신 산소를 사용하는 리튬 공기 배터리가 있다. 철이 산화되는 원리와 유사하다. 흔한 산소를 이용했으니 경제성과 에너지 밀도 면에서는 우수할 것 같았지만 또 복병이 나타났다. 반응은 한쪽 방향으로만 흐르지 않는다는 말을 기억할 것이다. 리튬이 환원되며 생성된 과산화리튬이라는 부도체 물질은 에너지 이동을 방해했고 기존 리튬 이온 전지의 효율을 따라잡을 수 없었다. 한편 리튬 대신

물리화학적 성질이 유사한 나트륨을 사용하는 전지도 연구되고 있지만, 여전히 숙제가 있다. 이렇게 양극 물질에 대한 연구는 숱하게 이루어지고 있다. 그런 만큼 긍정적 결과가 나올 법도 하지만 아쉽게도 아직 뚜렷한 해법도 성과도 보이지 않는다. 여전히 리튬은 2차전지의 주요한 자리를 차지하고 있다.

그런데 최근 여러 기업의 음극재 물질에 대한 행보가 눈에 띈다. 대부분의 연구가 양극재 물질에 집중하고 있는데 흑연을 주로 사용했던 음극재 물질에 변화를 준 것이다. 전지의 원리가 전위차였으니 물을 떨어뜨리는 높이가 변하지 않는다면 떨어진 물을 받는 높이를 낮추어 전위차를 늘릴 수 있다는 발상이다. 물론 흑연 말고도 리튬티탄산화물Lithium titanium oxide을 사용하거나 실리콘이나 주석을 사용한 연구는 과거에도 있었다. 하지만 일반적 환경에서 제조하기 어려워 제조 비용이 상승했다. 그런데 최근 여러 중소기업이 산화 반응을 미세하게 제어하며 대량으로 고품질의 음극재를 생산할 수 있게 됐다. 물론 양극재 및 전해 물질 관련 기업들도 속속 등장했다. 이 배경에는 국내 대학과 정부 출연 연구기관의 공동 연구와 기술 이전이 있었다. 이들 기업의 기술은 현재 해외 완성차 업계와 선진국 전지 제조업체의 관심을 받고 있다. 그런데 국내 유망 중소기업들의 2차전지 관련 기술에 대해서 대기업의 구애 소식이 들리지 않는다.

1980년대 한국에서 전지 산업은 중소기업의 전유물이었다. 그 20년 후 한국이 본격적인 연구를 시작한 시기에 이미 선진국은 리튬전지를 생산했다. 출발선부터 한참 늦은 셈이다. 그동안 전지와 전기화학 분야는 과학자들의 관심사였고 기업은 관심이 없었다. 거대한 물류 회사로 바뀐 국내 대기업에 전지 산업은 그들에게 걸맞지 않은 시장 규모였다. 그러나 에너지와 사물인터넷IoT 등 정보통신 기술이 시장에 급격한 변화를 가져왔고 모바일

환경에서 전기 저장 장치는 미래의 핵심이 됐다. 대기업들은 뒤늦게 연구를 시작하고 시장에 뛰어들었지만 후발 주자가 할 수 있는 일은 거대한 물류 회사의 공급망 사슬을 엮는 것뿐이었다. 분명히 국내 대기업도 이런 중소기업의 소식을 들었을 것이고 물류망에 넣기 위한 노력을 했을 것이다. 하지만 이 중소기업들은 꿈을 온전히 펼치기 위해 외롭고 힘겨운 길을 걷고 있다. 대한민국에 강소기업이 거의 없는 이유는 기술력 부족이 아니라 강소기업을 키울 만한 적합한 토양이 없기 때문이다. 기업에는 전환점이라는 것이 있다. 강소기업이 만들어질 때는 우연처럼 보이는 조건이 모두 기막히게 들어맞아야 한다. 대기업과 정부가 혜안을 가지고 이들의 외로운 노력을 들여다봐야 할 지점이다.

3

타노스를 닮은 중국과 디스플레이 기술의 왕좌

요즘 물리학이 전성기를 맞고 있다. 몇 해 전 논란의 중심에 있던 수능 국어 31번의 지문 내용은 문학작품이 아닌 고전물리학의 대표적인 개념인 만유인력이었다. 이뿐만 아니다. 기본적인 물리학적 지식 없이는 영화조차 보기 힘들다. 몇 해 전 상영한 〈인터스텔라〉는 상대성 이론을 배경으로 한다. 그리고 양자역학이 심심찮게 배경에 등장한다. 잇달아 개봉한 영화 〈앤트맨과 와스프〉와 〈어벤져스 : 인피니티 워〉에 숨겨진 비밀은 양자역학이다. 어벤져스 팬들은 충격적인 마지막 장면을 기억할 것이다. 타노스에 의해 우주생명체의 절반이 사라졌고 우리가 사랑했던 영웅들 절반도 원자로 분해돼 사라졌다. 하지만 실망하기 이르다. 〈앤트맨과 와스프〉에서 양자역학을 연구한 행크 핌 박사의 아내는 수십 년간 양자의 세계에 갇혀 있다가 가족과 재회했다. 이게 비밀의 열쇠였다. '닥터 스트레인지'가 예측한 1,400만 605개의 경우의 수 중 하나가 양자역학에 기초한 시간 여행으로 충격적 결말을 되돌린 것이다. 비단 영화뿐일까? 웅장한 자연을 그대로 옮긴 듯한 선명한 TV 영상을 보던 한 남자의 눈시울이 붉어진다. 바로 QLED TV 광고의 한 장면이다. 여기에도 '양자^{Quantum}'가 들어간다. '퀀텀'이라 부르는 양자는 물리학에서 입자의 상호작용과 관련한 근본적 바탕이며 물리적 최소 크기의 입자가 존재하는 미시세계에서 나타나는 특성을 설명하고 이해하는 역학의 기본이다. 그래도 이해가 안 된다. 그런 양자가 대체 TV와 무슨 관련이란 말인가? 디스플레이 시장을 살펴보면 이해가 좀 쉬울지 모르겠다.

새로운 디스플레이 소자, 퀀텀닷

얼마 전까지만 해도 우리는 올레드 ^{OLED, Organic light emitting diodes}(유기발광다이오드)가 디스플레이 기술의 최고인 것으로 알았다. 그런데 몇 해 전부터 양자의 영어 이름인 '퀀텀'이라는 용어가 이 분야에 심심치 않게 등장하고 있다. 디스플레이 분야에서 어벤저스급인 국내 제조사가 QLED라는 명칭을 꺼낸 것이다. 그런데 시장에 혼선이 시작됐다. 디스플레이 학계와 업계에서 QLED는 양자점 발광다이오드 ^{Quantum dot light emitting diodes}를 말한다. 그러니까 퀀텀닷이라는 양자점 물질이 전기에너지로 스스로 빛을 내는 것이다. QLED와 OLED는 구조가 유사하다. 차이점은 빛을 내는 발광 물질이 유기화합물이냐 양자점 물질이냐는 것밖에 없다. 그런데 지금 유통되는 QLED TV는 이런 원리가 아니다. 기존에 있던 액정표시장치^{LCD} 제품을 기억할 것이다. LCD^{Liquid crystal display}(액정 디스플레이)에는 빛을 내는 기능이 없어서 화면 패널 뒷면에 백라이트유닛 ^{BLU}이라는 조명이 있어야 한다. 과거에는 조명용 형광램프를 사용하다가 최근에 LED(발광다이오드)를 사용하며 LED TV가 나왔다. 결국 QLED TV도 LED를 백라이트 조명으로 사용한다. 그리고 양자점을 균일하게 분산한 양자점 성능 향상 필름^{QDEF}을 컬러 필터로 부착한 것이다. 그러니까 엄밀하게 말하면 원래 있어야 했던 컬러 필터가 조금 더 좋은 물질로 바뀐 셈이다. 항상 기술보다 마케팅이 앞서다 보니 언어가 기술을 앞선 발 빠른 움직임을 보이고 시장에 혼선을 준다.

양자점 ^{Quantum dot}은 어떻게 원하는 빛을 낼까? 이것을 알기 전에 에너지 간격이라는 밴드 갭 ^{Band gap}을 먼저 알아야 한다. 쉽게 말해 밴드 갭이 없는 물질은 애초부터 빛을 낼 수 없기 때문이다. 밴드 갭은 물질에 존재하는 에너지 간격을 말한다. 물질은 도체와 부도체만 있는 것이 아니다. 조건에 따라 도체가 되는 반도체라는 물질이 있다. 반도체 물질은 전자가 꽉 찬 물질과 텅 빈 물질처럼 에너지 간격으로 나뉘어 있다. 그 에너지 간격은 외부에서 에너지만 줘도 전자가 가득한 물질에서 전자가 비어 있는 물질로 전자가 옮겨 갈 수 있다. 반도체의 전도도는 이런 띠 사이의 에너지 간격을 건너뛸 수 있는 전자의 수로 결정된다. 이런 것을 밴드 갭을 가진 물질이라고 한다. 결국 전자가 밴드 갭을 이동하며 에너지를 방출하는데 전자기파인 빛의 형태로 나오는 것이다. 밴드 갭이 크면 큰 에너지가 나온다. 전자기파의 에너지는 진동수에 비례하고 파장에 반비례하므로 푸른빛이 나온다. 반대로 밴드 갭이 작으면 적은 에너지가 방출돼 붉은빛이 나오게 되는 원리다.

양자점의 모양은 이름에 걸맞게 둥글고 작은 구형이다. 구의 크기가 달라지면서 밴드 갭도 달라진다. OLED에 사용하는 유기물은 대부분 고분자 화합물이다. 앞서 전기가 흐르는 플라스틱에서 다뤘던 그런 물질이다. 이 유기물이 반도체는 아니지만 밴드 갭을 가진 커다란 유기화합물 분자인 셈이다. 밴드 갭은 물질의 분자 구성으로 결정된다. 결론적으로 분자구조나 물질 종류마다 방출되는 색이 다르다는 말이 된다. 하지만 양자점은 분자 구조나 물질을 바꾸는 게 아니라 양자점 크기를 조절해서 밴드 갭을 조절한다. 코어 반지름이 2나노미터[nm]이면 푸른색, 7나노미터이면 붉은색이 나온다. 크기가 작을수록 강한 에너지의 빛을 낸다. 게다가 양자점은 다양한 색과 함께 동일한 색의 재현성이 월등하다. 양자점은 무기물 기반 물질이기 때문에 현재 유기물인 OLED의 가장 큰 문제인 열화 현상이 적고 수명이 길 것으로 예측하고 있다.

지금까지 디스플레이는 한국이 왕좌의 자리를 차지하고 있다. 그런데 시장에 변화가 찾아왔다. LCD패널 시장은 이미 중국에 넘어갔다. 2013년부터 OLED에 막대한 자금을 투자한 중국 업체가 기술 장벽에 균열을 만들더니 이제는 패널을 양산하며 자금 회수에 들어갔다. 조만간 OLED 분야에서 한국의 명성은 지난 전설이 될지도 모르겠다. 가장

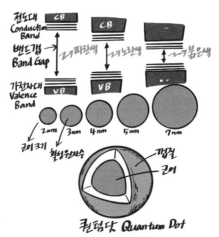

대표적인 중국 업체가 BOE이고 화웨이도 바짝 추격하고 있다. 그뿐만 아니다. 차이나스타, 텐마, 트룰리, 에버디스플레이 등 정부의 지원을 등에 업은 중국 로컬 업체들의 행보는 거침없다. 애플이 프리미엄폰에 중국 업체의 OLED 탑재를 고려하고 있다는 것만 봐도 그들의 기술력이 상당 수준에 달했다는 것을 알 수 있다. 더는 OLED 기술 장벽에 안심하고 있을 수만은 없는 이유다. 그래서 해결의 열쇠로 양자점이 선택됐을까? 타노스에 의해 사라진 어벤저스를 양자역학이 살릴지 모른다는 예측처럼 우리는 타노스를 닮은 중국이 우리나라 제조 어벤저스를 사라지게 하려는 시도를 양자점이 막아낼 수 있다고 생각할지도 모르겠다. 몇 해 전 세계적인 디스플레이 학

회인 SID Display week에서 BOE는 다소 미흡했지만 진정한 QLED 디스플레이를 최초로 공개했다. 이 기술을 보자마자 섬뜩한 기분이 들었다. 시장 선점을 위해 워딩으로 포장된 설익은 기술을 가지고 왕좌의 명맥을 유지하려는 우리와 대조적이었다. 현실은 영화가 아니다. 우리의 어벤저스들이 정말 사라질지도 모른다.

마이크로 LED의 약진

전자총을 이용하던 진공 브라운관에 이어 액정 표시 장치인 LCD가 등장했고 백라이트로 LED가 등장해 디스플레이 두께를 얇게 만들었다. 유기발광 소자인 OLED 패널이나 컬러 필터를 양자점 소재로 대체한 QLED까지 등장하며 디스플레이의 변화하는 흐름을 간신히 쫓아왔는데, 이제 거실 한쪽 벽면을 가득 채운 대화면 디스플레이가 가능한 마이크로 LED가 등장한 것이다. 대체 마이크로 LED의 정체가 무엇일까?

사실 지금까지 언급한 LED 소자는 OLED처럼 디스플레이 패널을 구성하는 데 직접 영향을 준 기술이 아니었다. 주로 디스플레이 후면부 조명으로 사용됐다. LED가 빛을 내는 반도체 소자이고, 이미 일반 가정을 비롯한 일상에서 LED 조명을 사용하고 있다. 그런데 빛의 3원색인 적, 녹, 청^{Red, Green, Blue} 발광 소자가 있으면 다양한 색을 조합할 수 있으니 세 가지 LED로도 화면의 한 점^{Pixel}을 구성할 수도 있을 텐데 왜 LED를 디스플레이 패널에 직접 사용하지 않았을까? 사실 옥외 광고에 사용하는 대형 디스플레이에는 세 가지 LED를 사용해 화면을 만든다. 그러니까 엄밀하게 말하면 디스플레이를 만들지 못했던 것은 아니다. 답은 LED 소자의 크기에 있었다. TV나 휴대폰 화면에 사용하는 디스플레이는 옥외 광고판과 다르다. 디스플레이는 갈수록 해상도가 높아지고 색 재현에 예민해진다. 그런데 우리가 알고 있는 LED는 크기가 크다. 조명용 LED는 주로 1,000×1,000마이크로미터㎛의 크기이다. 게다가 전극을 넣어 제품 패키징을 하면 더 커진다. 화면의 한 점은 3개의 소자로 결정되니 이제 면적은 3배로 커진다. 그래서 기껏해야 TV 뒷면이나 각종 조명 장치로 사용되고 있었던 것이다.

최근 LED 크기 조절의 자유도나 유연성, 선택적인 발광 파장 효과를 응용한 수많은 연구 논문이 발표되고 있다. 기존 LED의 면적을 100분의 1 이하로 줄이면 커봐야 크기는 100×100마이크로미터가 되는데, 바로 이 크기 이하를 마이크로 LED라 한다. 크기가 작아지면 여러 가지로 쓸모가 있게 된다. 마이크로 LED는 신축성 기판 및 유연 기판, 그리고 3차원 구조에 장착할 수 있어 웨어러블 디스플레이나 피부 부착형 의료 기기, 반도체 장비나 자율주행 센서 및 빅데이터 서비스용 광원 등 무궁무진한 분야에 적용할 수 있다. 유연한 물성이 OLED의 전유물이 아니라는 것이다. 그런데 줄이는 게 쉽지 않다. 쉬웠다면 이미 대부분 가정의 거실에 마이크로 LED TV 하나쯤은 있었을 것이다.

마이크로 LED의 핵심은 뭘까? 이 핵심이 분명히 장벽인 셈이다. 크기가 작다는 것이 장점이지만 이 자체가 제조 공정에서는 단점이 된다. 현재 에피(반도체 소자를 제조할 때, 기판 위에 단일 결정의 반도체 박막을 형성한 층) 성장 기술 중에 가장 보편적 기술은 MOCVD^Metal Organic chemical vapor deposition로 사파이어 위에 이종 물질인 갈륨나이트라이드^GaN를 증착하는 에피^Epi(반도체 소자 제조에서 기판 위에 반도체 박막을 형성한 층) 성장 기술이다. 이런 질화물 반도체는 제곱센티미터 면적당 10^8에서 10^9개의 다양한 결함이 존재하게 된다. 큰 칩을 만들 때는 문제가 없지만 작은 칩을 만들 때는 문제가 된다. 쉽게 말해 기존 LED보다 면적이 작아진 만큼 칩 제조 공정과 이후 개별 칩으로 분리해내는 공정

기술이 매우 중요하다. 세부적으로는 극복해야 할 과제가 더 많다. 그런데 이미 여러가지의 디스플레이용 발광 기술이 있고 넘어야 할 장벽에도 불구하고 마이크로 LED가 차세대 디스플레이로 주목받는 이유가 있다.

100제곱마이크로미터 이하 크기의 마이크로 LED를 적용하면 기존의 OLED와 LCD에 비해 전력 소모가 적다. 그리고 마치 목욕탕에 타일을 붙이듯 단위 패널을 배열하면 대면적도 얼마든지 가능하고 3차원 공간 배열도 가능하다. 「Yole Development 2017」자료에 따르면 2025년까지 OLED의 대부분 시장은 마이크로 LED로 90퍼센트 이상 대체될 것이라 한다. 분명 시장도 기하급수적으로 성장할 것으로 예측된다.

수많은 전자제품과 사라지지 않는 물질

나는 아직도 LED 백라이트 빛을 이용한 LCD TV를 보고 있다. 솔직히 아직 OLED나 QLED TV에도 관심이 없다. LCD가 열화 현상에 취약한 유기물 기반 기술보다 견고해 고장도 적다. 점점 수명이 짧아지는 전자제품 시장에 나처럼 수구적 사용자가 적잖다. 그러니까 2025년이라고 해도 디스플레이 패러다임이 쉽게 바뀔 것 같지 않다는 게 나의 생각이었다. 그런데 최근 스탠퍼드 대학교의 가상현실 보고서가 책으로 나왔다. 제목은 『두렵지만 매력적』이라는 책이다. 제목처럼 인류의 세계관마저 바꿔놓을 만한 두렵고 매력적인 존재를 VR^{Virtual reality}(가상현실)로 지목했다. VR과 AR^{Augmented reality}(증강현실)에 디스플레이는 필수다. 이 분야 디스플레이 패러다임이 마이크로 LED로 바뀔 것이라는 지점에서는 고개가 끄덕여진다. 기억 속에서 존재하는 브라운관 디스플레이가 그리워지지만, 비가역적으로 변화하는 세상은 이제 멈추기 어려워 보인다. 분명 이런 문명은 인류의 삶에 더 편리하고 유리한 방향으로 흘러가고 있다. 그리고 제품에 보다 적은 에너지를 사용하는 것이 필수 사항이 되어가고 있다.

한편 알려지지 않는 부분도 생각해야 할 지점이다. 변화 속도가 빨라지는 과학기술과 높아지는 인류의 눈높이에 맞춰 수많은 전자제품과 소자들이 등장하고 사라진다. 그런데 정말 그런 물질들은 사라지는 걸까? 앞서 보았듯 이런 첨단 제품들도 물질이고 대부분 화학 공정에 의해 만들어진다. 가령 TV 한 대가 만들어지기까지 수많은 물질이 지각에서 꺼내져 에너지와 화학물질로 전환된다. 그 에너지로 공장이 가동되고 수많은 화학물질이 문명을 채우는 제품으로 탄생한다. 그 과정에서도 많은 화학물질이 버려져 자연으로 돌아간다. 인류 지식이 집적되어 탄생한 제품이 우리에게 머무는 시간은 인류의 욕구에 반비례해 욕망이 커질수록 짧아진다. 에너지를 적게 사용하는 제품이 기대 효과를 보기 위해서는 제품의 수명도 길어야 한다. 우리에게 오래 머물러 있어야 한다. 그런데 기술의 진보와 함께 우리 곁에 머무는 시간은 점점 짧아진다. 물질은 절대 사라지지 않는다. 그저 우리 눈 앞에서 치워지는 것뿐이다.

4
화석에너지의 연장선에 있는 수소

2013년에 개봉한 영화 〈그래비티〉를 봤던 관객은 초반 20분에 달하는 오프닝 장면을 기억할 것이다. 무중력 상태인 우주 공간에서 사실적으로 펼쳐진 주인공의 우주 유영과 재난 장면은 미국항공우주국[NASA]도 감탄했다고 한다. 외계인의 공격이나 혜성의 충돌과 같은 소재 없이 재난 상황을 극적으로 보여주었다. 영화 역사상 가장 긴 롱테이크로 지구로부터 600킬로미터 떨어진 우주 공간에서 생존해야 하는 주인공의 사투는 관람하는 내내 감정이 이입되어 손에 땀을 쥐게 했다. 그런데 영화는 더 놀라운 섬세함을 보여준다. 바로 우주선에서 연기 같은 기체가 빠르게 우주 공간으로 내뿜어지는 장면이다. 굳이 표현하지 않아도 되는 장면까지 섬세하게 표현한 것에 또 한 번 놀랐다. 대체 그 기체는 무엇이었을까?

최근 수소차와 관련해 시민들은 물론 전문가 사이에서도 의견이 분분하다. 여기에는 과학기술 외에 정치와 기업, 그리고 환경의 이해 구조가 얽혀 있기 때문이다. 지금 수소차는 수소 경제라는 키워드를 달고 미래를 끌어가려 하고 있지만 우리는 정작 수소차의 정체를 명확히 알지 못한다. 이번에는 수소차의 과학을 들여다볼까 한다. 수소는 영화 속 우주선에서 뿜었던 기체와도 깊은 관련이 있다.

연료전지

수소차를 논하기 전에 연료전지$^{Fuel\ cell}$를 확인하는 것이 먼저다. 최근 도로를 누비는 자동차 중에 'Fuel Cell' 마크를 단 차들을 간혹 보게 된다. 그런데 연료전지는 전기차의 2차전지처럼 근래에 나타난 기술이 아니다. 연료전지는 꽤 오래전부터 연구된 기술이다. 1839년 영국의 물리학자인 윌리엄 그로브$^{William\ Grove,\ 1811~1896}$는 물에 전기를 가하면 수소와 산소로 분리된다는 것을 알고 거꾸로 수소와 산소의 화학반응으로 열과 전기가 만들어진다는 사실을 알아낸다. 전기가 생성되는 이유는 두 물질이 전자를 주고받는 산화-환원 반응 때문이다. 전기는 일종의 전자 군단이다. 하지만 당시에는 의미 있는 수준의 전기에너지를 만들지 못했고 100년이 지난 1939년, 영국 케임브리지 대학교의 프랜시스 베이컨$^{Francis\ Bacon}$ 교수가 연료 전지를 개선해 지게차에 탑재했고 시운전까지 성공적으로 마치며 상용화 가능성을 보였다. 미국항공우주국이 우주선에 전기와 물을 공급하는 장치로 연료전지를 이용하기 시작했고 상업적 이용의 잠재력이 깨어난 1960년부터 본격적인 연구가 진행됐다. 미국항공우주국은 초기 제미니 우주선을 비롯해 인류를 달에 보내는 아폴로 프로젝트를 거치면서 연료전지를 급성장시켰다. 사람이 우주선에 있으니 많은 에너지와 물이 필요한데 연료전지는 연료로부터 추출한 수소와 산소로 전기와 열에너지뿐만 아니라 물을 부산물로 만든다는 사실이 우주 비행에 큰 도움이 됐기 때문이다. 영화에서 우주로 내뿜었던 그 기체는 바로 이 물의 일부였다.

이제 연료전지와 전기차의 2차전지의 차이점이 궁금해진다. 연료전지는 전지라는 이름만 붙어 있을 뿐 2차전지와 방식이 다르다. 한쪽 전극에서 연료가 공급되는 한 지속해서 전기를 생산하는 일종의 발전기다. 충전이라는 개념이 없고 발전에 사용되는 연료가 바로 수소다. 연료전지의 응용 분야가 많지만, 수소차라는 측면으로 좁혀보자. 엄밀하게 지금 회자되는 수소차는 수소전기차 FCEV, Fuel cell electric vehicle다. 사실 일반적인 수소차는 HICEV Hydrogen internal combustion engine vehicle를 말한다. 말 그대로 수소를 엔진에서 직접 연소해 동력을 얻는 방법이다. 이를 위해서는 응축한 액화 수소를 자동차에 보관하고 엔진에서 폭발시켜야 하는데 그것이 이론처럼 쉽지 않다. 그래서 수소 연료전지로 발생한 전기에너지를 전지에 저장하고 모터를 사용하는 수소전기차로 접근한다. 그러니까 지금 이야기되고 있는 수소차는 발전기를 제외하고 전기차와 많이 닮았다.

오래된 연구 기간 만큼 연료전지는 기술적 단계를 넘어 경제성 검증의 단계에 있는 과학기술이다. 지구는 물론 우주에서 가장 많은 수소라는 물질과 대기에 존재하는 산소로 에너지를 만들 수 있고 반응 후 부산물은 화석에너지의 부산물인 온실가스 같은 것에서 자유롭기 때문에 각국의 기업과 정부가 친환경이라는 프레임에 넣고 있는 대상이다. 게다가 가솔린이나 LPG와 같은 화석연료 내연기관은 모든 에너지가 엔진의 기계적 에너지로 전환되지 않고 일부는 손실

된다. 반면에 연료전지는 화학에너지의 대부분이 전기에너지로 전환되기 때문에 내연기관의 열효율을 판단하는 지표를 넘어서는 높은 변환 효율이 있다. 일반적으로 내연기관보다 두세 배의 효율이라고 한다. 이쯤 되면 뭔가 의심스러운 생각이 든다. 이렇게 좋은데 왜 수십 년이 지나 지금에야 마치 미래를 구할 구세주처럼 우리 앞에 등장했을까? 과학은 의심으로 시작한다.

그레이에서 그린으로

이제 시선을 수소 경제의 전체 생태계로 확장해 수소차를 봐야 한다. 가장 현실적 문제는 연료의 출생이다. 수소 생산의 한계와 제약을 고민해야 한다. 수소가 아무리 많다 해도 수소를 대기에서 포집하지는 않는다. 수소는 대기에 거의 없다. 수소는 너무 가벼워 지구가 대기에 수소를 가둘 수 없다. 대부분의 수소는 물질에 결합해 있다. 화석연료는 대부분 탄화수소화합물이다. 탄화수소 개질법改質法은 탄소와 수소의 결합체인 메테인에서 산소를 이용해 탄소를 떼어내고 수소를 얻지만, 이 과정에서 이산화탄소가 나온다. 또 다른 방법은 부생수소副生水素라 해서 석유화학 공정이나 제철 공정에서 사용하고 남거나 발생한 수소를 얻는 방법이다. 이미 앞에서 보았듯 각종 화학공업에서 수소가 부수적으로 발생한다. 문제는 수소만 나오는 게 아니라 일산화탄소도 나온다는 사실이다. 결국 이 과정이 화석연료가 온실가스를 배출하는 것과 다르지 않으니 수소를 친환경 프레임에 넣으며 마치 구세주가 출현한 것처럼 흥분하던 것을 잠시 멈추게 된다. 게다가 부생수소든 개질수소든 생산부터 응축해 이송하는 과정뿐만 아니라 저장하고 주입하는 충전소를 건설하는 데에도 천문학적 비용이 든다. 물론 과학기술은 이러한 현안을 시간과 노력을 투입해 언젠가 해결할 것이다. 대안이 없는 것도 아니다. 화석연료 대신 물을 전기분해하는 수전해水電解 방식이 있다. 우리에게는 바다가 있다. 바다를 구성하는 입자의 3분의 2가 수소다. 하지만 이 방식은 여전히 전기를 많이 사용해야 하는 단점이 있고, 이 단점을 보완할 태양전지로 전기를 공급하려는 시도에는 환경 조건과 생산 효율이라는 장벽이 있다. 물론 겹겹으로 쌓인 단점은 기술 진입 장벽이 높다는 의미이다. 그만큼 도전해볼 만한 가치가 있다는 말이기도 하다. 변변한 자원 하나 갖추지 못한 대한민국에서 지금까지 인적 자원으로 버텨왔고 어쩌면 치열해지는 세계 경제에서 수소를 다룰 수 있는 능력이 우리의 미래에 큰 힘이 될지도 모르겠다. 그러나 이와 관련된 막대한 인프라 구축은 기업만으로 역부족이다. 당연히 정부가 기업과 쌍끌이로 가는 게 맞다. 그런데 다른 선진국들은 전기차 공급에 사활을 걸고 있고, 전기차의 바탕을 이루는 2차전지 시장에서 국내 기업은 이제야 제 역할을 시작하는 시기에 국산 수소차 구매에 정부 지원금이 투입된다는 소식은 이른 감이 들고 다소 결이 어긋나 있다는 생각을 지울 수가 없다. 심지어 최근 독일의 완성차 업계에서는 수소차를 뒷받침하는 물리학이 매우 무리한 수준이어서 구현에 한계가 있음을 밝히기도 했다. 자동차의 핵심 가치인 성능이나 연비 측면에서 기술적 장벽이 있다는 것으로 해석된다.

옳고 그름을 판단하기에는 정보도 부족하고 기술 발전을 쫓아가지 못한 오래된 정보들이 인터넷에 흩어져 여전히 유효하게 회자되며 혼란을 가중한다. 전문가가 주장하는 단편적인 정보는 기업의 논리와 섞여 설득력이 부족하다. 이런 혼란의 중심에 소비자가 던져진 것이다. 급하게 밀어붙이는 듯한 정부의 지원 정책에 참여하지 않으면 혜택에서 제외되지나 않을까 하는 조급한 마음마저 든다. 마치 완공이 안 된 아파트 입주를 위해 살림살이를 마련해야 하는 상황처럼 되었다.

우리는 수소라는 물질의 탄생과 소멸이라는 거대한 흐름을 관통하는 맥락을 짚어야 한다. 수소 생산 방식에 '그레이 / 블루 / 그린'이라는 이름표가 붙는데, 지금은 화석연료를 이용해 개질하거나 화학 산업 과정에서 발생하는 부생수소이므로 온실가스에서 벗어나 있지 않다. 쉽게 말해 그레이 단계이다. 게다가 우리나라는 수소를 대부분 수입에 의존하고 장기적으로 보아도 수입 의존도가 높은 상황이다. 태양과 바람을 이용해 수소를 꺼내 블루와 그린 구역으로 가야 하지만, 지금은 생산 비용이 수소로 얻는 이득보다 크다. 수소는 간단하지만 다루기 까다로운 물질이다. 가벼워 가두기 어렵고 반응성이 좋아 일정량이 모이면 폭발한다. 최근 수소와 함께 암모니아 물질이 부각되는 이유는 수소 운송 때문이다. 결국 블루 또는 그린 수소를 생산해도 저장하고 유통하기 위한 공급망 구축은 말처럼 그리 쉬운 일이 아니다.

달을 보듯 앞면만 보면 달의 뒷면은 어떤지 모를 수밖에 없다. 지금 이야기를 견인하는 수소 완성차와 연료전지는 한국이 앞섰지만, 그것은 이야기의 전체가 아닌 부분일 뿐이다. 수소 경제는 당장 거리에 수소차를 몇 대더 굴릴 수 있느냐로 판가름이 나는 배틀이 아니다. 연료전지는 일종의 발전기다. 수소 경제 시대에는 모든 사람이 소비자인 동시에 잠재적인 에너지 공급자가 될 수 있다. 지금처럼 중앙집중형 전력망이 아닌 분산형, 지능형 전력망에서 연료전지는 핵심이 될 수 있다. 수소에너지망[HEW]은 지금의 재생에너지 기반의 스마트 그리드 모델의 부분이자 핵심이고 에너지 민주화 담론의 주역이다. 그러나 생각만큼 쉬운 이야기가 아니다. 생산부터 공급망까지 선결돼야 하고 에너지 시스템 전체의 체질을 바꾸는 거대한 일이며 시간과 자원이 필요하다는 것을 알아야 한다.

가야 할 길이 멀고 넘어야 할 산이 많다는 것은 기술 진입 장벽이 높다는 의미도 된다. 우리가 어려우면 남들도 어렵다. 그만큼 도전할 가치가 있다는 것이다. 중요한 것은 우리가 수소를 선택한 근본 목적을 잊지 말아야 한다는 점이다. 수소 탐험의 이유는 '지구 환경과 인류의 지속 가능' 때문이었다. 이런 숭고한 탐험의 목적을 시작점에서 다시 생각해야 할 때이다. 미래 이야기도 우주의 출발점인 수소를 가리키고 있지 않은가. 영국의 시인 T. S. 엘리엇의 시 한 구절에서 수소가 떠오른다.

"우리 탐험의 끝은 우리가 시작한 곳에 도착하는 것, 그리하여 그 첫 시점을 알게 되는 것."

5
자연에서 답을 얻다

2019년 《네이처 Nature》지에는 기후가 티핑 포인트에 근접했거나 이미 넘어섰을 수도 있다는 과학자들의 경고가 실렸다. 기후 위기를 막을 시한이 이미 지났다는 충격적인 경고이다. 기후에서 티핑 포인트는 안정 상태를 벗어난 변화가 느리게 진행되다가 걷잡을 수 없이 급격한 속도를 내는 지점을 말한다. 그동안 과학계에서 나온 기후변화에 대한 분석과 예측 표명은 절제되어 왔다. 하지만 최근 기후변화는 위기와 재앙으로까지 표현되며 과학계뿐만 아니라, 정치와 경제, 심지어 종교계까지 그 심각성을 표출한다. 그러곤 자연스럽게 기후변화의 주범인 온실가스와 화석연료 제한, 대체에너지 개발에 대한 이야기로 이어진다. 그야말로 앵무새 같은 반복이다. 하지만 어떤 뚜렷한 행동도 보이지 않는다. 여전히 치열한 경쟁은 계속되고 엄청난 생산과 소비가 멈추지 않는다. 이미 알고 있는 '대체에너지가 중요하다'는 말은 거대하고 공허한 담론일 뿐이다. 무기력함 속에서 우리는 어떻게 해야 할까? 그렇다고 과잉의 시대에서 우리 스스로 결핍의 시대로 후퇴하자는 것이 아니다. 어떻게든 행동해야 한다. 화석연료 문제 자체를 근원적으로 해결하긴 어렵지만, 작은 대안적 해법을 모아 문제의 일정 부분이라도 해소하려고 노력한다면 이후 그것이 거대한 대안이 될 수도 있기 때문이다. 이런 노력은 과학기술에 의해서도 실행되고 있다.

에너지 하베스팅

우리의 일상은 온통 에너지 의존적이다. 화석연료 기반의 운송 수단 외에도 조명과 가전, 스마트폰을 포함한 인터넷 기반의 정보통신 기기가 일상을 지배한다. 그리고 이동과 휴대성에 필수적으로 요구되는 에너지 공급을 2차전지에 의존한다. 하지만 2차전지의 단점은 용량이다. 휴대형 기기를 사용하며 충전 때문에 곤란했던 경험이 누구나 있을 것이다. 그런데 4차 산업혁명이란 용어가 등장하며 사물인터넷이 등장했고 에너지 공급에 대해 새로운 대안이 필요해졌다. 모든 사물에 센서를 장착하고 통신을 통해 소통하겠다는 발상에는 안정적인 에너지 공급이 필수적이기 때문이다. 그러기 위해서는 전력이 전선으로 직접 연결되지 않을 수도 있고 2차전지처럼 충·방전을 외부 전력의 도움 없이도 해결해야 한다. 수많은 사물에 장착된 기기의 에너지 공급까지 사람이 일일이 신경을 쓸 수는 없다. 그래서 등장한 것이 에너지 하베스팅 Energy harvesting이다.

에너지 하베스팅은 버려지는 에너지를 수집해 전기로 바꿔 쓰는 기술이다. 이 개념은 1954년 미국 벨 연구소가 태양전지 기술을 공개할 때 등장했다. 여기에는 열과 압력, 전자기파를 수집해 전기로 바꾸는 대표적인 원리가 있다. 그중에 태양광을 수집하는 태양전지가 가장 활발하게 연구되어왔다. 태양전지는 태양광의 전자기파를 전기로 변환시키는 광전력 효과 Photovoltaic effect를 이용해 만든 소자 혹은 소재다. 하지만 지금까지 진행된 태양전지 기술 수준은 4차 산업혁명에서 요구하는 수준에 미치지 못한다. 효율뿐만 아니라 형태에도 제약이 많기 때문이다. 우리가 익숙하게 알고 있는 검푸른 빛의 널찍한 태양전지 패널을 웨어러블 기기나 사물에는 부착할 수가 없다. 물론 박막형 태양전지인 염료 감응형 태양전지, 유기물 태양전지, 나노 양자점 태양전지와 같은 혁신적 소재의 태양전지들이 있다. 하지만 에너지 변환은 10퍼센트 수준의 효율에 머무르고 있었다.

2009년에 새로운 광활성층 소재가 태양전지에 적용됐다. 페로브스카이트 Perovskite 결정 구조를 가진 유·무기 하이브리드 할로겐화 물질이다. 페로브스카이트 결정 구조는 1839년에 러시아의 광물학자인 레프 페롭스키 Lev A. Perovski, 1792~1856가 발견했고 결정 이름은 그의 이름에서 따왔다. 광물의 결정 구조가 ABX의 구조로 이루어져 있음을 규명한 것인데, 여기서 A와 B는 금속 양이온(세슘Cs^+, 루비듐Rb^+, 칼륨K^+, 납Pb^+, 주석Sn^+ 등)이고 X는 이들과 결합하고 있는 할로겐족 비금속 음이온(염소Cl^-, 브로민Br^-, 아이오딘I^-)을 말한다. 페로브스카이트 구조는 섭씨 200도 이하의 저온 습식 공정으로 쉽게 결정화된다. 그런데도 기존의 고가 설비를 이용하여 얻은 실리콘 단결정과 유사한 물성을 가진다. 결국 저가의 설비로 고품질의 광활성 결정을 제조할 수 있다. 게다가 가시광선 영역에서 높은 광흡수와 1.5~2.3전자볼트^{eV} 사이의 적정한 밴드 갭으로 비교적 얇은 두께에서도 빛을 흡수해 많은 전하를 생성할 수 있어 고효율 태양전지 광활성층 소재로 주목받기 시작했다.

2009년 일본 미야사카 쓰토무宮坂力 교수에 의해 처음 적용됐을 때 3.8퍼센트의 효율이 2018년 23.3퍼센트까지 올랐다. 흥미로운 연구도 진행된다. 실리콘 태양전지 위에 페로브스카이트 태양전지를 적층하는 구조로 효율을 쌍끌이하는 탠덤형^{Tandem-type} 태양전지 개발이다. 미국 스탠퍼드 대학교의 맥기히^{M. McGehee} 교수 연구팀은 2016년 기존의 실리콘 태양전지와 페로브스카이트 태양전지를 탠덤화하여 23.6퍼센트의 공인 효율을 발표했다. 현재 20퍼센트 이상의 효율을 보이는 페로브스카이트 태양전지의 면적은 대부분 1제곱센티미터 이하다. 아직 균질한 대면적 광흡수층을 만들기 어렵기 때문이다. 따라서 최근 연구는 고효율을 유지하는 대면적을 제조하는 데 집중돼 있다.

그럼 한국의 위치는 어디쯤일까? 차세대 소재임을 일찍부터 감지한 한국은 페로브스카이트 태양전지 연구 분야에서 선도적인 역할을 수행하고 있고 정부 지원도 발 빠르다. 예를 들어 한국화학연구원은 실리콘 태양전지와 페로브스카이트 태양전지의 탠덤 태양전지 기술 개발 및 인쇄 공정 기반의 대면적 모듈 제작 관련 연구 개발을 진행 중에 있다. 대부분의 분야가 마찬가지지만 중국의 성장은 심상치 않다. 최근 페로브스카이트 태양전지와 관련해서 연구 개발이 가장 활발한 나라를 꼽으라면 단연 중국이다. 중국 정부의 천문학적 투자로 후발 주자임에도 다른 나라의 연구 성과를 뛰어넘는 결과를 만들고 있다. 다른 연구 분야와 마찬가지로 이와 관련한 논문과 특허 수의 급격한 증가가 그 증거다.

시장의 90퍼센트 이상을 차지하는 실리콘 태양전지는 이미 최대 이론 효율에 가깝고 더 이상의 효율 향상을 기대하기 어렵다. 이에 대한 해결책 중의 하나가 바로 탠덤형 태양전지다. 기존 실리콘의 약점인 자외선에 가까운 파장을 흡수시켜 30퍼센트 이상의 효율로 올릴 수 있기 때문이다. 그리고 IT 기술의 발달에 따라 휴대용 웨어러블 전자기기 등에 적용하기 위해서는 유연형 태양전지가 필수적이다. 페로브스카이트 소재는 조성에 따라 의도적으로 가시광선을 투과시킬 수 있어 투명성을 지닌다. 다양한 색상도 가능해 창문이나 건물 외벽에 부착할 수 있다. 물론 기존에도 건물 일체형 태양광 모듈을 건축물 외장재로 사용하는 태양광 발전 시스템^{BIPV, Building intergrated photovoltaic}에 고려되었던 염료 감응형이나 유기물 태양전지 소재가 있었으나 페로브스카이트 소재의 절반 효율인 10퍼센트에 머물렀다. 그렇다고 과거의 기술이 의미가 없진 않다. 페로브스카이트 태양전지의 기술적 진보가 다른 기술보다 빠르게 진행된 이유는 그것이 과거 태양전지에서 적용했던 유사한 기술을 토대로 발전하기 때문이다. 현재 선진국에서는 연구기관뿐만 아니라 업체에서 실제로 대면적의 양산 공정을 개발하는 데 집중하기 시작했고 모듈 수준에서 내구성과 안정성을 확보하는 시기로, 페로브스카이트 태양전지의 상용화는 목전에 있다. 하지만 아직 갈 길은 멀다.

그럴듯한 기치 너머의 진실

2021년 정부는 온실가스 배출을 제로로 한다는 CF100, 그러니까 무탄소^{Carbon free} 100퍼센트라는 카드를 꺼냈다. 이보다 앞서 재생에너지^{Renewable energy}로 산업용 전력을 100퍼센트 충당하겠다는 RE100 정책이 있었다. 이 정책은 다양한 수준의 많은 환경 문제를 안고 있는 원전에서 탈출하는 정책으로 이어졌다. 얼핏 보면 두 정책 모두 괜찮은 선언처럼 보인다. 그런데 두 정책이 서로 미묘한 배반을 품고 있다. 탈원전으로 모자라는 전력 수급은 당분간 석탄이 맡아야 한다. 이유는 태양과 바람, 물에 의지한 에너지만으로는 도저히 전력 수요를 충당할 수 없다는 것이다. 결국 무탄소 정책으로 원자력 발전이 다시 추동력을 얻고 있다. CF100과 RE100은 상호보완적 구조가 아니라 선택적 문제가 됐다. 그래서 최근 지구와 인류를 구원할 구세주로 스마트 그리드^{Smart grid}, 그러니까 지능형 전력망이 등장했다. 투자에 눈

밝은 사람들은 벌써 뭔가 똑똑해 보이는 전력망과 관련한 주식을 사들인다. 실제로 지금까지 선언된 모든 말들을 하나하나 보면 틀린 것이 없다. 그런데 뭔가 앞뒤가 맞지 않는 묘한 얽힘과 공허한 선언 같은 느낌이 든다.

그 이유는 여기에 가장 중요한 사실이 하나 빠져 있기 때문이다. 우리 문명은 전기로 유지된다는 사실이다. 가령 단전이라는 통보가 날아온다면 사람들은 지옥 같은 일상을 상상하며 머리가 복잡해질 것이다. 그러면 전기를 만들고 남는 전기를 저장해 필요할 때 사용하면 모든 게 해결될 것 아니냐는 질문을 할 수 있다. 이 질문에 대한 답이 별다른 고민 없이 '스마트 그리드'로 향하고 있다. 하지만 더 중요한 전기의 고유한 특성이 우리 고민거리의 중심에 있다. 결국 이 특성을 이해하지 못하면 현재의 에너지 정책을 정확하게 볼 수가 없다. 그 특성은 전기는 전기를 만드는 발전과 전기를 사용하는 소비가 매 순간 일치해야 한다는 것이다.

전기의 정체는 전자의 군단이다. 가령 휴대폰은 약 5암페어[A]의 전류를 사용하는데, 1초 동안 회로를 흐르는 전기의 양을 만드는 전자의 수는 약 3.125×10^{19}개나 된다. 발전소에서 만든 전자 군단을 전압으로 그리드(전력망)에 밀어 넣으면 전력망에 연결된 모든 기계가 생성한 만큼의 전자 군단을 어디서든 이용할 수 있다. 그러니까 전기를 만들면 어떤 수요자든 그리드에 연결해 전기를 사용하는 것이다. 전기를 공장에서 만들지만, 일반 상품처럼 실체가 있는 물건도 아니고 택배처럼 배송되는 게 아니다. 그래서 공급자는 소비 전력을 예측해 전기를 만들고 그리드에 공급하는 것이다. 이런 공급과 수요가 일치하지 않으면, 특히 공급 전력이 넘쳐도 문제지만 모자라면 더 큰 문제가 생긴다. 이런 불균형 속의 전력 부족으로 벌어지는 일이 강제 단전이다. 부분적으로 단전하지 않으면 전력망인 그리드 전체에 문제가 생기기 때문이다.

지금 언급되고 있는 스마트 그리드는 이 전자 군단을 화학적 방법으로 잠시 특정 화학물질에 가뒀다가 필요할 때 사용하는 배터리와 정보통신을 기본으로 하고 있다. 그리고 전력망 소비자가 생산자도 될 수 있다는 것이다. 지금까지 중앙 공급 방식에 더해 가정과 기업에서 태양발전과 같은 재생에너지 발전 설비를 갖춰 자체 충당하고, 남는 것은 저장하거나 그리드로 보내겠다는 것이다. 간단해 보이지만, 이렇게 지속 가능한 에너지 체계로 가는 길은 멀고도 험하다. 불가능한 게 아니라 에너지 시스템 전체의 체질을 바꾸는 거대한 일이고 오랜 시간과 자원이 필요하다.

전력망인 그리드는 전체가 하나의 기계이자 생태계이다. 그러니까 발전소에서 송전탑을 거치고 전봇대에 달린 변압기를 통해 각 가정의 콘센트까지 연결된 하나의 몸체인 셈이다. 이 전력망이 스마트하게 바뀌려면 IT 기술도 필요하지만, 체질 자체도 변해야 한다. 더 중요한 것은 전력 공급이 재생에너지만으로 가능하냐는 것이다. 우리나라의 모든 전기 문명이 원활하게 움직이는 데는 최소한의 공급 전력이 필요하다. 지금은 원전과 석탄이 이를 충당하고 있는데, 이 원천이 사라진 빈자리를 재생에너지만으로 메울 수 있을까? 변덕스러운 자연은 예측할 수 없어 안정적 전력 공급이 어렵다. 태양전지와 같은 재생에너지 발전은 기상 조건에 의존적이기 때문이다. 태양광 패널에 드리워지는 그림자를 없애고 멈춘 바람을 불게 하기 위해 날

씨를 바꿀 수는 없다. 자연이 허락하지 않으면 안 된다. 스마트 그리드가 요동치는 전력 주파수를 보완한다고 하지만 석탄과 원자력만큼 전력 공급을 안정적으로 유지하기는 쉽지 않다. 게다가 예측하지 못하는 전류 변화가 그리드에 진입할수록 전력망에 복잡성을 만들고 여기에서 예측 불허의 문제가 발생한다. 전문가들은 미국과 유럽의 성공 사례를 들지만, 미국은 그리드가 분할돼 있고 유럽은 지형적으로 각국의 그리드가 서로 연결되어 있다. 만약 전력이 모자라면 다른 그리드로부터 빌려야 하는데, 우리나라는 삼면이 바다이고 가까운 이웃이라야 중국과 일본 정도다. 그래서 그리드를 한 국가 안에서 구축하는 것은 큰 의미가 없다. 그리드 문제는 국가 경계가 사라지는 세계사적 유례가 없는 자원의 합의를 바탕으로 해야 유효하다. 그리고 스마트 그리드의 핵심 부품인 에너지 저장 장치, 그러니까 배터리 문제에서도 넘어야 할 기술적 장벽이 남아 있다. CF100과 RE100의 기치 아래에서도 당분간 석탄과 원자력에 의지할 수밖에 없는 이유이다.

에너지 하베스팅은 장점이 많지만 갈 길이 아직 멀다. 과학계가 그동안 기후 위기에 대해 지나친 절제를 했다면 재생에너지 분야에서는 지나치게 긍정적 신호를 준 모양이다. 얼마 전 휴가로 강원도를 지나는 동안 자연을 파헤치고 설치된 태양광 패널을 보며 무엇인가 잘못 흘러가고 있다는 느낌을 받았다. 그 어떤 기술과 정책도 자연과 맞바꾸는 일은 반드시 되먹임된다. 극지방이 섭씨 40도를 넘어가고 세계 곳곳은 가뭄과 화재, 홍수로 막대한 희생을 치렀다. 증거는 없지만 누구나 기후변화를 느끼고 있다. 전기는 앞으로 더 필요할 것이고 재생에너지만으로는 공급이 부족하며 이런 상황에서 원전의 스위치와 석탄에 붙은 불도 꺼야 한다. 케이크를 먹으면서 동시에 (케이크를) 가질 수는 없다는 외국 속담이 떠오른다. 우리는 어떤 선택이든 불편과 희생을 받아들여야 할 것 같다. 최근 기후변화를 보면 너무 늦었다는 생각이 들기 때문이다. 2021년 기후변화에 관한 정부 간 협의체^{IPCC}가 최근 6차 평가보고서에서 기후 변화가 예상보다 빠르게 진행되고 있으며, 그 과정 또한 심각하다는 과학적인 근거를 제시했음에도 큰 이슈가 되지 못하고 조용히 묻히고 있다. 사람들이 이 잔혹한 동화를 믿지 않아서일까? 아니, 어쩌면 믿고 싶지 않은 것일지도 모르겠다.

글을 마치며

우리가 사는 세상을 구성하는 물질은 과학 덕분에 거의 모든 정체가 밝혀졌다. 그리고 인류는 거대한 자연의 힘을 모방해 자연에 없었던 물질도 만들 수 있는 능력이 생겼다. 문명이 시작된 고대부터 중세시대에 걸쳐 발달한 연금술이 연원이 되어 18세기 후반부터 화학이라는 이름의 정식 학문이 등장해 급격하게 발전해왔다. 화학은 산업혁명이라는 사건을 거치며 불이 붙은 인류 문명에 기름을 부었다. 이 과정에서 이전에는 없던 새로운 물질이 등장하고 현대 화학은 자연에만 의존하던 인류가 스스로 세상을 복제하고 창조할 수 있게 했다. 20세기 초 플라스틱이 등장하며 80억 톤이 넘는 고분자 물질이 지구를 채웠다. 석유화학공업이 발달하며 근대와 현대의 화학은 산업 전 분야에 걸쳐 중요한 핵심적 지위를 차지했다. 심지어 첨단 정보기술 산업이라 불리는 반도체와 디스플레이도 대부분 화학 공정으로 생산된다. 화학적 합성과 분석 기술은 제약과 의료, 생명과 식품 분야의 밑바탕에 깔려 있다. 화학은 정립된 과학 학문의 경계에서 분야를 넘나들었다. 인류 문명의 모든 분야가 풍성하고 풍요로워졌다. 자연에 의지했던 과거의 인류는 제한된 물질을 사용할 수밖에 없는 결핍의 시대를 살았지만, 현대 인류는 화학 덕분에 물질 과잉의 시대에 살고 있다.

화학은 야누스적 양면이 있다고 흔히들 말한다. 선과 악, 혹은 작용과 부작용처럼 서로 다른 얼굴이 거울에 비친 모습처럼 존재한다. 물론 이런 이분법적 논리에도 불구하고 화학은 긍정적인 측면이 많다. 누릴 수 있는 자원이 적으면 자원은 통제될 수밖에 없다. 인류가 모두 물질적 풍요를 누릴 수는 없었다. 자본 위에서 유통되는 자원의 부족은 결국 불평등과 차별을 낳는다. 물질을 중심으로 사회적 계층이 나뉘고 갈등과 차별이 생겼다. 화학 산업은 이런 인류에게 물질적 풍요는 물론 평등의 기회를 선물하기도 했다. 농작물이 병들지 않게 해 풍부한 식재료를 공급하고 식품을 오래 보존할 수 있게 했다. 말라리아와 같은 질병에 걸리지 않게 해충과 균을 없애고 약이나 백신으로 치료와 예방의 혜택을 받게 했다. 귀족이 아니라도 누구나 저렴하게 깨끗한 의복을 입고 물건을 사용할 수 있게 했다. 어디든 가고자 하는 곳으로 이동할 수 있게 했고 혹독한 더위와 추위, 그리고 어둠을 인류의 삶에서 제거했다. 적어도 화학 산업이 인류에게 평등과 윤택한 삶의 기회를 제공하여 물질의 민주화를 이룬 것은 분명하다. 물론 화학은 또 다른 얼굴을 가진다. 화학은 마치 빛과 소금처럼 그 존재 자체가 인식되지 않는 듯 쉽고 편하게 사용되다가 가끔 터져 나오는 일련의 사건들로 악역 취급을 받고 있다. 그런데 아이러니하게도 그 두 얼굴은 원래부터 화학이 가진 모습이 아닐지도 모르겠다. 어쩌면 그 두 얼굴은 화학을 대하는 우리들의 태도일 수도 있다.

과학자나 전문가를 제외하고 화학과 화학물질에 대한 과학적인 사실과 그 영향에 대해 제대로 아는 사람은 많지 않다. 당연히 알고 있을 것이라고 여겨지는 전문가들조차 모두 알지는 못한다. 그래서인지 유독 사고도 빈번하고 잘못된 정보도 많다. 사람들은 대부분 어떤 사건과 현상에 대해 사유하면서 논리적이거나 과학적으로 접근하기보다 정보 유통망과 거미줄처럼 얽힌 사회 관계망을 통해 신뢰할 수 있을 것 같은 의견이나 자극적인 정보에 동의하며 자신의 관점을 만들어가기 쉽다. 특히 괴담이나 거짓 정보는 이런 취약한 시스템의 가장 약한 부분을 타고 들어가 몸집을 부풀리고 걷잡을 수 없이 퍼져나간다. 그런 상황 속에서 이 책은 화학물질의 악역을 찾자는 게 아니라 화학을 제대로 알고 물질에 대한 적절한 태도를 취하고자 하는 것이다.

물론 이런 사회적 영향도 영향이지만 실제로 화학물질은 환경적 악영향의 중심에 있다. 화학물질로 인해 인류의 건강이 나빠지는 것은 물론 자연과 생태계가 오염되고 심지어 기후변화와 질병으로 인류의 생존이 위협받고 있다. 그렇다고 이런 화학물질을 사용하지 않는 것은 쉬운 일이 아니다. 가령 이미 우리의 문명을 채우고 있는 플라스틱을 다른 자원으로 대체한다는 것은 말처럼 쉽지 않다. 농약과 비료를 사용하지 않고 퇴비로만 농사를 짓는다면 식재료 공급이 어려워질 것이다. 세제나 살균·살충제를 사용하지 않아 청결한 환경을 유지하지 못하면 질병과 전염병이 유행할 것이고 적절한 의약품 공급도 어렵다. 화학 합성 첨가제를 사용하지 않으면 다양한 먹을거리를 접할 수 없다. 또한 화학물질을 통해 얻는 전기는 현대 사회라는 거대한 유기체의 혈관이다. 물질의 민주화를 이뤄낸 화학물질의 제거는 그 자리에 다시 불평등과 차별을 가져오게 할 수도 있다. 우리가 이렇게 화학물질을 떠날 수 없다면 우리가 할 수 있는 유일한 해법은 화학물질에 대한 이해를 높이고 그것을 지금까지와는 다르게 대하는 것이다.

매주 분리 배출되는 재활용품과 생활 쓰레기를 보면 한 가정에서 이렇게 많은 양을 배출해도 되는지 걱정스러울 정도로 화학물질이 남용되고 있다. 위생적인 생활을 위해 매일 아침저녁으로 샤워를 하고 세탁을 하며 엄청난 폐수를 강과 바다로 흘려보내고 있다. 내가 먹는 것과 만지고 바르는 것에 대해서는 혹시 해가 되는 물질이라도 들어 있지나 않은지 걱정하면서도 내 눈앞에서 치워진 물질이 생태계와 자연에 해가 되는 것은 신경 쓰지 않는다. 모든 것이 부메랑이 되어 서서히 인류에게 돌아오게 된다는 것을 의식하지 못한다. 왜냐하면 당장 어떻게 되는 것이 아니기 때문이다. 지금 화두인 기후변화에도 현재를 살아가는 우리는 어려움과 고통을 느끼지 못한다. 내가 사용하는 물질과 연관된 환경 문제는 당장 나의 이야기가 아니기 때문이다. 지구를 구하자는 말은 허공에 맴돌고 백색소음이 된다. T. S. 엘리엇은 세상의 종말은 총성과 함께 오는 것이 아니라 가녀린 흐느낌과 같이 오는 법이라고 했고 생물학자 레이첼 카슨은 그 조용한 파괴를 '침묵의 봄'이라고 표현했다. 분명히 말할 수 있는 것은 우리가 무시하고 덮어놓은 모든 일은 우리의 자녀, 그 자녀의 자녀들에게 문제가 된다는 것이다. 그와 관련해 우리는 지금 인류의 어느 계절에 있는 것일까? 그 백색소음 속에서 가녀린 자연의 울음을 듣고 있기는 한 걸까?

이 책의 지면으로 모든 화학물질의 자세한 정보를 알려주기는 부족하다. 솔직히 나는 그럴 능력도 없고 그런 의도로 집필한 것도 아니다. 시중에는 이미 분야별로 관련 물질에 대한 유해성과 독성, 그리고 그 기능이나 사용에 대한 다양한 책과 정보가 있기도 하다. 이 책의 본질은 화학물질을 의혹과 공포의 대상이 아니라 좀 더 친근한 물질로 대하고 그 본질을 이해해 물질에 대한 통찰력을 얻게 하는 데 있다. 인터넷이나 방송 매체에서 비빔밥처럼 버무려진 정보들에 휘말려 공포를 느끼지 않고 옳고 그름을 판단하는 생각의 근육을 가질 수 있게 하고, 인류의 이기심에 가려져 보이지 않는 그 너머의 것을 함께 고민해보기 위한 책이다.

내가 가장 많이 듣는 질문은 어떤 물질이 어느 정도로 위험하냐는 것이다. 이 지점에서 우리는 가장 중요한 것을 놓치고 있는지도 모르겠다. 왜냐하면 화학물질을 오로지 안전과 유해의 기준으로만 판단하며 소비해왔기 때문이다. 가령 음료를 마시는 빨대는 폴리프로필렌이라는 플라스틱으로 화학적으로 보면 인체에 해를 가할 만한 요소가 없는 안전한 물질이다. 하지만 우리에게 안전하고 편리한 빨대는 바다거북에게는 안전하지 않았다. 일회용 플라스틱 빨대가 코에 박힌 채 괴로워하는 바다거북을 해양학자들이 구출하던 장면은 끔찍했다. 얼마 전 국립해양생물자원관을 방문했을 때 충격적인 사실을 목격했다. 연구를 위해 남해 바다로 방사한 바다거북은 11일 만에 부산에서 사체로 발견됐다. 폐사 원인을 특정한 한 가지로 확정하기 어려웠지만, 먹이보다 훨씬 많은 양의 플라스틱 쓰레기가 바다거북의 장내에서 확인됐다. 장에서 꺼낸 이물질 중에는 그물로 추정되는 실타래 뭉치 같은 것이 보였다. 바닷속에서 이 물질은 마치 해파리처럼 보였을 것이다. 해파리는 바다거북의 먹이다. 실제로 장수의 대명사인 거북은 플라스틱 쓰레기로 매년 10만 마리 가까이 죽어가고 있다.

이제는 화학물질의 안전성과 유해성 문제를 인류에게만 국한해서 생각해서는 안 된다. 지금까지 만들고 사용하는 데에만 치중했다면 이제는 폐기의 생태계 역시 자연 생태계와 맞물려야 한다는 것이다. 그것이 바로 환경정의이고 앞으로 화학물질은 이런 환경 정의를 바탕으로 사용돼야 한다.

분명 우리는 선택을 해야 하는 지점에 와 있다. 선택은 우리가 지금까지 알고 있던 지식과 지배 가치, 그리고 윤리적 기준을 바탕으로 하는 것이 일반적이다. 어쩌면 우리는 이 지점에서 진정한 공리주의를 꺼내 들어야 할지도 모르겠다. 이번에는 정말 옳은 선택을 해야 하기 때문이다. 공리주의에서의 옳음이란 최선의 결과를 낳는 선택이다. 그 선택은 지금을 살아가는 인간을 위해서만 옳은 것이어서는 안 된다는 것이 분명해 보인다. 미래에 존재하는 인류는 물론 다른 종과 자연까지도 포함해야 한다. 만약 지금의 우리 사회가 지키고 있는 도덕적·윤리적 규칙이나 지배 가치를 기준으로 한 선택이 그 모든 대상에게 만족하지 못하는 결과를 초래한다면 지금 우리가 붙들고 있는 그 규칙을 깨야 할지도 모른다. 우리는 코로나라는 질병을 맞닥뜨리며 이런 기존의 규칙을 깨는 선택의 순간을 여러 차례 맞이하지 않았던가. 그동안 옳다고 믿었던 것들이 이 시대에 통하지 않게 된 것이다. 이는 화학물질에 대해서도 마찬가지다. 하지만 아무리 이야기해도 백색잡음처럼 들릴지 모른다. 우리 스스로 받아들일 근력이 있어야 하기 때문이다. 우리 스스로 변해야 한다. 그 변화를 위한 작은 실천에 이 책이 도움이 되길 바란다.

마지막으로 당부하고픈 말은 모든 것을 마치 개인의 책임과 잘못인 양 떠넘기면 안 된다는 것이다. 이렇게 나빠진 상황을, 분리수거를 잘하고 자동차를 덜 타고 전기를 아끼면 해결될 것처럼 사람들을 계몽하면 안 된다. 그것은 그것대로 의미가 있으나 소비자가 할 수 있는 일은 극히 제한적이고, 그 효과 면에서 기업이나 정부가 나서는 것에 비해 미미할 수밖에 없다. 실행에 따른 영향력이 크고 파급력이 있는 기업과 정부, 그리고 언론이 책임과 의무를 다해야 한다. 자본주의와 자유주의에서 기업은 성장을 목표로 한다. 목적을 이루는 데 방해되는 일이나 불편하고 거추장스러운 일을 하지 않으려 한다. 소비를 부추기려고 만든 화려하고 과도한 포장은 결국 소비자가 치워야 할 몫이 돼버렸다. 수요가 공급을 만든다는 말이 들어맞지 않을 정도로 공급이 수요를 창출하고 있다. 화학물질과 관련한 부실한 규제와 법, 그리고 엉성한 그물망을 물처럼 빠져나가는 기업들의 사회적 책임의 부재가 만연한 것도 사실이다. 그런데도 일반 소비자가 화학물질에 대한 본질을 알아야 하는 이유는 단순하다. 철저하게 자본의 잉여로 작동하는 기업과 정부를 움직이게 하는 것은 결국 소비자이고 국민이기 때문이다. 물질을 제대로 알고 있어야 그들에게 정당한 권리를 요구하고 물질 세상을 바꿀 수 있는 근력이 생긴다. 이 책을 이 시대의 물질 소비자로 불리는 모든 독자에게 바친다.

2019년 7월, 코로나 대유행이 시작되기 전 내가 발리에서 본 아침 해변의 모습이다. 서핑 천국인 발리 해변은 조류가 바뀌면 일주일에도 서너 번 이런 모습을 한다. 우리가 필요 이상으로 채웠던 욕망, 무심코 버린 양심과 무관심은 사라진 게 아니라 어딘가에 고통으로 존재하고 있었다. 자연은 언젠가 침묵으로 역습할 것이다. 우리가 외면하고 아무런 행동을 하지 않는다면 말이다.

〈참고 문헌〉

『거의 모든 것의 역사』, 빌 브라이슨(이덕환 옮김), 까치, 2003

『교양인을 위한 화학사 강의』, 옌스 쿤트겐(송소민·강영옥 옮김), 반니, 2018

『나무의 노래』, 데이비드 조지 헤스컬(노승영 옮김), 에이도스, 2018

『노벨상 스캔들』, 하인리히 찬클(박규호 옮김), 랜덤하우스코리아, 2007

『단백질의 일생』, 나가타 가즈히로(위정훈 옮김), 파피에, 2018

『물성의 기술』, 최낙언, 예문당, 2019

『물질 쫌 아는 10대』, 장홍제, 풀빛, 2019

『반도체 공정의 이해』, 임상우, 청송, 2018

『생화학백과』, 생화학분자생물학회, 2019.11

『스미스의 유기화학』, 제니스 고프잔스키 스미스(유기화학교재연구회 옮김), 카오스북,
    2018

『시간과 물에 대하여』, 안드리 스나이어 마그나손(노승영 옮김), 북하우스, 2020

『일반 화학』, 스티븐 줌달(대학화학교재연구회 옮김), 사이플러스, 2019

『작고 거대한 것들의 과학』, 김홍표, 궁리, 2020

『조선주조사』, 우곡출판사, 2007

『주기율표를 읽는 시간』, 김병민, 동아시아, 2020

『참호에서 보낸 1460일』, 존 엘리스(정병선 옮김), 마티, 2005

『화학사』, 아서 그린버그(김유창 옮김), 자유아카데미, 2011

『화학에서 인생을 배우다』, 황영애, 더숲, 2010

『화학의 미스터리』, 김성근 외 9인, 반니, 2019

『화학의 시대』, 필립 볼(고원용 옮김), 사이언스북스, 2001

『화학이란 무엇인가』, 피터 앳킨스(전병옥 옮김), 사이언스북스, 2019

「고차 헬리칼구조를 갖는 폴리아세틸렌과 그라파이트의 합성」, 고문주, *Polymer Science and Technology*, Vol 23, No. 6, 2012

「도전재 종류에 따른 리튬이차전지 음극재 SiOx의 전기화학적 특성」, 장보윤·김성수·김향연, 『전기전자재료학회 논문지(J. Korean Inst. Electr. Electron. Mater. Eng.)』, 32권 3호, 2019

「장류산업의 현황과 연구개발동향」, 권동진, *Bulletin of Food Technology*, Vol. 7, 1994

「진짜 궁금했던 원소 질문 30」, 장홍제·차상원, 《과학동아》, 2019

「질소순환과 식량생산」, 전문연구위원 이치웅, 한국과학기술정보연구원

「초고압 처리에 의한 좁쌀약주의 미생물 살균 및 효소 불활성화」, 좌미경 외, 한국식품영양과학회지, 2003

Artificial oxygen carriers: a new future, Dr. Spahn, Springer, 2018

Encyclopedia of Chemical Technology, 4th ed., J. R Reynolds; A. D. Child; and M. B. Gieselman, Wiley, New York, 1994

Eureka:Biochemistry & Metabolism, Andrew Davison et al, JP medical publishers, 2015

"Acute toxicity, mutagenicity, and estrogenicity of bisphenol-A and other bisphenols", Min-Yu Chen; Michihiko Ike; Masanori Fujita, *Environmental Toxicology*, 2002 - Wiley Online Library

"Development of High-insulation Packaging using Recycled PET and Comparison of Insulation Performance with Existing Styrofoam and Paper Boxes(재생페트를 이용한 고단열 패키징 개발과 기존의 스티로폼 및 종이 박스와의 단열성능 비교)", Ryu, Jae Ryong; Yook, Se Won; Kal, Seung Hoon; Shin, YangJae, 한국포장학회, 2019

˝Length-dependent thermal conductivity in suspended single-layer graphene˝, Xiangfan Xu, et al. *Nature Communications* 5, Article number: 3689 DOI: 10.1038/ncomms4689. Received 09 October 2013 Accepted 19 March 2014 Published 16 April 2014

˝MicroLED Displays Report : Hype and reality˝, *Hopes and challenges February 2017*, Yole development

˝Studies on Identification, Purification and Characteristics of Gluten Degradable Enzyme Isolated from Lactobacillus paracasei˝, 『식품산업과 영양』, 제22권 제1호, 한국식품영양과학회, 2017

˝The Influence of Water Temperature on Filtration Rates and Ingestion Rates of the Blue Mussel, Mytilus galloprovincialis(Bivalvia)(수온에 따른 지중해담치의 여과율과 섭식율 변동)˝, Lee, Seo E; Shin, Hyun Chool; 한국패류학회지, Vol 31, 2015

˝α-Amylase Activity of Radish and Stability in Processing˝, 조은혜 외, 한국식품영양과학회지, 2009

https://www.nfri.re.kr/resources/attach/2018_연차보고서.pdf

Acid Base Online tutorial, University of connecticut ; http://kaltura.uconn.edu/Acid+Base+Overview/1_6qtkxdot

(찾아보기)